Deep Learning on Graphs

图深度学习

马　耀　汤继良◎著
王怡琦　金　卫◎译

電子工業出版社
Publishing House of Electronics Industry
北京•BEIJING

内容简介

本书全面介绍了图深度学习的基础理论、模型方法、实际应用和前沿进展。全书分为 4 篇，共 15 章。第 1 篇为基础理论，重点介绍图和深度学习的基础知识，包括图的关键概念和属性、各种基础的神经网络模型、训练深度学习模型的关键方法以及防止训练过程中过度拟合的实用技术；第 2 篇为模型方法，涵盖从基本设置到高级设置的成熟的图深度学习方法，包括图嵌入、图过滤和池化操作、图对抗攻击和图对抗防御技术、可扩展性图神经网络的代表性技术以及图神经网络之外的众多图深度模型；第 3 篇为实际应用，重点介绍具有代表性的实际应用，包括自然语言处理、计算机视觉、数据挖掘、生物化学与医疗健康等；第 4 篇为前沿进展，介绍有可能成为将来研究热点的高级方法和应用，包括表达性、深度、公平性、可解释性和自监督学习等内容。在组织结构方面，每章首先介绍写作动机，然后通过具体示例或技术细节介绍相应内容，最后提供更多的扩展阅读知识。

本书既适合对数据挖掘、机器学习和社交网络分析感兴趣的本科生和研究生阅读，也适合企业开发者和项目经理阅读。对于没有计算机科学背景，但想要应用图神经网络来推进其所在学科发展的研究人员，本书同样值得参考。

图书在版编目（CIP）数据

图深度学习 / 马耀，汤继良著 ；王怡琦，金卫译．-- 北京 ：电子工业出版社，2021.5

书名原文 : Deep Learning on Graphs

ISBN 978-7-121-39478-2

Ⅰ．①图… Ⅱ．①马… ②汤… ③王… ④金… Ⅲ．①机器学习－研究 Ⅳ．① TP181

中国版本图书馆 CIP 数据核字（2021）第 070996 号

责任编辑：宋亚东
印　　刷：北京富诚彩色印刷有限公司
装　　订：北京富诚彩色印刷有限公司
出版发行：电子工业出版社
　　　　　北京市海淀区万寿路 173 信箱　　邮编：100036
开　　本：720×1000　1/16　　印张：20　　字数：384 千字
版　　次：2021 年 5 月第 1 版
印　　次：2021 年 5 月第 1 次印刷
定　　价：118.00 元

凡所购买电子工业出版社图书有缺损问题，请向购买书店调换。若书店售缺，请与本社发行部联系，联系及邮购电话：(010) 88254888，88258888。

质量投诉请发邮件至 zlts@phei.com.cn，盗版侵权举报请发邮件至 dbqq@phei.com.cn。

本书咨询联系方式：010-51260888-819，faq@phei.com.cn。

推荐序

FOREWORD

近年来，随着大数据的出现和计算资源的飞速发展，深度学习成为人工智能领域一个重要的研究热点，各种深度学习的模型、算法层出不穷，深度学习也在图像、声音和文本等应用领域取得了众多革命性的突破与进展。图数据是一种具有强大表达能力的数据类型，其应用范围十分广泛，小至纳米级别的蛋白质分子，大到数亿个节点的社交网络，都可以很自然地用图数据表示。然而，由于图数据的结构特殊性，给各大应用领域带来深刻变革的深度学习技术并不能直接应用到图数据领域，为了解决这一问题，图深度学习应运而生。

图深度学习旨在研究如何在图上应用深度学习技术，学习优质的图表示，以较好地完成图上的各类任务。到目前为止，图深度学习的研究已经取得了不少重大突破，这些研究成果给图上的任务解决模式带来了巨大变革，并极大地推进了图表示学习和图机器学习的发展。在图深度学习中，各类图神经网络模型在各大计算机相关领域的应用中都取得了巨大成功，比如数据挖掘领域中的社交网络分析任务、交通网络预测任务，以及计算机科学领域的程序分析任务等。除此之外，图神经网络模型还为各类跨学科领域的研究带来了革命性的突破，比如生物化学领域的蛋白质性质分析和药物发现任务，以及物理科学领域的系统状态预测任务等。

本书对图深度学习进行了全面系统的介绍，结构清晰，内容丰富，深入浅出。本书共 4 篇，包括基础理论、模型方法、实际应用和前沿进展，构成了一个非常全面、系统的知识框架。内容涵盖了学习图深度学习必须了解的基础知识，图深度学习中经典的模型方法，图深度学习在实际中的应用方法，以及图深度学习最新的研究热点和前沿进展。同时，本书各章的结构也都非常优美，从背景介绍、理论细节，到实际应用，再到总结与拓展，深入浅出，引人入胜。本书的作者在图深度学习领域耕耘多年，拥有丰富的一线教学和研究经验。本书凝结了作者团队多年的教学及研究心得，极具阅读和学习价值。

本书适合计算机科学、人工智能和机器学习等相关专业各个阶段的学生学习，也可供信息领域相关从业者，包括工程师和研究人员阅读。本书还适合跨学科研究者阅读，可为其领域研究提供有价值的参考。

俞士纶

伊利诺伊大学芝加哥分校（UIC）计算机科学系特聘教授，

国际计算机领域著名学者，ACM/IEEE 会士

推荐语

FORWORD

（按姓氏拼音排序）

图以其强大的表达能力，已经成为数据挖掘和机器学习领域的重要研究对象。而图神经网络被认为是充分发挥图表征能力的新一代学习框架，是当前学术界和产业界共同关注的焦点。本书由该领域知名学者汤继良教授团队倾力打造，对理解图神经网络的核心技术，把握发展趋势具有重要的参考和学习价值。

崔鹏

清华大学计算机系副教授，ACM 杰出科学家

本书是一本系统性介绍图深度学习的读物。全书深入浅出地归纳了图深度学习的基础知识，分析了该领域的前沿研究现状，并展望了面向图机器学习的未来研究方向。无论是对于图机器学习的初学者，还是对于从事该领域的研究者，本书都具有十分重要的引导意义和参考价值。

刘新旺

国防科技大学计算机学院教授

图神经网络是机器学习领域最活跃的研究方向之一。由汤继良教授和他的学生合著的《图深度学习》涵盖了图神经网络的基础理论、模型方法、实际应用和前沿进展，在深度和广度方面做到了很好的结合，是一本不可多得的好书，值得仔细品味。

姬水旺

得克萨斯农工大学教授，ACM 杰出科学家

图深度学习是人工智能、机器学习的重大热点和主要方向之一，但内容繁杂，不易掌握。这本《图深度学习》凝聚了作者多年来的研究、教学心得，在这个关键时间点上高屋建瓴地总结了整个方向的基础、方法、应用和最新进展，非常及时、恰到好处。本书是一本难得的入门和精进宝典，适合各阶段的高校学生、研究人员和实践者系统学习或案头备考。

裴健

西蒙弗雷泽大学教授，加拿大皇家科学院、加拿大工程院院士，

ACM/IEEE 会士，ACM SIGKDD 主席

图神经网络是当前机器学习领域的一个热门研究方向，在逻辑推理、知识图谱、推荐系统、自然语言处理、新药以及材料研发等众多领域都有广泛的应用。本书由图神经网络方向知名学者汤继良教授及其博士生领衔撰写，系统地介绍了图神经网络的发展背景、基本原理、在多个领域的应用以及当前最新的研究方向。全书通俗易懂，既可以作为初学者的学习教材，也可以作为专业研究人员的重要参考书。

唐建

蒙特利尔大学计算机系、商学院、魁北克人工智能研究中心助理教授，

加拿大高等研究院人工智能讲席教授 (CIFAR AI Research Chair)，

图表示学习经典算法 LINE 的第一作者

图深度学习是机器学习中一个非常重要的分支，最近随着理论和应用的发展引起广泛关注。本书从理论、模型、算法到应用，全方位地介绍了图深度学习的相关知识，适合高年级本科生和研究生阅读，非常值得推荐。

唐杰

清华大学计算机系教授，IEEE 会士

图做为一种灵活的数据结构，广泛存在于大量的实际问题当中，包括社交网络、通信网络、物流网络、疾病传播网络，乃至药物分子结构等。与传统的基于向量的数据表示方法相比，图结构不仅能捕捉数据样本的特征信息，还可以对样本之间的联系分析更加灵活与现实。

本人从事图相关的学习已有 15 年。在如今的深度学习浪潮到来之前，图学习方法主要致力于如何利用线性的方法将样本点的信息在图上进行传播，典型的算法包括谱聚类、随机游走和标签传播等。尽管这些方法在很多应用中也取得了不俗的表现，但这种线性的信息传播方法极大地限制了图学习的潜力。

近些年来，由深度学习掀起的技术革命颠覆了一个又一个领域，从计算机视觉到语音识别，从自然语言处理到分子结构设计，深度学习带给了我们一个又一个的惊喜。图作为一类重要的数据结构，自然要当仁不让，拥抱这次革命。这也自然而然地成就了图深度学习这一新兴领域。针对传统图学习中线性假设的局限性，图深度学习致力于开发更为灵活有效的非线性信息传播算法，在很多应用中取得了惊艳的效果。

由好友汤继良和马耀撰写的这本《图深度学习》，深入浅出而系统地讲解了图深度学习的来龙去脉，包括图深度学习的动机、深度学习基础、不同类型的图深度学习算法，以及图神经网络的各种应用。书的最后一部分还对最近的图深度学习技术和方向进行了总结和展望。本书是一本不可多得的对图神经网络的综合介绍。无论是致力于机器学习算法研究的理论家，还是关注如何将图深度学习应用于现实问题的实践家，无论是初出茅庐刚刚踏入图深度学习领域的入门学者，还是已经在图学习领域驰骋多年的资深研究员，都会从不同角度获取所需的关于图深度学习的信息。本书既可作为研究人员的参考图书，也可作为图神经网络课程讲授的教材。内容丰富，精彩纷呈。

祝阅读愉快！

王飞

康奈尔大学副教授

图是表示现实世界中各种对象及其相互关系的有效工具，基于这样的表示，现实问题的求解就归结为图论问题的求解。近年来，深度学习已成功应用于许多现实问题的求解，在此背景下探讨深度学习如何应用于图论问题的求解很有价值。图深度学习正是应这种探索中遇到的机遇与挑战而生的。本书思路清晰，案例丰富，深入浅出，适应面广，系统性强。既有基本理论和建模方法的介绍，又有实际应用和前沿进展的探讨。本书既可以作为信息领域高年级本科生或研究生的相关课程教材或教学参考书，也可供信息处理相关企业的研发人员和管理人员，以及其他希望应用深度学习解决各自领域问题的研究人员参考。

殷建平

教授，万人计划国家教学名师，全国优秀教师，全国优秀博士学位论文指导教师

本书系统地归纳、梳理了图深度学习领域的基础知识以及众多前沿模型，可以带领初学者循序渐进、由浅入深地了解整个领域，也可以帮助有兴趣从事图深度学习研究及相关职业方向的学生和研究人员更全面地认识图深度学习，并在学习过程中建立起图深度学习的知识框架。

张成奇

悉尼科技大学（UTS）副校长，杰出教授，澳大利亚人工智能理事会理事长，
2024 国际人工智能联合会（IJCAI）大会主席

图深度学习是深度学习中一个很热门的子领域，该书站在科研前沿的专家角度著述介绍，值得感兴趣的读者一读。

周志华

南京大学人工智能学院院长，欧洲科学院外籍院士，
ACM/IEEE/AAAI/AAAS/IAPR/CCF 会士

在经典学习问题中，通常假设数据是独立同分布的，不考虑数据之间的关系；然而，增加数据的图表示后，往往能明显提高算法的性能。图深度学习是深度学习与图相结合的产物，是深度学习领域一个重要的前沿子领域，近十年取得了明显的进展。本书系统地覆盖了图深度学习的基础理论、模型方法、实际应用和前沿进展。对于机器学习、深度学习、图深度学习领域的研究人员、研究生和高年级本科生，本书值得认真研读。

祝恩

国防科技大学计算机学院教授，CCF 理论计算机科学专业委员会副主任，
全国优秀博士学位论文获得者

前言

PREFACE

图（Graph）经常用来表示包括社会科学、语言学、化学、生物学和物理学在内的很多不同领域的数据。同时，许多现实世界的应用都可以视为图上的计算任务，例如特定地点的空气质量预测可以视为节点分类任务，社交网络中的朋友推荐可以视为链接预测任务，蛋白质性质预测可以视为图分类任务。为了更好地利用现代机器学习模型完成图上的计算任务，有效地学习图的表示至关重要。表示图的特征提取方法一般可分为两种——特征工程和表示学习。特征工程依赖于手工设计的特征，这个过程很费时，而且手工设计的特征对于给定的下游任务通常不是最佳的。相对而言，表示学习可以自动地从图上学习特征，这个过程需要最少的人力并可以灵活适用于给定的下游任务。因此，图上的表示学习被大家广泛研究。

在过去的几十年中，图表示学习领域取得了巨大的进展。这些进展大致可以划分为图表示学习的三个时代，即传统图嵌入、现代图嵌入和图深度学习。传统图嵌入作为第一代图表示学习，是在经典的基于图的降维技术的背景下研究的。传统图嵌入包括 IsoMap、LLE 和 eigenmap 等方法。Word2vec 是从大量文本中学习词的表示的一种方法，这些生成的词表示推进了许多自然语言处理任务的进展。Word2vec 在图域的成功扩展开启了第二代图表示学习——现代图嵌入。鉴于深度学习技术在图像和文本领域表示学习中取得的巨大成功，研究者已努力地将其推广到图域，从而开启了图表示学习的新篇章——图深度学习。

越来越多的证据表明，第三代图表示学习，尤其是图神经网络（GNN），极大地促进了包括侧重于节点和侧重于图的各种图上计算任务的发展。GNN 带来的革命性进展也极大地促进了图表示学习在现实场景中的广泛应用。在推荐系统和社交网络分析等经典领域中，GNN 带来了最好的性能并为它们带来新的研究课题。同时，GNN 也不断地应用到新的领域，例如组合优化、物理和医疗健康。GNN 的这些广泛应用为研究者提供了不同学科的多种贡献和观点，并使该研究领域真正成为跨学科领域。

图表示学习是一个快速发展的领域，它吸引了来自不同领域研究者的大量关注，并且积累了大量的文献。因此，现在是系统地调查和总结该领域的好时机，本书的写作动机就是实现这一目标。本书基于笔者在该领域多年的教学和研究经验，旨在帮助研究人员了解图表示学习的基本知识、进展、广泛的应用及研究前沿成果。

全书概要

本书全面介绍了图表示学习，重点讲解图深度学习尤其是 GNN。本书由 4 篇组成：基础理论、模型方法、实际应用和前沿进展。基础理论篇介绍图和深度学习的历史背景和基本概念。模型方法篇涵盖的主题包括现代图嵌入、用于简单图和复杂图的 GNN、GNN 的健壮性和可扩展性及 GNN 之外的图深度模型。其中，每个主题都用一章介绍，内容包括有关该主题的基本概念和代表性算法的技术细节。实际应用篇介绍 GNN 在典型领域的应用，包括自然语言处理、计算机视觉、数据挖掘、生物化学和医疗健康，每个应用领域将用一章介绍。前沿进展篇讨论涌现的新方法和新的应用领域，每一章最后都包括针对更高级主题和最新趋势的扩展阅读，感兴趣的读者可以进一步阅读相关参考文献。

目标读者

尽管图论、微积分、线性代数、概率论和统计学的基本背景可以帮助读者更好地理解书中的技术细节，但本书的目的是尽可能地做到自成体系。因此，本书广泛地适用于具有不同背景和不同阅读目的的读者。本书可以作为学习工具和参考书，供相关研究领域的高年级本科生或研究生学习。希望从事该领域研究的研究人员可以将本书作为起点。项目经理和从业人员可以从本书中学习如何在产品和平台中应用 GNN。计算机科学领域以外的研究人员可以从本书中找到大量将 GNN 应用于不同学科的示例。

由于著者水平有限，书中不足之处在所难免，恳请广大读者批评指正。

马耀，汤继良

东兰辛，密歇根州

2021 年 4 月

致谢

ACKNOWLEDGMENTS

本书在翻译、校对和出版过程中，得到国内外众多专家学者和出版人员的大力支持和帮助，我们衷心地感谢为本书做出了卓越贡献的各位朋友：

感谢为本书撰写推荐序的伊利诺伊大学芝加哥分校的俞士纶教授。

感谢为本书撰写推荐语的多位专家学者，他们是（按照姓氏拼音排序）：清华大学崔鹏副教授、国防科技大学刘新旺教授、得克萨斯农工大学姬水旺教授、西蒙弗雷泽大学裴健教授、蒙特利尔大学唐建助理教授、清华大学唐杰教授、康奈尔大学王飞副教授、万人计划国家教学名师殷建平教授、悉尼科技大学张成奇教授、南京大学周志华教授和国防科技大学祝恩教授。

感谢为本书的校对和修改提出宝贵意见的各位老师和同学们，他们是（按照姓氏拼音排序）：桂林电子科技大学蔡国永教授及其团队、重庆大学高旻副教授及其团队、中国科技大学何向南教授及其团队、南宁师范大学黄江涛副研究员及其团队、北京理工大学礼欣副教授及其团队、解放军理工大学潘志松教授及其团队、吉林大学王鑫副研究员及其团队、山东大学余国先教授及其团队、南京航空航天大学袁伟伟教授及其团队、国防科技大学周思航老师及博士生涂文轩。

感谢为本书付出巨大努力的电子工业出版社的宋亚东编辑以及全体工作人员。

感谢一直以来关注本书出版进展的热心人士。

感谢正在阅读此书的你。

最后，衷心地感谢我们的亲人挚友，感谢你们一路温暖的相伴、真挚的理解和坚强的支持。

祝大家学有所得，心想事成！

王怡琦，金卫，马耀，汤继良

2021 年 4 月

目录

CONTENTS

第 2 篇　模型方法

第 3 篇 实际应用

第 4 篇 前沿进展

第 1 章
CHAPTER 1

绪论

本章首先介绍图深度学习的动机，再简述本书涵盖的主题内容及目标读者。为了帮助读者更好地理解图深度学习，最后将简要回顾图特征学习的发展历史。

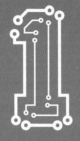

1.1 简介

本章将回答和本书相关的几个问题。首先，讨论为什么要关注图深度学习，特别是为什么将现实世界的数据表示为图、为什么将深度学习与图联系起来、图深度学习面临哪些挑战。然后，介绍本书涵盖的内容，即本书将讨论哪些主题以及如何组织它们。之后，阐述谁是本书的目标读者，该如何阅读本书。最后，为了帮助读者更好地理解图深度学习，简要回顾图特征学习。

1.2 图深度学习的动机

因为现实世界应用产生的数据具有从矩阵、张量到序列的多种形式，所以自然会想到的问题是：为什么尝试将数据表示为图？主要有两个原因。首先，图提供了数据的通用表示形式。来自各个领域的系统的数据可以直接表示为图，例如社交网络、交通运输网络、蛋白质–蛋白质相互作用网络、知识图谱和脑网络。如图 1–1 所示，许多其他类型的数据也可以转换为图的表示[1]。其次，许多现实问题可以通过图上的计算任务解决。例如，推断节点的属性，检测异常节点（例如垃圾邮件发送者或恐怖分子），识别与疾病相关的基因，向患者推荐药物，都可以归结为节点分类问题[2]。对于朋友推荐、多药副作用预测、药物–靶标相互作用识别和知识图谱补全，它们在本质上都是图上的链接预测问题[3]。

图上的节点是自然相连的，这表明节点不是独立的。然而，传统的机器学习方法通常假设数据是独立同分布的。因此它们不适合直接用来解决图上的计算任务。解决思路主要有两种，如图 1–2 所示，本节使用节点分类作为示例来讨论这两种思路。一种思路是建立一种特定于图的新机制，如图 1–2(a) 所示，这种针对图设计的分类问题称为集体分类问题（collective classification）[4]。与传统分类不同，对于节点来说，集体分类不仅考虑其特征与其标签之间的映射，而且还考虑其邻域相应的映射。另一种思路是通过构建一组特征来表示其节点，在该表示上可以应用传统分类技术，如图 1–2(b) 所示。由于这种思路可以利用传统的机器学习技术，所以变得越来越流行且占主导地位。该思路成功的关键是如何为节点构造一组特征，或如何构造节点表示。事实证明，深度学习在表示学习方面具有强大的

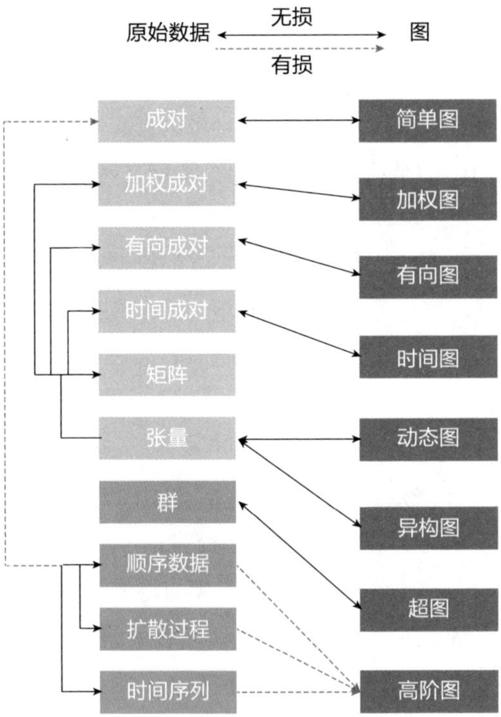

图 1–1　将现实中的数据表示为图①

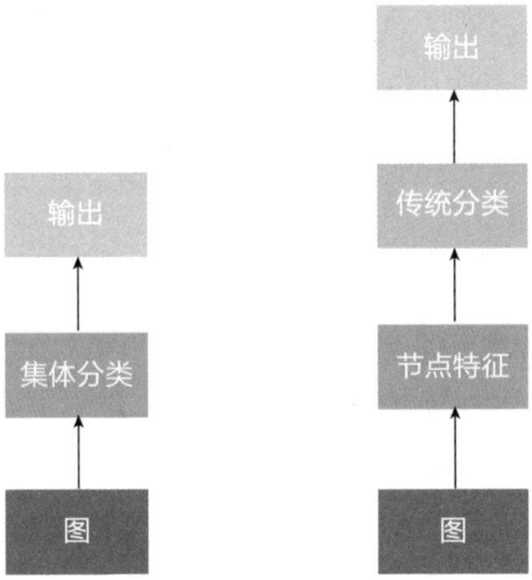

(a) 集体分类　　(b) 基于节点表示的传统分类

图 1–2　解决图节点分类问题的两种主要思路

① 该图复制于文献[1]。实线用于代表无损表示，而虚线用于代表有损表示。注意，本书将文献[1]中原图的“网络”替换为了“图”。

功能，极大地推动了图像、音频和文本等各个领域的发展。因此，将深度学习与图联系起来，将带来前所未有的机遇。但是，在图上进行深度学习也面临着巨大的挑战。首先，传统的深度学习只是针对常规数据（例如图像和序列）进行设计的；而图可以具有不同的大小，图中的节点是无序的，并且可以具有不同的邻域。其次，规则数据的结构信息很简单，而图的结构信息很复杂，特别是考虑到如图 1–1 所示的各种类型的复杂图，并且节点和边可以包含丰富的额外信息。为传统数据设计的深度学习技术不足以捕获如此丰富的信息，为迎接前所未有的机遇和解决巨大挑战，一个新的研究领域应运而生——图深度学习。

1.3 本书内容

本书的组织如图 1–3 所示。为了更好地适应不同背景和阅读目的的读者，本书由 4 篇组成。第 1 篇介绍了基础理论，第 2 篇讨论了成熟的模型方法，第 3 篇介绍了代表性的实际应用，第 4 篇介绍了有可能成为将来研究热点的高级方法和应用。在写作方法方面，每一章首先介绍写作动机，然后用示例或技术细节介绍具体内容。在每章的最后一小节提供更多的扩展阅读。接下来，简要阐述书中的每一篇。

- 第 1 篇：基础理论。本篇重点介绍图和深度学习的基础知识，这些知识将为学习图深度学习奠定基础。第 2 章介绍图的关键概念和属性，比如图傅里叶变换和图信号处理，并正式定义了各种类型的复杂图和在图上的计算任务。第 3 章讨论各种基础的神经网络模型，训练深度学习模型的关键方法，以及防止训练过程中过拟合的实用技术。
- 第 2 篇：模型方法。本篇涵盖了从基本设置到高级设置的成熟的图深度学习方法。第 4 章从信息保留的角度介绍了一种通用的图嵌入框架，提供了在图像上保留多种类型信息的代表性算法的技术细节，并介绍了专门为复杂图设计的嵌入方法。典型的图神经网络（GNN）模型包括两个重要操作，即图过滤操作和图池化操作。第 5 章回顾最新的图过滤和池化操作，并讨论如何在给定下游任务时学习 GNN 参数。GNN 是传统深度模型在图上的泛化，因此它们继承了传统深度模型的缺点，容易受到对抗攻击。第 6 章重点介绍图对抗攻击的概念和定义，并详细介绍了具有代表性的图对抗攻击和图对抗防御技术。GNN 执行跨

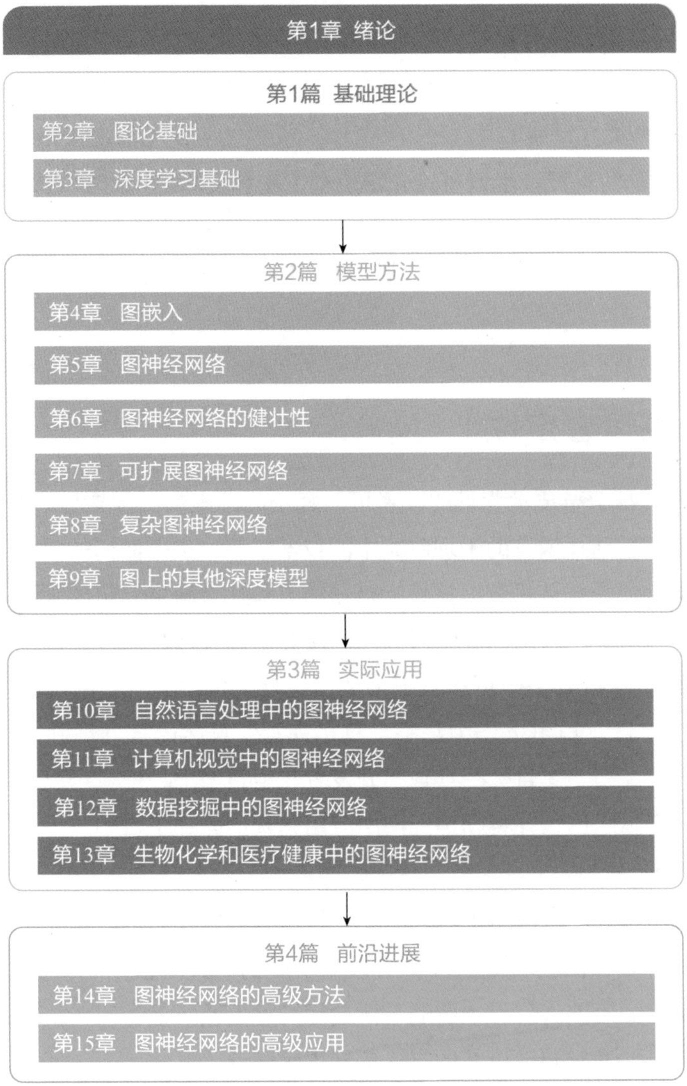

图 1–3　本书的组织

层邻域的递归扩展，单个节点邻域的扩展会迅速涉及图的很大一部分甚至整个图。因此，可扩展性是 GNN 亟待解决的问题。第 7 章详细介绍用于可扩展 GNN 的代表性技术。第 8 章讨论为更复杂的图而设计的 GNN 模型。为了使深度学习技术能够在更广泛的场景下实现更多的图应用，第 9 章介绍了 GNN 之外的众多图深度模型。

- 第 3 篇：实际应用。图提供了真实数据的通用表示方法，在图上运用深度学习的方法已应用于各个领域。本篇介绍 GNN 的代表性应用，包括第 10 章中的自然语言处理、第 11 章中的计算机视觉、第 12 章中的数据挖掘和第 13 章中的生物化学和医疗健康。
- 第 4 篇：前沿进展。本篇重点介绍模型方法和实际应用方面的最新进展。第 14 章将从表达性、深度、公平性、可解释性和自监督学习方面介绍高级 GNN。第 15 章讨论 GNN 的更多应用领域，包括组合优化、物理和程序表示。

1.4 本书读者定位

具有计算机科学与技术背景的读者可以轻松阅读本书。掌握微积分、线性代数、概率论和统计的基础知识有助于理解其中的技术细节。本书面向的目标读者群体非常广泛。第一类目标受众是对数据挖掘、机器学习和社交网络分析感兴趣的高年级本科生和研究生。本书可作为图深度学习方向的研究生课程教材，也可以作为课程的一部分。例如，第 1 篇和第 2 篇可以被视为数据挖掘、机器学习和社交网络分析课程中的高级主题；而第 3 篇可以作为解决计算机视觉、自然语言处理和医疗健康中传统任务的高级方法。第二类目标受众包括开发者和项目经理，他们可以学习图深度学习的基础知识和实际示例，并将图神经网络应用到其产品和平台中。因为图神经网络已被应用到计算机科学以外的众多学科中，所以第三类目标受众是没有计算机科学背景，但想要应用图神经网络来推进其所在学科发展的研究人员。

具有不同背景和阅读目的的读者可以用不同的方式阅读本书。图 1–4 展示了本书的阅读指南。如果读者打算了解简单图的图神经网络方法（第 5 章），需要阅读有关图和深度学习的基础知识以及图嵌入的知识（第 2、第 3 和第 4 章）。如果读者想应用图神经网络来促进医疗健康（第 13 章），应首先阅读图和深度学习基础知识、图嵌入和图神经网络方法（用于简单图和复杂图，即第 2、第 3、第 4、第 5 和第 8 章）。第三类读者应该在相应的应用领域中具备必需的背景知识。此外，如果读者已经具备相应的背景知识，可以随时跳过某些章节。例如，如果读者了解图和深度学习的基础知识，则应跳过第 2 章和第 3 章，仅阅读第 4 章和第 5 章了解针对简单图设计的 GNN。

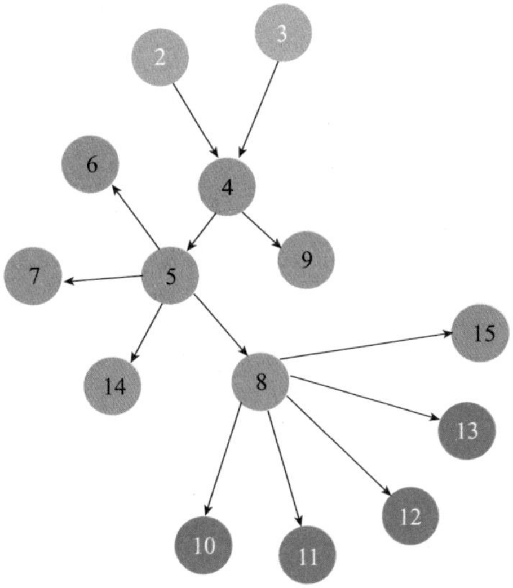

图 1–4　本书的阅读指南[1]

1.5 图特征学习的简要发展史

为了利用传统的机器学习执行图上的计算任务，人们期望找到节点表示形式。如图 1–5 所示，主要有两种方法可以实现此目标：特征工程和特征学习。特征工程依赖手工设计的特征，例如节点度的统计信息；而特征学习是自动学习节点特征。一方面，人们通常没有办法事先知道哪些特征是重要的，特别是对于给定的下游任务而言。因此，来自特征工程的特征对于下游任务而言可能不是最理想的，并且该过程需要大量的人力。另一方面，特征学习是自动学习特征，该过程可以由下游任务直接指导。因此，学习到的特征可能适合于下游任务，且通常比通过特征工程获得的特征能够取得更好的性能；同时，该过程需要最少的人工干预，并且可以轻松地适应新任务。因此，图的特征学习已经得到了广泛关注，并且已经诞生了各种类型的特征学习技术来满足不同的要求和场景。本小节将这些技术粗略地划分为：图特征选择，以移除节点上的无关和冗余的特征；图表示学习，其目标是生成一组新的节点特征。为了给读者提供了解图深度学习的历史背景，本节简要回顾这两种技术。

① 注：圆圈中的数字表示相应的章节，如图 1–3 所示。

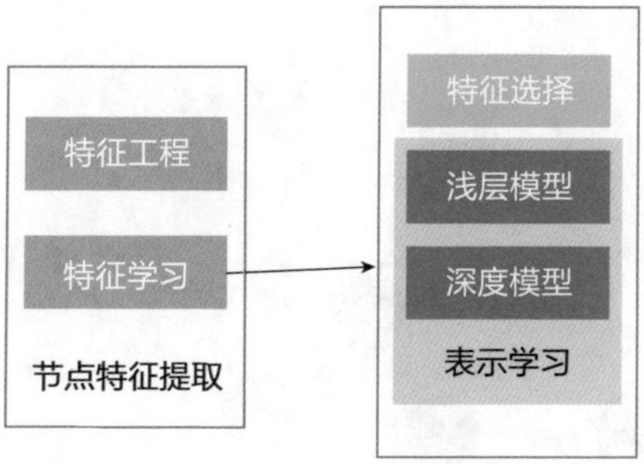

图 1–5　节点特征提取

1.5.1　图特征选择

现实世界中的数据通常是高维度的，并且存在嘈杂的、不相关和多余的特征（或维度），尤其是在考虑给定任务时。特征选择旨在自动地选择一小部分特征，这些子集具有最小的冗余度，但与学习目标（例如在监督学习中的类标签）有最大相关性。在许多应用中，原始特征对于知识提取和模型解释至关重要。例如，在用于研究癌症的遗传分析中，除了区分癌组织，鉴定诱导癌发生的基因（即原始特征）更重要。在这些应用中，特征选择是优先考虑的，因为它可以保留原始特征，并且它们的语义通常为学习问题提供关键的见解和解释。传统特征选择假定数据实例是独立同分布的（i.i.d.）。然而，许多应用中的数据样本都嵌入在图上，因此它们在本质上不是独立同分布的，这推动了图特征选择的研究领域。给定图 $\mathcal{G}=\{\mathcal{V},\mathcal{E}\}$，其中 $\mathcal{V}$ 是节点集，$\mathcal{E}$ 是边集，假设每个节点最初都与一组维度为 d 的特征 $\mathcal{F}=\{f_1,f_2,\cdots,f_d\}$ 相关联。图特征选择旨在从 $\mathcal{F}$ 中选择 K 个特征，其中 $K \ll d$。首先，在有监督的情况下对该问题进行了研究[5, 6]。这些方法使用线性分类器将所选特征映射到类别标签，并引入图正则化项，以捕获结构信息来选择特征。特别地，该正则项旨在确保具有所选特征的连接的节点可以映射到相似的标签中。然后，在无监督的情况下对问题进行了进一步研究[7, 8, 9]。在文献[9]中，它首先从结构信息中提取伪标签，然后用伪标签充当监督信息指导特征选择过程。在文献[7]中，假定节点内容和结构信息都是从一组高质量的特征中生成的，而这些特征可以通过最大化生成过程获得。在后续的工作中，问题从简单图扩展到复杂图，例如动态图[10]、多维图[11]、有符号图[12, 13]和属性图[14]。

1.5.2 图表示学习

与图特征选择不同，图表示学习是学习一组新的节点特征，它已经被深入研究了数十年，并且通过深度学习得到了极大的加速。本节将简要回顾从浅层模型到深层模型的历史过程。

在早期阶段，图表示学习已经在谱聚类[15, 16]、基于图的降维[17, 18, 19] 和矩阵分解[17, 18, 19] 的背景下进行了研究。在谱聚类中，数据点被视为图的节点，然后聚类问题变成了将图划分为节点社区。谱聚类的关键一步是谱嵌入，它旨在将节点嵌入低维空间中，在该空间中可以将传统的聚类算法（如 K-Means）应用于识别聚类。基于图的降维技术可以直接应用于学习节点表示。这些方法通常基于数据样本的原始特征，使用预定义的距离（或相似度）函数构建亲和度图，然后通过保留该亲和度图的结构信息学习节点表示。例如，IsoMap[18] 通过测地线保留全局几何，而 LLE[19] 和 eigenmap[17] 保留亲和图中的局部邻域信息。因为前述方法经常需要在亲和矩阵（邻接矩阵或拉普拉斯矩阵）上进行特征分解，所以它们通常具有很高的计算复杂度。矩阵是表示图（例如邻接矩阵和拉普拉斯矩阵）最流行的方法之一。矩阵分解可以自然地应用于学习节点表示。使用邻接矩阵来表示图作为示例，矩阵分解的目的是将节点嵌入低维空间中，在该空间中可以利用新的节点表示重建邻接矩阵。文档语料库可以表示以文档和单词为节点的二分图，如果一个单词出现在某个文档中，则单词和对应的文档之间存在一条边。LSI 已采用截断奇异值分解（truncated SVD）学习文档和单词的表示形式[20]。在推荐系统中，用户和商品之间的交互可以表示为二分图。矩阵分解既被用于推荐系统学习用户和商品的表示[21]，也被用于节点分类[22, 23]、链接预测[24, 25] 和社区检测[26] 等任务学习节点表示。实际上，后文介绍的一系列最新的图嵌入算法也可以归为矩阵分解[27]。

Word2vec 是一种生成词嵌入的技术[28]，它需要大量的文本语料库作为输入，并为语料库中的每个唯一单词生成矢量表示。Word2vec 在各种自然语言处理任务中获得了巨大成功，促使人们努力将 Word2vec，尤其是 Skip-gram 模型应用于图的节点表示学习。DeepWalk 迈出了实现这一目标的第一步[29]，它首先把给定图中的节点视为人类语言的单词，并通过在图中随机游走生成该语言的句子。然后使用 Skip-gram 模型学习节点表示，从而保留了这些随机游走中的节点共现。在三个主要方向上涌现出了大量工作：（1）开发先进的方法保存节点共现[30, 31, 32]；（2）保留其他类型的信息，例如节点的结构角色[33]、社区信息[34] 和节点状态[35, 36, 37]；（3）设计复杂图的嵌入框架，例如有向图[38]、异构图[39, 40]、二分图[41]、多维图[42]、有符号图[43]、超图[44] 和动态图[45, 46]。

鉴于深度神经网络在表示学习中的强大功能和成功经验，研究者们已付出越来越多的努力将它们扩展到图。这些方法被称为图神经网络（GNN），可以将其大致分为空间方法和谱方法。空间方法显式地利用了图结构，例如空间上接近的邻居，第一个空间方法在 2005 年由文献[47]提出。通过图的傅里叶变换和逆图傅里叶变换，谱方法利用了图的谱视图[48]。在深度学习时代，GNN 在以下几方面得到了迅速发展。

- 提出了大量新的 GNN 模型，包括谱方法[49, 50] 和空间方法[51, 52, 53, 54, 55, 56]。
- 侧重于图的任务（graph-focused tasks），例如图分类，需要得到整个图的表示。因此，许多池化方法被提出来，以从节点表示中获得图表示[57, 58, 59, 60]。
- 传统的 DNN 容易受到对抗性攻击，GNN 也继承了这一缺点。研究者已经开发了多种图对抗攻击方法[61, 62, 63, 64] 和各种图对抗防御技术[63, 65, 66, 67]。
- 可扩展性是 GNN 面临的紧迫问题。目前已存在很多将 GNN 应用到大型图的策略[68, 69, 70]。
- 新的 GNN 模型被设计用于处理复杂图，例如异构图[71, 72, 73]、二分图、多维图[74]、有符号图 [75]、超图[76, 77] 和动态图[78]。
- 更多的深度架构被扩展到图上，诸如自编码器[79, 80]、变分自编码器[81]、递归神经网络[82, 83] 和生成对抗网络[84] 等。
- 由于图是一种通用的数据表示形式，因此 GNN 已被用于许多领域，例如自然语言处理、计算机视觉、数据挖掘和医疗健康。

1.6 小结

本章讨论了将深度学习应用到图上所面临的机遇和挑战，这些促成了本书要探讨的主题——图深度学习。本书将涵盖图深度学习的四大方面，包括基础理论、模型方法、实际应用和前沿进展，以适应具有不同背景和阅读目标的读者。本书可以使各种类型的读者受益，包括高年级本科生、研究生、开发人员、项目经理和各学科的研究人员。为了给读者提供更多的背景信息，本章最后对图的特征学习进行了简要的历史回顾。

1.7 扩展阅读

本章简要回顾了图特征选择的历史。如果读者想了解更多有关特征选择的知识，可以阅读相关图书[85, 86] 和文献综述[87]。研究者已经开发了一个名为 scikit-feature 的开源特征选择库，其中包含大多数流行的特征选择算法[88]。虽然本书是第一本关于图深度学习的综合性图书，但是目前市面上有很多介绍深度学习及其应用的图书，包括深度学习方法和模型[89, 90]、语音识别中的深度学习[91, 92] 和自然语言处理中的深度学习[93, 92]。

第1篇 基础理论

第 2 章
CHAPTER 2

图论基础

本章将介绍图论的一些基本知识，包括图的矩阵表示以及图上的重要度量和性质。同时，还将讨论谱图论和图信号处理中的重要概念，这是理解谱域图神经网络的重要基础。最后，将描述一系列现实场景下的复杂图，并介绍图上的主要计算任务。

2.1 简介

图（Graphs）描述了实体之间的两两关系，是社会科学、语言学、化学、逻辑学和物理学等领域中真实数据的基本表示方法。在社会科学中，图被广泛地用于表示个体之间的关系。在化学中，化合物被表示为以原子为节点、以化学键为边的图[94]。在语言学中，图被用于分析句子的语法和组成结构。具体来说，语法分析树（Parsing Trees）是根据上下文无关的语法来表示句子语法的图结构，抽象意义表示（Abstract Meaning Representation，AMR）则将句子的含义编码为有根图[95]。因此，图的研究引起了众多学科领域的广泛关注。本章首先介绍图的基本概念，并讨论图的邻接矩阵和拉普拉斯矩阵[96] 及其重要性质。接着介绍节点带有属性的图（或属性图），并通过将属性定义为函数或者信号来对这类图进行新的理解[97]。然后讨论为图深度学习奠定了重要基础的图傅里叶分析和图信号处理的基本概念。本章将介绍多种复杂图，这些复杂图被用于捕捉实际应用中实体之间的复杂关系。最后，本章将探讨图深度学习在实际下游任务中的应用。

2.2 图的表示

本节介绍图的定义，并聚焦于简单无权图（即图的边不带权重），在后面的小节中将介绍更多的复杂图。

定义 1（图，Graph） 一个图可以被表示为 $\mathcal{G}=\{\mathcal{V},\mathcal{E}\}$，其中 $\mathcal{V}=\{v_1,\cdots,v_N\}$ 是大小为 $N=|\mathcal{V}|$ 的节点集合，$\mathcal{E}=\{e_1,\cdots,e_M\}$ 是大小为 M 的边集合。

节点是图的重要实体。比如，社交图中的节点是用户，化合物图中的节点是原子。图 $\mathcal{G}$ 的大小被定义为图的节点数量，即 $|\mathcal{V}|$。边集合 $\mathcal{E}$ 描述了节点的连接关系。如果一条边 e_i 连接了两个节点 $v_{e_i}^1$ 和 $v_{e_i}^2$，那么这条边也可以被表示为 $(v_{e_i}^1,v_{e_i}^2)$。在有向图中，边从起点 $v_{e_i}^1$ 指向终点 $v_{e_i}^2$。相反，在无向图中，一条边中的两个节点没有顺序之分，即 $e_i=(v_{e_i}^1,v_{e_i}^2)=(v_{e_i}^2,v_{e_i}^1)$。节点 v_i 与 v_j 相邻当且仅当它们之间存在一条边，此时也认为边 e_i 和顶点 $v_{e_i}^1$ （或 $v_{e_i}^2$ ）相关联（incident）。例如，用户之间的朋友关系就可以视为社交图中节点之间的边，化学键可以视为化合物图中的边（忽略

不同类型的化学键，将所有化学键都视为同一种边）。图 $\mathcal{G}=\{\mathcal{V},\mathcal{E}\}$ 可以等价地表示为邻接矩阵的形式，它描述了节点之间的连接关系。

> 在没有特殊说明的情况下，本章只讨论无向图。

定义 2（邻接矩阵，Adjacency Matrix） 给定一个图 $\mathcal{G}=\{\mathcal{V},\mathcal{E}\}$，对应的邻接矩阵可以表示为 $\boldsymbol{A}\in\{0,1\}^{N\times N}$。邻接矩阵 $\boldsymbol{A}$ 的第 i 行第 j 列的元素 $\boldsymbol{A}_{i,j}$ ①表示节点 v_i 和 v_j 的连接关系。具体来讲，如果 v_i 和 v_j 相邻，则 $\boldsymbol{A}_{i,j}=1$，否则 $\boldsymbol{A}_{i,j}=0$。

在无向图中，v_i 和 v_j 相邻，当且仅当 v_j 和 v_i 相邻，$\boldsymbol{A}_{i,j}=\boldsymbol{A}_{j,i}$ 对于图中所有的（v_i,v_j）都成立。因此，无向图的邻接矩阵一定是对称的。

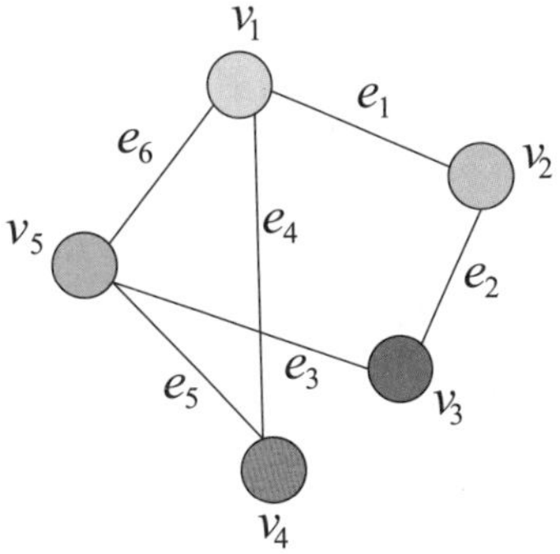

图 2–1　一个有 5 个节点和 6 条边的图

例 2.1 图 2–1 展示了一个有 5 个节点和 6 条边的图。在这个图里，节点集合表示为 $\mathcal{V}=\{v_1,v_2,v_3,v_4,v_5\}$，边集合表示为 $\mathcal{E}=\{e_1,e_2,e_3,e_4,e_5,e_6\}$。那么它的邻接矩阵如下所示：

$$\boldsymbol{A}=\begin{pmatrix}0&1&0&1&1\\1&0&1&0&0\\0&1&0&0&1\\1&0&0&0&1\\1&0&1&1&0\end{pmatrix}$$

2.3 图的性质

图的结构和性质有很多，本节讨论图的一些重要性质。

2.3.1 度

图 $\mathcal{G}$ 中节点 v 的度（Degree）表示这个节点和其他节点相邻的次数，因此度被定义如下。

① $\boldsymbol{A}_{i,j}$ 表示矩阵 $\boldsymbol{A}$ 中的第 i 行、第 j 列的标量元素。

定义 3（度，Degree） 在图 $\mathcal{G}=\{\mathcal{V},\mathcal{E}\}$ 中，节点 $v_i\in\mathcal{V}$ 的度定义为图 $\mathcal{G}$ 中与节点 v_i 相关联的边的数目。

$$d(v_i)=\sum_{v_j\in\mathcal{V}}\mathbb{1}_{\mathcal{E}}(\{v_i,v_j\}), \tag{2–1}$$

式中，$\mathbb{1}_{\mathcal{E}}(\cdot)$ 是指示函数：

$$\mathbb{1}_{\mathcal{E}}(\{v_i,v_j\})=\begin{cases}1, & (v_i,v_j)\in\mathcal{E},\\ 0, & (v_i,v_j)\notin\mathcal{E}.\end{cases} \tag{2–2}$$

节点 v_i 的度也可以利用图 $\mathcal{G}$ 的邻接矩阵计算：

$$d(v_i)=\sum_{j=1}^{N}\boldsymbol{A}_{i,j}. \tag{2–3}$$

例 2.2 如图 2–1 所示，和节点 v_5 相邻的节点有三个（v_1、v_3 和 v_4），所以它的度为 3。此外，该图的邻接矩阵的第 5 行有 3 个非零元素，这同样意味着 v_5 的度为 3。

定义 4（邻域，Neighborhood） 在图 $\mathcal{G}=\{\mathcal{V},\mathcal{E}\}$ 中，节点 v_i 的邻域 $\mathcal{N}(v_i)$ 是所有和它相邻的节点的集合。

> ! 对于节点 v_i，邻域 $\mathcal{N}(v_i)$ 中的元素个数等于 v_i 的度，即 $d(v_i)=|\mathcal{N}(v_i)|$。

定理 2.1 一个图 $\mathcal{G}=\{\mathcal{V},\mathcal{E}\}$ 中所有节点的度之和是图中边的数量的两倍：

$$\sum_{v_i\in\mathcal{V}}d(v_i)=2\cdot|\mathcal{E}|. \tag{2–4}$$

证明

$$\begin{aligned}\sum_{v_i\in\mathcal{V}}d(v_i)&=\sum_{v_i\in\mathcal{V}}\sum_{v_j\in\mathcal{V}}\mathbb{1}_{\mathcal{E}}(\{v_i,v_j\})\\&=\sum_{\{v_i,v_j\}\in\mathcal{E}}2\cdot\mathbb{1}_{\mathcal{E}}(\{v_i,v_j\})\\&=2\cdot\sum_{\{v_i,v_j\}\in\mathcal{E}}\mathbb{1}_{\mathcal{E}}(\{v_i,v_j\})\\&=2\cdot|\mathcal{E}|\end{aligned}$$

推论 无向图邻接矩阵的非零元素的个数是边的数量的两倍。

证明 结合定理 2.1 和式 (2–3) 得证。

例 2.3 如图 2–1 所示，该图一共有 6 条边，因此所有节点的度之和为 12，并且邻接矩阵的非零元素的个数也是 12。

2.3.2 连通度

连通度（Connectivity）是图的重要性质之一。在讨论图的连通度之前，首先介绍一些基础概念，如途径和路。

定义 5（途径，Walk） 图的途径是节点和边的交替序列，从一个节点开始，以一个节点结束，其中每条边与紧邻的节点相关联。

从节点 u 开始到节点 v 结束的途径称为 u-v 途径。途径的长度就是途径中包含的边的数量。注意，因为存在不同长度的不同的 u-v 途径，所以 u-v 途径并不是唯一的。

定义 6（迹，Trail） 迹是边各不相同的途径。

定义 7（路，Path） 路是节点各不相同的途径，也称路径。

例 2.4 如图 2–1 所示，$(v_1, e_4, v_4, e_5, v_5, e_6, v_1, e_1, v_2)$ 是一条长度为 4 的 v_1-v_2 途径。它是一条迹而不是路，因为这条途径中节点 v_1 出现了两次。$(v_1, e_1, v_2, e_2, v_3)$ 是 v_1-v_3 途径，它既是迹也是路。

定理 2.2 对于图 $\mathcal{G} = \{\mathcal{E}, \mathcal{V}\}$ 及其邻接矩阵 $\boldsymbol{A}$，用 $\boldsymbol{A}^n$ 表示该邻接矩阵的 n 次幂。那么 $\boldsymbol{A}^n$ 的第 i 行第 j 列的元素等于长度为 n 的 v_i-v_j 途径的个数。

证明 可以通过归纳法证明这个定理。

当 $n = 1$ 时，根据邻接矩阵的定义，如果 $\boldsymbol{A}_{i,j} = 1$，节点 v_i 和节点 v_j 之间存在一条边，这条边也可以视为一条长为 1 的 v_i-v_j 途径。如果 $\boldsymbol{A}_{i,j} = 0$，v_i 和 v_j 之间不存在边，也就不存在长度为 1 的 v_i-v_j 途径。因此，此定理适用于 $n = 1$ 的情况。

假设此定理同样适用于 $n = k$ 的情况，即 $\boldsymbol{A}^k$ 的第 i 行第 h 列的元素等于长度为 k 的 v_i-v_h 途径的数量。然后继续证明当 $n = k + 1$ 时的情况。具体来说，$\boldsymbol{A}^{k+1}$ 的第 i, j 项可以通过 $\boldsymbol{A}^k$ 和 $\boldsymbol{A}$ 计算：

$$\boldsymbol{A}_{i,j}^{k+1}=\sum_{h=1}^{N}\boldsymbol{A}_{i,h}^{k}\cdot\boldsymbol{A}_{h,j}. \tag{2–5}$$

对于式 (2–5) 中的每个 h，$\boldsymbol{A}_{i,h}^{k}\cdot\boldsymbol{A}_{h,j}$ 不为 0，仅当 $\boldsymbol{A}_{i,h}^{k}$ 和 $\boldsymbol{A}_{h,j}$ 都不为 0。因为 $\boldsymbol{A}_{i,h}^{k}$ 等于长度为 k 的 v_i-v_h 途径的数目，而且 $\boldsymbol{A}_{h,j}$ 表示长度为 1 的 v_h-v_j 途径的数目，那么 $\boldsymbol{A}_{i,h}^{k}\cdot\boldsymbol{A}_{h,j}$ 等于长度为 $k+1$ 的 v_i-v_j 且以 v_h 作为倒数第二个节点的途径的个数。故对所有不同 v_h 的途径个数求和，可以得到 $\boldsymbol{A}^{k+1}$ 的第 i,j 项元素等于长度为 $k+1$ 的 v_i-v_j 途径的数量。证毕。

定义 8（子图，Subgraph） 图 $\mathcal{G}=\{\mathcal{V},\mathcal{E}\}$ 的子图 $\mathcal{G}'=\{\mathcal{V}',\mathcal{E}'\}$ 由节点集的子集 $\mathcal{V}'\subset\mathcal{V}$ 和边集的子集 $\mathcal{E}'\subset\mathcal{E}$ 组成。此外，集合 $\mathcal{V}'$ 必须包含集合 $\mathcal{E}'$ 涉及的所有节点。

例 2.5 如图 2–1 所示，节点子集 $\mathcal{V}'=\{v_1,v_2,v_3,v_5\}$ 和边子集 $\mathcal{E}'=\{e_1,e_2,e_3,e_6\}$ 构成原图 $\mathcal{G}$ 的一个子图。

定义 9（连通分量，Connected Component） 给定一个图 $\mathcal{G}=\{\mathcal{V},\mathcal{E}\}$，如果一个子图 $\mathcal{G}'=\{\mathcal{V}',\mathcal{E}'\}$ 中任意一对节点之间都至少存在一条路，且 $\mathcal{V}'$ 中的节点不与任何 $\mathcal{V}/\mathcal{V}'$ 中的节点相连，那么 $\mathcal{G}'$ 就是一个连通分量。

例 2.6 图 2–2 展示了一个含有两个连通分量的图，其中左边与右边的连通分量没有连接。

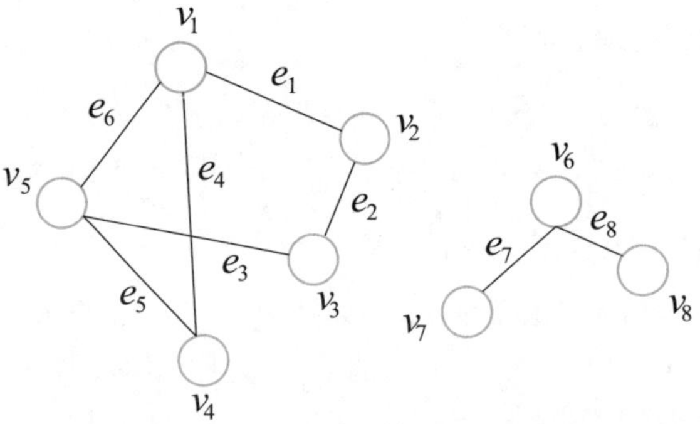

图 2–2 一个含有两个连通分量的图

定义 10（连通图，Connected Graph） 如果一个图 $\mathcal{G}=\{\mathcal{V},\mathcal{E}\}$ 只有一个连通分量，那么 $\mathcal{G}$ 是连通图。

例 2.7 图 2–1 所示的图是连通图，而图 2–2 所示的图不是连通图。

给定图中的一对节点，它们之间可能存在多条不同长度的路。例如，图 2–1 中有 3 条从节点 v_5 到节点 v_2 的路：$(v_5, e_6, v_1, e_1, v_2)$、$(v_5, e_5, v_4, e_4, v_1, e_1, v_2)$ 和 $(v_5, e_3, v_3, e_2, v_2)$。其中，$(v_5, e_6, v_1, e_1, v_2)$ 和 $(v_5, e_3, v_3, e_2, v_2)$ 两条长度为 2 的路是 v_5 到 v_2 的最短路。

定义 11（最短路，Shortest Path） 给定图 $\mathcal{G}$ 中的一对节点 v_s, $v_t \in \mathcal{V}$，且 $\mathcal{P}_{\text{st}}$ 表示节点 v_s 到节点 v_t 的路的集合。那么节点 v_s 与节点 v_t 间的最短路定义为：

$$p_{\text{st}}^{\text{sp}} = \arg\min_{p \in \mathcal{P}_{\text{st}}} |p|, \tag{2–6}$$

式中，p 表示 $\mathcal{P}_{\text{st}}$ 中一条长度为 $|p|$ 的路；$p_{\text{st}}^{\text{sp}}$ 表示最短路。注意，任意给定的节点对之间可能有多条最短路。

一对节点之间的最短路描述了它们之间的重要信息，所以图中任意节点对的最短路的集合可以描述图的重要性质。具体来说，图的直径定义为图中最长的最短路的长度。

定义 12（直径，Diameter） 给定一个连通图 $\mathcal{G} = \{\mathcal{V}, \mathcal{E}\}$，它的直径定义为

$$\text{diameter}(\mathcal{G}) = \max_{v_s, v_t \in \mathcal{V}} \min_{p \in \mathcal{P}_{\text{st}}} |p|. \tag{2–7}$$

例 2.8 对于图 2–1 所示的连通图，它的直径是 2。具体而言，该图中的一条最长的最短路是从节点 v_2 到节点 v_4 的最短路 $(v_2, e_1, v_1, e_4, v_4)$。

2.3.3 中心性

在图中，节点的中心性（Centrality）用于衡量节点在图中的重要性。本节介绍多种中心性的定义。

1. **度中心性**（Degree Centrality）

如果有许多其他节点连接到某个节点，那么后者可以被认为是重要的。因此，可以基于一个节点的度测量它的中心性。更具体地说，对于节点 v_i，其度中心性可以定义为：

$$c_d(v_i) = d(v_i) = \sum_{j=1}^{N} \boldsymbol{A}_{i,j}. \tag{2–8}$$

例 2.9 如图 2–1 所示，节点 v_1 和 v_5 的度中心性都是 3，而节点 v_2、v_3 和 v_4 的度中心性都是 2。

2. **特征向量中心性**（Eigenvector Centrality）

度中心性认为与多个节点相邻的节点是重要的，且认为所有邻居的贡献度是一样的。然而，这些相邻节点本身的重要性是不同的，因此它们对中心节点的影响不同。给定一个节点 v_i，特征向量中心性[98, 99] 用它的相邻节点的中心性来定义 v_i 的中心性：

$$c_e(v_i) = \frac{1}{\lambda}\sum_{j=1}^{N} \boldsymbol{A}_{i,j} \cdot c_e(v_j), \tag{2–9}$$

也可以表达为矩阵的形式：

$$\boldsymbol{c}_e = \frac{1}{\lambda}\boldsymbol{A} \cdot \boldsymbol{c}_e, \tag{2–10}$$

式中，$\boldsymbol{c}_e \in \mathbb{R}^N$ 是一个包含所有节点的特征向量中心性的向量。式 (2–10) 也可以表示为：

$$\lambda \cdot \boldsymbol{c}_e = \boldsymbol{A} \cdot \boldsymbol{c}_e. \tag{2–11}$$

显然，$\boldsymbol{c}_e$ 是矩阵的特征向量，λ 是其对应的特征值。一个邻接矩阵 $\boldsymbol{A}$ 存在多对特征向量和特征值。中心性的值通常为正数，所以选择中心性需要考虑所有元素均为正数的特征向量。根据 Perron-Frobenius 定理[100, 101, 102]，一个元素全为正的实方阵具有唯一的最大特征值，其对应的特征向量的元素全为正。因此可以选择最大的特征值 λ，将它的相应的特征向量作为中心性向量。

例 2.10 对于图 2–1 所示的例子，它最大的特征值是 2.481，对应的特征向量是 $[1, 0.675, 0.675, 0.806, 1]$。因此，$v_1, v_2\ v_3, v_4, v_5$ 的特征向量中心性分别是 $1, 0.675, 0.675, 0.806, 1$。注意 v_2、v_3 和 v_4 的度都是 2，但是 v_4 的特征向量中心性比另外两个节点的都要高，因为它和 v_1、v_5 两个高特征向量中心性的节点直接相连。

3. Katz **中心性**（Katz Centrality）

Katz 中心性是特征向量中心性的一个变体，它不仅考虑了邻居的中心性，而且包含了一个常数来考虑中心节点本身。具体来说，节点 v_i 的 Katz 中心性可以定义为：

$$c_k(v_i) = \alpha \sum_{j=1}^{N} \boldsymbol{A}_{i,j} c_k(v_j) + \beta, \tag{2–12}$$

式中，β 是一个常数。一个图中的所有节点的 Katz 中心性可以用矩阵形式表示为：

$$\boldsymbol{c}_k = \alpha \boldsymbol{A} \boldsymbol{c}_k + \boldsymbol{\beta}, \tag{2–13}$$

$$(\boldsymbol{I} - \alpha \cdot \boldsymbol{A})\boldsymbol{c}_k = \boldsymbol{\beta}, \tag{2–14}$$

式中，$\boldsymbol{c}_k \in \mathbb{R}^N$ 表示所有节点的 Katz 中心性的向量；$\boldsymbol{\beta}$ 表示一个包含所有节点的常数项 β 的向量；$\boldsymbol{I}$ 表示单位矩阵。值得注意的是，如果令 $\alpha = \frac{1}{\lambda_{\max}}$ 和 $\beta = 0$，那么 Katz 中心性等价于特征向量中心性，其中 $\lambda_{\max}$ 是邻接矩阵 $\boldsymbol{A}$ 的最大特征值。α 的选择对于 Katz 中心性非常关键：大的 α 值可能使矩阵 $\boldsymbol{I} - \alpha \cdot \boldsymbol{A}$ 变成病态矩阵（ill-conditioned matrix），而小的 α 可能使中心性变得没有意义，因为它总是给所有节点分配非常相似的分数。在实践中，经常令 $\alpha < \frac{1}{\lambda_{\max}}$，这就保证了矩阵 $\boldsymbol{I} - \alpha \cdot \boldsymbol{A}$ 的可逆性。那么 $\boldsymbol{c}_k$ 可按如下方式计算：

$$\boldsymbol{c}_k = (\boldsymbol{I} - \alpha \cdot \boldsymbol{A})^{-1} \boldsymbol{\beta}. \tag{2–15}$$

例 2.11 如图 2–1 所示，令 $\beta = 1$，$\alpha = \frac{1}{5}$，经计算可得节点 v_1 和 v_5 的 Katz 中心性都是 2.16，v_2 和 v_3 的 Katz 中心性是 1.79，v_4 的 Katz 中心性是 1.87。

4. 介数中心性（Betweenness Centrality）

前面提到的几种中心性基于和相邻节点的连接。另一种度量节点重要性的方法是检查它是否在图中处于重要位置。具体来说，如果有许多路通过同一个节点，那么该节点处于图中的一个重要位置。节点 v_i 的介数中心性的定义如下：

$$c_b(v_i) = \sum_{v_s \neq v_i \neq v_t} \frac{\sigma_{\mathrm{st}}(v_i)}{\sigma_{\mathrm{st}}}, \tag{2–16}$$

式中，σ_{st} 表示所有从节点 v_s 到节点 v_t 的最短路的数目（注意此处注明不区分 v_s 和 v_t）；$\sigma_{\mathrm{st}}(v_i)$ 表示这些路中经过节点 v_i 的路的数目。由式 (2–16) 可知，为了计算介数中心性，需要对所有可能的节点对求和。因此，介数中心性的值会随着图的增大而增大。为了使介数中心性在不同的图中具有可比性，需要对它进行归一化（normalization）。一种有效的方法是将所有节点的中心性除以其中的最大值。由

式 (2–16) 可知，当任意一对节点之间的最短路都通过节点 v_i 时，介数中心性达到最大值，即 $\frac{\sigma_{\mathrm{st}}(v_i)}{\sigma_{\mathrm{st}}}=1,\ \forall v_s \neq v_i \neq v_t$。在一个无向图中，共有 $\frac{(N-1)(N-2)}{2}$ 个不包含节点 v_i 的节点对，所以介数中心性的最大值是 $\frac{(N-1)(N-2)}{2}$。所以 v_i 归一化后的介数中心性 $c_{\mathrm{nb}}(v_i)$ 可以定义为:

$$c_{\mathrm{nb}}(v_i)=\frac{2\times\sum\limits_{v_s\neq v_i\neq v_t}\frac{\sigma_{\mathrm{st}}(v_i)}{\sigma_{\mathrm{st}}}}{(N-1)(N-2)}, \tag{2–17}$$

例 2.12 如图 2–1 所示，节点 v_1 和 v_5 的介数中心性是 $\frac{3}{2}$，而它们归一化后的中心性是 $\frac{1}{4}$。节点 v_2 和 v_3 的介数中心性是 $\frac{1}{2}$，而它们归一化后的中心性是 $\frac{1}{12}$。节点 v_4 的介数中心性和归一化的中心性均为 0。

2.4 谱图论

谱图论（Spectral Graph Theory）通过分析图的拉普拉斯矩阵的特征值和特征向量研究图的性质。本节首先介绍图的拉普拉斯矩阵，然后讨论拉普拉斯矩阵及其特征值和特征向量的重要性质。

2.4.1 拉普拉斯矩阵

本节介绍图的拉普拉斯矩阵，除了邻接矩阵，这是图的另一种重要的矩阵表示形式。

定义 13（拉普拉斯矩阵，Laplacian Matrix） 对于给定的图 $\mathcal{G}=\{\mathcal{V},\mathcal{E}\}$ 及其邻接矩阵 $\boldsymbol{A}$，它的拉普拉斯矩阵定义为:

$$\boldsymbol{L}=\boldsymbol{D}-\boldsymbol{A}, \tag{2–18}$$

式中，$\boldsymbol{D}$ 是对角度矩阵，$\boldsymbol{D}=\mathrm{diag}(d(v_1),\cdots,d(v_N))$。

另外一种常用的拉普拉斯矩阵是式 (2–18) 的归一化形式。

定义 14（归一化拉普拉斯矩阵） 给定图 $\mathcal{G}=\{\mathcal{V},\mathcal{E}\}$ 及其邻接矩阵 $\boldsymbol{A}$，该图的归一化拉普拉斯矩阵定义为：

$$\boldsymbol{L}=\boldsymbol{D}^{-\frac{1}{2}}(\boldsymbol{D}-\boldsymbol{A})\boldsymbol{D}^{-\frac{1}{2}}=\boldsymbol{I}-\boldsymbol{D}^{-\frac{1}{2}}\boldsymbol{A}\boldsymbol{D}^{-\frac{1}{2}}. \tag{2–19}$$

接下来，本节将集中讨论定义 13 中的非归一化拉普拉斯矩阵。但在本书后面的一些章节也会用到归一化拉普拉斯矩阵。若未明确指出，本书出现的拉普拉斯矩阵均默认为定义 13 中的非归一化拉普拉斯矩阵。

因为矩阵 $\boldsymbol{D}$ 和邻接矩阵 $\boldsymbol{A}$ 都是对称矩阵，所以拉普拉斯矩阵也是对称的。现定义一个向量 $\boldsymbol{f}$，它的第 i 个元素 $\boldsymbol{f}[i]$ 与节点 v_i 相关（或者称节点 v_i 的值是 $\boldsymbol{f}[i]$）。将 $\boldsymbol{L}$ 与 $\boldsymbol{f}$ 相乘，可得到一个新的向量：

$$\begin{aligned}\boldsymbol{h} &= \boldsymbol{L}\boldsymbol{f} \\ &= (\boldsymbol{D}-\boldsymbol{A})\boldsymbol{f} \\ &= \boldsymbol{D}\boldsymbol{f}-\boldsymbol{A}\boldsymbol{f}.\end{aligned}$$

那么 $\boldsymbol{h}$ 中的第 i 个元素可以表示为：

$$\begin{aligned}\boldsymbol{h}[i] &= d(v_i)\cdot\boldsymbol{f}[i]-\sum_{j=1}^{N}\boldsymbol{A}_{i,j}\cdot\boldsymbol{f}[i] \\ &= d(v_i)\cdot\boldsymbol{f}[i]-\sum_{v_j\in\mathcal{N}(v_i)}\boldsymbol{A}_{i,j}\cdot\boldsymbol{f}[i] \\ &= \sum_{v_j\in\mathcal{N}(v_i)}(\boldsymbol{f}[i]-\boldsymbol{f}[j]).\end{aligned} \tag{2–20}$$

由式 (2–20) 可知，$\boldsymbol{h}[i]$ 是节点 v_i 与其邻居 $\mathcal{N}(v_i)$ 的差的和。接下来计算 $\boldsymbol{f}^\top\boldsymbol{L}\boldsymbol{f}$：

$$\begin{aligned}\boldsymbol{f}^\top\boldsymbol{L}\boldsymbol{f} &= \sum_{v_i\in\mathcal{V}}\boldsymbol{f}[i]\sum_{v_j\in\mathcal{N}(v_i)}(\boldsymbol{f}[i]-\boldsymbol{f}[j]) \\ &= \sum_{v_i\in\mathcal{V}}\sum_{v_j\in\mathcal{N}(v_i)}(\boldsymbol{f}[i]\cdot\boldsymbol{f}[i]-\boldsymbol{f}[i]\cdot\boldsymbol{f}[j]) \\ &= \sum_{v_i\in\mathcal{V}}\sum_{v_j\in\mathcal{N}(v_i)}(\frac{1}{2}\boldsymbol{f}[i]\cdot\boldsymbol{f}[i]-\boldsymbol{f}[i]\cdot\boldsymbol{f}[j]+\frac{1}{2}\boldsymbol{f}[j]\cdot\boldsymbol{f}[j]) \\ &= \frac{1}{2}\sum_{v_i\in\mathcal{V}}\sum_{v_j\in\mathcal{N}(v_i)}(\boldsymbol{f}[i]-\boldsymbol{f}[j])^2.\end{aligned} \tag{2–21}$$

因此，$\boldsymbol{f}^\top\boldsymbol{L}\boldsymbol{f}$ 是相邻节点之间的差的平方和，它度量相邻节点的值之间的差异。可以看出，对于任何一个实向量 $\boldsymbol{f}$，$\boldsymbol{f}^\top\boldsymbol{L}\boldsymbol{f}$ 总是非负的，这表明拉普拉斯矩阵是半正定的。

2.4.2 拉普拉斯矩阵的特征值和特征向量

本节将讨论拉普拉斯矩阵的特征值和特征向量的主要性质。

定理 2.3 对于图 $\mathcal{G}=\{\mathcal{V},\mathcal{E}\}$，其拉普拉斯矩阵的特征值是非负的。

证明 假设拉普拉斯矩阵 $\boldsymbol{L}$ 的特征值是 λ，其对应的归一化特征向量是 $\boldsymbol{u}$。请注意 $\boldsymbol{u}$ 是一个单位非零向量，因此 $\boldsymbol{u}^\top\boldsymbol{u}=1$。那么可得：

$$\lambda=\lambda\boldsymbol{u}^\top\boldsymbol{u}=\boldsymbol{u}^\top\lambda\mathbf{u}=\boldsymbol{u}^\top\boldsymbol{L}\boldsymbol{u}\geqslant 0. \tag{2–22}$$

证毕。

对于一个有 N 个节点的图 $\mathcal{G}$，它共有 N 个特征值和特征向量（其中可能会有重复的）。根据定理 2.3，拉普拉斯矩阵所有的特征值都是非负的。此外，它总存在一个等于 0 的特征值。对于向量 $\boldsymbol{u}_1=\frac{1}{\sqrt{N}}(1,\cdots,1)$，通过式 (2–22) 可以轻松地得到 $\boldsymbol{L}\boldsymbol{u}_1=\boldsymbol{0}=0\boldsymbol{u}_1$，这意味着 $\boldsymbol{u}_1$ 是一个对应于 0 的特征向量。为了方便描述，将这些特征值排列为 $0=\lambda_1\leqslant\lambda_2\leqslant\cdots\leqslant\lambda_N$，相应的归一化特征向量表示为 $\boldsymbol{u}_1,\cdots,\boldsymbol{u}_N$。

定理 2.4 给定一个图 $\mathcal{G}$，其拉普拉斯矩阵的特征值为 0 的数目（特征值 0 的重数）等于图中连通分量的数目。

证明 假设在图中存在 K 个连通分量，则节点集 $\mathcal{V}$ 可以被划分为 K 个不相交的子集 $\mathcal{V}_1,\cdots,\mathcal{V}_K$。首先证明至少存在 K 个正交的特征向量，其对应的特征值为 0。按照如下条件构建 K 个向量 $\boldsymbol{u}_1,\cdots,\boldsymbol{u}_K$：如果 $v_j\in\mathcal{V}_i$，$\boldsymbol{u}_i[j]=\frac{1}{\sqrt{|\mathcal{V}_i|}}$，否则 $\boldsymbol{u}_i[j]=0$。可知，对于 $i=1,\cdots,K$，$\boldsymbol{L}\boldsymbol{u}_i=0$，那么这 K 个向量都是 $\boldsymbol{L}$ 对应于特征值 0 的特征向量。不难知道，如果 $i\neq j$，那么 $\boldsymbol{u}_i^\top\boldsymbol{u}_j=0$，这意味着这 K 个特征向量相互正交，因此特征值 0 的重数至少为 K。接下来证明至多存在 K 个正交的特征向量对应于特征值 0。假定存在另一个特征向量 $\boldsymbol{u}^*$，其对应的特征值为 0，并且该特征向量与上述所有的 K 个特征向量正交。由于 $\boldsymbol{u}^*$ 是非零的，所以在 $\boldsymbol{u}^*$ 中必须存在一个非零的元素。假设这个元素是 $\boldsymbol{u}^*[d]$，且与节点 $v_d\in\mathcal{V}_i$ 相对应。根据式 (2–21) 可得

$$\boldsymbol{u}^{*\top}\boldsymbol{L}\boldsymbol{u}^*=\frac{1}{2}\sum_{v_i\in\mathcal{V}}\sum_{v_j\in\mathcal{N}(v_i)}(\boldsymbol{u}^*[i]-\boldsymbol{u}^*[j])^2. \tag{2–23}$$

为了确保 $\boldsymbol{u}^{*\top}\boldsymbol{L}\boldsymbol{u}^*=0$，同一连通分量中节点的值必须相同。这表示 $\mathcal{V}_i$ 中的所有节点与节点 v_d 具有相同的值 $\boldsymbol{u}^*[d]$，因此 $\boldsymbol{u}_i^\top\boldsymbol{u}^*>0$。这意味着 $\boldsymbol{u}_i$ 不和 $\boldsymbol{u}^*$ 正交，

这和前面的假设 $\boldsymbol{u}^*$ 与其他特征向量正交相矛盾。所以，在构造的 K 个向量之外，不再有其他与特征值 0 相对应的特征向量。

2.5 图信号处理

在许多现实世界的图中，经常存在一些与图中的节点相关联的特征或属性。这种图结构数据可以看作图信号，它捕获结构信息（或节点之间的连接）和数据（或节点上的属性）。图信号由图 $\mathcal{G} = \{\mathcal{V}, \mathcal{E}\}$ 和在节点域上定义的将节点映射为实数值的映射函数 $\boldsymbol{f}$ 构成。在数学上，该映射函数可以表示为：

$$\boldsymbol{f} : \mathcal{V} \to \mathbb{R}^{N \times d}, \tag{2–24}$$

式中，d 是节点属性向量的维度。在本节中，令 $d = 1$，并将所有节点的映射值用 $\boldsymbol{f} \in \mathbb{R}^N$ 表示，节点 v_i 的映射值用 $\boldsymbol{f}[i]$ 表示。

例 2.13 图 2–3 展示了一维图信号的例子，其中节点的颜色代表了它的属性相关值，较小的值倾向于蓝色，较大的值倾向于红色。

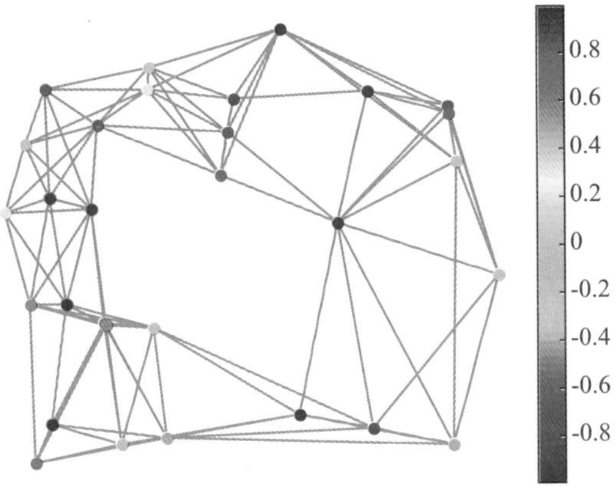

图 2–3 一维图信号

如果某个图中相邻的节点的值是相似的，那么这个图被认为是平滑的（smooth）。一个平滑的图信号是低频率的，因为这些值通过图中的边在缓慢地变化。式 (2–21) 中的拉普拉斯矩阵二次型可以用来测量一个图信号 $\boldsymbol{f}$ 的平滑度（或频率），因为它是所有相邻节点对的平方差之和。具体来说，一个图信号越平滑，$\boldsymbol{f}^\top \boldsymbol{L} \boldsymbol{f}$ 的值越小。因此，$\boldsymbol{f}^\top \boldsymbol{L} \boldsymbol{f}$ 的值也被称为信号的平滑度（或频率）。

在传统的信号处理中，信号可以表示在两个域——时域和频域。同样，图信号也可以表示在两个域，即空间域和谱域（或频域）。图信号的谱域基础是图傅里叶变换（Graph Fourier Transform，GFT），它是建立在谱图论之上的。

传统的傅里叶变换可表示为[103]：

$$\hat{f}(\xi) =< f(t), \exp(-2\pi \mathrm{i} t\xi) >= \int_{-\infty}^{\infty} f(t)\exp(-2\pi \mathrm{i} t\xi)\mathrm{d}t. \tag{2–25}$$

式中，$\hat{f}$ 是 f 的傅里叶变换；ξ 表示相应指数的频率。它将信号 $f(t)$ 分解为一系列复指数形式 $\exp(-2\pi \mathrm{i} t\xi)$，这些指数是一维拉普拉斯算子（或二阶微分算子）的特征函数，因为：

$$\begin{aligned}\nabla(\exp(-2\pi \mathrm{i} t\xi)) &= \frac{\partial^2}{\partial t^2}\exp(-2\pi \mathrm{i} t\xi)\\ &= \frac{\partial}{\partial t}(-2\pi \mathrm{i}\xi)\exp(-2\pi \mathrm{i} t\xi)\\ &= -(2\pi \mathrm{i}\xi)^2\exp(-2\pi \mathrm{i} t\xi).\end{aligned} \tag{2–26}$$

类似地，一个在图 $\mathcal{G}$ 上的信号 $\boldsymbol{f}$ 的图傅里叶变换可表示为：

$$\hat{\boldsymbol{f}}[l] =< \boldsymbol{f}, \boldsymbol{u}_l >= \sum_{i=1}^{N} \boldsymbol{f}[i]\boldsymbol{u}_l[i], \tag{2–27}$$

式中，$\boldsymbol{u}_l$ 表示图的拉普拉斯矩阵 $\boldsymbol{L}$ 的第 l 个特征向量，其对应的特征值 λ_l 表示 $\boldsymbol{u}_l$ 的频率（或平滑度）。向量 $\hat{\boldsymbol{f}}$ 是 $\boldsymbol{f}$ 的图傅里叶变换，$\hat{\boldsymbol{f}}[l]$ 表示它的第 l 个元素。这些特征向量是图 $\mathcal{G}$ 上傅里叶基，而 $\hat{\boldsymbol{f}}$ 由信号 $\boldsymbol{f}$ 对应这些傅里叶基的图傅里叶系数组成。$\boldsymbol{f}$ 的图傅里叶变换也可以用矩阵形式表示为：

$$\hat{\boldsymbol{f}} = \boldsymbol{U}^{\top}\boldsymbol{f}, \tag{2–28}$$

式中，矩阵 $\boldsymbol{U}$ 的第 l 列是 $\boldsymbol{u}_l$。

根据

$$\boldsymbol{u}_l^{\top}\boldsymbol{L}\boldsymbol{u}_l = \lambda_l \cdot \boldsymbol{u}_l^{\top}\boldsymbol{u}_l = \lambda_l, \tag{2–29}$$

可知特征值 λ_l 度量对应的特征向量 $\boldsymbol{u}_l$ 的平滑度。更具体地说，与小的特征值相关联的特征向量在图中变化缓慢，即相邻节点的特征向量的值是相似的。因此这些特征向量是平滑的，并在整个图上低频地变化。相反，对应于大特征值的特征向量，即使在两个相邻节点上也可能有非常不同的值。一个极端的例子是与特征值 0 相对应的第一个特征向量 $\boldsymbol{u}_1$：$\boldsymbol{u}_1$ 在所有节点上都是常数，这表明它的值在图中没有变化，因此它非常平滑，并具有非常低的频率 0。这些特征向量就是图 $\mathcal{G}$ 的傅里叶基，其对应的特征值表示它们的频率。如式 (2–28) 所示，图傅里叶变换可以看作把图信号 $\boldsymbol{f}$ 分解到不同频率的傅里叶基的过程。这个过程得到的系数 $\hat{\boldsymbol{f}}$ 表示对应的傅里叶基对输入信号的贡献程度。

例 2.14　图 2–4 展示了图 2–3 中图的傅里叶基的频率。

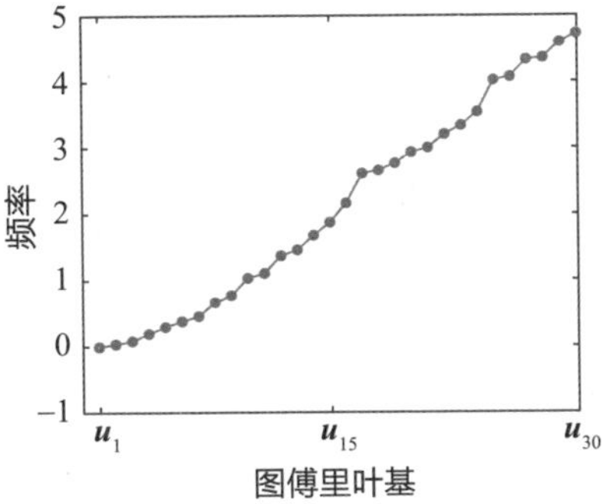

图 2–4　傅里叶基的频率

图傅里叶系数 $\hat{\boldsymbol{f}}$ 可以看作 $\boldsymbol{f}$ 在谱域上的表示。图上同样也存在图傅里叶逆变换（Inverse Graph Fourier Transform，IGFT），它把信号的谱域表示转成空间域表示：

$$\boldsymbol{f}[i] = \sum_{l=1}^{N} \hat{f}[l]\boldsymbol{u}_l[i]. \tag{2–30}$$

这个过程也可用如下的矩阵形式表示：

$$\boldsymbol{f} = \boldsymbol{U}\hat{\boldsymbol{f}}. \tag{2–31}$$

综上所述，图信号可以表示为两个域，即空间域和谱域。两个域中的表示可以通过图傅里叶变换与图傅里叶逆变换相互转换。

例 2.15　图 2–5 展示了一个图信号的空间域和谱域表示。具体来讲，图 2–5(a) 展示了空间域上的图信号，而图 2–5(b) 展示了同样信号在谱域上的图信号。

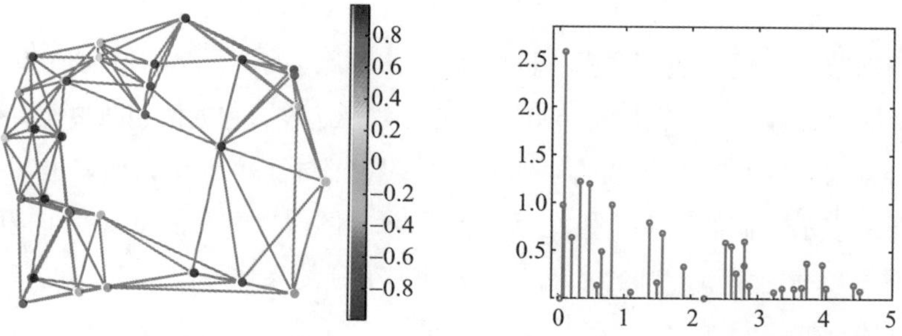

(a) 空间域上的图信号

(b) 谱域上的图信号

图 2–5 一个图信号在空间域和谱域的两种表示

2.6 复杂图

前面介绍了简单图及其重要性质。然而，在实际应用中的图要复杂得多。本节将简要描述现实世界中的多种复杂图及其定义。

2.6.1 异质图

前面讨论的简单图是同质图，它只包含一种类型的节点以及一种类型的边。然而，在许多实际应用中，往往需要对多种类型的节点以及这些节点之间多种类型的关系进行建模。如图 2–6 所示，在描述出版物及其引用关系的学术网络中，有三种类型的节点，包括作者、论文和会议。在该网络中，不同类型的边描述不同类型的节点之间的不同关系。例如，该网络存在描述论文之间引用关系的边，也存在表示作者与论文之间的作者关系的边。异质图的正式定义如下。

定义 15（异质图，Heterogeneous Graphs） 一个异质图 $\mathcal{G}$ 由一组节点 $\mathcal{V}=\{v_1,\cdots,v_N\}$ 和一组边 $\mathcal{E}=\{e_1,\cdots,e_N\}$ 构成。其中每个节点和每条边都对应着一种类型。用 $\mathcal{T}_n$ 表示节点类型的集合，$\mathcal{T}_e$ 表示边类型的集合。一个异质图有两个映射函数，分别是将每个节点映射到对应类型的 $\phi_n:\mathcal{V}\rightarrow\mathcal{T}_n$，及将每条边映射到对应类型的 $\phi_e:\mathcal{E}\rightarrow\mathcal{T}_e$。

2.6.2 二分图

在二分图（Bipartite Graphs）$\mathcal{G}=\{\mathcal{V},\mathcal{E}\}$ 中，它的节点集 $\mathcal{V}$ 可以分为两组不相交的子集 $\mathcal{V}_1$ 和 $\mathcal{V}_2$，而 $\mathcal{E}$ 中的每条边都连接着 $\mathcal{V}_1$ 中的一个节点和 $\mathcal{V}_2$ 中的一个节

点。二分图被广泛用于捕获不同对象之间的互动。如图 2–7 所示，在许多电子商务平台中，用户的点击历史可以被建模为一个二分图，其中用户和商品是两个不相交的节点集，而用户的点击行为形成了它们之间的边。接下来，正式定义二分图。

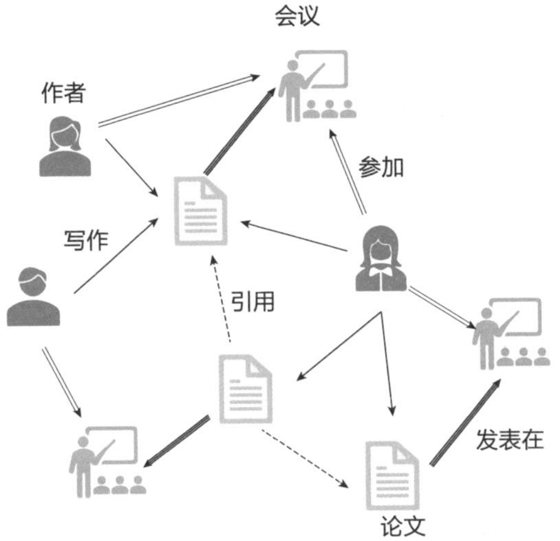

图 2–6 异质学术图

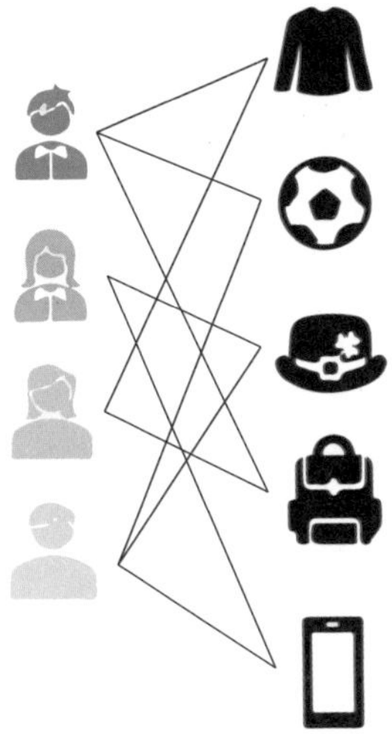

图 2–7 电子商务中的二分图

定义 16（二分图，Bipartite Graphs） 给定一个图 $\mathcal{G} = \{\mathcal{V}, \mathcal{E}\}$，$\mathcal{G}$ 是二分图当且仅当 $\mathcal{V} = \mathcal{V}_1 \cup \mathcal{V}_2$，$\mathcal{V}_1 \cap \mathcal{V}_2 = \emptyset$，并且对于所有的边 $e = (v_e^1, v_e^2) \in \mathcal{E}$，都有 $v_e^1 \in \mathcal{V}_1$ 和 $v_e^2 \in \mathcal{V}_2$。

2.6.3 多维图

在许多现实世界的图中，多种关系可以同时存在于同一对节点之间。在视频分享网站 YouTube 上就存在这样的例子。其中，网站用户可以被视为节点，用户可以相互订阅，这可以看作一种关系（边）。用户也可以通过“分享”或“评论”其他用户的视频等关系进行连接。另一个例子来自电子商务网站，如淘宝网，用户可以通过各种不同的行为，如“点击”“购买”“评论”与物品进行互动。这些具有多重关系的图可以自然地被建模为多维图，其中每种类型的关系都被看作一个维度。

定义 17（多维图，Multi-dimensional Graphs） 一个多维图由一个节点集 $\mathcal{V} = \{v_1, \cdots, v_N\}$ 和 D 个边集 $\{\mathcal{E}_1, \cdots, \mathcal{E}_D\}$ 构成。每个边集 $\mathcal{E}_d$ 描述了节点之间的一种关系。这 D 种关系也可以表示为 D 个邻接矩阵 $\boldsymbol{A}^{(1)}, \cdots, \boldsymbol{A}^{(D)}$。第 d 维对应着

邻接矩阵 $\boldsymbol{A}^{(d)} \in \mathbb{R}^{N\times N}$，描述了节点之间的边 $\mathcal{E}_d$。$\boldsymbol{A}^{(d)}$ 的第 i,j 项，即 $\boldsymbol{A}_{i,j}^{(d)}$，等于 1 当且仅当 v_i 和 v_j 在第 d 维存在一条边（或者 $(v_i,v_j)\in\mathcal{E}_d$），否则为 0。

2.6.4 符号图

随着在线社交网络的日益流行，包含正边和负边的符号图（Signed Graphs）变得越来越普遍。在社交网络如 Facebook 和 Twitter 中，很多用户之间的关系可以表示为符号图。比如用户可以关注或屏蔽其他用户，“关注”行为可以看作用户之间的正关系，而“屏蔽”行为可以看作用户之间的负关系。同时，“unfriend”行为也可以看作负关系。图 2–8 是一个符号图的示例，其中用户是节点，而“unfriend”和朋友关系分别是“负”边和“正”边。符号图的正式定义如下。

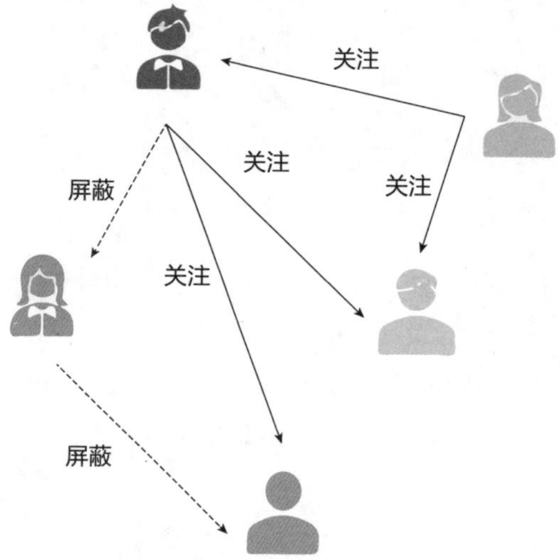

图 2–8 符号图的示列

定义 18（符号图，Signed Graphs） 用 $\mathcal{G}=\{\mathcal{V},\mathcal{E}^+,\mathcal{E}^-\}$ 表示一个符号图，其中 $\mathcal{V}=\{v_1,\cdots,v_N\}$ 是一个包含 N 个节点的集合，而 $\mathcal{E}^+\subset\mathcal{V}\times\mathcal{V}$ 和 $\mathcal{E}^-\subset\mathcal{V}\times\mathcal{V}$ 分别表示正边和负边集合。值得注意的是，符号图中的边要么是正的要么是负的，即 $\mathcal{E}^+\cap\mathcal{E}^-=\emptyset$。这些正边和负边也可以用一个符号邻接矩阵 $\boldsymbol{A}$ 表示，其中 $\boldsymbol{A}_{i,j}=1$，当且仅当 v_i 和 v_j 存在一条正边，$\boldsymbol{A}_{i,j}=-1$ 表示 v_i 和 v_j 有一条负边，如果没有边，则 $\boldsymbol{A}_{i,j}=0$。

2.6.5　超图

到目前为止，所介绍的图只通过边编码节点的两两关系。然而，在许多实际应用中，节点关系不仅仅只有两两关系。图 2–9 显示了描述论文之间关系的超图。一个特定的作者可以发表两篇以上的论文，因此作者可以被看作连接多篇论文（或节点）的超边。

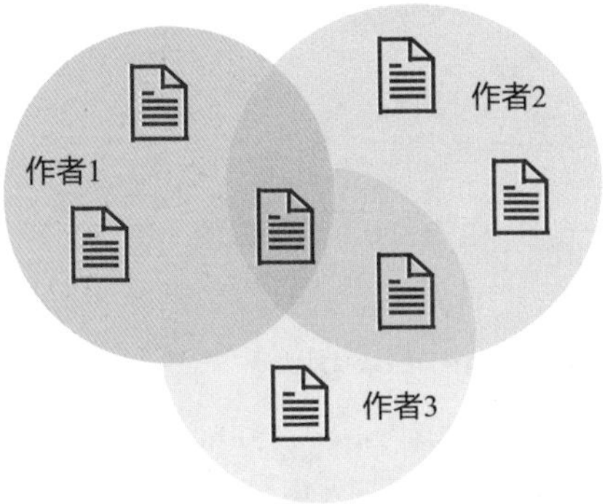

图 2–9　超图的示例

与简单图中的边相比，超边可以编码高阶关系。具有超边的图称为超图。超图的正式定义如下。

定义 19（超图）　用 $\mathcal{G}=\{\mathcal{V},\mathcal{E},\boldsymbol{W}\}$ 表示一个超图，其中 $\mathcal{V}$ 是一个包含 N 个节点的集合，$\mathcal{E}$ 是一组超边，$\boldsymbol{W}\in\mathbb{R}^{|\mathcal{E}|\times|\mathcal{E}|}$ 是一个对角矩阵，其中 $\boldsymbol{W}_{j,j}$ 表示超边 e_j 的权重。超图 $\mathcal{G}$ 可以用一个关联矩阵（incidence matrix）$\boldsymbol{H}\in\mathbb{R}^{|\mathcal{V}|\times|\mathcal{E}|}$ 表示，其中 $\boldsymbol{H}_{i,j}=1$ 表示 v_i 和 e_j 相关联。对于节点 v_i，它的度为 $d(v_i)=\sum\limits_{j=1}^{|\mathcal{E}|}\boldsymbol{H}_{i,j}$，而一条超边的度被定义为 $d(e_j)=\sum\limits_{i=1}^{|\mathcal{V}|}\boldsymbol{H}_{i,j}$。此外，用 $\boldsymbol{D}_e$ 和 $\boldsymbol{D}_v$ 分别表示边和节点的度矩阵。注意，$\boldsymbol{D}_e$ 和 $\boldsymbol{D}_v$ 都是对角矩阵。

2.6.6　动态图

前面所讲的图都是静态的，因为它们的节点之间的连接是固定的。然而，在许多实际应用中，随着新节点的添加和新边的不断出现，图在不断演化。例如，在 Facebook 社交网络中，用户可以不断地与他人建立朋友关系，新用户也可以随时加入。这种不断变化的图可以被建模为动态图（Dynamic Graphs），图中的每个节点或每条边都与时间戳相关联。如图 2–10 所示，其中每条边都与一个时间戳相关联，而节点的时间戳是该节点产生第一条边的时间。动态图的正式定义如下。

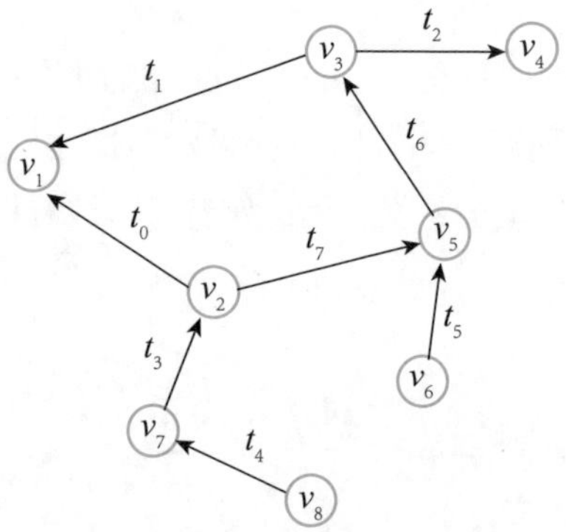

图 2–10 动态图的示例

定义 20（动态图，Dynamic Graphs） 一个动态图 $\mathcal{G} = \{\mathcal{V}, \mathcal{E}\}$ 包含一组节点 $\mathcal{V} = \{v_1, \cdots, v_N\}$ 和一组边 $\mathcal{E} = \{e_1, \cdots, e_M\}$，其中每个节点和（或）每条边都与其产生的时间戳相关联。具体来讲，两个映射函数 ϕ_v 和 ϕ_e 分别将节点和边映射到它们产生的时间戳。

在实际情况中，因为无法记录每个节点和（或）每条边的时间戳，所以通常需要不时地观察一个动态图是如何演变的。在观察每个时间戳 t 时，可以将图的快照（snapshot）记录为 $\mathcal{G}_t$ 并作为观察值。这种动态图称为离散动态图，它由多个快照组成。离散动态图的定义如下。

定义 21（离散动态图） 一个离散动态图由 T 个快照构成，其中每个快照是在动态图的形成过程中被观察到的。具体来讲，T 个快照可以表示为 $\{\mathcal{G}_0, \cdots, \mathcal{G}_T\}$，其中 $\mathcal{G}_0$ 就是在时间点 0 观察到的。

2.7 图的计算任务

图上有各种各样的计算任务，这些任务主要分为两大类：一类侧重于节点的任务（node-focused tasks），其中整个数据通常表示为一个图，节点作为数据样本；另一类侧重于图的任务（graph-focused tasks），其中数据往往包括一组图，每个数据样本是一个图。本节将简要介绍每个类别的代表性任务。

2.7.1 侧重于节点的任务

侧重于节点的任务已被广泛研究，如节点分类、节点排序、链接预测和社区检测。接下来讨论两个有代表性的任务——节点分类和链接预测。

1. 节点分类

在现实世界的许多图中，节点常常与有用的信息相关联，而这些信息可以被视为这些节点的标签。例如，在社交网络中，这类信息可以是用户的人口统计属性，如年龄、性别、职业、兴趣和爱好。这些标签通常有助于描述该节点的特征，并可用于许多重要的应用。例如，在 Facebook 等社交网络上，可以利用与兴趣和爱好相关的标签向用户推荐相关内容（如新闻和事件）。然而在现实中，通常很难为所有节点获得完整的标签集。例如，只有不到 1% 的 Facebook 用户提供了完整的个人属性。因此多数时候很可能得到一个只有一部分节点有标签的图，而那些无标签的节点就需要通过模型预测标签。这就是图的节点分类问题。

定义 22（节点分类） 用 $\mathcal{G}=\{\mathcal{V},\mathcal{E}\}$ 表示一个图，其中 $\mathcal{V}$ 是节点集，$\mathcal{E}$ 是边集。$\mathcal{V}$ 中的一部分节点有标签，记为 $\mathcal{V}_l \subset \mathcal{V}$，剩下的节点没有标签，记为 $\mathcal{V}_u$。由此可知，$\mathcal{V}_l \cup \mathcal{V}_u = \mathcal{V}$ 和 $\mathcal{V}_l \cap \mathcal{V}_u = \emptyset$。节点分类的目标是利用图 $\mathcal{G}$ 和 $\mathcal{V}_l$ 的标签信息学习一个映射 ϕ，映射 ϕ 可以预测无标签节点 $\mathcal{V}_u$ 的标签。

上面的定义基于简单图，但可以很容易地将它扩展到属性图以及 2.5 节介绍的复杂图。

例 2.16（Flickr 中的节点分类） Flickr 是一个图片托管平台，它允许用户托管个人照片。同时它也可以作为在线社交社区，用户可以互相关注。因此，Flickr 中的用户和他们之间的连接形成了一个图。此外，Flickr 的用户可以订阅诸如“黑白”“雾和雨”“狗狗的世界”的兴趣小组。这些订阅表明了用户的兴趣，可以用作他们的标签。用户可以订阅多个兴趣小组，所以每位用户可以与多个标签相关联。图上的多标签节点分类问题可以预测感兴趣但尚未订阅的潜在兴趣小组，这种类型的数据集可以在文献[104]中找到。

2. 链接预测

在许多实际应用中，图并不是完整的，会缺失一些节点之间的链接（或连接）。一方面，一些链接的确是存在的，但是它们没有被观察到或者被记录下来，这就导致在所观察到的图中会丢失一些边。另一方面，许多图是自然演变的。比如，在 Facebook 等社交网络上，用户可以持续地与其他用户成为新朋友；在学术合作图中，作者可以不断地与其他作者建立新的合作关系。推断或者预测这些缺失的链接可以帮助许多应用，比如好友推荐（friend recommendation）[105]、知识图谱补全（knowledge graph completion）[106] 和犯罪情报分析（criminal intelligence analysis）[107]。接下来，正式定义链接预测。

定义 23（链接预测，Link Prediction） 用 $\mathcal{G} = \{\mathcal{V}, \mathcal{E}\}$ 表示一个图，其中 $\mathcal{V}$ 是节点集，$\mathcal{E}$ 是边集。用 $\mathcal{M}$ 表示所有可能的节点对。接着定义边集 $\mathcal{E}$ 的补集 $\mathcal{E}' = \mathcal{M}/\mathcal{E}$。由于链接预测的目标是预测最可能存在的链接，所以 $\mathcal{E}'$ 中的每条边会被赋予一个分数值，用以表示存在这条边或者将来这条边会出现的可能性。

> 此定义针对简单图，并且可以很容易地扩展到 2.5 节中介绍的复杂图。例如，对于符号图，除了预测边的存在，还需要预测它的符号。对于超图，则要推断出描述多个节点间关系的超边。

例 2.17（预测 DBLP 中可能出现的合作关系） DBLP 是一个在线计算机科学书目网站，提供计算机科学研究论文的综合列表。可以利用 DBLP 的论文列表构造一个共同作者图，其中论文作者是节点，如果作者合作了至少一篇论文，那么就被认为是链接的。预测以前从未合作过的作者之间是否会有新合作关系是一个有趣的链接预测问题。一个用于链接预测研究的大型 DBLP 数据集可以在文献[108]中找到。

2.7.2 侧重于图的任务

在现实世界中，存在许多种侧重于图的任务，如图分类、图匹配和图生成。接下来，本节讨论最具代表性的侧重于图的任务——图分类。

节点分类将图中的每个节点视为一个数据样本，旨在为这些未标记的节点分配标签。而在另外一些应用中，每个样本都可以表示为一个图。在化学信息学中，化学分子可以用图表示，其中原子是节点，它们之间的化学键是边。这些化学分子可能有不同的性质，如溶解度和毒性，可以作为其标签处理。在实际应用中，可能需要自动预测这些新发现的化学分子的性质，这一目标可以通过图分类的任务来实现，其本质是预测未标记图的标签。由于图结构的复杂性，传统的分类方法无法实现图的分类，所以图分类的研究是极具挑战性的。图分类的正式定义如下。

定义 24（图分类） 给定一组带标签的图数据集 $\mathcal{D} = \{(\mathcal{G}_i, y_i)\}$，其中 y_i 是图 $\mathcal{G}_i$ 的标签，图分类的目标是在数据集 $\mathcal{D}$ 上学习一个映射函数 ϕ，用以预测未标记图的标签。

上面的定义并没有详细说明可能与图相关联的附加信息。例如，在某些场景中，图中的每个节点都与某些特征相关联，并可用于图分类。

例 2.18（预测给定的蛋白质是否为一种酶） 蛋白质可以被表示为图的形式，其中氨基酸是节点，如果两个氨基酸之间的距离小于 6Å，则它们之间就可以形成一条边。众所周知，酶是一类蛋白质，可以作为生物催化剂催化生化反应。一个经典的与酶有关的图分类任务是，预测给定的蛋白质是否为一种酶，其中每个蛋白质的标签是酶或非酶。

2.8 小结

本章首先简要介绍了图的概念、图的矩阵表示、图的重要度量方法及性质，包括度、连通度和中心性。然后讨论了图傅里叶变换和图信号处理，这些知识为基于谱域的图神经网络奠定了基础。最后介绍了一系列复杂图并讨论了与图相关的计算任务，包括侧重于节点的任务和侧重于图的任务。

2.9 扩展阅读

本章简要介绍了图中的基本概念，在图中还有其他更复杂的性质和概念，比如流（flow）和切割（cut）。此外，图上还定义了相当多的问题，比如图着色（graph coloring）问题、路由（route）问题、网络流（network flow）问题和覆盖（covering）问题。*Graph Theory with Applications*[109] 和 *Networks: An Introduction*[110] 都深入讲解了这些概念和主题。另一方面，*Spectral Graph Theory*[96] 中介绍了更多关于图的谱域性质和理论。关于图在不同领域上的应用，建议读者阅读文献[111, 112, 113]。*The Stanford Large Network Dataset Collection*[114] 和 *The Network Data Repository*[115] 分享了大量来自不同领域的图数据集。此外，Python 语言工具包 networkx [116]、graph-tool[117] 和 SNAP [118] 都可以用来分析和可视化图数据。Graph Signal Processing Toolbox 可以用来处理图信号。

第 3 章
CHAPTER 3

深度学习基础

本章介绍深度学习的相关基础知识。首先介绍一系列常用的深度学习模型，包括前馈神经网络、卷积神经网络、循环神经网络和自编码器，然后讨论深度神经模型训练的一些理论基础，包括梯度下降和反向传播。

3.1 简介

机器学习旨在让机器自动地从数据中学习合适的行为。深度学习算法是一类基于人工神经网络的机器学习方法。事实上，深度学习算法中的许多关键组成模块已经存在了很多年，但是深度学习算法在近些年来才广受研究者的追捧。人工神经网络的想法最早可追溯到 20 世纪 40 年代 McCulloch-Pitts（M-P）模型[119] 第一次被提出时。M-P 模型通过线性聚合输入样本的信息，可以判断二分类输入样本的类别。之后，Rosenblatt 感知机[120] 被提出，它可以从训练样本中学习模型参数。神经网络研究在 20 世纪 80 年代复兴，在这段时期，一项主要的技术突破是反向传播算法在深度神经网络训练中的成功应用。反向传播算法有许多前身算法，这些算法可追溯到 20 世纪 60 年代，最早被 Werbos 用来训练神经网络[121]。反向传播算法[122, 123] 现在依然是训练深度模型的主要算法。近些年来，随着大数据的出现和计算资源的增多，深度学习研究不仅实现了复兴，并且获得了前所未有的巨大关注。高速 GPU 的出现，让极大规模的深度网络模型的训练成为可能。与此同时，越来越多的训练数据确保了这些复杂模型能够具有很好的泛化能力。强大的计算资源和大量的数据让深度学习技术在不同的研究领域获得了巨大的成功和极大的社会影响力。深度神经网络在各种各样的应用上的表现都远远超过了传统方法。深度学习方法大幅度提高了图片识别任务的准确率。ILSVRC 是图片识别领域规模最大的比赛，从 2012 年到 2017 年每年都会举办一次。在 2012 年，深度卷积网络首次在该比赛中以惊人的优势获得了胜利，使当时最好的 top-5 错误率从 26.1% 下降到了 15.3%[124]。自此以后，深度卷积网络一直都占据着每年比赛榜首的位置，并于 2016 年进一步使 top-5 错误率降低到了 3.57%[125]。同时，深度学习也使得语音识别系统的性能获得了前所未有的提高[126, 127, 128]。深度学习技术的应用使语音识别领域的错误率有了显著的降低，其性能在该领域多年保持着第一的成绩。此外，深度学习技术在自然语言处理领域也表现非凡，譬如作为循环神经网络之一的 LSTM[129] 在诸多序列类任务中获得了广泛的应用，如机器翻译[130, 131] 和对话系统[132]。由于图深度学习的研究基于深度学习，为了更好地研究图深度学习，必须先对深度学习方法有系统的理解。本章首先简要地介绍一些构成图深度学习基础的重要深度学习方法，包括前馈神经网络、卷积神经网络、循环神经网络和自编码器。本章主要聚焦于基本的深度学习模型，之后的章节还会介绍一些更高级的深度学习模型，例如变分自编码器和生成对抗网络。

3.2 深度前馈神经网络

前馈神经网络是许多重要的深度学习方法的基础，它用给定数据近似（或拟合）某个函数 $f^*(\boldsymbol{x})$。例如，对于分类任务，一个理想的分类器 $f^*(\boldsymbol{x})$ 可以将输入 $\boldsymbol{x}$ 映射到目标类别 y 上。在这个例子中，一个理想的前馈神经网络可以找到一个能够很好地近似理想分类器 $f^*(\boldsymbol{x})$ 的映射 $f(\boldsymbol{x}|\boldsymbol{\Theta})$。更具体地说，前馈神经网络的训练目标是学习参数 $\boldsymbol{\Theta}$ 来得到理想分类器 $f^*(\boldsymbol{x})$ 的最好近似函数。

在前馈神经网络中，信息 $\boldsymbol{x}$ 从输入端流入，经过一些中间计算，最后从输出端输出 y。这些中间计算是以网络的形式进行的，通常可以表示为几个函数的组合。以图 3–1 中的前馈神经网络为例，该网络中有四个链式相连的函数 $f^{(1)}, f^{(2)}, f^{(3)}, f^{(4)}$，其中 $f(\boldsymbol{x}) = f^{(4)}(f^{(3)}(f^{(2)}(f^{(1)}(\boldsymbol{x}))))$。$f^{(1)}$ 是网络第一层，$f^{(2)}$ 是第二层，$f^{(3)}$ 是第三层，$f^{(4)}$ 是最后一层，即输出层。网络中计算层的数量定义了网络的深度。神经网络的训练目标是使其输出 $f(\boldsymbol{x})$ 与理想输出 $f^*(\boldsymbol{x})$(或 y) 尽可能一致。值得指出的是，输出层能直接接收来自训练数据的监督信号，然而中间层并不能。因此，为了很好地近似理想函数 $f^*(\boldsymbol{x})$，学习算法通过从输出层反向传播来的间接监督信号学习中间层参数。在训练过程中，训练数据并没有给中间层设置明确的输出目标，因此，这些中间层也被称为隐藏层。这些网络之所以被称为神经网络，是因为它们的设计灵感部分来自神经科学。

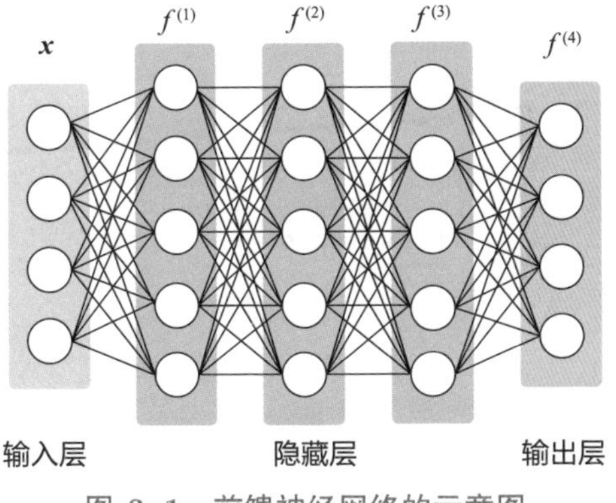

图 3–1　前馈神经网络的示意图

如本章之前所讨论的，神经网络的每一层都可以被看作一个向量值函数，其输入、输出都是向量。网络层中的元素可以被看作节点（或者单元），因此，从另一个角度看，每一层都可以被看作一个向量到标量的函数的集合，其中每个节点代表一个函数。节点中的操作模仿了大脑神经元中发生的动作，即大脑神经元在受到了足够的刺激后会被激活。每个节点都从上层中所有节点聚合信息并进行变换，然后将信息传递给激活函数，激活函数决定了信息能多大程度被传递到下一层。信息的聚合和变换通常是线性的，而激活函数的存在给神经网络带来了非线性拟合能力，这大大地提高了神经网络的拟合能力。

3.2.1 网络结构

在全连接前馈神经网络中，相邻层的节点组成了一个完全二分图，也就是说，一层中的每个节点和接下来一层中的所有节点都相连。图 3–1 展示了该网络的一般结构。接下来，本节将介绍神经网络中涉及的计算细节。首先，将重点放在第一层的单个节点上。神经网络的输入是一个向量 $\boldsymbol{x}$，在这里用 $\boldsymbol{x}_i$ 表示它的第 i 个元素，所有这些元素都可以被看作输入层中的节点。第二层中的节点（或输入层之后的节点）和输入层中的所有节点相连。图 3–2 展示了输入层中的所有节点和第二层中任意一个节点的连接关系。一个节点中的计算操作主要由两部分组成：对输入元素进行线性加权求和并加上一个偏置项；通过激活函数传递上一步骤中获得的值。从数学上讲，它可以表示为：

$$h = \alpha(b + \sum_{i=1}^{4} \boldsymbol{w}_i \cdot \boldsymbol{x}_i), \tag{3–1}$$

式中，b 表示一个偏置项；而 $\alpha()$ 表示一个激活函数，将在之后的小节被介绍。

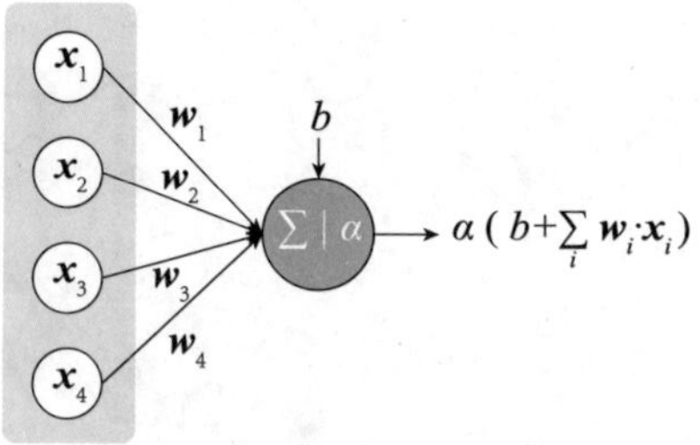

图 3–2 单个节点上的计算操作

现在将该操作推广到任意隐藏层。假设在神经网络的第 k 层有 $N^{(k)}$ 个节点，这一层的输出表示为 $\boldsymbol{h}^{(k)}$，其中 $\boldsymbol{h}_i^{(k)}$ 代表输出中的第 i 个元素，则第 $k+1$ 层的第 j

个元素 $\boldsymbol{h}_j^{(k+1)}$ 的计算公式如下：

$$\boldsymbol{h}_j^{(k+1)} = \alpha(b_j^{(k)} + \sum_{i=1}^{N^{(k)}} \boldsymbol{W}_{j,i}^{(k)} \boldsymbol{h}_i^{(k)}). \tag{3–2}$$

式中，$\boldsymbol{W}_{j,i}^{(k)}$ 表示 $\boldsymbol{h}_i^{(k)}$ 和 $\boldsymbol{h}_j^{(k+1)}$ 之间连接的权重；$b_j^{(k)}$ 是用于计算 $\boldsymbol{h}_j^{(k+1)}$ 的偏置项。$k+1$ 层中所有元素的计算操作可以表达为如下的矩阵形式：

$$\boldsymbol{h}^{(k+1)} = \alpha(\boldsymbol{b}^{(k)} + \boldsymbol{W}^{(k)}\boldsymbol{h}^{(k)}), \tag{3–3}$$

式中，$\boldsymbol{W}^{(k)} \in \mathbb{R}^{N^{(k+1)} \times N^{(k)}}$ 包含了所有的权重，其第 j,i 个元素即为式 (3–2) 中的 $\boldsymbol{W}_{j,i}^{(k)}$；$\boldsymbol{b}^{(k)}$ 包含了所有的偏置项。特别地，对于输入层来说，$\boldsymbol{h}^{(0)} = \boldsymbol{x}$。在之前的介绍中，用 $f^{(k+1)}$ 代表神经网络 $k+1$ 层的操作，因此式 (3–3) 也可以被表示成如下的式子：

$$\boldsymbol{h}^{(k+1)} = f^{(k+1)}(\boldsymbol{h}^{(k)}) = \alpha(\boldsymbol{b}^{(k)} + \boldsymbol{W}^{(k)}\boldsymbol{h}^{(k)}). \tag{3–4}$$

值得注意的是，以上介绍的操作大多适用于隐藏层。虽然输出层的结构与隐藏层类似，但是其通常会采用不同的激活函数对信息进行变换。下一节将介绍激活函数和输出层的设计。

3.2.2 激活函数

激活函数决定输入信号是否或在多大程度上应该通过节点（或神经元）传递至下一层。如果有信息通过该节点，则它被激活。如前一节所介绍的，在没有激活函数的情况下，神经网络的运算是线性的。激活函数将非线性地引入神经网络，提高了神经网络的拟合能力。接下来介绍一些常用的激活函数。

1. 整流函数

整流函数（Rectifier Function）是常用的激活函数之一。如图 3–3 所示，它类似于线性函数，唯一的区别是当输入为负数时，其输出为 0。在神经网络中，采用这种激活函数的单元被称为整流线性单元（Rectifier Linear Unit, ReLU）。当输入为正值时，整流函数的输出与输入是相等的，当输入为负值时，整流函数的输出为 0。从数学角度上来说，它的定义如下：

$$\mathrm{ReLU}(z) = \max\{0, z\}. \tag{3–5}$$

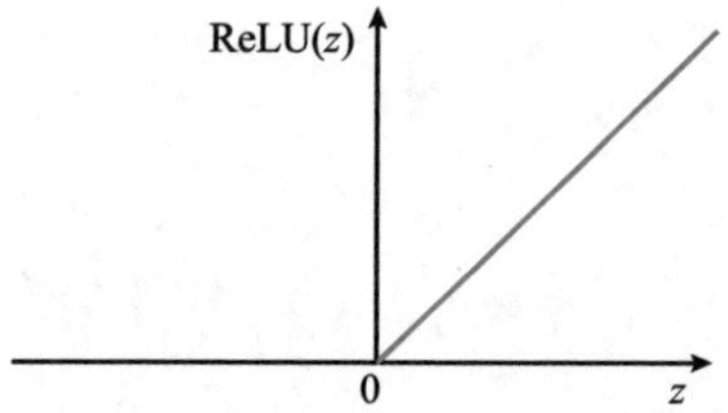

图 3–3 ReLU

在每一层中，一般只有少数节点被激活，这确保了计算的高效性。整流线性单元的一个缺点是，当输入为负数时，它的梯度为 0。也就是说，在训练过程中，一旦某个单元没有被激活，将无法得到训练该单元的监督信号。针对这个问题，研究者们提出了一些 ReLU 的变体。例如，带泄漏整流线性单元（LeakyReLU）[133]，如图 3–4(a) 所示，当输入为负数的时候，该单元会对输入进行一个小幅度的线性变换。具体而言，LeakyReLU 的数学表达如下：

$$\text{LeakyReLU}(z) = \begin{cases} \alpha z, & z < 0, \\ z, & z \geqslant 0. \end{cases} \tag{3–6}$$

式中，$\alpha \in (0, 1)$。

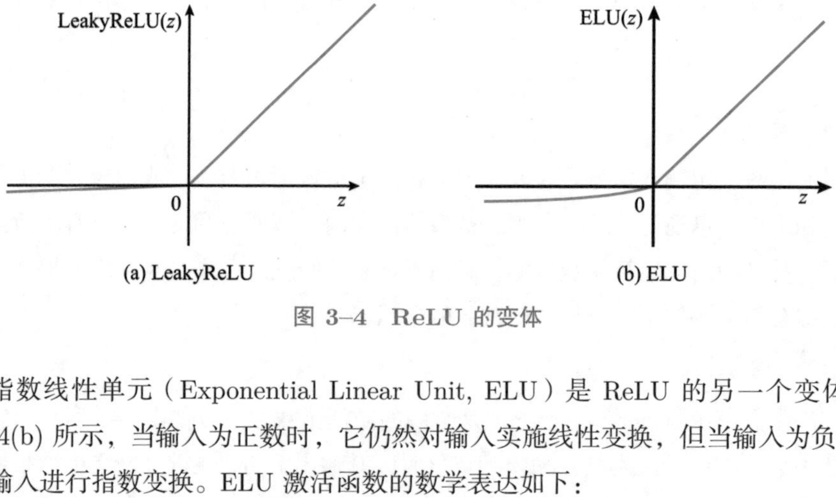

(a) LeakyReLU (b) ELU

图 3–4 ReLU 的变体

指数线性单元（Exponential Linear Unit, ELU）是 ReLU 的另一个变体。如图 3–4(b) 所示，当输入为正数时，它仍然对输入实施线性变换，但当输入为负数时，它对输入进行指数变换。ELU 激活函数的数学表达如下：

$$\text{ELU}(z) = \begin{cases} c \cdot (\exp(z) - 1), & z < 0, \\ z, & z \geqslant 0, \end{cases} \tag{3–7}$$

式中，c 表示一个为正值的常数，决定了当输入为负数时，对应指数函数的斜率。

2. 逻辑 S 形函数和双曲正切函数

在 ReLU 出现之前，逻辑 S 形函数（Logistic Sigmoid Function）和双曲正切函数（Hyperbolic Tangent Function）是最常用的两种激活函数。逻辑 S 形函数的数学表达式如下：

$$\sigma(z) = \frac{1}{1+\exp(-z)}. \tag{3-8}$$

如图 3–5(a) 所示，逻辑 S 形函数将输入映射到 0 到 1 的数值范围内。具体而言，当输入为负数时，输入越小，输出越接近 0；当输入为正数时，输入越大，输出越接近 1。双曲正切函数与逻辑 S 形函数高度相关，其关系表达如下：

$$\tanh(z) = \frac{2}{1+\exp(-2z)} - 1 = 2\cdot\sigma(2z) - 1. \tag{3-9}$$

如图 3–5(b) 所示，双曲正切函数将输入映射到 –1 到 1 的数值范围内。具体来说，当输入为负数时，输入越小，输出越接近 –1；当输入为正数时，输出越大，输出越接近 1。这两个激活函数面临着相同的饱和问题，即当输入是非常大的正数或者非常小的负数时，它们的梯度都无限趋近于 0，只有当输入在 0 附近时，两个激活函数才比较敏感，这大大影响了梯度训练方法的实用性。正是由于这个原因，逻辑 S 形函数和双曲正切函数在激活函数中的受欢迎程度越来越低。

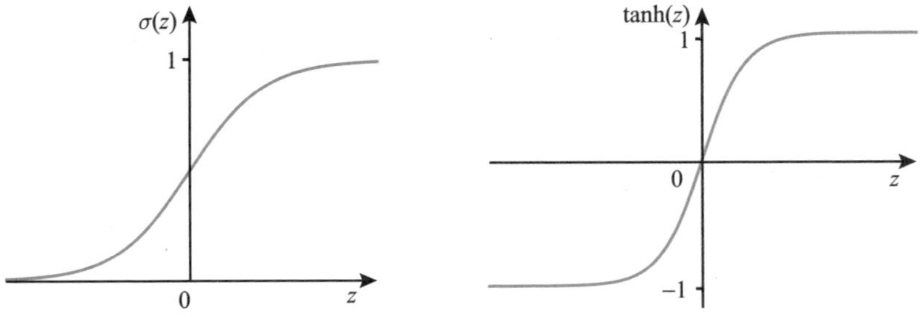

(a) 逻辑 S 形函数　　(b) 双曲正切函数

图 3–5　逻辑 S 形函数和双曲正切函数

3.2.3　输出层和损失函数

输出层和损失函数的选择取决于具体应用。接下来介绍一些常用的输出单元和损失函数。

在回归任务中，神经网络需要输出连续值。无激活函数的仿射变换是一种实现输出连续值的简单方法。给定输入（或者前一层的输出）$\boldsymbol{h} \in \mathbb{R}^{d_{\text{in}}}$，线性单元层的输出向量 $\hat{\boldsymbol{y}} \in \mathbb{R}^{d_{\text{ou}}}$ 表示如下：

$$\hat{\boldsymbol{y}} = \boldsymbol{W}\boldsymbol{h} + \boldsymbol{b}, \tag{3-10}$$

式中，$\boldsymbol{W} \in \mathbb{R}^{d_{\text{ou}} \times d_{\text{in}}}$ 和 $\boldsymbol{b} \in \mathbb{R}^{d_{\text{ou}}}$ 表示需要学习的参数。对于任意一个样本，可以使用一个简单的平方损失函数计算预测值 $\hat{\boldsymbol{y}}$ 和真实值 $\boldsymbol{y}$ 之间的差别：

$$\ell(\boldsymbol{y}, \hat{\boldsymbol{y}}) = (\boldsymbol{y} - \hat{\boldsymbol{y}})^2. \tag{3-11}$$

对于分类任务来说，神经网络需要判定给定样本的类别。通常来说，分类网络的输出是标签上的一个离散概率分布，而不是离散的预测标签。分类问题是二分类还是多分类，决定了相应的输出层和损失函数的类型。接下来，将讨论这两种分类问题中的具体细节。

1. 二分类问题

对于二分类问题，假设任意一个样本的真实标签为 0 或者 1。为了预测样本的标签，首先需要一个线性层将输入（或者是前一层的输出）映射到一个单一的值，然后采用一个逻辑 S 形函数将这个值映射为一个范围为 0 到 1 的数值，这个数值代表了该样本属于类别 1 的概率。总的来说，这个过程可以表达为：

$$\hat{y} = \sigma(\boldsymbol{W}\boldsymbol{h} + b), \tag{3-12}$$

式中，$\boldsymbol{h} \in \mathbb{R}^{d_{\text{in}}}$；$\boldsymbol{W} \in \mathbb{R}^{1 \times d_{\text{in}}}$；$\hat{y}$ 代表了输入样本的类别为 1 的概率，而 $1 - \hat{y}$ 代表了其类别为 0 的概率。

得到了输出 $\hat{y}$ 之后，可以采用交叉熵损失函数计算样本的真实标签值和模型预测值之间的差别，具体的公式为：

$$\ell(y, \hat{y}) = -y \cdot \log(\hat{y}) - (1 - y) \cdot \log(1 - \hat{y}). \tag{3-13}$$

在推断过程中，当预测值 $\hat{y} > 0.5$ 时，输入样本的预测类别为 1，否则其预测类别为 0。

2. 多分类问题

对于多分类问题，假设样本的真实标签为 0 到 $n - 1$ 中的一个整数，用 One-hot 向量 $\boldsymbol{y} \in \{0, 1\}^n$ 指示样本的标签：$\boldsymbol{y}_i = 1$ 代表样本属于类别 $i - 1$。对样本类别进行预测时，首先需要用一个线性层将输入 $\boldsymbol{h}$ 变换成一个 n 维向量 $\boldsymbol{z} \in \mathbb{R}^n$，变换公式如下：

$$\boldsymbol{z} = \boldsymbol{W}\boldsymbol{h} + \boldsymbol{b}, \tag{3–14}$$

式中，$\boldsymbol{W} \in \mathbb{R}^{n\times d_{\text{in}}}$；$\boldsymbol{b} \in \mathbb{R}^n$。然后，使用 Softmax 函数将 $\boldsymbol{z}$ 归一化成一个类别相关的离散概率分布，具体公式如下：

$$\hat{\boldsymbol{y}}_i = \text{Softmax}(\boldsymbol{z})_i = \frac{\exp(\boldsymbol{z}_i)}{\sum_j \exp(\boldsymbol{z}_j)}, i = 1, \cdots, n, \tag{3–15}$$

式中，$\boldsymbol{z}_i$ 表示向量 $\boldsymbol{z}$ 的第 i 个元素；$\hat{\boldsymbol{y}}_i$ 表示 Softmax 函数输出的第 i 个元素。

特别要指出的是，$\hat{\boldsymbol{y}}_i$ 代表的是输入样本属于类别 $i-1$ 的概率。在得到了预测值 $\hat{\boldsymbol{y}}$ 后，再使用交叉熵损失计算样本实际标签和预测标签之间的差别：

$$l(\boldsymbol{y}, \hat{\boldsymbol{y}}) = -\sum_{i=0}^{n-1} \boldsymbol{y}_i \log(\hat{\boldsymbol{y}}_i). \tag{3–16}$$

在推断过程中，如果 $\hat{\boldsymbol{y}}_i$ 是输出单元中的最大值，则样本的类别被预测为 $i-1$ 。

3.3 卷积神经网络

卷积神经网络（Convolutional Neural Network, CNN）是一种流行的神经网络模型，它们以处理规则的网格状数据（例如图像）而闻名。卷积神经网络在许多方面类似于前馈神经网络，比如它们也由具有可训练的权重和偏差的神经元组成，每个神经元接收并转换来自先前层的一些信息。与前面介绍的前馈网络的神经元相比，CNN 中的某些神经元具有不同的设计。更具体地说，卷积运算被引入来设计一些神经元。具有卷积运算的层称为卷积层。由于卷积操作通常只涉及先前层中的少量神经元，因此该操作会使得各层之间的连接稀疏。池化操作是卷积神经网络中的另一种重要操作，该操作将一些附近神经元的输出汇总为新的输出。由池化操作组成的层称为池化层。本节首先介绍卷积操作和卷积层，然后讨论池化层，最后介绍卷积神经网络的总体框架。

3.3.1 卷积操作和卷积层

通常，卷积操作通过对两个实函数进行数学运算，以产生第三个函数[134]。对于 $f()$ 和 $g()$ 两个函数之间的卷积运算，可以定义如下：

$$(f*g)(t)=\int_{-\infty}^{\infty}f(\tau)g(t-\tau)\mathrm{d}\tau. \tag{3-17}$$

作为一个例子，考虑一个连续信号 $f(t)$，其中 t 表示时间，而 $f(t)$ 表示在时间 t 内连续信号的值。假设信号有些噪声，为了获得具有较少噪声的信号，可以将时间 t 的值与其附近的值进行平均。此外，越接近时间 t 的值可能与时间 t 的值更相似，所以它们在取平均中应该贡献更多。因此，将一些接近时间 t 的值的加权平均值作为它的新值。该过程可以建模为信号 $f(t)$ 和权重函数 $w(c)$ 之间的卷积操作，其中 c 表示与目标 t 的接近程度。c 越小，$w(c)$ 的值越大。经过该卷积操作后，信号 $f(t)$ 可以表示为：

$$s(t)=(f*w)(t)=\int_{-\infty}^{\infty}f(\tau)w(t-\tau)\mathrm{d}\tau. \tag{3-18}$$

值得注意的是，为确保该操作是加权平均，将 $w(c)$ 的积分约束为 1，这使 $w(c)$ 成为概率密度函数。通常，卷积操作不必是加权平均操作，并且函数 $w(c)$ 不需要满足这些条件。

实际上，数据采集通常是离散的、有固定间隔的。例如，信号 $f(t)$ 可能仅在时间 t 为整数值时采样。在前面的示例中，假设 $f()$ 和 $w()$ 都是在时间 t 的整数值上定义的，那么卷积操作可以为：

$$s(t)=(f*w)(t)=\sum_{\tau=-\infty}^{\infty}f(\tau)w(t-\tau). \tag{3-19}$$

进一步说，在大多数情况下，函数 $w()$ 只有在一个小窗口内为非零值。换句话说，对于目标位置的新值，只考虑局部信息。假设窗口大小为 $2n+1$，即 $c<n$ 和 $c>n$ 时，$w(c)=0$，则卷积可以进一步改写为：

$$(f*w)(t)=\sum_{\tau=t-n}^{t+n}f(\tau)w(t-\tau). \tag{3-20}$$

在神经网络中，可以将 t 视为输入层中单位索引，而函数 $w()$ 被称为内核或滤波器。卷积操作可以表示为稀疏连接图，而卷积层可以解释为在输入层上滑动内核并计算其相应的输出。图 3–6 提供了一个由卷积操作构成的层的示例。

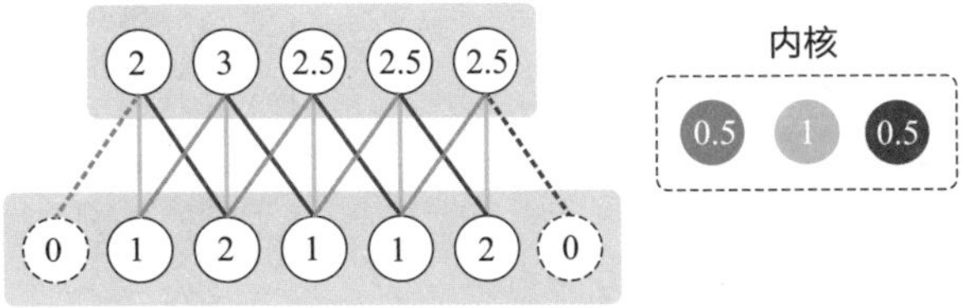

图 3–6　卷积层的示意图

例 3.1　图 3–6 显示了一个输入和输出具有相同大小的卷积层。为了保持输出层的大小，输入层填充两个值为 0 的边缘单元（虚线圆）。图的右侧显示了卷积操作的内核。为简单起见，图中未显示激活函数。在此示例中，$n=1$，并且仅在窗口大小为 3 的局部位置定义了内核函数。

在实际的机器学习场景中，需要处理的数据通常都是多维的，例如图像。卷积操作可以扩展到高维数据。例如，对于 2 维的图像 I，卷积操作可以使用 2 维的内核 K，如下所示：

$$S(i,j)=(I*K)(i,j)=\sum_{\tau=i-n}^{i+n}\sum_{j=\gamma-n}^{\gamma+n}I(\tau,\gamma)K(i-\tau,j-\gamma). \tag{3–21}$$

接下来，讨论卷积层的一些重要特点。为了不失一般性，这里只考虑一维数据的卷积层。当然，这些属性也可以应用于高维数据。卷积层主要有三个重要特点，包括稀疏连接、参数共享和等变表示。

1. 稀疏连接

在传统的神经网络层中，输入单元和输出单元之间的交互关系可以通过矩阵描述。该矩阵的每个元素定义了一个独立的参数，它表示每个输入单元和每个输出单元之间的交互关系。但是，若卷积层的内核仅在有限数量的输入单元上为非零值，则卷积层之间的连接是稀疏的。如图 3–7 所示为密集连接和稀疏连接，显示了传统的神经网络层和卷积神经网络层之间的对比。

在此图中，突出显示一个输出单元 S_3 和影响 S_3 的相应输入单元。显然，在密集连接的层中，单个输出单元受所有输入单元的影响，而在卷积神经网络层中，输出单元 S_3 仅受三个输入单元的影响，即 $\boldsymbol{x}_2$、$\boldsymbol{x}_3$ 和 $\boldsymbol{x}_4$，它们被称为 S_3 的感受野。稀疏连接的主要优点之一是，它可以大大提高计算效率。如果有 N 个输入单元和 M 个输出单元，那么传统的神经网络层就有 $N\times M$ 个参数。该层的一次计算的时间复杂度为 $O(N\times M)$。当其内核大小为 K 时，具有相同数量的输入单元和输出单元的

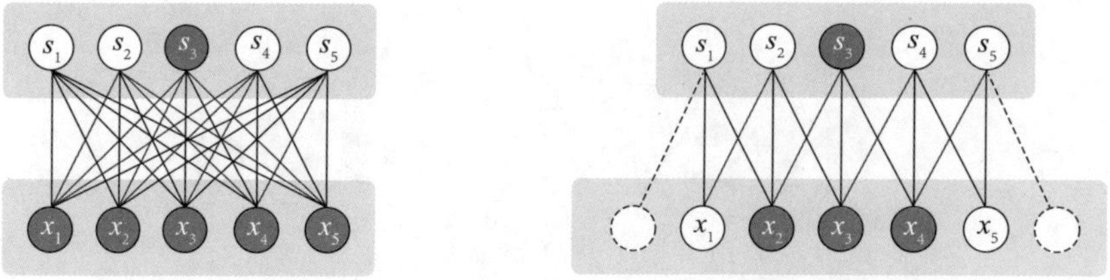

(a) 传统的神经网络层　　(b) 卷积神经网络层

图 3–7　密集连接和稀疏连接

卷积层仅具有 $K \times M$ 个参数（此处还没有考虑参数共享，这将在下一节中讨论），相应地，时间复杂度降低为 $O(K \times M)$。通常，内核大小 K 远远小于输入单元 N。换句话说，卷积神经网络的计算效率比传统神经网络高得多。

2. 参数共享

如上所述，卷积层有 $K \times M$ 个参数。但是，由于引入了*参数共享*，卷积层中的参数会更少。*参数共享*意味着对不同输出单元执行计算时共享同一组参数。在卷积层中，使用相同的内核计算所有输出单元的值，这实现了参数共享。图 3–8 显示了一个示例，其中具有相同颜色的连接共享同一个参数。在此示例中，内核大小为 3，所以有三个参数。通常，对于内核大小为 K 的卷积层，有 K 个参数。与传统神经网络层中的 $N \times M$ 个参数相比，K 小得多，因此对内存的需求也低得多。

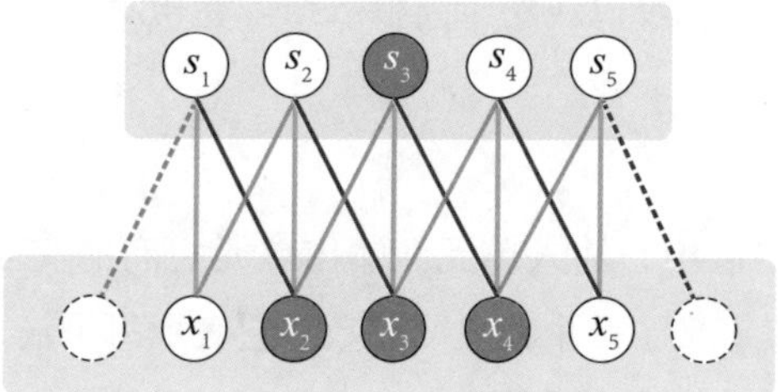

图 3–8　参数共享

3. 等变表示

参数共享机制自然地赋予了 CNN 的另一个重要特性，也就是平移等变。如果一个函数的输出的变化与其输入的变化形式相同，则该函数被认为是等变的。更具体地说，如果 $f(g(x)) = g(f(x))$，则函数 $f()$ 相对于变化 $g()$ 等变。在卷积操作中，不难验证平移函数（例如移位）是等变的。例如，如果将图 3–8 中的输入单元向右移动 1 个单位，由于该输出模式也向右移动 1 个单位，所以仍然可以找到相同的输出模式。

因为许多应用场景更关心某个对象是否出现而不是其具体位置，所以此属性很重要。例如，当识别图像中是否有猫时，应该关心图像中是否有一些重要特征指示猫的存在，而不是这些特征在图像中的显示位置。对于卷积神经网络在图像分类中取得的成功，平移等变属性起着关键的作用[124, 125]。

3.3.2 实际操作中的卷积层

在实际操作中，当提到 CNN 中的卷积时，指的并不是上述严格数学定义的卷积操作，实际中使用的卷积层和定义的卷积层有一点不同。通常，输入并不是实数网格数据，而是向量网络数据。例如，在一个由 $N \times N$ 个像素点组成的彩色图片中，每个像素点都有三个输入，分别代表该点红色、绿色和蓝色的强度。每种颜色表示输入图像的一个通道。一般来说，输入图片的第 i 个通道包含了该图片中所有位置点向量的 i 个元素。每个位置点（在图像中即为像素点）输入向量的长度即为通道个数。因此，卷积通常涉及三个维度，而它只在两个维度上“滑动”（它在与通道相关的维度上不“滑动”）。此外，在典型的卷积层中，多个不同的卷积核会被并行应用，以提取输入层的特征。因此，输出层也是多通道表示的，其中每个卷积核的结果对应于一个输出通道。一个通道数为 L 的输入图片 I，对其进行 P 个卷积核的卷积操作，运算公式如下：

$$S(i,j,p) = (I * K_p)(i,j) = \sum_{l=1}^{L} \sum_{\tau=i-n}^{i+n} \sum_{j=\gamma-n}^{\gamma+n} I(\tau,\gamma,l) K_p(i-\tau, j-\gamma, l), \tag{3–22}$$

式中，K_p 表示有 $(2n+1)^2 L$ 个参数的第 p 个卷积核。很明显，该操作的输出有 P 个通道。

在许多种情况下，为了进一步降低计算复杂度，可以在输入图像上滑动卷积核时跳过一些位置。卷积操作在每隔 s 个位置的地方执行一次，其中数字 s 通常被称为步长。而这种卷积操作称为跨步卷积（Strided Convolutions）。

图 3–9(a) 展示了跨步卷积的一个示例，其中步长 s 等于 2。跨步卷积也可以看作对如图 3–9(b) 所示的常规卷积的结果的下采样。步长为 s 的跨步卷积可以表示为：

$$S(i,j,p) = \\ \sum_{l=1}^{L} \sum_{\tau=i-n}^{i+n} \sum_{j=\gamma-n}^{\gamma+n} I(\tau,\gamma,l) K_p((i-1)\cdot s+1-\tau, (j-1)\cdot s+1-\gamma, l). \tag{3–23}$$

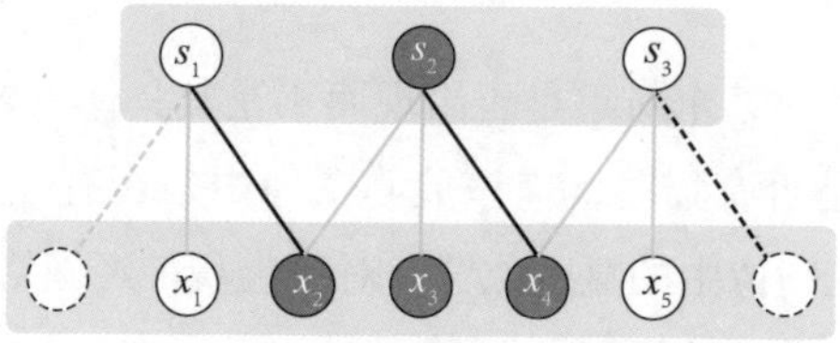

(a) 跨步卷积

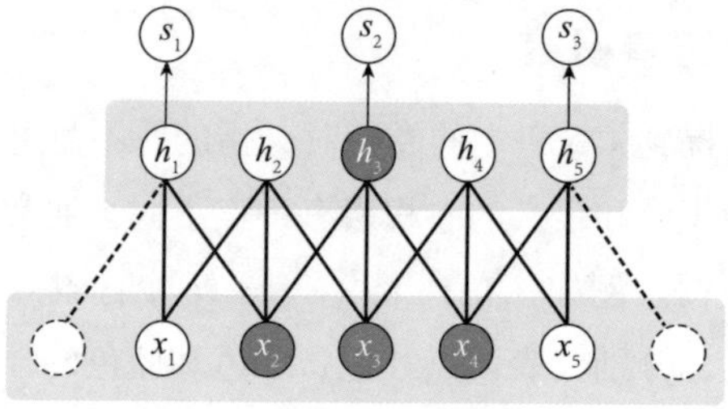

(b) 带下采样的卷积

图 3–9 跨步卷积可以看作带下采样的卷积

当步长 s 为 1 时，跨步卷积运算等同于如式 (3–22) 所示的非跨步卷积运算。如前所述，零填充通常用于使输出保持与输入相同的大小。填充的大小、感受野的大小（或卷积核的大小）和步长决定了输入大小固定时输出尺寸的大小。更具体地说，考虑一个长度为 N 的一维输入，假设卷积的填充大小为 Q，感受野大小为 F，步长为 s，则输出 O 的尺寸可以用如下公式计算：

$$O = \frac{N - F + 2Q}{s} + 1. \tag{3–24}$$

例 3.2 如图 3-9(a) 所示，跨步卷积的输入大小 $N = 5$，卷积核的尺寸 $F = 3$，填充尺寸 $Q = 1$，步长 $s = 2$，可以用式 (3–24) 计算输出尺寸：

$$O = \frac{N - F + 2Q}{s} + 1 = \frac{5 - 3 + 2 \times 1}{2} + 1 = 3. \tag{3–25}$$

3.3.3 非线性激活层

类似于传统的神经网络，在卷积操作之后，非线性激活将应用于每个单元。ReLU 是 CNN 中广泛使用的激活函数。此应用非线性激活的过程也被称为探测阶段或探测层。

3.3.4 池化层

池化层通常在卷积层和探测层之后。池化函数通过汇总局部邻域的统计信息得到输出结果。因此，在池化层之后，数据的宽度和高度都会减小。但是，数据的深度（通道数）通常不会改变。图 3–10 展示了常用的池化操作, 包括最大池化和平均池化。这些池化操作将 2×2 的局部邻域中的值作为输入，并基于它们输出单个数值。顾名思义，最大池化操作将局部邻域的最大值作为输出，而平均池化操作将局部邻域的平均值作为输出。

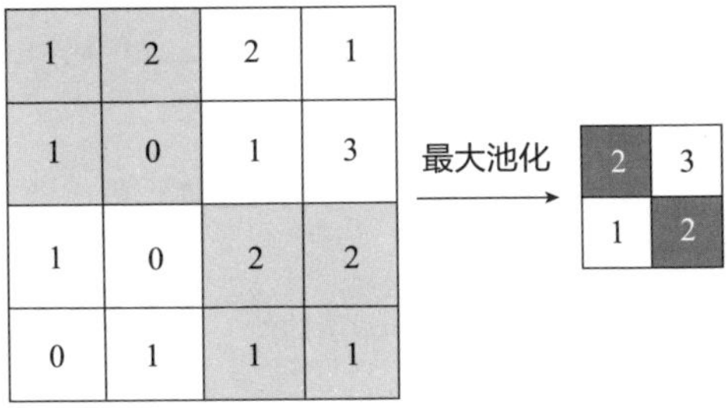

(a) 最大池化

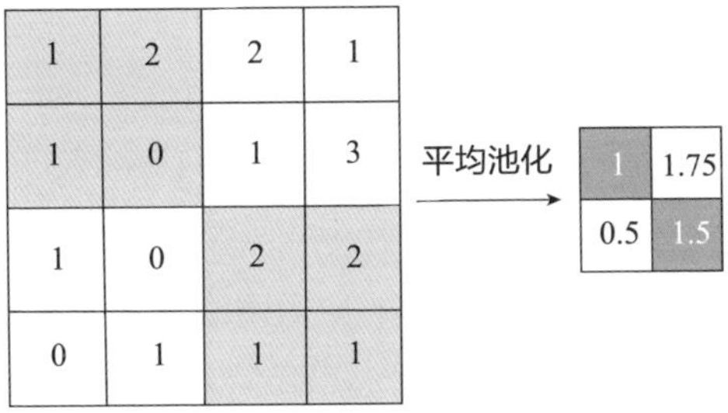

(b) 平均池化

图 3–10　卷积神经网络中的池化操作

3.3.5 卷积神经网络总体框架

前面详细地介绍了卷积操作和池化操作。现在以分类问题作为下游任务介绍卷积神经网络。如图 3–11 所示，基于 CNN 的分类任务的总体框架可以大致分为两个模块：特征提取模块和分类模块。特征提取模块通过卷积层和池化层从输入中提取特征。而分类模块是基于全连接的前馈神经网络。这两个模块通过展平操作连接，该操作将由特征提取模块得到的多个通道中的特征矩阵展平为一维向量，该向量将作为分类模块的输入。值得注意的是，图 3–11 仅仅展示了单个卷积层和单个池化层。但在实际操作中，通常会堆叠多个卷积层和池化层。类似地，在分类模块中的前馈神经网络也可以由多个全连接层组成。

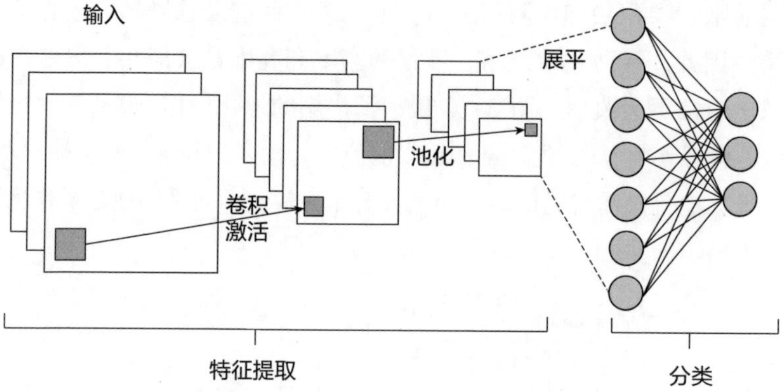

图 3–11 卷积神经网络总体框架

3.4 循环神经网络

诸如语音识别、机器翻译和文本情感分类等许多任务需要处理序列数据，即任务中的数据样本由一个序列值组成。给定一种语言的句子（一组单词），机器翻译的目的是将其翻译成另一种语言，该任务的输入和输出都是序列。文本情感分类的任务是预测一个给定的句子或文档的情感类别，其中输入是一个序列，输出是一个单一的用来表示情感类别的值。可以尝试使用标准的神经网络模型处理序列数据，即将序列中的每个元素视为输入层中的一个输入单元。然而，这种策略对于处理序列数据是不合适的，其原因有两点：首先，标准网络模型通常具有固定的输入尺寸和输出尺寸，然而对于不同的数据样本，序列（输入或输出）可以有不同的长度。其次，更重要的是，标准的网络模型不会共享从序列不同位置学习的特征。例如，在语言相关的任务中，假设有两句话“我去年夏天去了黄石国家公园”和“去年夏天，我去了黄石国家公园”，尽管两个句子中的时间描述出现在句子的不同位置，但是模型被期望能理解这两个时间都是“去年夏天”。实现这一点的一个很自然的想法是利用类似于 CNN 的参数共享方法。为了解决上述两个挑战，研究者提出了循环神经网络（Recurrent Neural Network, RNN）模型。RNN 将对序列的每个元素逐个地应用相同的函数。由于序列中的所有位置都使用相同的函数操作，模型在不同序列位置上很自然地实现了参数共享。同时，无论序列的长度是多少，模型都可以重复地使用相同的函数，这从本质上解决了输入序列长度变化的问题。

3.4.1 传统循环神经网络的网络结构

一个长度为 n 的序列可以表示为 $(\boldsymbol{x}^{(1)}, \boldsymbol{x}^{(2)}, \cdots, \boldsymbol{x}^{(n)})$。如图 3–12 所示，传统的 RNN 模型一次提取序列中的一个元素，然后用一个神经网络模块对其进行处理。对于每个神经网络模块来说，其输入不仅仅包括序列单个元素，还包括前一模块的输出信息，因此，序列中排序较前的元素的信息仍然可以影响排序较后元素的处理。处理不同元素的神经网络模块是相同的。如图 3–12 所示的模型在每个位置 t 都有一个输出 $\boldsymbol{y}^{(t)}$，这个输出在一般 RNN 模型中不是必需的。神经网络模块有两个输入和两个输出。用 $\boldsymbol{y}^{(t)}$ 代表该模块的普通输出，用 $\boldsymbol{h}^{(t)}$ 代表流入下一个神经网络模块的输出信息。当处理序列输入的第一个元素时，$\boldsymbol{h}^{(0)}$ 通常被初始化为 $\mathbf{0}$。处理第 i 个元素的过程可以表达如下：

$$\boldsymbol{h}^{(i)} = \alpha_h(\boldsymbol{W}_{\text{hh}} \cdot \boldsymbol{h}^{(i-1)} + \boldsymbol{W}_{\text{hx}}\boldsymbol{x}^{(i-1)} + \boldsymbol{b}_h),$$
$$\boldsymbol{y}^{(i)} = \alpha_y(\boldsymbol{W}_{\text{yh}}\boldsymbol{h}^{(i)} + \boldsymbol{b}_y),$$

式中，$\boldsymbol{W}_{\text{hh}}$、$\boldsymbol{W}_{\text{hx}}$ 和 $\boldsymbol{W}_{\text{yh}}$ 表示线性变换相关的参数矩阵；$\boldsymbol{b}_h$ 和 $\boldsymbol{b}_y$ 为偏置项；$\alpha_h()$ 和 $\alpha_y()$ 为激活函数。

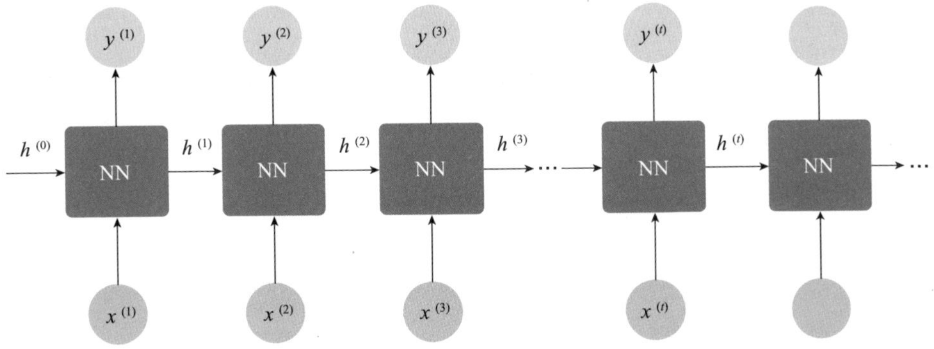

图 3–12 传统循环神经网络的网络结构示意图

在处理序列数据时，捕获序列中元素之间的长距离依赖关系非常重要。例如，在语言建模中，句子中距离较远的两个词可以紧密相关。然而，事实证明，传统的 RNN 模型并不能很好地捕获序列中元素之间的长距离依赖关系。传统的 RNN 模型的主要问题是，随着网络模型模块的不断叠加，梯度在传播中趋于消失或爆炸。这两种现象都会给模型的训练带来很大问题，梯度爆炸会损坏模型优化过程，而梯度消失会使得序列中排序靠后的元素无法为排序靠前的元素的计算提供指导信息。为了解决这些问题，研究者们提出了门控神经网络，具有代表性的门控神经网络有长短期记忆网络（Long Short-Term Memory, LSTM）[129] 和门控循环单元（Gated Recurrent Unit, GRU）[135]。

3.4.2 长短期记忆网络

长短期记忆网络（LSTM）的整体结构与传统 RNN 模型相同，也具有神经网络重复模块链的形式。LSTM 的独特之处在于它使用了一组门单元控制其信息流。如图 3–13 所示，信息流过序列中连续位置的单元状态 $\boldsymbol{C}^{(t-1)}$ 和隐藏状态$\boldsymbol{h}^{(t-1)}$。单元状态可以被认为从先前状态传播到下一个位置的信息，而隐藏状态帮助确定该信息如何传播。在需要的时候，隐藏状态 $\boldsymbol{h}^{(t)}$ 也可用该位置的输出。

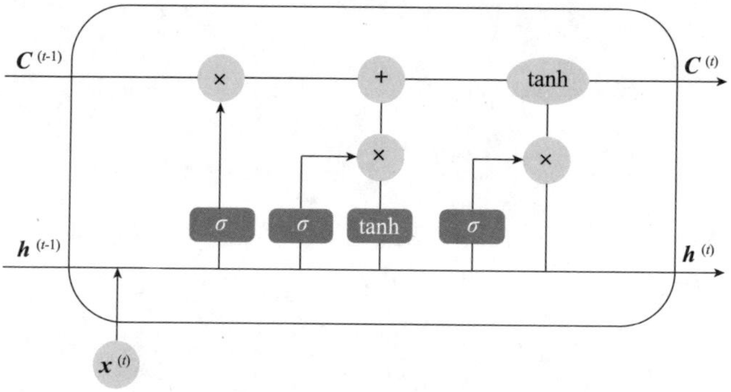

图 3–13 长短期记忆网络中的一个示意模块

LSTM 的第一步是确定从先前单元状态来的哪些信息应该被丢弃，该决定由遗忘门做出。遗忘门考虑先前的隐藏状态 $\boldsymbol{h}^{(t-1)}$ 和新的输入 $\boldsymbol{x}^{(t)}$，并针对单元状态 $\boldsymbol{C}^{(t-1)}$ 中的每个元素输出一个介于 0 到 1 之间的值，该值控制如何丢弃 $\boldsymbol{C}^{(t-1)}$ 中对应元素的信息。可以将遗忘门的输出表示为向量 $\boldsymbol{f}_t$，其维度与单元状态 $\boldsymbol{C}^{(t-1)}$ 的维度相同。更具体地说，遗忘门可以表述为：

$$\boldsymbol{f}_t = \sigma(\boldsymbol{W}_f \cdot \boldsymbol{x}^{(t)} + \boldsymbol{U}_f \cdot \boldsymbol{h}^{(t-1)} + \boldsymbol{b}_f), \tag{3–26}$$

式中，$\boldsymbol{W}_f$ 和 $\boldsymbol{U}_f$ 表示参数；$\boldsymbol{b}_f$ 表示偏差项；$\sigma()$ 是逻辑 S 形函数，它会将其输入映射到 0 和 1 之间。

接下来，LSTM 将确定新输入 $\boldsymbol{x}^{(t)}$ 中的哪些信息需要存储在新单元状态中。类似于遗忘门，由输入门做出决定。输入门可以表达为：

$$\boldsymbol{i}_t = \sigma(\boldsymbol{W}_i \cdot \boldsymbol{x}^{(t)} + \boldsymbol{U}_i \cdot \boldsymbol{h}^{(t-1)} + \boldsymbol{b}_i). \tag{3–27}$$

输入信息 $\boldsymbol{x}^{(t)}$ 经由神经网络处理后生成候选值 $\tilde{\boldsymbol{C}}^{(t)}$。$\tilde{\boldsymbol{C}}^{(t)}$ 将被用于更新单元状态。其生成的过程可以描述为：

$$\tilde{\boldsymbol{C}}^{(t)} = \tanh(\boldsymbol{W}_c \cdot \boldsymbol{x}^{(t)} + \boldsymbol{U}_c \cdot \boldsymbol{h}^{(t-1)} + \boldsymbol{b}_c). \tag{3–28}$$

然后，通过组合旧单元状态 $\boldsymbol{C}^{(t-1)}$ 和新候选单元状态 $\tilde{\boldsymbol{C}}^{(t)}$，生成新单元状态 $\boldsymbol{C}^{(t)}$。该过程可以表达为：

$$\boldsymbol{C}^{(t)} = \boldsymbol{f}_t \odot \boldsymbol{C}^{(t-1)} + \boldsymbol{i}_t \odot \tilde{\boldsymbol{C}}^{(t)}, \tag{3–29}$$

式中，符号 $\odot$ 表示 Hadamard 乘积, 即逐元素对应相乘。

最后，需要生成隐藏状态 $\boldsymbol{h}^{(t)}$。该状态将作为输入流到下一个位置，并可以作为该位置的输出。隐藏状态基于更新的单元状态 $\boldsymbol{C}^{(t)}$ 和输出门，其中输出门将确定要保留新单元状态的哪些信息。输出门的形式与遗忘门和输入门的方式相同，如下所示：

$$\boldsymbol{o}_t = \sigma(\boldsymbol{W}_o \cdot \boldsymbol{x}^{(t)} + \boldsymbol{U}_o \cdot \boldsymbol{h}^{(t-1)} + \boldsymbol{b}_o). \tag{3–30}$$

然后，新的隐藏状态 $\boldsymbol{h}^{(t)}$ 可以按以下方式生成：

$$\boldsymbol{h}^{(t)} = \boldsymbol{o}_t \odot \tanh(\boldsymbol{C}^{(t)}). \tag{3–31}$$

如图 3–13 所示，LSTM 的整个过程可以总结为：

$$\begin{aligned}
\boldsymbol{f}_t &= \sigma(\boldsymbol{W}_f \cdot \boldsymbol{x}^{(t)} + \boldsymbol{U}_f \cdot \boldsymbol{h}^{(t-1)} + \boldsymbol{b}_f) \\
\boldsymbol{i}_t &= \sigma(\boldsymbol{W}_i \cdot \boldsymbol{x}^{(t)} + \boldsymbol{U}_i \cdot \boldsymbol{h}^{(t-1)} + \boldsymbol{b}_i) \\
\boldsymbol{o}_t &= \sigma(\boldsymbol{W}_o \cdot \boldsymbol{x}^{(t)} + \boldsymbol{U}_o \cdot \boldsymbol{h}^{(t-1)} + \boldsymbol{b}_o) \\
\tilde{\boldsymbol{C}}^{(t)} &= \tanh(\boldsymbol{W}_c \cdot \boldsymbol{x}^{(t)} + \boldsymbol{U}_c \cdot \boldsymbol{h}^{(t-1)} + \boldsymbol{b}_c) \\
\boldsymbol{C}^{(t)} &= \boldsymbol{f}_t \odot \boldsymbol{C}^{(t-1)} + \boldsymbol{i}_t \odot \tilde{\boldsymbol{C}}^{(t)} \\
\boldsymbol{h}^{(t)} &= \boldsymbol{o}_t \odot \tanh(\boldsymbol{C}^{(t)}).
\end{aligned} \tag{3–32}$$

为方便起见，可以将 LSTM 神经网络模块中用于处理 t 位置的式 (3–32) 总结为

$$\boldsymbol{C}^{(t)}, \boldsymbol{h}^{(t)} = \text{LSTM}(\boldsymbol{x}^{(t)}, \boldsymbol{C}^{(t-1)}, \boldsymbol{h}^{(t-1)}). \tag{3–33}$$

3.4.3 门控循环单元

如图 3–14 所示，门控循环单元（GRU）可以看作 LSTM 的一种变体，其中 LSTM 的遗忘门和输入门合并为 GRU 的*更新门*；而 LSTM 的单元状态和隐藏状态合并为 GRU 中的同一状态。

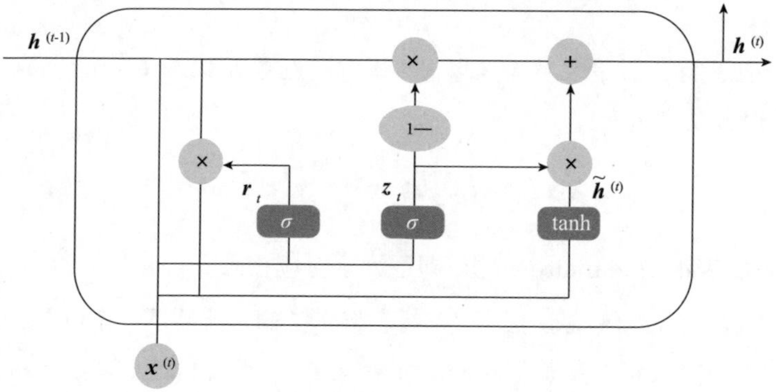

图 3–14　门控循环单元的一个示意模块

这些更改产生了更加简单的门控 RNN 模型 GRU，其公式如下：

$$\begin{aligned}
\boldsymbol{z}_t &= \sigma(\boldsymbol{W}_z \cdot \boldsymbol{x}^{(t)} + \boldsymbol{U}_z \cdot \boldsymbol{h}^{(t-1)} + \boldsymbol{b}_z) \\
\boldsymbol{r}_t &= \sigma(\boldsymbol{W}_r \cdot \boldsymbol{x}^{(t)} + \boldsymbol{U}_r \cdot \boldsymbol{h}^{(t-1)} + \boldsymbol{b}_r) \\
\tilde{\boldsymbol{h}}^{(t)} &= \tanh(\boldsymbol{W} \cdot \boldsymbol{x}^{(t)} + \boldsymbol{U} \cdot (\boldsymbol{r}_t \odot \boldsymbol{h}^{(t-1)}) + \boldsymbol{b}) \\
\boldsymbol{h}^{(t)} &= (\mathbf{1} - \boldsymbol{z}_t) \odot \boldsymbol{h}^{(t-1)} + \boldsymbol{z}_t \odot \tilde{\boldsymbol{h}}^{(t)},
\end{aligned} \tag{3–34}$$

式中，$\boldsymbol{z}_t$ 表示更新门；$\boldsymbol{r}_t$ 表示重置门。为了方便起见, 可以将式 (3–34) 描述的过程表达为:

$$\boldsymbol{h}^{(t)} = \text{GRU}(\boldsymbol{x}^{(t)}, \boldsymbol{h}^{(t-1)}). \tag{3–35}$$

3.5 自编码器

自编码器可以看作一个试图在输出中复现输入的神经网络。特别地，在自编码器中，有一个位于中间位置的隐藏层表达 $\boldsymbol{h}$，其描述了一个包含输入信息的编码。自编码器包含编码器 $f(\boldsymbol{x})$ 和 $g(\boldsymbol{h})$ 两个组件。编码器 $f(\boldsymbol{x})$ 将输入 $\boldsymbol{x}$ 编码为 $\boldsymbol{h}$，即 $\boldsymbol{h}=f(\boldsymbol{x})$；解码器 $g(\boldsymbol{h})$ 通过编码 $\boldsymbol{h}$ 重构输入，即 $\hat{\boldsymbol{x}}=g(\boldsymbol{h})$。事实上，一个理想的自编码器的作用并不能完美地重构其输入，而是能够在满足一些限制的情况下，尽可能地重构输入。更准确地说，它们的作用是将一些必要的信息压缩到隐藏层编码 $\boldsymbol{h}$ 中，以获得一个满意的输出。图 3–15 展示了自编码器的一般结构。首先，输入 $\boldsymbol{x}$ 被送入一个“信息瓶颈”，这个“瓶颈”决定了有多少信息能被保存在编码 $\boldsymbol{h}$ 中；然后，一个解码器网络对编码 $\boldsymbol{h}$ 进行解码，得到重构输入的输出 $\hat{\boldsymbol{x}}$。通过最小化重构误差，训练自编码器网络：

$$\ell(\boldsymbol{x},\hat{\boldsymbol{x}})=\ell(\boldsymbol{x},g(f(\boldsymbol{x}))),\tag{3–36}$$

式中，$\ell(\boldsymbol{x},\hat{\boldsymbol{x}})$ 衡量了 $\boldsymbol{x}$ 和 $\hat{\boldsymbol{x}}$ 之间的不同。例如，可以使用均方误差计算输入和输出的不同。

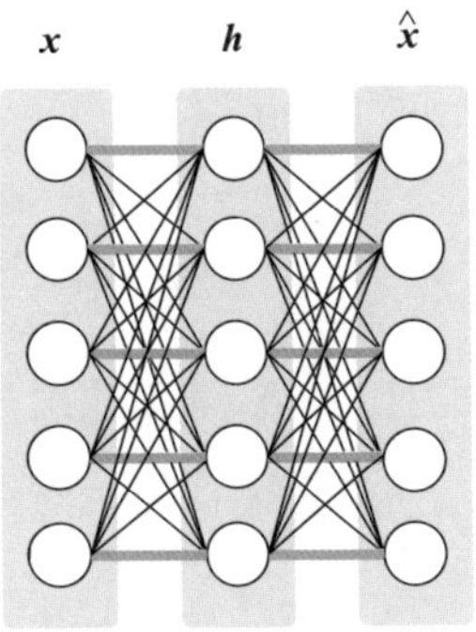

图 3–15　一个没有“信息瓶颈”的自编码器可以“记住”输入作为输出

“信息瓶颈”的设计对自编码器来说至关重要。从理论上来说，如图 3–15 所示，当一个自编码器没有“瓶颈”时，它就能很容易地“记住”输入，并将其传给解码器用于重构输入，这使自编码器失去了意义。设计“瓶颈”有很多种方法，一个自然的想法是限制编码 $\boldsymbol{h}$ 的维度，这就是欠完备自编码器；也可以通过增加一个正则化项来阻断输入和输出之间的记忆，这就是正则化自编码器。

在图 3–15 中，粗的连接线表示输入到输出之间的“记忆”，其他细的连接线代表连接没有被使用，即连接上的权重为 0。

3.5.1 欠完备自编码器

限制编码$\boldsymbol{h}$ 的维度，使其小于输入 $\boldsymbol{x}$ 的维度，这是一个简单而又自然的“瓶颈”设计方法。一个编码维度小于输入维度的自编码器被称为“欠完备自编码器”。图 3–16 展示了一个欠完备自编码器的网络结构，在这个自编码器的编码器和解码器中都只有一层网络，并且其隐藏层的单元数目小于输入层的单元数目。通过最小化重构误差，模型可以将输入中最重要的信息保存在隐藏层编码中。

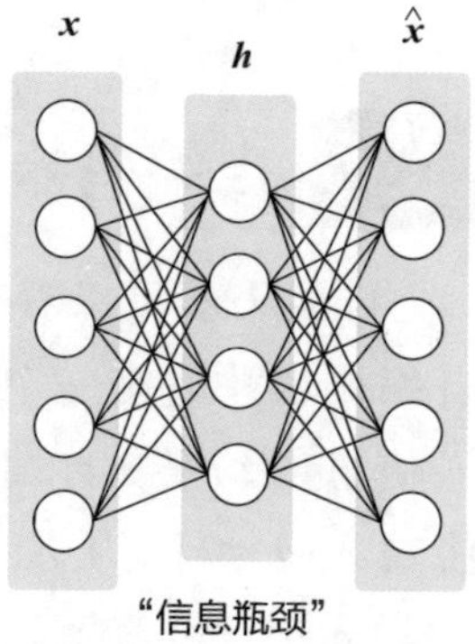

图 3–16 一个欠完备自编码器的网络结构

3.5.2 正则化自编码器

通过叠加更多的编码器和解码器网络层，可以增加自编码器的深度，但设置深度自编码器的容量（capacity）时必须小心谨慎。如果编码器和解码器的容量太大，则自编码器可能无法学习到任何有用的信息。为了防止自编码器学到一个恒等函数，可以在自编码器的损失函数中加入一个如下所示的正则化项：

$$l(\boldsymbol{x}, g(f(\boldsymbol{x}))) + \eta \cdot \Omega(\boldsymbol{h}), \tag{3–37}$$

式中，$\Omega(\boldsymbol{h})$ 表示应用在编码 $\boldsymbol{h}$ 上的正则化项；η 是决定正则化项作用大小的超参数。

在文献[136]中，编码 $\boldsymbol{h}$ 的 L_1 范数被采用为正则化项，其表达式如下：

$$\Omega(\boldsymbol{h}) = \|\boldsymbol{h}\|_1. \tag{3–38}$$

基于 L_1 范数的正则化项迫使编码 $\boldsymbol{h}$ 变得稀疏，在这种情况下，自编码器也可以被称为稀疏编码器。

另一种增加编码稀疏性的方法是使编码 $\boldsymbol{h}$ 中的神经元在大部分时间处于非活跃状态。这里的“非活跃”指的是 $\boldsymbol{h}$ 中神经元的数值比较小。到目前为止，$\boldsymbol{h}$ 被用来指代隐藏层编码，但它没有显式地展示输入和编码的关系。为了准确地表达这种关系，给定一个输入 $\boldsymbol{x}$，用 $\boldsymbol{h}(\boldsymbol{x})$ 表示自编码器学到的编码。那么，基于一组训练样本 $\{\boldsymbol{x}_{(i)}\}_{i=1}^{m}$ 的平均隐藏层编码可以表示如下：

$$\bar{\boldsymbol{h}} = \frac{1}{m}\sum_{i=1}^{m} \boldsymbol{h}(\boldsymbol{x}_{(i)}). \tag{3–39}$$

我们希望限制隐藏层编码中的每个元素，使其与一个小数值 ρ 尽可能接近。例如，设定 $\rho = 0.05$。在文献[137]中，隐藏层中的每个元素都被视为一个平均值为 $\bar{\boldsymbol{h}}$ 对应位置数值的伯努利分布变量。这些变量被约束为与均值为 ρ 的伯努利随机变量尽可能接近，此处约束的衡量标准为分布之间的 KL 散度，具体公式如下：

$$\Omega(\boldsymbol{h}) = \sum_j \left(\rho \log \frac{\rho}{\bar{\boldsymbol{h}}[j]} + (1-\rho) \log \frac{1-\rho}{1-\bar{\boldsymbol{h}}[j]}\right). \tag{3-40}$$

如式 (3-40) 所示，正则化项的自编码器也可以被称为稀疏自编码器。正则化项既可以被应用在欠完备自编码器上，也可以单独作为“信息瓶颈”。即当正则化项存在时，隐藏层编码 $\boldsymbol{h}$ 的维度不一定要比输入维度小。

3.6 深度神经网络的训练

本节将会讨论深度神经网络的训练过程。首先简要介绍训练神经网络的主流方法——梯度下降及其变种。然后，会详细介绍反向传播算法，它是一种计算神经网络参数梯度的高效动态算法。

3.6.1 梯度下降

为了训练深度学习模型，需要最小化损失函数 $\mathcal{L}$ 来学习相关的参数。一般来说，将这个损失函数表示为 $\mathcal{L}(\boldsymbol{W})$，其中 $\boldsymbol{W}$ 代表需要被优化的全部参数。梯度下降及其变种是深度学习中最常被用来最小化损失函数的方法。梯度下降 [138] 是一种一阶迭代优化算法。在每次迭代过程中，通过向梯度的反方向前进一步更新参数 $\boldsymbol{W}$，更新方式如下：

$$\boldsymbol{W}' = \boldsymbol{W} - \eta \cdot \nabla_{\boldsymbol{W}} \mathcal{L}(\boldsymbol{W}), \tag{3-41}$$

式中，$\nabla_{\boldsymbol{W}} \mathcal{L}(\boldsymbol{W})$ 表示梯度；η 表示学习率。

学习率决定了往梯度下降的方向前进多少。通常来说，在深度学习中，学习率被设为一个相对较小的常数。

损失函数通常是对于一组训练样本的惩罚（penalty）的总和。因此，将它表示为如下的形式：

$$\mathcal{L}(\boldsymbol{W}) = \sum_{i=1}^{N_s} \mathcal{L}_i(\boldsymbol{W}), \tag{3-42}$$

式中，$\mathcal{L}_i(\boldsymbol{W})$ 表示第 i 个样本对应的损失函数；N_s 表示样本数量。

在许多情况中，直接在所有的样本上计算 $\nabla_{\boldsymbol{W}}\mathcal{L}(\boldsymbol{W})$ 需要大量的空间和时间。小批量梯度下降法（Mini-batch Gradient Decent）应运而生，在深度神经网络的训练中很受欢迎。小批量梯度下降法不是评估所有训练样本的梯度，而是从训练数据中提取一小批样本，并使用它们估计梯度，然后利用该估计的梯度更新参数。具体地说，梯度可以被估计为 $\sum\limits_{j\in\mathcal{M}} \nabla_{\boldsymbol{W}}\mathcal{L}_j(\boldsymbol{W})$，其中 $\mathcal{M}$ 表示小批量中的样本集合。梯度下降的其他变体也被开发出来用于训练深度神经网络，例如 Adagrad[139]、Adadelta[140] 和 Adam[141]。这些变体通常比标准梯度下降法具有更好的收敛性。

3.6.2 反向传播

使用基于梯度的优化方法的一个关键步骤是计算关于所有参数的梯度。反向传播算法提供了一种使用动态规划计算梯度的有效方法。它由如下两个阶段组成。

1）前向传播阶段：在此阶段，输入被送入神经网络，神经网络基于当前的参数计算出对应的输出，然后用输出计算损失函数。

2）反向传播阶段：此阶段的目标是计算损失函数关于参数的梯度。根据链式法则，模型可以从输出层开始反向动态计算所有参数的梯度。接下来，将详细介绍反向传播阶段。

图 3–17 展示了一组来自不同网络层但是彼此相连的神经元 $h^0, h^1, \cdots, h^k, o$，其中 h^i 表示来自第 i 层，h^0 表示来自输入层，o 表示来自输出层。假设从 $(h^{r-1}$ 到 $h^r)$ 只有如图 3–17 所示的一条路径，则可以用如下的链式法则计算导数：

$$\frac{\partial \mathcal{L}}{\partial w_{(h^{r-1},h^r)}} = \frac{\partial \mathcal{L}}{\partial o} \cdot \left[\frac{\partial o}{\partial h^k} \prod_{i=r}^{k-1} \frac{\partial h^{i+1}}{\partial h^i}\right] \cdot \frac{\partial h^r}{\partial w_{(h^{r-1},h_r)}}, \forall r \in 1, 2, \cdots, k, \tag{3–43}$$

式中，$w_{(h^{r-1},h^r)}$ 表示神经元 h^{r-1} 和 h^r 之间的参数。

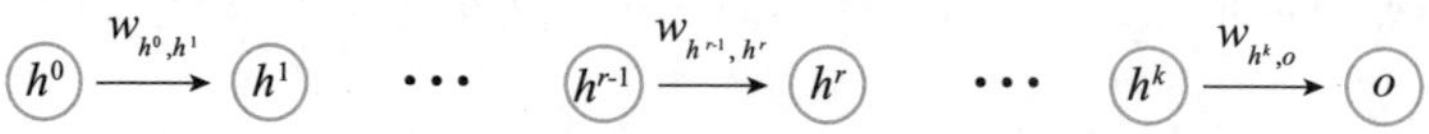

图 3–17 来自连续层的神经元序列

在大部分多层神经网络中，一般会有几条不同的路径连接 $(h^{r-1}$ 到 $h^r)$。因此，需要将不同路径相关的梯度都加起来，具体公式如下：

$$\frac{\partial \mathcal{L}}{\partial w_{(h^{r-1},h^r)}} = \underbrace{\frac{\partial \mathcal{L}}{\partial o} \cdot \left[\sum_{[h^r,h^{r+1},\cdots,h^k,o]\in\mathcal{P}} \frac{\partial o}{\partial h^k} \prod_{i=r}^{k-1} \frac{\partial h^{i+1}}{\partial h^i} \right]}_{\text{反向传播计算}\Delta(h^r,o)=\frac{\partial \mathcal{L}}{\partial h^r}} \cdot \frac{\partial h^r}{\partial w_{(h^{r-1},h^r)}}, \tag{3-44}$$

式中，$\mathcal{P}$ 表示从 h^r 到 o 的路径的集合。

式 (3-44) 中等号右边的式子可以分成两部分——$\Delta(h^r,o)$ 和 $\frac{\partial h^r}{\partial w_{(h^{r-1},h^r)}}$，其中 $\partial w_{(h^{r-1},h^r)}$ 部分的计算比较简单直接（之后会对其进行讨论），而 $\Delta(h^r,o)$ 部分的计算需要递归进行。接下来，将介绍如何递归地计算该部分。特别地，

$$\begin{aligned}\Delta(h^r,o) &= \frac{\partial \mathcal{L}}{\partial o} \cdot \left[\sum_{[h^r,h^{r+1},\cdots,h^k,o]\in\mathcal{P}} \frac{\partial o}{\partial h^k} \prod_{i=r}^{k-1} \frac{\partial h^{i+1}}{\partial h^i} \right] \\ &= \frac{\partial \mathcal{L}}{\partial o} \cdot \left[\sum_{[h^r,h^{r+1},\cdots,h^k,o]\in\mathcal{P}} \frac{\partial o}{\partial h^k} \prod_{i=r+1}^{k-1} \frac{\partial h^{i+1}}{\partial h^i} \cdot \frac{\partial h^{r+1}}{\partial h^r} \right].\end{aligned} \tag{3-45}$$

如图 3–18 所示，可以将任意路径 $P \in \mathcal{P}$ 分解为两部分：边 (h^r,h^{r+1}) 和从 h^{r+1} 到 o 的路径。然后，可以用边 (h^r,h^{r+1}) 对 $\mathcal{P}$ 中的路径进行分类。可以将共享相同的第一条边为 (h^r,h^{r+1}) 的路径的集合记为 $\mathcal{P}_{r+1}$，因为在 $\mathcal{P}_{r+1}$ 中的路径都有相同的第一条边 (h^r,h^{r+1})，所以可以用除去第一条边以外的剩余路径（h^{r+1} 到 o) 唯一标识 $\mathcal{P}_{r+1}$ 中的某一路径。将 $\mathcal{P}_{r+1}$ 中除去共享边 (h^r,h^{r+1}) 的剩余路径的集合标识为 $\mathcal{P}'_{r+1}$。然后，可以将式 (3–45) 进一步简化如下：

$$\begin{aligned}\Delta(h^r,o) &= \frac{\partial \mathcal{L}}{\partial o} \cdot \left[\sum_{(h^r,h^{r+1})\in\mathcal{E}} \frac{\partial h^{r+1}}{\partial h^r} \cdot \left[\sum_{[h^{r+1},\cdots,h_k,o]\in\mathcal{P}'_{r+1}} \frac{\partial o}{\partial h_k} \prod_{i=r+1}^{k-1} \frac{\partial h^{i+1}}{\partial h^i} \right]\right] \\ &= \sum_{(h^r,h^{r+1})\in\mathcal{E}} \frac{\partial h^{r+1}}{\partial h^r} \cdot \frac{\partial \mathcal{L}}{\partial o} \cdot \left[\sum_{[h^{r+1},\cdots,h_k,o]\in\mathcal{P}'_{r+1}} \frac{\partial o}{\partial h_k} \prod_{i=r+1}^{k-1} \frac{\partial h^{i+1}}{\partial h^i} \right] \\ &= \sum_{(h^r,h^{r+1})\in\mathcal{E}} \frac{\partial h^{r+1}}{\partial h^r} \cdot \Delta(h^{r+1},o).\end{aligned} \tag{3-46}$$

式中，$\mathcal{E}$ 表示所有从 h^r 到第 $r+1$ 网络层任意神经单元 h^{r+1} 的边的集合。

需要说明的是，如图 3–18 所示，$r+1$ 层网络中的每个神经单元都与 h^r 相连，因此 $r+1$ 层网络中所有神经单元都会参与式 (3–46) 中的求和。因为每个 h^{r+1} 都

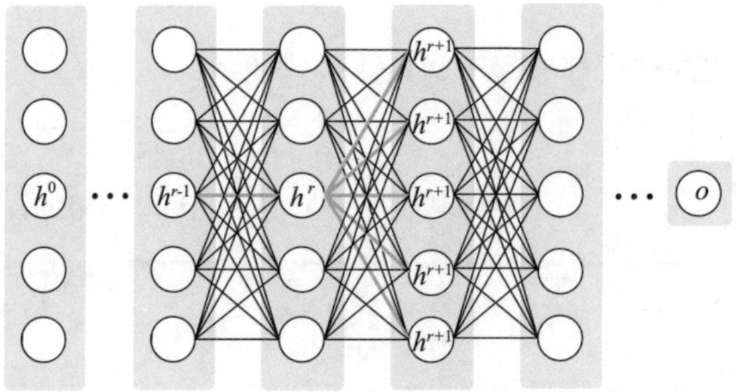

图 3–18　路径分解

来自比 h^r 更深一层的网络层，所以理论上 $\Delta(h^{r+1},o)$ 的值在当前步骤之前的反传过程就已经被算好了，可以直接使用，但仍需要计算式 (3–46) 中的 $\frac{\partial h^{r+1}}{\partial h^r}$，同时需要考虑激活函数。令 a^{r+1} 代表 h^{r+1} 单元在使用激活函数 $\alpha()$ 之前的数值，即 $h^{r+1}=\alpha(a^{r+1})$。然后，可以使用如下链式法则计算 $\frac{\partial h^{r+1}}{\partial h^r}$：

$$\frac{\partial h^{r+1}}{\partial h^r}=\frac{\partial\alpha(a^{r+1})}{\partial h^r}=\frac{\partial\alpha(a^{r+1})}{\partial a^{r+1}}\cdot\frac{\partial a^{r+1}}{\partial h^r}=\alpha'(a^{r+1})\cdot w_{(h^r,h^{r+1})},\tag{3–47}$$

式中，$w_{(h^r,h^{r+1})}$ 表示单元 h^r 和 h^{r+1} 之间的参数。可以将 $\Delta(h^r,o)$ 重新表达如下：

$$\Delta(h^r,o)=\sum_{(h^r,h^{r+1})\in\mathcal{E}}\alpha'(a^{r+1})\cdot w_{(h^r,h^{r+1})}\cdot\Delta(h^{r+1},o).\tag{3–48}$$

接下来，重新考虑式 (3–44) 中等号右侧的第二部分，其计算式如下：

$$\frac{\partial h^r}{\partial w_{(h^{r-1},h^r)}}=\alpha'(a^r)\cdot h^{r-1}.\tag{3–49}$$

有了式 (3–48) 和 式(3–49)，现在可以高效地迭代计算式 (3–44) 的值。

3.6.3　预防过拟合

深度神经网络具有极高的模型容量，因此它们很容易过拟合训练数据。本节将介绍一些用来防止神经网络过拟合的实用技术。

1. 参数正则化

在机器学习中，将模型参数正则化项引入损失函数是防止过拟合的常用技术。通过正则化，模型中的参数被约束为相对较小的值，这通常意味着对应的模型具有更好的泛化能力。模型参数的 L_1 和 L_2 范数是两个常用的正则化项。

2. Dropout

Dropout 是一种防止过拟合的有效技术[142]。Dropout 的基本思想是在每批训练过程中随机忽略网络中的某些单元。因此引入被称为 dropout rate 的超参数 p，来控制每个单元被忽略的概率。然后，在每次迭代中，根据概率 p 随机确定网络中哪些神经元被忽略。在该次迭代中，仅仅用剩余的神经元和网络结构执行计算和预测。值得注意的是，Dropout 通常仅在训练过程中使用。换句话说，在推断阶段，始终使用整个网络执行预测。

3. 批量归一化

批量归一化[143] 最初被用来解决内部协变量偏移（internal covariate shift）问题，它也可以降低模型过拟合的风险。批量归一化是在将上一层的激活输入下一层之前将其归一化。具体地讲，如果训练过程中采用小批量训练，则该归一化通过减去批次平均值并除以批次标准偏差实现。在推断阶段，使用总体样本的统计信息执行归一化。

3.7 小结

本章首先介绍了各种基本的深度模型，包括前馈神经网络、卷积神经网络、循环神经网络和自编码器。然后讨论了用于训练深度模型的梯度下降和反向传播。最后回顾了深度模型中一些用来防止训练过程中过拟合的实用技术。

3.8 扩展阅读

为了更好地理解深度学习和神经网络，学习掌握线性代数、概率论和优化方面的知识是非常有必要的。关于这些主题的书相当多，例如 *Linear algebra*[144]、*An Introduction to Probability Theory and Its Applications*[145]、*Convex Optimization*[146] 和 *Linear Algebra and Optimization for Machine Learning*[90]。通常在机器学习书中，会有针对这些主题的简要介绍，例如 *Pattern Recognition and Machine Learning*[147]。*Deep Learning*[89] 和 *Neural Networks and Deep Learning: A Textbook*[90] 等专著提供了有关深度神经网络更详细的知识。此外，可以使用 Tensorflow[148] 和 Pytorch[149] 等平台轻松地构建各种深度神经网络模型。

第2篇 模型方法

第 4 章
CHAPTER 4

图嵌入

本章将从一个新的视角，在一个统一、通用的框架下介绍典型的图嵌入方法，以及专门为异质图、二分图、多维图、符号图、超图和动态图等复杂图设计的图嵌入算法，通用框架包括映射函数、信息提取器、重构器和目标函数。

4.1 简介

图嵌入（Graph Embedding）的目的是将给定图中的每个节点映射到一个低维的向量表示。这种向量表示通常称为节点嵌入（Node Embedding），它保留了原图中节点的一些关键信息。图中的节点可以从两个域观察：一是原图域，其中节点通过边（或图结构）彼此连接；二是嵌入域，其中每个节点被表示为连续的向量。因此，从这两个域的角度来看，图嵌入的目标是将每个节点从图域映射到嵌入域，使得图域中的信息可以保留在嵌入域中。看到这里，读者可能会有两个问题：1）哪些信息需要被保留？2）如何保留这些信息？对于这两个问题，不同的图嵌入算法往往会给出不同的答案。对于第一个问题，学者们已经探究过多种不同类型的信息，例如节点的邻域信息[29, 30, 31]、节点的结构角色[33]、社区信息[34]和节点状态[35, 36, 37]。同样，对于第二个问题，近年来发展的许多技术对其做出了解答。这些技术的细节各不相同，但大多数技术都有一个共同的思想，就是利用嵌入域中的节点表示重构要保留的图域信息。这样做的主要原因是，良好的节点表示应该能够重构出希望保留的信息。因此，可以通过最小化重构误差学习这个映射。为了总结图嵌入的一般过程，图 4–1 给出了图嵌入的通用框架。

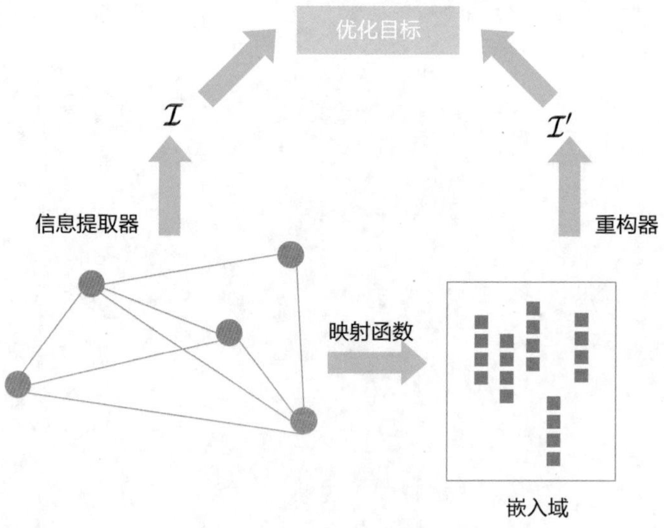

图 4–1 图嵌入的通用框架

如图 4–1 所示，图嵌入的通用框架有四个关键组件：

- 将节点从图域映射到嵌入域的映射函数。
- 提取图域中需要保留的关键信息 $\mathcal{I}$ 的信息提取器。
- 利用嵌入域中的嵌入重新构造所提取的图信息 $\mathcal{I}$ 的重构器。请注意，重构的信息表示为 $\mathcal{I}'$，如图 4–1 所示。
- 通过对基于提取的信息 $\mathcal{I}$ 和重构的信息 $\mathcal{I}'$ 的目标进行优化，学习映射和（或）重构器中涉及的所有参数。

本章以图 4–1 所示的框架为基础，介绍一些典型的图嵌入方法。这些方法在图域中保留了不同类型的信息。此外，本章还会介绍专门为复杂图（包括异质图、二分图、多维图、符号图、超图和动态图）设计的图嵌入算法。

4.2 简单图的图嵌入

本节将介绍简单图的网络嵌入算法，如 2.1 节所述，这些简单图是静态的、无向的、无符号的和同质的。可以根据算法试图保留的信息对算法进行归纳与分类，这些信息包括节点共现（node co-occurence）、结构角色（structural role）、节点状态（node status）和社区结构（community structure）。

4.2.1 保留节点共现

保留图中节点共现的流行方法之一是执行随机游走（Random Walk）。如果一些节点倾向于在某些随机游走中共同出现，则认为这些节点是相似的。接着优化一个映射函数，使得学习到的节点表示能够重构从随机游走中提取的“相似性”。保留节点间共现关系的经典图嵌入算法是 DeepWalk [29]。接下来，本节首先介绍 DeepWalk 算法的总体框架，并详细介绍它的映射函数、提取器、重构器和目标；然后介绍其他保留节点共现的算法，包括 node2vec [31] 和 LINE [30] 等。

1. 映射函数

一种定义映射函数 $f(v_i)$ 的方式是使用查找表（look-up table）。这意味着在给定节点索引 i 的情况下，可以直接检索到节点 v_i 的嵌入 $\boldsymbol{u}_i$。具体而言，这种映射函数实现为：

$$f(v_i) = \boldsymbol{u}_i = \boldsymbol{e}_i^\top \boldsymbol{W}, \tag{4-1}$$

式中，$\boldsymbol{e}_i \in \{0,1\}^N$ 表示节点 v_i 的独热编码（One-hot encoding），其中 $N = |\mathcal{V}|$ 表示节点数量。特别地，$\boldsymbol{e}_i$ 只有一个元素 $\boldsymbol{e}_i[i]$ 为 1，其他元素都是 0。$\boldsymbol{W}^{N\times d}$ 是要学习的嵌入参数，其中 d 是嵌入的维度。矩阵 $\boldsymbol{W}$ 的第 i 行是节点 v_i 的表示（或嵌入）。因此，映射函数中的参数数量为 $N \times d$。

2. 基于随机游走的共现提取器

给定一个图 $\mathcal{G}$ 中的起始节点 $v^{(0)}$，从它的邻居中随机选中一个节点并前进到这个节点，接着从该选中的节点开始重复上述过程，直到一共访问了 T 个节点，这样就能得到一个节点的序列。这些被访问的节点组成的序列是图上长度为 T 的随机游走。随机游走的正式定义如下所示。

定义 25（随机游走，Random Walk） 设 $\mathcal{G} = \{\mathcal{V}, \mathcal{E}\}$ 表示一个连通图。考虑从图 $\mathcal{G}$ 上的节点 $v^{(0)} \in \mathcal{V}$ 开始的随机游走。假设在随机游走的第 t 步访问的是节点 $v^{(t)}$，那么随机游走的下一个节点按照如下概率从 $v^{(t)}$ 的邻居节点中选出：

$$p(v^{(t+1)}|v^{(t)}) = \begin{cases} \frac{1}{d(v^{(t)})}, & v^{(t+1)} \in \mathcal{N}(v^{(t)}), \\ 0, & \text{其他}, \end{cases} \tag{4-2}$$

式中，$d(v^{(t)})$ 表示节点 $v^{(t)}$ 的度；$\mathcal{N}(v^{(t)})$ 表示 $v^{(t)}$ 的邻居节点集合。换句话说，将被访问的下一个节点是按均匀分布从当前节点的邻居中随机选择的。

上述过程可以用一个随机游走生成器 RW() 来总结，如下所示：

$$\mathcal{W} = \text{RW}(\mathcal{G}, v^{(0)}, T), \tag{4-3}$$

式中，$\mathcal{W} = v^{(0)}, \cdots, v^{(T-1)}$ 表示生成的随机游走序列；$v^{(0)}$ 表示起始节点；T 表示随机游走的长度。

随机游走已经在内容推荐[150] 和社区检测[151] 等多种任务中被用来度量相似性。在 DeepWalk 中，为了保留节点间的相似性信息，一组短的随机游走从给定的图中生成，然后节点间的共现关系从这些随机游走中提取出来。接下来详细介绍生成随机游走的集合，以及从中提取节点共现的过程。

为了生成随机游走能够捕获整个图的信息，每个节点都被用作起始节点生成 γ 个随机游走。因此，在遍历整个图后，总共会获得 $|\mathcal{V}| \cdot \gamma$ 个随机游走。此过程的具

体步骤如 Algorithm 4–1 所示。该算法的输入是一个图 $\mathcal{G}$、随机游走的长度 T 和每个起始节点的随机游走序列的数量 γ。Algorithm 4–1 中的第 4 行到第 8 行描述了为 $\mathcal{V}$ 中的每个节点生成 γ 个随机游走，并将这些随机游走添加到 $\mathcal{R}$ 的过程。最后，由 $|\mathcal{V}| \cdot \gamma$ 个生成的随机游走组成的集合 $\mathcal{R}$ 被作为算法的输出。

Algorithm 4–1 随机游走的生成

1 **输入:** $\mathcal{G} = \{\mathcal{V}, \mathcal{E}\}$, T, γ
2 **输出:** $\mathcal{R}$
3 **初始化:** $\mathcal{R} \leftarrow \emptyset$
4 **for** i in range (γ) **do**
5   **for** $v \in \mathcal{V}$ **do**
6         $\mathcal{W} \leftarrow \mathrm{RW}(\mathcal{G}, v^{(0)}, T)$
7         $\mathcal{R} \leftarrow \mathcal{R} \cup \{\mathcal{W}\}$
8   **end**
9 **end**

这些随机游走可以看作某个自然语言中的句子，其中节点集 $\mathcal{V}$ 是这个“语言”的词汇表。语言模型中的 Skip-gram 算法[28] 试图通过捕获句子中词之间的共现关系来保存句子的信息。对于一个句子中给定的中心词，距离该中心词 w 内的词被视为它的“上下文”，而中心词被认为是与其上下文中的词有共现关系的。Skip-gram 算法旨在保存这样的共现信息。这些概念在 DeepWalk 中被应用到了随机游走中，以提取节点间的共现关系[29]。具体地说，两个节点的共现被表示为元组 $(v_{\text{con}}, v_{\text{cen}})$，其中 v_{cen} 表示中心节点（center node），v_{con} 表示它的某个上下文节点（context node）。Algorithm 4–2 给出了从随机游走中提取节点间共现关系的过程。

对于每个随机游走 $\mathcal{W} \in \mathcal{R}$，遍历其中的节点（如第 5 行所示）。对于 $\mathcal{W}$ 中的每个节点 $v^{(i)}$ 和 $j = 1, \cdots, w$（如第 6 行到第 9 行所示），将 $(v^{(i-j)}, v^{(i)})$ 和 $(v^{(i+j)}, v^{(i)})$ 添加到共现列表 $\mathcal{I}$ 中。请注意，当 $i - j$ 或 $i + j$ 超出随机游走范围时，直接忽略即可。对于给定的中心节点，这里平等对待所有的上下文节点，而不考虑它们与中心节点的距离。与此不同的是，文献[32]会根据上下文节点到中心节点的距离，对它们进行不同的分类及处理。

3. 重构器和目标

前面介绍了映射函数和节点共现信息，本节旨在讨论利用嵌入域中的表示重构共

Algorithm 4-2　提取节点共现

输入: $\mathcal{R}$, w
输出: $\mathcal{I}$
初始化: $\mathcal{I} \leftarrow [\,]$
for $\mathcal{W}$ in $\mathcal{R}$ **do**
　　for $v^{(i)} \in \mathcal{W}$ **do**
　　　　for j in range$(1, w)$ **do**
　　　　　　$\mathcal{I}$.append$((v^{(i-j)}, v^{(i)}))$
　　　　　　$\mathcal{I}$.append$((v^{(i+j)}, v^{(i)}))$
　　　　end
　　end
end

现信息的过程。为了通过嵌入域重构共现信息，需要通过节点嵌入推断在 $\mathcal{I}$ 中各个元组出现的概率。任何给定的元组 $(v_{\text{con}}, v_{\text{cen}}) \in \mathcal{I}$ 中都有两种节点角色，即中心节点 v_{cen} 和上下文节点 v_{con}。一个节点可以同时扮演两个角色，即中心节点和其他节点的上下文节点。因此，两个不同的映射函数被用于生成节点扮演两种不同角色时的表示。它们可以被正式地表述为：

$$
\begin{aligned}
f_{\text{cen}}(v_i) &= \boldsymbol{u}_i = \boldsymbol{e}_i^{\top} \boldsymbol{W}_{\text{cen}}, \\
f_{\text{con}}(v_i) &= \boldsymbol{v}_i = \boldsymbol{e}_i^{\top} \boldsymbol{W}_{\text{con}}.
\end{aligned} \tag{4-4}
$$

对于一个元组 $(v_{\text{con}}, v_{\text{cen}})$，共现关系可以解释为在中心节点 v_{cen} 的上下文中观察 v_{con}。通过 f_{cen} 和 f_{con} 两个映射函数与 Softmax 函数，对在 v_{cen} 上下文中观察到 v_{con} 的概率进行建模，如下所示：

$$
p(v_{\text{con}}|v_{\text{cen}}) = \frac{\exp(f_{\text{con}}(v_{\text{con}})^{\top} f_{\text{cen}}(v_{\text{cen}}))}{\sum\limits_{v \in \mathcal{V}} \exp(f_{\text{con}}(v) f_{\text{cen}}(v_{\text{cen}})^{\top})}. \tag{4-5}
$$

上式可以被视为来自元组 $(v_{\text{con}}, v_{\text{cen}})$ 在嵌入域的重构信息。对于任何给定的元组 $(v_{\text{con}}, v_{\text{cen}})$，重构器 Rec 可以输出式 (4-5) 中的概率，如下所示：

$$
\text{Rec}((v_{\text{con}}, v_{\text{cen}})) = p(v_{\text{con}}|v_{\text{cen}}).
$$

如果能够从嵌入域中准确地推断出 $\mathcal{I}$ 的原图信息，就可以认为提取的信息 $\mathcal{I}$ 是从嵌入中被良好重构的。为了实现这一目标，Rec 函数应该为从 $\mathcal{I}$ 中提取的元组输出高的概率值，而为随机生成的元组输出低的概率值。同 Skip-gram 算法[28] 一样，DeepWalk 假设共现 $\mathcal{I}$ 中的这些元组是相互独立的。因此，重构 $\mathcal{I}$ 的概率可以建模如下：

$$\mathcal{I}' = \text{Rec}(\mathcal{I}) = \prod_{(v_{\text{con}},v_{\text{cen}})\in\mathcal{I}} p(v_{\text{con}}|v_{\text{cen}}). \tag{4-6}$$

式中，$\mathcal{I}$ 中可能存在重复的元组。为了去掉式 (4-6) 中的重复项，可以将其重新表述如下：

$$\prod_{(v_{\text{con}},v_{\text{cen}})\in\text{set}(\mathcal{I})} p(v_{\text{con}}|v_{\text{cen}})^{\#(v_{\text{con}},v_{\text{cen}})}, \tag{4-7}$$

式中，$\text{set}(\mathcal{I})$ 表示 $\mathcal{I}$ 中无重复的元组集合；$\#(v_{\text{con}},v_{\text{cen}})$ 表示 $\mathcal{I}$ 中元组 $(v_{\text{con}},v_{\text{cen}})$ 的频次。

因此，$\mathcal{I}$ 中出现频次较高的元组对式 (4-7) 中的总体概率贡献更大。为了确保更好的重构，就需要学习映射函数的参数，使得式 (4-7) 可以最大化。因此，可以通过最小化以下目标函数学习嵌入参数 $\boldsymbol{W}_{\text{con}}$ 和 $\boldsymbol{W}_{\text{cen}}$，即两个映射函数的参数：

$$\mathcal{L}(\boldsymbol{W}_{\text{con}},\boldsymbol{W}_{\text{cen}}) = -\sum_{(v_{\text{con}},v_{\text{cen}})\in\text{set}(\mathcal{I})} \#(v_{\text{con}},v_{\text{cen}}) \cdot \log p(v_{\text{con}}|v_{\text{cen}}), \tag{4-8}$$

式中，目标函数是式 (4-7) 的负对数。

4. 加速学习过程

在实践中，直接计算式 (4-5) 中的概率是极为困难的，因为分母中需要对所有节点求和。为了解决这一困难，主要有两种技术可以采用：分层 Softmax 技术和负采样技术。

（1）分层 Softmax。在分层 Softmax 中，图 $\mathcal{G}$ 中的节点被分配给另外的一个二叉树的叶子节点。分层 Softmax 的二叉树示例如图 4-2 所示，其中的 8 个叶子节点对应原图 $\mathcal{G}$ 中的 8 个节点。现在可以通过到二叉树中的从根节点到节点 v_{con} 的路径对概率 $p(v_{\text{con}}|v_{\text{cen}})$ 建模。给定由树节点序列 $(p^{(0)},p^{(1)},\cdots,p^{(H)})$ 标识的从根节点到节点 v_{con} 的路径（其中 $p^{(0)}=b_0$ 为根节点，$p^{(H)}=v_{\text{con}}$），那么概率 $p(v_{\text{con}}|v_{\text{cen}})$ 可表示为：

$$p(v_{\text{con}}|v_{\text{cen}}) = \prod_{h=1}^{H} p_{\text{path}}(p^{(h)}|v_{\text{cen}}),$$

式中，$p_{\text{path}}(p^{(h)}|v_{\text{cen}})$ 可以建模为以中心节点表示 $f(v_{\text{cen}})$ 作为输入的二分分类器（binary classifier）。具体地说，对于每个内部节点（或二叉树中的非叶子节点），这个二分分类器用来选择路径的下一个节点。

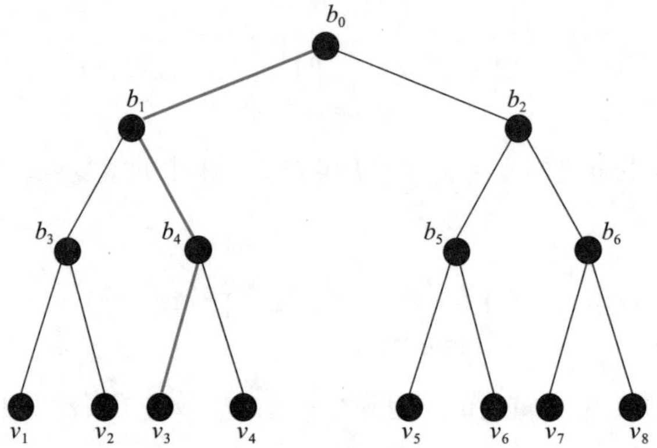

图 4–2　分层 Softmax 的二叉树示例（根节点 b_0 到节点 v_3 的路径以红色突出显示）

接下来，以根节点 b_0 为例，阐述计算图 4–2 中示例的概率 $p(v_3|v_8)$（即 $(v_{\text{con}}, v_{\text{cen}}) = (v_3, v_8)$）时节点对应的二分分类器。当位于根节点 b_0 时，前进到它左侧节点的概率可以计算为：

$$p(\text{left}|b_0, v_8) = \sigma(f_b(b_0)^\top f(v_8)), \tag{4–9}$$

式中，f_b 表示内部节点的映射函数；f 表示叶子节点（或图 $\mathcal{G}$ 中的节点）的映射函数；σ 表示 Sigmoid 函数。当位于 b_0 时，选择其右侧节点作为路径中的下一个节点的概率可以计算为：

$$p(\text{right}|b_0, v_8) = 1 - p(\text{left}|b_0, v_8) = \sigma(-f_b(b_0)^\top f(v_8)). \tag{4–10}$$

因此，可得

$$p_{\text{path}}(b_1|v_8) = p(\text{left}|b_0, v_8). \tag{4–11}$$

值得注意的是，内部节点的嵌入可以看作二分分类器的参数，这些二分分类器的输入是在 $(v_{\text{con}}, v_{\text{cen}})$ 中的中心节点，即 v_{cen} 嵌入。通过使用分层 Softmax 代替传统的式 (4–5) 中的 Softmax，可以将计算成本从 $O(|\mathcal{V}|)$ 大幅降低到 $O(\log|\mathcal{V}|)$。

在分层 Softmax 中，不再学习 $\mathcal{V}$ 中节点的两个映射函数，但是需要学习用于 $\mathcal{V}$ 中的节点（或二叉树中的叶子节点）的映射函数 f，以及用于二叉树中的内部节点的映射函数 f_b。

例 4.1（分层 Softmax） 假设 (v_3, v_8) 是描述给定图 $\mathcal{G}$ 中节点 v_3 和 v_8 之间共现信息的元组，而图 $\mathcal{G}$ 的分层 Softmax 的二叉树如图 4–2 所示。在 v_8 的上下文中观察到 v_3 的概率，即 $p(v_3|v_8)$，可以如下计算：

$$\begin{aligned} p(v_3|v_8) &= p_{\text{path}}(b_1|v_8) \cdot p_{\text{path}}(b_4|v_8) \cdot p_{\text{path}}(v_3|v_8) \\ &= p(\text{left}|b_0, v_8) \cdot p(\text{right}|b_1, v_8) \cdot p(\text{left}|b_4, v_8). \end{aligned} \tag{4–12}$$

（2）负采样。另一种普遍采用的加快学习过程的方法是负采样[28]，它是从 Noise Contrasitive Estimation（NCE）[152] 简化而来的，而 NCE 已被表明可以近似地最大化式 (4–5) 中 Softmax 函数表示的概率的对数。然而，图嵌入的最终目标是学习高质量的节点表示，而不是最大化 Softmax 概率。只要学习到的节点表示能保持良好的质量，对 NCE 进行适度简化就是合理的。现对 NCE 进行以下修改，并定义负采样。对于 $\mathcal{I}$ 中的每个元组 $(v_{\text{con}}, v_{\text{cen}})$，从那些没有出现在中心节点 v_{cen} 的上下文中的节点中采样 k 个节点，以形成负样本元组，即负元组。利用这些负样本元组，通过以下目标定义 $(v_{\text{con}}, v_{\text{cen}})$ 的负采样相关目标函数：

$$\log \sigma\left(f_{\text{con}}(v_{\text{con}})^{\top} f_{\text{cen}}(v_{\text{cen}})\right) + \sum_{i=1}^{k} E_{v_n \sim P_n(v)}\left[\log \sigma\left(-f_{\text{con}}(v_n)^{\top} f_{\text{cen}}(v_{\text{cen}})\right)\right], \tag{4–13}$$

式中，概率分布 $P_n(v)$ 表示用来采样负元组的分布，根据文献[28, 30]中的建议，通常令 $P_n(v) \sim d(v)^{3/4}$，其中 $d(v)$ 表示节点 v 的度。

通过最大化式 (4–13)，来自 $\mathcal{I}$ 的真实元组中的节点共同出现的概率被最大化，而负元组中的样本节点之间的概率被最小化，从而倾向于使学习的节点表示保持共现信息。将式 (4–13) 中的目标替换掉式 (4–8) 中的 $\log p(v_{\text{con}}|v_{\text{cen}})$，可得到以下总体目标函数：

$$\begin{aligned} \mathcal{L}(\boldsymbol{W}_{\text{con}}, \boldsymbol{W}_{\text{cen}}) = \sum_{(v_{\text{con}}, v_{\text{cen}}) \in \text{set}(\mathcal{I})} \#(v_{\text{con}}, v_{\text{cen}}) \cdot \Big(\log \sigma\left(f_{\text{con}}(v_{\text{con}})^{\top} f_{\text{cen}}(v_{\text{cen}})\right) + \\ \sum_{i=1}^{k} E_{v_n \sim P_n(v)}\left[\log \sigma\left(-f_{\text{con}}(v_n)^{\top} f_{\text{cen}}(v_{\text{cen}})\right)\right]\Big). \end{aligned} \tag{4–14}$$

使用负采样代替传统的 Softmax，可以显著地将计算复杂度从 $O(|\mathcal{V}|)$ 降低到 $O(k)$。

5. 实际上的训练过程

前面介绍了式 (4–8) 中的总体目标函数和提高损失函数计算效率的两种策略。现在可以通过优化式 (4–8)（或其变式）中的目标学习节点表示。然而，在实践中，这个学习过程通常不是在整个 $\mathcal{I}$ 集合上计算整个目标函数并执行基于梯度下降的参数更新，而是以批（batch）处理方式完成的。具体地说，在生成每个随机游走 $\mathcal{W}$ 后，进一步提取其对应的共现信息 $\mathcal{I}_{\mathcal{W}}$，接着基于 $\mathcal{I}_{\mathcal{W}}$ 形成一个目标函数，并基于该目标函数计算梯度，以执行所涉及的节点表示的更新。

6. 其他保留节点共现的算法

还有其他一些旨在保留节点共现信息的算法，如 node2vec[31] 和 LINE[30]。它们与 DeepWalk 略有不同，但仍适用于前面介绍的通用框架。接下来介绍这些方法，并重点介绍它们与 DeepWalk 的不同之处。

（1）**node2vec**。node2vec 引入了一种更灵活的方式生成随机游走，它通过有偏的随机游走探索给定节点的邻域，并用它代替 DeepWalk 中的随机游走来生成 $\mathcal{I}$。具体地说，node2vec 提出了具有两个超参数 p 和 q 的二阶随机游走，其定义如下。

定义 26 设 $\mathcal{G}=\{\mathcal{V},\mathcal{E}\}$ 表示一个连通图。考虑以图 G 中的 $v^{(0)}\in\mathcal{V}$ 为起始节点的随机游走。假设随机游走刚刚从节点 $v^{(t-1)}$ 走到节点 $v^{(t)}$，现在停留在节点 $v^{(t)}$。接着随机游走需要决定下一步访问哪个节点。不同于 DeepWalk 中均匀地从 $v^{(t)}$ 的邻居中选择 $v^{(t+1)}$，node2vec 基于 $v^{(t)}$ 和 $v^{(t-1)}$ 定义节点的采样概率。特别地，选择下一个节点的未归一化"概率"定义如下：

$$\alpha_{pq}(v^{(t+1)}|v^{(t-1)},v^{(t)})=\begin{cases}\frac{1}{p}, & \mathrm{dis}(v^{(t-1)},v^{(t+1)})=0,\\ 1, & \mathrm{dis}(v^{(t-1)},v^{(t+1)})=1,\\ \frac{1}{q}, & \mathrm{dis}(v^{(t-1)},v^{(t+1)})=2,\end{cases} \tag{4–15}$$

式中，$\mathrm{dis}(v^{(t-1)},v^{(t+1)})$ 表示节点 $v^{(t-1)}$ 和 $v^{(t+1)}$ 之间的最短路径的长度。然后，可以将式 (4–15) 中的未归一化概率归一化为采样下一个节点 $v^{(t+1)}$ 的概率。

请注意，基于此归一化概率的随机游走称为二阶随机游走，因为它在决定下一个节点 $v^{(t+1)}$ 时，既考虑了前一个节点 $v^{(t-1)}$，又考虑了当前节点 $v^{(t)}$。超参数 p 控制从节点 $v^{(t-1)}$ 游走到节点 $v^{(t)}$ 之后立即重新访问节点 $v^{(t-1)}$ 的概率。具体地说，

较小的 p 鼓励随机游走重新访问之前的节点，而较大的 p 会减少回溯到访问过的节点的可能性。超参数 q 允许随机游走区分“向内”和“向外”节点。当 $q > 1$ 时，游走倾向于接近节点 $v^{(t-1)}$ 的节点，当 $q < 1$ 时，游走倾向于访问远离节点 $v^{(t-1)}$ 的节点。因此，通过控制超参数 p 和 q，可以生成不同侧重点的随机游走。在根据式 (4–15) 中的归一化概率生成随机游走之后，node2vec 的剩余步骤与 DeepWalk 相同。

（2）LINE。LINE[30] 引入了二阶相似度的概念，其目标函数可以表示如下：

$$-\sum_{(v_{\text{con}},v_{\text{cen}})\in\mathcal{E}}\Big(\log\sigma\left(f_{\text{con}}(v_{\text{con}})^\top f_{\text{cen}}(v_{\text{cen}})\right)+\sum_{i=1}^{k}E_{v_n\sim P_n(v)}\left[\log\sigma\left(-f_{\text{con}}(v_n)^\top f_{\text{cen}}(v_{\text{cen}})\right)\right]\Big),\tag{4–16}$$

式中，$\mathcal{E}$ 是图 $\mathcal{G}$ 中的边集。

比较式 (4–16) 和式 (4–14)，可以发现它们最大的区别在于 LINE 采用 $\mathcal{E}$ 而不是 $\mathcal{I}$ 作为重构信息。实际上，$\mathcal{E}$ 可以看作 $\mathcal{I}$ 的特例，其中随机游走的长度被设置为 1。

7. 从矩阵分解的角度分析

文献[27]表明，前面所述的网络嵌入方法可以从矩阵分解的角度来分析。例如，对于 DeepWalk，有以下定理。

定理 4.1[27] *在矩阵形式下，给定图 $\mathcal{G}$，采用负采样策略的 DeepWalk 得到的嵌入表示等价于分解以下矩阵得到的解：*

$$\log\left(\frac{\text{vol}(\mathcal{G})}{T}\left(\sum_{r=1}^{T}\boldsymbol{A}\boldsymbol{P}^r\right)\boldsymbol{D}^{-1}\right)-\log(k),\tag{4–17}$$

式中，$\boldsymbol{P}=\boldsymbol{D}^{-1}\boldsymbol{A}$，其中 $\boldsymbol{A}$ 表示图 $\mathcal{G}$ 的邻接矩阵，$\boldsymbol{D}$ 表示其对应的度矩阵；T 表示随机游走的长度；$\text{vol}(\mathcal{G})=\sum_{i=1}^{|\mathcal{V}|}\sum_{j=1}^{|\mathcal{V}|}\boldsymbol{A}_{i,j}$；$k$ 表示负样本的数量。

实际上，DeepWalk 的矩阵分解形式也适用于通用框架。具体地说，其提取器表示为以下矩阵的分解：

$$\log\left(\frac{\text{vol}(\mathcal{G})}{T}\left(\sum_{r=1}^{T}\boldsymbol{P}^r\right)\boldsymbol{D}^{-1}\right).\tag{4–18}$$

矩阵形式下的映射函数与前面 DeepWalk 中引入的映射函数相同，有两个映射函数 f_{cen} 和 f_{con}。这两个映射函数的参数是 $\boldsymbol{W}_{\text{cen}}$ 和 $\boldsymbol{W}_{\text{con}}$，同时它们也是图 $\mathcal{G}$ 的

两组不同的节点表示。在这种情况下，重构器可以用 $\boldsymbol{W}_{\text{con}}\boldsymbol{W}_{\text{cen}}^{\top}$ 表示。接着，目标函数可以表示如下：

$$\mathcal{L}(\boldsymbol{W}_{\text{con}}, \boldsymbol{W}_{\text{cen}}) = \left\| \log\left(\frac{\text{vol}(\mathcal{G})}{T} \left(\sum_{r=1}^{T} \boldsymbol{P}^{r} \right) \boldsymbol{D}^{-1} \right) - \log(b) - \boldsymbol{W}_{\text{con}}\boldsymbol{W}_{\text{cen}}^{\top} \right\|_{\text{F}}^{2}. \quad (4\text{–}19)$$

式中，$\|\cdot\|_{\text{F}}$ 表示矩阵的 Frobenius 范数。

因此，节点嵌入 $\boldsymbol{W}_{\text{con}}$ 和 $\boldsymbol{W}_{\text{cen}}$ 可以通过最小化该目标来学习得到。类似地，LINE 和 node2vec 也可以用矩阵形式表示[27]。

4.2.2 保留结构角色

图域中彼此接近的两个节点，例如图 4–3 中的节点 d 和 e，倾向于在许多随机游走中共同出现。因此，保留节点共现的方法学到的嵌入域中这些节点的表示很可能是相似的。然而，在许多实际应用程序中，可能希望节点 u 和 v 在嵌入域中的表示是相近的，因为它们具有相似的结构角色。例如，如果想要区分机场网络中的枢纽和非枢纽，就需要将彼此远离但具有相似结构角色的枢纽城市投射到相似的表示中。因此，开发出能够保留结构角色的图嵌入方法也是非常重要的。

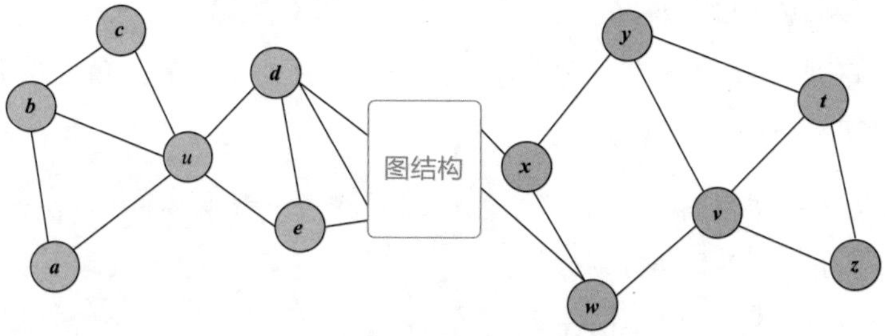

图 4–3　结构角色相似的两个节点的示例

为了学习保持结构一致性的节点表示，文献[33]提出了 struc2vec 方法。它具有与 DeepWalk 相同的映射功能，但它从原图域中提取的信息是结构角色相似度。特别地，struc2vec 提出了一种基于度的两两结构角色相似度的度量方法，并将其用于构建新的图。因此，新图中的边表示结构角色相似性。然后，它利用基于随机游走的算法从新图中提取共现关系，并利用与 DeepWalk 相同的重构器从嵌入域中重构共现信息。由于 struc2vec 具有与 Deepwalk 相同的映射和重构器功能，因此本节只详细介绍 struc2vec 的信息提取器，包括结构相似性度量、构建的新图和用以提取新图的共现关系的有偏随机游走。

1. 衡量结构角色相似度

直观地，节点的度可以表明它们的结构角色相似度。换句话说，如果两个节点的度相近，那么可以认为它们在结构上相似。此外，如果它们的邻居的度也相近，则这两个节点在结构上更加相似。基于这一直觉，struc2vec 提出了一种层次化的结构相似度度量方法。设 $R_k(v)$ 表示与节点 v 相距 k 跳的节点集，对 $R_k(v)$ 中的节点的度进行排序，得到度序列 $s(R_k(v))$。那么，在考虑节点的 k 跳邻域的情况下，v_1 和 v_2 两个节点之间的结构距离 $g_k(v_1, v_2)$ 可以递归地定义如下：

$$g_k(v_1, v_2) = g_{k-1}(v_1, v_2) + \text{dis}(s(R_k(v_1)), s(R_k(v_2))), \tag{4–20}$$

式中，$\text{dis}(s(R_k(v_1)), s(R_k(v_2))) \geqslant 0$ 表示 v_1 和 v_2 度序列之间的距离。换言之，它表示 v_1 和 v_2 的 k 跳邻居的度相似度。

当 $k = 0$ 时，$g_{-1}(\cdot, \cdot)$ 被初始化为 0。$\text{dis}(\cdot, \cdot)$ 和 $g_k(\cdot, \cdot)$ 都是距离度量。因此，它们的值越大，说明两个比较的元素越不相似。另外，序列 $s(R_k(v_1))$ 和 $s(R_k(v_2))$ 可以有不同的长度，并且它们的元素可以是任意整数。因为 Dynamic Time Warping（DTW）[153, 154] 可以处理不同长度的序列，所以它作为距离函数 $\text{dis}(\cdot, \cdot)$ 是非常合适的。DTW 算法找到两个序列之间的最佳匹配，使得所有配对元素之间的距离之和最小。两个元素（分别来自两个序列）之间的距离按如下方式测量：

$$l(a, b) = \frac{\max(a, b)}{\min(a, b)} - 1. \tag{4–21}$$

此距离取决于两个元素的最大值和最小值之间的比率。因此, 在这种情况下，$l(1, 2)$ 与 $l(100, 101)$ 会被认为拥有十分不同的距离。这一性质在衡量节点的度之间的差别时十分重要。

2. 基于结构相似度构造新图

在得到两两节点之间的结构距离后，可以构造一个多层带权图来编码节点之间的结构相似度。具体地说，设原图 $\mathcal{G}$ 的直径是 k^*，那么可以构建一个 k^* 层图，其中第 k 层建立在定义如下的权重之上：

$$w_k(u, v) = \exp(-g_k(u, v)). \tag{4–22}$$

式中，$w_k(u, v)$ 表示图的第 k 层的节点 u 和 v 之间的边的权重。距离 $g_k(u, v)$ 越小，节点 u 和 v 之间的连接越强。接下来，可以用有向边连接图中的不同层之间的对应节点。特别地，第 k 层中的每个节点 v 都连接到其在第 $k-1$ 层和 $k+1$ 层中的对应节点。为了便于区分，这里将第 k 层中的节点 v 表示为 $v^{(k)}$，层之间对应节点之间的边权重定义如下：

$$w(v^{(k)}, v^{(k+1)}) = \log(\Gamma_k(v) + e), k = 0, \cdots, k^* - 1, \tag{4–23}$$

$$w(v^{(k)}, v^{(k-1)}) = 1, k = 1, \cdots, k^*. \tag{4–24}$$

其中

$$\Gamma_k(v) = \sum_{v_j \in \mathcal{V}} \mathbb{1}(w_k(v, v_j) > \bar{w}_k), \tag{4–25}$$

式中，$\bar{w}_k = \sum_{(u,v)\in\mathcal{E}_k} w_k(u,v) / \binom{N}{2}$，它表示第 k 层图（$\mathcal{E}_k$ 是其边集）的平均边权重。

因此，$\Gamma_k(v)$ 度量节点 v 与第 k 层中其他节点的相似性。如果节点与当前层中的其他节点非常相似，此设计可确保该节点与下一层具有强连接。因此，它很可能引导随机游走到下一层以获取更多的信息。

3. 新图上的有偏随机游走

struc2vec 提出了一种有偏随机游走算法生成一组随机游走，用于生成待重构的共现元组。假设随机游走现在位于第 k 层中的节点 u，对于下一步，随机游走以概率 q 停留在同一层，并以概率 $1-q$ 跳到另一层，这里 q 是超参数。

如果随机游走停留在同一层，则从当前节点 u 游走到另一个节点 v 的概率计算如下：

$$p_k(v|u) = \frac{\exp(-g_k(v,u))}{Z_k(u)}, \tag{4–26}$$

式中，$Z_k(u)$ 是第 k 层中节点 u 的归一化因子，其定义如下：

$$Z_k(u) = \sum_{(v,u)\in\mathcal{E}_k} \exp(-g_k(v,u)). \tag{4–27}$$

如果决定游走到另一个图层中的与之对应的节点，则到达图层 $k+1$ 和图层 $k-1$ 的概率分别可以计算得到：

$$\begin{aligned} p_k\left(u^{(k)}, u^{(k+1)}\right) &= \frac{w\left(u^{(k)}, u^{(k+1)}\right)}{w\left(u^{(k)}, u^{(k+1)}\right) + w\left(u^{(k)}, u^{(k-1)}\right)}. \\ p_k\left(u^{(k)}, u^{(k-1)}\right) &= 1 - p_k\left(u^{(k)}, u^{(k+1)}\right) \end{aligned} \tag{4–28}$$

这种有偏随机游走可生成随机游走的集合，用于提取节点之间的共现关系。同 DeepWalk 一样，这些共现关系提供了嵌入域需要重构的信息。

4.2.3 保留节点状态

节点的全局状态是图中的另一种重要信息，例如 2.3.3 节中介绍的中心性都可以用来度量节点的全局状态。文献[35]提出了一种同时保留节点共现信息和节点全局状态的图嵌入方法。该方法主要由两个组件组成：保留共现信息的组件和保留全局状态的组件。保留共现信息的组件与 4.2.1 节中介绍的组件相同。因此，本节将重点介绍保留全局状态信息的组件。该方法的目的不是保留图中节点的全局状态分数，而是保留它们的全局状态分数的排名。因此，提取器计算全局状态分数，然后根据它们的分数对节点进行排序。而重构器用于恢复排序信息。接下来，本节将详细介绍提取器和重构器。

1. 提取器

提取器首先计算节点的全局状态分数，然后获得节点的全局排名。2.3.3 节介绍的任何中心性度量都可用于计算全局状态分数。在获得全局状态分数后，根据分数对节点进行降序排列。将重新排列的节点表示为 $(v_{(1)},\cdots,v_{(N)})$，其中下标表示节点的排名。

2. 重构器

重构器用于从节点嵌入中恢复由提取器提取的排名信息。为了重构全局排序，文献[35]中的重构器旨在保持 $(v_{(1)},\cdots,v_{(N)})$ 中所有节点对的相对排序。假设一对节点之间的排序独立于 $(v_{(1)},\cdots,v_{(N)})$ 中的其他节点对的排序，那么全局排名被保留下来的概率可以通过使用节点嵌入建模为：

$$p_{\text{global}}=\prod_{1\leqslant i<j\leqslant N} p(v_{(i)},v_{(j)}),\tag{4-29}$$

式中，$p(v_{(i)},v_{(j)})$ 表示节点 $v_{(i)}$ 的排名在 $v_{(j)}$ 之前的概率。具体地说，它被建模为：

$$p\left(v_{(i)},,v_{(j)}\right)=\sigma\left(\boldsymbol{w}^{\top}(\boldsymbol{u}_{(i)}-\boldsymbol{u}_{(j)})\right),\tag{4-30}$$

式中，$\boldsymbol{u}_{(i)}$ 和 $\boldsymbol{u}_{(j)}$ 分别表示节点 $v_{(i)}$ 和 $v_{(j)}$ 的嵌入；$\boldsymbol{w}$ 是一个需要被学习的参数向量。

为了保留排序信息，模型期望任何有序对 $(v_{(i)},v_{(j)})$ 都应该有很高的概率。这可以通过最小化以下目标函数来实现：

$$\mathcal{L}_{\text{global}} = -\log p_{\text{global}}. \tag{4-31}$$

该目标 $\mathcal{L}_{\text{global}}$ 可以与保留共现信息的目标函数相结合，使得学习到的嵌入可以保存共现信息和全局状态。

4.2.4 保留社区结构

社区结构是图中最突出的特征之一[155]，这促进了旨在保留这种关键信息的图嵌入方法的发展[34, 156]。文献[34]提出了一种基于矩阵分解的方法，既保留了连接、共现等面向节点的结构，又保留了社区结构。接下来，本节首先使用通用框架描述其保留面向节点的结构信息的组件，然后介绍通过模块度最大化（modularity maximization）保留社区结构信息的组件，最后讨论其总体目标。

1. 保留面向节点的结构

文献[34]保留了两种面向节点的结构信息：一种是节点对的连接信息，另一种是节点邻域间的相似度信息。这两种类型的信息都可以从给定图中提取并以矩阵的形式表示。

2. 提取器

节点对的连接信息可以从图中直接提取出来，并将其表示为邻接矩阵 $\boldsymbol{A}$ 的形式。重构器的目标是重构图的节点对的连接信息或邻接矩阵。而邻域相似度衡量两个节点的邻域有多相似。对于两个节点 v_i 和 v_j，其邻域相似度计算如下：

$$s_{i,j} = \frac{\boldsymbol{A}_i \boldsymbol{A}_j^\top}{\|\boldsymbol{A}_i\| \|\boldsymbol{A}_j\|}, \tag{4-32}$$

式中，$\boldsymbol{A}_i$ 表示邻接矩阵的第 i 行，即节点 v_i 的邻域信息。

当节点 v_i 和 v_j 共享越多相同的邻居时，$s_{i,j}$ 越大；如果 v_i 和 v_j 不共享任何邻居，则 $s_{i,j}$ 为 0。直观地说，如果 v_i 和 v_j 共享许多公共邻居，即 $s_{i,j}$ 较大时，则它们很可能在 DeepWalk 中描述的随机游走中共存。因此，这一信息与节点共现有一种隐含的联系。这种邻域相似关系可以归结为一个矩阵 $\boldsymbol{S}$，其第 i,j 项元素是 $s_{i,j}$。总之，提取的信息可以用两个矩阵 $\boldsymbol{A}$ 和 $\boldsymbol{S}$ 表示。

3. 重构器和目标

重构器旨在以 $\boldsymbol{A}$ 和 $\boldsymbol{S}$ 的形式恢复这两种类型的提取信息。要同时重构它们，重构器首先对这两个矩阵进行线性组合，如下所示：

$$\boldsymbol{P} = \boldsymbol{A} + \eta \cdot \boldsymbol{S},$$

式中，$\eta > 0$，控制邻域相似性的重要程度。

然后，矩阵 $\boldsymbol{P}$ 在嵌入域中被重构为：$\boldsymbol{W}_{\text{con}}\boldsymbol{W}_{\text{cen}}^{\top}$，其中 $\boldsymbol{W}_{\text{con}}$ 和 $\boldsymbol{W}_{\text{cen}}$ 是两个映射函数 f_{con} 和 f_{cen} 的参数。它们与 DeepWalk 的设计相同。那么目标可以表述如下：

$$\mathcal{L}(\boldsymbol{W}_{\text{con}}, \boldsymbol{W}_{\text{cen}}) = \|\boldsymbol{P} - \boldsymbol{W}_{\text{con}}\boldsymbol{W}_{\text{cen}}^{\top}\|_{\text{F}}^2,$$

式中，$\|\cdot\|_{\text{F}}$ 表示矩阵的 Frobenius 范数。

4. 保留社区结构

在一个图中，社区是指一种内部的节点连接十分紧密的结构。在一般情况下，一个图中可能存在多个社区。社区发现的目标是将节点分配到不同的社区里去。一种流行的社区检测方法是基于模块度（modularity）最大值的方法[155]。具体地说，对于一个具有 2 个社区的图，假设知道它的社区分配，则模块度的定义如下：

$$Q = \frac{1}{2 \cdot \text{vol}(\mathcal{G})} \sum_{ij} (\boldsymbol{A}_{i,j} - \frac{d(v_i)d(v_j)}{\text{vol}(\mathcal{G})}) h_i h_j,$$

式中，$d(v_i)$ 表示节点 v_i 的度；h_i 表示节点 v_i 属于哪个社区的指示值，如果节点 v_i 属于第一个社区，则 $h_i = 1$，否则，$h_i = -1$；$\text{vol}(\mathcal{G}) = \sum\limits_{v_i \in \mathcal{V}} d(v_i)$。如果随机生成一个图，该图与图 $\mathcal{G}$ 具有相同的节点、节点度和边数；但是它的边是在节点之间随机添加的。$\frac{d(v_i)d(v_j)}{\text{vol}(\mathcal{G})}$ 代表着此随机生成图中节点 v_i 和 v_j 之间边数的期望值[155]。因此，模块度 Q 衡量社区内的边数在给定图和随机图之间的差别。一个正的模块度 Q 表示可能存在社区结构。而且通常较大的模块度 Q 表明发现了更好的社区结构。所以可以通过最大化模块度 Q 来检测社区。此外，模块度 Q 可以用矩阵形式定义，如下所示：

$$Q = \frac{1}{2 \cdot \text{vol}(\mathcal{G})} \boldsymbol{h}^{\top} \boldsymbol{B} \boldsymbol{h}, \tag{4-33}$$

式中，$\boldsymbol{h} \in \{-1,1\}^N$ 表示社区成员指示符向量，其第 i 个元素是 $\boldsymbol{h}[i] = h_i$；而 $\boldsymbol{B} \in \mathbb{R}^{N\times N}$ 定义如下：

$$\boldsymbol{B}_{i,j} = \boldsymbol{A}_{i,j} - \frac{d(v_i)d(v_j)}{\mathrm{vol}(\mathcal{G})}. \tag{4-34}$$

模块度的定义可以扩展到 m（$m > 2$）个社区。具体地说，社区成员指示符 $\boldsymbol{H}$ 可以推广为矩阵 $\boldsymbol{H} \in \{0,1\}^{N\times m}$，也称 $\boldsymbol{H}$ 为分配矩阵，其中 $\boldsymbol{H}$ 的每一列表示一个社区。矩阵 $\boldsymbol{H}$ 的第 i 行是指示节点 v_i 的社区的一个独热（One-hot）向量，其中该行中只有一个元素是 1，其他所有元素都是 0。因此，有 $\mathrm{tr}(\boldsymbol{H}^\top\boldsymbol{H}) = N$，其中 $\mathrm{tr}(\boldsymbol{X})$ 表示一个矩阵 $\boldsymbol{X}$ 的迹。去掉一些常数项后，具有 m 个社区的图的模块度可以定义为：$Q = \mathrm{tr}(\boldsymbol{H}^\top\boldsymbol{B}\boldsymbol{H})$。通过最大化模块度 Q，分配矩阵 $\boldsymbol{H}$ 可以由如下式获得：

$$\max_{\boldsymbol{H}} Q = \mathrm{tr}(\boldsymbol{H}^\top\boldsymbol{B}\boldsymbol{H}), \quad \mathrm{tr}(\boldsymbol{H}^\top\boldsymbol{H}) = N, \tag{4-35}$$

值得注意的是，$\boldsymbol{H}$ 是一个离散矩阵，在优化的过程中，它通常会被松弛为一个连续的矩阵。

5. 总体目标

为了同时保留面向节点的结构信息和社区结构信息，可引入另一个矩阵 $\boldsymbol{C}$，与 $\boldsymbol{W}_{\mathrm{cen}}$ 一起重构指示矩阵 $\boldsymbol{H}$。因此，整个框架的目标如下：

$$\min_{\boldsymbol{W}_{\mathrm{con}},\boldsymbol{W}_{\mathrm{cen}},\boldsymbol{H},\boldsymbol{C}} \|\boldsymbol{P} - \boldsymbol{W}_{\mathrm{con}}\boldsymbol{W}_{\mathrm{cen}}^\top\|_{\mathrm{F}}^2 + \alpha\|\boldsymbol{H} - \boldsymbol{W}_{\mathrm{cen}}\boldsymbol{C}^\top\|_{\mathrm{F}}^2 - \beta\cdot\mathrm{tr}(\boldsymbol{H}^\top\boldsymbol{B}\boldsymbol{H}), \tag{4-36}$$

$$\boldsymbol{W}_{\mathrm{con}} \geqslant 0, \boldsymbol{W}_{\mathrm{cen}} \geqslant 0, \boldsymbol{C} \geqslant 0, \mathrm{tr}(\boldsymbol{H}^\top\boldsymbol{H}) = N, \tag{4-37}$$

式中，$\|\boldsymbol{H} - \boldsymbol{W}_{\mathrm{cen}}\boldsymbol{C}^\top\|_{\mathrm{F}}^2$ 将社区结构信息与节点表示联系起来；由于采用的是非负矩阵分解，故对矩阵分解添加了非负约束；超参数 α 和 β 控制了三个项之间的平衡。

4.3 复杂图的图嵌入

前面的章节中已经讨论了简单图的图嵌入算法。但是，如 2.5 节所示，现实世界中的图呈现出更复杂的结构和特点，从而产生了许多类型的复杂图。本节将介绍针对这些复杂图的图嵌入方法。

4.3.1 异质图嵌入

异质图中存在不同类型的节点。HNE[39] 是一种较早提出的异质图嵌入方法，其旨在将异质图中不同类型的节点投射到一个公共嵌入空间中。为了实现这一点，每种节点类型都采用不同的映射函数。不同类型的节点可能具有不同形式（如图像或文本）和维度的节点特征，因此对于每种类型的节点采用不同的深度模型，将相应的特征映射到公共嵌入空间。例如，当与节点关联的特征是图像时，CNN 可以被用作为映射函数。HNE 的目标是保留节点之间的成对连接的信息。因此，HNE 中的提取器提取出那些相连的节点对作为需要重构信息，这些信息可以自然地用邻接矩阵 $\boldsymbol{A}$ 表示。重构器的目的是从节点嵌入中恢复这个邻接矩阵 $\boldsymbol{A}$。具体地，给定某一节点对 (v_i, v_j) 及其与它们对应的由映射函数学习出来的嵌入 $\boldsymbol{u}_i, \boldsymbol{u}_j$，重构的邻接矩阵元素 $\tilde{\boldsymbol{A}}_{i,j} = 1$ 的概率为：

$$p(\tilde{\boldsymbol{A}}_{i,j} = 1) = \sigma(\boldsymbol{u}_i^\top \boldsymbol{u}_j), \tag{4–38}$$

式中，σ 表示 Sigmoid 函数。相应地，有

$$p(\tilde{\boldsymbol{A}}_{i,j} = 0) = 1 - \sigma(\boldsymbol{u}_i^\top \boldsymbol{u}_j). \tag{4–39}$$

这里的目标是使得重构的邻接矩阵 $\tilde{\boldsymbol{A}}$ 尽可能接近原始邻接矩阵 $\boldsymbol{A}$，所以目标函数可用交叉熵建模，表示如下：

$$-\sum_{i,j=1}^{N} \left(\boldsymbol{A}_{i,j} \log p(\tilde{\boldsymbol{A}}_{i,j} = 1) + (1 - \boldsymbol{A}_{i,j}) \log p(\tilde{\boldsymbol{A}}_{i,j} = 0) \right). \tag{4–40}$$

映射函数可以通过最小化式 (4–40) 中的目标来学习，并用来获得节点嵌入。在异质网络中，不同类型的节点和边具有不同的语义信息。因此，对于异质网络的嵌入，不仅要考虑节点之间的结构相关性，还要考虑节点之间的语义相关性。metapath2vec[40] 是可以捕获节点之间的两种相关性的方法。接下来详细介绍 metapath2vec 算法，包括它的提取器、重构器和目标。注意，metapath2vec 中的映射函数与 DeepWalk 相同。

1. 基于 meta-path 的信息提取器

为了同时捕获结构相关性和语义相关性，metapath2vec 引入了基于 meta-path 的随机游走来提取共现信息。具体地说，meta-path 被用来约束随机游走的决策。接

下来首先介绍 meta-path 的概念，然后描述如何利用它来设计基于 meta-path 的随机游走。

定义 27（meta-path 模式） 给定如定义 15 中所述的异质网络 $\mathcal{G}$，其中的 meta-path 模式 ψ 可表示为 $A_1 \xrightarrow{R_1} A_2 \xrightarrow{R2} \cdots \xrightarrow{R_l} A_{l+1}$，其中 $A_i \in \mathcal{T}_n$ 和 $R_i \in \mathcal{T}_e$ 分别表示某些类型的节点和边。meta-path 模式定义了来自类型 A_1 和类型 A_{l+1} 的节点之间的复合关系，其中该关系可以表示为 $R = R_1 \circ R_2 \circ \cdots \circ R_{l-l} \circ R_l$。这里 $\circ$ 表示来关系之间的复合。一个 meta-path 模式 ψ 的实例是一个其中每个节点和边都遵循模式中的 ψ 中相应类型的 path。

meta-path 模式可以指导随机游走的生成。具体来说，一个基于 meta-path 的随机游走是在给定 meta-path 模式 ψ 的情况下，随机生成的一个 meta-path 实例。基于 meta-path 的随机游走的正式定义如下：

定义 28 给定一个 meta-path 模式 $\psi: A_1 \xrightarrow{R_1} A_2 \xrightarrow{R2} \cdots \xrightarrow{R_l} A_{l+1}$，由 ψ 引导的随机游走的转移概率可以计算如下：

$$p(v^{(t+1)}|v^{(t)},\psi) = \begin{cases} \frac{1}{|\mathcal{N}_{t+1}^{R_t}(v^{(t)})|}, & v^{(t+1)} \in \mathcal{N}_{t+1}^{R_t}(v^{(t)}), \\ 0, & \text{其他}, \end{cases} \tag{4–41}$$

式中，$v^{(t)}$ 表示一个类型为 A_t 的节点，对应于 A_t 在 meta-path 模式中的位置；$\mathcal{N}_{t+1}^{R_t}(v^{(t)})$ 表示与 $v^{(t)}$ 通过边类型 R_t 相连并且节点类型为 A_{t+1} 的节点的集合。具体来说，这个集合可以正式定义为：

$$\mathcal{N}_{t+1}^{R_t}(v^{(t)}) = \{v_j \mid v_j \in \mathcal{N}(v^{(t)}) \text{ 且 } \phi_n(v_j) = A_{t+1} \text{ 且 } \phi_e(v^{(t)}, v_j) = R_t\}. \tag{4–42}$$

式中，$\phi_n(v_j)$ 表示将节点 v_j 映射到它对应的节点类型的函数；$\phi_e(v^{(t)}, v_j)$ 表示将边 $(v^{(t)}, v_j)$ 映射到它对应的边类型的函数。

在各种 meta-path 模式的指导下，就可以生成多种随机游走。从这些随机游走中提取共现对的方法与 4.2.1 节中的方法相同。这些被提取出来的以 $(v_{\text{con}}, v_{\text{cen}})$ 为形式的元组也如同之前一样被记号为 $\mathcal{I}$。

2. **重构器**

metapath2vec 中提出了两种重构器。第一种重构器与 DeepWalk 中的重构器相同，即 4.2.1 节中式 (4–5)。注意在式 (4–5) 中，所有不同类型的节点服从同一个分布。而另一种重构器为每种类型的节点都有一个与这个类型对应的一个多项式分布。对于类型为 nt 的节点 v_j，在给定 v_i 的情况下，观察到 v_j 的概率可计算如下：

$$p(v_j|v_i) = \frac{\exp(\boldsymbol{f}_{\text{con}}^{\top}(v_j)\boldsymbol{f}_{\text{cen}}(v_i))}{\sum\limits_{v\in\mathcal{V}_{\text{nt}}}\exp(\boldsymbol{f}_{\text{con}}(v)\boldsymbol{f}_{\text{cen}}^{\top}(v_i))}, \tag{4–43}$$

式中，$\mathcal{V}_{\text{nt}}$ 是由类型为 $\text{nt}\in\mathcal{T}_n$ 的所有节点组成的集合。这两种重构器中的任何一个都可以被采用，然后用与 4.2.1 节所示的 DeepWalk 相同的方式建立目标函数。

4.3.2　二分图嵌入

如定义 16 所示，在二分图中，存在两个不相交的节点集 $\mathcal{V}_1$ 和 $\mathcal{V}_2$，并且任意一个集合内的节点间不存在边。为方便起见，本节使用 $\mathcal{U}$ 和 $\mathcal{V}$ 表示这两个不相交的集合。文献[41]提出了一个二分图嵌入框架 BiNE 来捕获两个集合之间的关系以及集合内部的关系。具体地说，BiNE 旨在提取两种类型的信息：连接两个集合的节点的边集合 $\mathcal{E}$，以及每个集合内节点的共现信息。BiNE 采用与 DeepWalk 相同的映射函数，将两个集合中的节点映射到节点嵌入，并用 $\boldsymbol{u}_i$ 和 $\boldsymbol{v}_i$ 分别表示节点 $u_i\in\mathcal{U}$ 和 $v_i\in\mathcal{V}$ 中的嵌入。接下来，本节将具体介绍 BiNE 的信息提取器、重构器和目标。

1. **信息提取器**

BiNE 从二分图中提取两种类型的信息。一个是两个节点集之间产生的边，表示为 $\mathcal{E}$。每条边 $e\in\mathcal{E}$ 可表示为 $(u_{(e)}, v_{(e)})$，其中 $u_{(e)}\in\mathcal{U}, v_{(e)}\in\mathcal{V}$。另一个是每个节点集中的共现信息。为了提取每个节点集中节点的共现信息，可从二分图中归纳出两个分别以 $\mathcal{U}$ 和 $\mathcal{V}$ 作为节点集的同质图。具体地说，如果两个节点在原图中是 2 跳邻居，则它们在生成图中存在连接。可以用 $\mathcal{G}_{\mathcal{U}}$ 和 $\mathcal{G}_{\mathcal{V}}$ 分别表示节点集 $\mathcal{V}$ 和 $\mathcal{U}$ 生成的图。然后，按照与 DeepWalk 相同的方式从两个图中提取共现信息。将提取的共现信息分别表示为 $\mathcal{I}_{\mathcal{U}}$ 和 $\mathcal{I}_{\mathcal{V}}$。因此，要重构的信息包括边集合 $\mathcal{E}$ 以及 $\mathcal{U}$ 和 $\mathcal{V}$ 的共现信息。

2. **重构器和目标**

从嵌入中恢复 $\mathcal{U}$ 和 $\mathcal{V}$ 中的共现信息的重构器与 DeepWalk 的重构器相同。这里将重构 $\mathcal{I}_{\mathcal{U}}$ 和 $\mathcal{I}_{\mathcal{V}}$ 的两个目标分别表示为 $\mathcal{L}_{\mathcal{U}}$ 和 $\mathcal{L}_{\mathcal{V}}$。为了恢复边集 $\mathcal{E}$，可以基于嵌入对观察到边的概率进行建模。具体地说，给定一个节点对 $(u_i\ v_j)$，其中 $u_i\in\mathcal{U}$ 和 $v_j\in\mathcal{V}$，原二分图中这两个节点之间存在边的概率定义为：

$$p(u_i, u_j) = \sigma(\boldsymbol{u}_i^{\top}\boldsymbol{v}_j), \tag{4–44}$$

式中，σ 表示 Sigmoid 函数。模型的目标是学习使得 $\mathcal{E}$ 中边的节点对的概率可以最大化地嵌入。因此，目标被定义为：

$$\mathcal{L}_{\mathcal{E}} = -\sum_{(u_i,v_j)\in\mathcal{E}} \log p(u_i, v_j). \tag{4–45}$$

BiNE 的最终目标函数定义如下：

$$\mathcal{L} = \mathcal{L}_{\mathcal{E}} + \eta_1 \mathcal{L}_{\mathcal{U}} + \eta_2 \mathcal{L}_{\mathcal{V}}, \tag{4–46}$$

式中，η_1 和 η_2 表示用来平衡不同类型信息贡献的超参数。

4.3.3 多维图嵌入

在多维图中，多种关系可以同时存在于同一对节点之间，其中每种类型的关系都被看成一个维度。所有的维度共享相同的节点集，同时具有自己的网络结构。对于每个节点，多维图嵌入的目标是学习所有维度捕获信息所得到的节点的通用表示，以及针对每个维度的维度特定表示（更侧重于对应的维度）[42]。节点的通用表示可用于执行需要汇总来自所有维度信息的任务，比如节点分类。而特定于维度的节点表示可用于执行特定于维度的任务，例如特定维度的链接预测。直观地说，对于每个节点，其通用表示和特定于维度的表示不是独立的。因此，对二者的依赖性进行建模十分重要。为了实现此目标，对于每个维度 d，将给定节点 v_i 的维度特定表示 $\boldsymbol{u}_{d,i}$ 建模为

$$\boldsymbol{u}_{d,i} = \boldsymbol{u}_i + \boldsymbol{r}_{d,i}, \tag{4–47}$$

式中，$\boldsymbol{u}_i$ 表示通用表示；$\boldsymbol{r}_{d,i}$ 表示捕获维度 d 中的信息的表示，$\boldsymbol{r}_{d,i}$ 不考虑与其他维度的依赖。

为了学习这些表示，模型的目标是重构不同维度的共现关系。具体来讲，模型通过重构，从不同维度提取的共现关系来优化 $\boldsymbol{u}_i$ 和 $\boldsymbol{r}_{d,i}$ 的映射函数。接下来，本节将介绍多维图嵌入模型的映射函数、信息提取器、重构器和目标。

1. 映射函数

用于通用表示的映射函数表示为 $\boldsymbol{f}()$，而特定维度 d 的映射函数表示为 $\boldsymbol{f}_d()$。注意，所有映射函数都与 DeepWalk 的中的映射函数类似。它们通过以查找表的方式实现，如下所示：

$$\boldsymbol{u}_i = \boldsymbol{f}(v_i) = \boldsymbol{e}_i^\top \boldsymbol{W}, \tag{4–48}$$

$$\boldsymbol{r}_{d,i} = \boldsymbol{f}_d(v_i) = \boldsymbol{e}_i^\top \boldsymbol{W}_d, \quad d = 1, \cdots, D, \tag{4–49}$$

式中，D 表示多维网络的维数。

2. 信息提取器

利用 4.2.1 节中介绍的共现提取器，将每个维度 d 的共现关系提取为 $\mathcal{I}_d$。所有维度的共现信息是每个维度的共现信息的并集，如下所示：

$$\mathcal{I} = \cup_{d=1}^{D} \mathcal{I}_d. \tag{4-50}$$

3. 重构器和目标

这里的目标是学习映射函数，以便能够很好地重构 $\mathcal{I}$ 共现的概率。这里的重构器与 DeepWalk 中的重构器类似。唯一的区别是这里将重构器应用于不同维度关系的提取。相应地，目标可以表述如下：

$$\min_{\boldsymbol{W},\boldsymbol{W}_1,\cdots,\boldsymbol{W}_D} -\sum_{d=1}^{D} \sum_{(v_{\text{con}},v_{\text{cen}})\in\mathcal{I}_d} \#(v_{\text{con}}, v_{\text{cen}}) \cdot \log p(v_{\text{con}}|v_{\text{cen}}), \tag{4-51}$$

式中，$\boldsymbol{W}, \boldsymbol{W}_1, \cdots, \boldsymbol{W}_D$ 表示要学习的映射函数的参数。

值得注意的是，在文献[42]中，对于给定节点，其具有相同的中心表示和上下文表示，即没有区分节点的角色。

4.3.4　符号图嵌入

在符号图中，节点之间既有正边也有负边，如定义 18 所介绍的那样。结构平衡理论是符号网络最重要的社会学理论之一。SiNE 是一种基于结构平衡理论的符号网络嵌入算法[43]。正如平衡理论建议的那样[157]，对于某一个节点而言，与它的“敌人”（即通过负边相连的节点）相比，它应该更接近与它的“朋友”（即通过正边相连的节点）。因此，SiNE 的目标是使正边相连的节点比负边相连的节点在嵌入域中更靠近彼此。因此，SiNE 保留的信息是正边相连的节点和负边相连的节点之间的相对关系。注意，SiNE 的映射函数与 DeepWalk 中的映射函数相同。接下来，本节首先描述信息提取器，然后介绍重构器。

1. 信息提取器

SiNE 要保留的信息可以表示为三元组 (v_i, v_j, v_k) 的形式，如图 4–4 所示，其中节点 v_i 和 v_j 由正边连接，而节点 v_i 和 v_k 由负边连接。设 $\mathcal{I}_1$ 表示符号图中的一个三元组集，正式定义如下：

$$\mathcal{I}_1 = \{(v_i, v_j, v_k)\,|\boldsymbol{A}_{i,j} = 1,\ \boldsymbol{A}_{i,k} = -1,\ v_i, v_j, v_k \in \mathcal{V}\}, \tag{4-52}$$

式中，$\boldsymbol{A}$ 是定义 18 所定义的符号图的邻接矩阵。

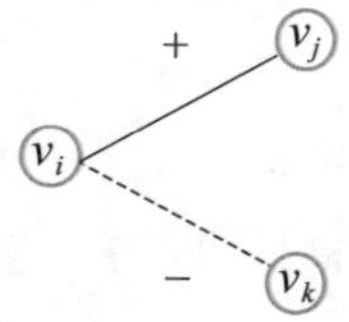

图 4–4 一个包含一条正边和一条负边的三元组

在三元组 (v_i, v_j, v_k) 中，根据平衡理论可知，和 v_k 相比，节点 v_i 和 v_j 更相似。对于给定节点 v，其 2 跳子图定义为节点 v、节点 v 的 2 跳邻域内的所有节点以及与这些点相连的所有边形成的子图。实际上，提取出的信息 $\mathcal{I}_1$ 并不保留那些 2 跳子图中只有正边或只有负边的节点 v 的任何信息。具体来说，所有与节点 v 相关的三元组都只包含相同符号的边。这样的三元组的例子如图 4–5 所示。因此，为了学习到这些节点的节点表示，需要额外为这些节点指定需要保留的信息。

研究表明，形成负边的成本远高于正边的形成成本[158]。因此，在社交网络中，有许多节点在其 2 跳的网络中只有正边，而只有极少数节点在其 2 跳网络中只有负边。因此，这里只考虑处理 2 跳图只有正边的那些节点，而类似的策略也可以用于处理另外一个类型的节点。为了有效地捕获这些节点的信息，可以引入一个虚拟节点 v_0 并将其和这些节点用负边连接起来。这样，一个图 4–5(a) 中的三元组 (v_i, v_j, v_k)，可以被分成如图 4–6 所示的两个三元组 (v_i, v_j, v_0) 和 (v_i, v_k, v_0)。让 $\mathcal{I}_0$ 表示涉及虚拟节点 v_0 的所有这些三元组，那么提取的信息可以表示为 $\mathcal{I} = \mathcal{I}_1 \cup \mathcal{I}_0$。

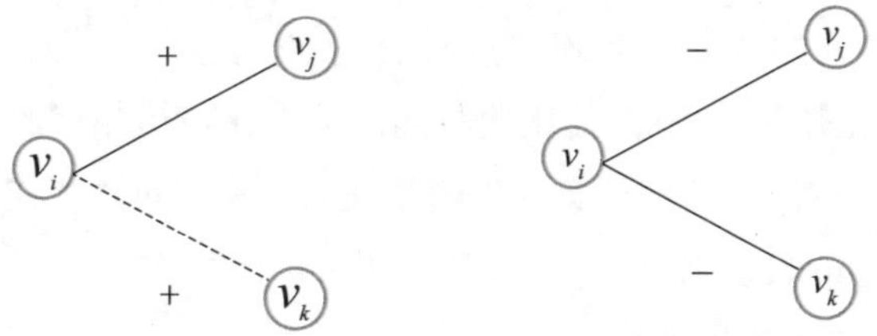

(a) 只包含正边的三元组　　(b) 只包含负边的三元组

图 4–5 只包含相同符号边的三元组

2. **重构器**

为了重构给定三元组的信息，重构器的目标是基于节点嵌入来推断三元组的相对关系。三元组 (v_i, v_j, v_k) 中 v_i, v_j 和 v_k 之间的相对关系可以用它们的嵌入在数学上进行重构，如下所示：

$$s\left(f(v_i), f(v_j)\right) - \left(s\left(f(v_i), f(v_k)\right) + \delta\right) \tag{4–53}$$

式中，$f()$ 与式 (4–1) 中的映射函数相同；函数 $s(\cdot,\cdot)$ 表示两个给定节点表示之间的相似度的度量，可以用前馈神经网络建模；参数 δ 是调节两个相似性之间差异的阈值。例如，较大的 δ 表示 v_i 和 v_j 应该比 v_i 和 v_k 彼此更为相似。对于 $\mathcal{I}$ 中的任一三元组 (v_i, v_j, v_k)，重构器希望式 (4–53) 大于 0。这使得节点间的相对信息可以被保留，即正边相连的 v_i 和 v_j 比负边相连的 v_i 和 v_k 彼此更为相似。

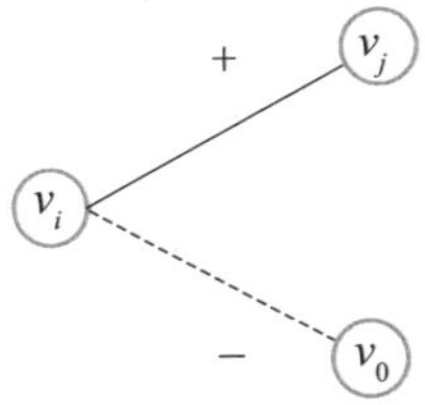

(a) 包含正边和虚拟节点的三元组

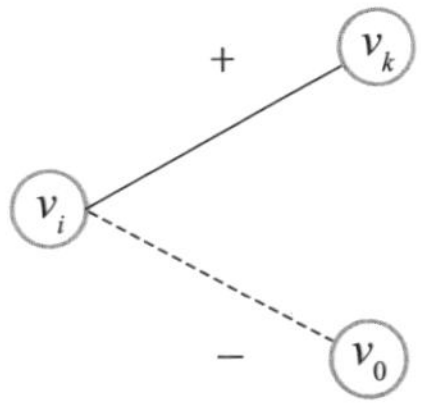

(b) 包含负边和虚拟节点的三元组

图 4–6 用虚拟节点来扩张图 4–5(a) 中的三元组

3. 目标

为了确保节点表示可以保留 $\mathcal{I}$ 中的信息，需要优化映射函数，以便对于 $\mathcal{I}$ 中的所有三元组，式 (4–53) 描述的目标可以大于 0。因此，目标函数可以定义如下：

$$\begin{aligned}\min_{\boldsymbol{W},\boldsymbol{\Theta}} \frac{1}{|\mathcal{I}_0| + |\mathcal{I}_1|}\Big[&\sum_{(v_i,v_j,v_k)\in\mathcal{I}_1} \max(0, s(f(v_i), f(v_k)) + \delta - s(f(v_i), f(v_j))) + \\ &\sum_{(v_i,v_j,v_0)\in\mathcal{I}_0} \max(0, s(f(v_i), f(v_0)) + \delta_0 - s(f(v_i), f(v_j))) + \\ &\alpha(R(\boldsymbol{\Theta}) + \|\boldsymbol{W}\|_{\mathrm{F}}^2)\Big],\end{aligned} \tag{4–54}$$

式中，$\boldsymbol{W}$ 表示映射函数的参数；$\boldsymbol{\Theta}$ 表示 $s(\cdot,\cdot)$ 的参数；$R(\boldsymbol{\Theta})$ 表示对参数的正则化项。注意，对于 $\mathcal{I}_1$ 和 $\mathcal{I}_0$，使用不同的参数 δ 和 δ_0 区分来自这两个集合的三元组。

4.3.5 超图嵌入

如 2.6.5 节介绍，在超图中，一条超边对一组节点之间的关系进行建模。DHNE 是一种利用超边中编码的节点关系来学习超图节点表示的方法[44]。具体来说，它从超边中提取出两类信息：一是由超边直接描述的节点相似性；二是超边中的节点共现。接下来分别介绍其信息提取器、映射函数、重构器和目标。

1. 信息提取器

有两类信息会从超图中被提取出来。一类是超边本身。超边的集合表示为 $\mathcal{E}$，直接描述节点之间的关系。另一类是超边中的节点共现信息。对于一对节点 v_i 和 v_j，它们在超边中共同出现的频率表明它们之间关系的紧密程度。超边中的节点共现信息可以从关联矩阵 $\boldsymbol{H}$ 提取如下：

$$\boldsymbol{A} = \boldsymbol{H}\boldsymbol{H}^\top - \boldsymbol{D}_v, \tag{4–55}$$

式中，$\boldsymbol{H}$ 表示定义 19 中所示的关联矩阵；$\boldsymbol{D}_v$ 表示定义 19 中所示的节点的度矩阵；$\boldsymbol{A}_{i,j}$ 表示节点 v_i 和 v_j 在所有超边中共同出现的次数；对于 v_i，$\boldsymbol{A}$ 的第 i 行描述了它与图中所有节点的共现信息，即节点 v_i 的全局信息。总之，目标提取信息包括超边集合 $\mathcal{E}$ 和全局共现信息 $\boldsymbol{A}$。

2. 映射函数

映射函数采用多层感知器（Multilayer Perceptron，MLP）建模，其输入是全局共现信息。具体地说，对于节点 v_i，该过程如下所述：

$$\boldsymbol{u}_i = f(\boldsymbol{A}_i; \boldsymbol{\Theta}), \tag{4–56}$$

式中，f 表示参数为 $\boldsymbol{\Theta}$ 的 MLP。

3. 重构器和目标

分别有两个重构器恢复提取的两种信息，即超边集合 $\mathcal{E}$ 和全局共现信息 $\boldsymbol{A}$。本节首先描述恢复超边集合 $\mathcal{E}$ 的重构器，然后介绍恢复共现信息 $\boldsymbol{A}$ 的重构器。为了从嵌入中恢复超边信息，需要对任意给定的节点集 $\{v_{(1)}, \cdots, v_{(k)}\}$ 之间存在超边的概率进行建模，然后以最大化 $\mathcal{E}$ 超边（即真实存在的超边）的概率。为方便起见，在 DHNE 中，假设所有超边都有 k 个节点。给定的节点集合 $\mathcal{V}^i = \{v^i_{(1)}, \cdots, v^i_{(k)}\}$，存在超边连接这些节点的概率定义如下：

$$p(1|\mathcal{V}^i) = \sigma\left(g([\boldsymbol{u}^i_{(1)}, \cdots, \boldsymbol{u}^i_{(k)}])\right), \tag{4–57}$$

式中，g 是将节点嵌入的串联映射到单个标量的前馈网络；$\sigma()$ 表示将标量转换为 0 到 1 之间的一个数的 Sigmoid 函数。

设 R^i 表示一个变量，用来指示某个节点集合 $\mathcal{V}^i$ 中的节点之间是否存在超边，其中 $R^i = 1$ 表示存在超边，而 $R^i = 0$ 表示不存在超边。那么基于交叉熵的目标描述如下：

$$\mathcal{L}_1 = -\sum_{\mathcal{V}^i \in \mathcal{E} \cup \mathcal{E}'} R^i \log p(1|\mathcal{V}^i) + (1 - R^i) \log(1 - p(1|\mathcal{V}^i)), \tag{4–58}$$

式中，$\mathcal{E}'$ 表示一组随机生成的负样本超边的集合（一个负样本超边就是随机生成的包含 k 个节点的节点集合）。

为了恢复节点 v_i 的全局共现信息 $\boldsymbol{A}_i$，采用如下的以 v_i 的嵌入 $\boldsymbol{u}_i$ 为输入的函数：

$$\tilde{\boldsymbol{A}}_i = f_{\text{re}}(\boldsymbol{u}_i; \boldsymbol{\Theta}_{\text{re}}), \tag{4–59}$$

式中，$f_{\text{re}}()$ 是以 $\boldsymbol{\Theta}_{\text{re}}$ 作为参数的重构共现信息的前馈网络。接着用最小二乘法定义目标，如下所示：

$$\mathcal{L}_2 = \sum_{v_i \in \mathcal{V}} \|\boldsymbol{A}_i - \tilde{\boldsymbol{A}}_i\|_2^2. \tag{4–60}$$

然后将这两个目标组合起来，形成整个网络嵌入框架的目标，如下所示:

$$\mathcal{L} = \mathcal{L}_1 + \eta \mathcal{L}_2, \tag{4–61}$$

式中，η 是平衡这两个目标的超参数。

4.3.6 动态图嵌入

如 2.6.6 节所述，在动态图中，每条边都有一个对应的时间戳，这个时间戳表示它们的出现时间。因此，在学习节点表示时，捕获时间信息是很重要的。文献[45]引入了时序随机游走（temporal random walk）来生成能够捕获图中时间信息的随机游走。接着利用所产生的时序随机游走来提取待重构的共现信息。由于其映射函数、重构器和目标与 DeepWalk 相同，所以本节重点介绍时序随机游走及其相应的信息提取器。

为了同时捕获时间信息和图的结构信息，文献[45]提出了时序随机游走。一个有效的时序随机游走中的节点序列由按时间顺序排列的边连接。为了正式引入时序随机游走，本节首先定义节点 v_i 在给定时间 t 的时序邻居，如下所示。

定义 29（时序邻居） 对于动态图 $\mathcal{G}$ 中的节点 $v_i \in \mathcal{V}$，它在时间 t 的时序邻居是在时间 t 之后与 v_i 相连的节点。它可以正式表示如下：

$$\mathcal{N}_{(t)}(v_i) = \{v_j | (v_i, v_j) \in \mathcal{E} \text{ 且 } \phi_e((v_i, v_j)) \geqslant t\}, \tag{4–62}$$

式中，$\phi_e((v_i, v_j))$ 是时间映射函数。如定义 20 所示，它将给定的边映射到其关联的时间（或时间戳）。

在定义了时序邻居之后，时序随机游走可以陈述如下：

定义 30（时序随机游走） 设图 $\mathcal{G} = \{\mathcal{V}, \mathcal{E}, \phi_e\}$ 是一个动态图，其中 ϕ_e 是边的时间映射函数。考虑从节点 $v^{(0)}$ 开始的时序随机游走，其中 $(v^{(0)}, v^{(1)})$ 是它的第一条边。假设在第 k 步时，它刚从节点 $v^{(k-1)}$ 前进到节点 $v^{(k)}$，现在它以如下概率从节点 $v^{(k)}$ 的时序邻居 $\mathcal{N}_{(t)}(v_i)$ 中选择下一个节点：

$$p(v^{(k+1)}|v^{(k)}) = \begin{cases} \text{pre}(v^{(k+1)}),\ v^{(k+1)} \in \mathcal{N}_{(\phi_e((v^{(k-1)}, v^{(k)})))}(v^{(k)}), \\ 0, \qquad\qquad\qquad\qquad\qquad\qquad\qquad \text{其他}, \end{cases} \tag{4-63}$$

式中，$\text{pre}(v^{(k+1)})$ 会以较高的概率选择离当前时间具有较小时间间隔的节点，定义如下：

$$\text{pre}(v^{(k+1)}) = \frac{\exp\left[\phi_e((v^{(k-1)}, v^{(k)})) - \phi_e((v^{(k)}, v^{(k+1)}))\right]}{\sum\limits_{v^{(j)} \in \mathcal{N}_{(\phi_e((v^{(k-1)}, v^{(k)})))}(v^{(k)})} \exp\left[\phi_e((v^{(k-1)}, v^{(k)})) - \phi_e((v^{(k)}, v^{(j)}))\right]}. \tag{4-64}$$

如果没有时序邻居可以选择，时序随机游走会自行终止。因此，不同于 DeepWalk 生成固定长度的随机游走，时序随机游走可以生成长度介于预定长度 T 和用于共现提取的窗口大小 w 之间的随机游走。利用这些随机游走来生成共现节点对，这些共现将使用与 DeepWalk 中相同的重构器进行重构。

4.4 小结

本章介绍了一个通用的框架和一个新的视角来统一理解图嵌入方法。它主要由 4 个部分组成，包括：

1）映射函数，用于将给定图中的节点映射到它们在嵌入域中的嵌入；

2）信息提取器，用于从图中提取信息；

3）重构器，用于从节点嵌入中重构提取的信息；

4）目标函数，通常用于度量提取的信息和重构的信息之间的差异，可以通过优化目标函数来学习嵌入。

在此框架下，本章根据图嵌入方法将需要保存的信息进行分类，包括基于共现、基于结构角色、基于全局状态和基于社区的方法，并详细介绍了每类的代表性算法。此外，在一般框架下，本章还介绍了具有代表性的复杂图的嵌入方法，包括异质图、二分图、多维图、符号图、超图和动态图。

4.5 扩展阅读

除了上面讨论的信息种类，一些嵌入算法还可以保留其他的信息。文献[159]提出了可以提取图中模体（motifs）信息并将其保存在节点表示中的嵌入方法。文献[38]中提出了针对有向图的保留非对称传递性信息的图嵌入算法。文献[160]通过学习节点表示来预测信息扩散。对于复杂图，本章只介绍了最具代表性的算法。但是，每种复杂图都存在更多的网络嵌入算法，包括异质图[161, 162, 73]、二分图[163, 164]、多维图[165]、符号图[166, 167]、超图[168]和动态图[46, 169]上的算法。另外，还有不少关于图嵌入的综述文献，具体可参见文献[170, 171, 172, 173]。

第 5 章

CHAPTER 5

图神经网络

本章将介绍图神经网络中的重要概念和基础。首先分别介绍侧重于节点任务和图任务的图神经网络框架，再具体介绍图神经网络框架中最重要的两个组件——图滤波器和图池化。最后介绍如何基于不同的下游任务学习图神经网络参数。

5.1 简介

图神经网络（Graph Neural Network，GNN）是旨在将深度神经网络应用于结构化数据的方法。由于图的结构不是规则网格，传统的深度神经网络不容易推广到图结构数据。图神经网络的研究可以追溯到 21 世纪初，当时提出的图神经网络模型[47, 174] 既适用于侧重于图的任务，也适用于侧重于节点的任务。但直到深度学习技术在计算机视觉和自然语言处理等领域获得巨大成功后，研究人员才开始在这一领域投入更多的精力。

图神经网络可以看作一个关于图的特征的学习过程。对于侧重于节点的任务来说，图神经网络模型旨在学习每个节点的代表性特征，这些节点特征将有助于该类任务的后续处理。对于侧重于图的任务来说，图神经网络模型的目标是学习整个图的代表性特征，而学习节点特征通常只是它的一个中间步骤。学习节点特征的过程通常会同时用到节点的输入特征（属性）和图结构。更具体地说，这个过程可以概括如下：

$$\boldsymbol{F}^{(\text{of})} = h(\boldsymbol{A}, \boldsymbol{F}^{(\text{if})}), \tag{5–1}$$

式中，$\boldsymbol{A} \in \mathbb{R}^{N\times N}$ 表示一个含有 N 个节点的图的邻接矩阵（即图的结构）；$\boldsymbol{F}^{(\text{if})} \in \mathbb{R}^{N\times d_{\text{if}}}$ 和 $\boldsymbol{F}^{(\text{of})} \in \mathbb{R}^{N\times d_{\text{of}}}$ 分别表示维度为 d_{if} 的输入特征矩阵和维度为 d_{of} 的输出特征矩阵。

在本书中，将以节点特征和图结构作为输入、以一组新的节点特征作为输出的过程称为图滤波（Graph Filtering）操作。式 (5–1) 涉及的上标和下标中的 if 和 of 分别表示滤波过程的输入和输出。相应地，算子 $h(\cdot,\cdot)$ 称为图滤波器（Graph Filter）或卷积算子（Convolution Operator）。图 5–1 描述了一个典型的图滤波操作，其中图滤波操作只改变节点的特征而不会改变图结构。

对于侧重于节点的任务，仅仅使用图滤波操作就足够了，通常通过连续堆叠多个图滤波操作来生成最终的节点特征。然而，对于侧重于图的任务，还需要其他的操作从节点特征生成整个图的特征。类似于经典的图神经网络，池化（pooling）操作被用来汇总节点特征以生成图特征。经典的图神经网络适用于规则网格上的数据类型，比如图像。然而，图结构是不规则的，这就要求在图神经网络中进行特殊的池化操作。直观地说，图的池化操作应该利用图结构信息指导池化过程。事实上，池化操作通常将图作为输入，然后生成节点更少的粗化图。因此，池化操作的关键是生成粗化图的图结构（或邻接矩阵）及其节点特征。一般而言，如图 5-2 所示，图池化操作可被描述为：

$$\boldsymbol{A}^{(\mathrm{op})}, \boldsymbol{F}^{(\mathrm{op})} = \mathrm{pool}(\boldsymbol{A}^{(\mathrm{ip})}, \boldsymbol{F}^{(\mathrm{ip})}), \tag{5-2}$$

式中，$\boldsymbol{A}^{(\mathrm{ip})} \in \mathbb{R}^{N_{\mathrm{ip}} \times N_{\mathrm{ip}}}$、$\boldsymbol{F}^{(\mathrm{ip})} \in \mathbb{R}^{N_{\mathrm{ip}} \times d_{\mathrm{ip}}}$ 和 $\boldsymbol{A}^{(\mathrm{op})} \in \mathbb{R}^{N_{\mathrm{op}} \times N_{\mathrm{op}}}$、$\boldsymbol{F}^{(\mathrm{op})} \in \mathbb{R}^{N_{\mathrm{op}} \times d_{\mathrm{op}}}$ 分别表示池化前后的邻接矩阵和节点特征矩阵；上标和下标中的 ip 和 op 分别表示池化操作的输入和输出；注意，N_{op} 表示粗化图的节点数量且 $N_{\mathrm{op}} < N_{\mathrm{ip}}$。

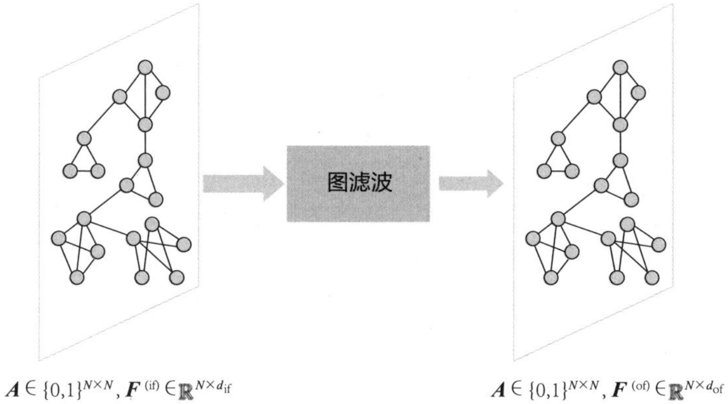

$\boldsymbol{A} \in \{0,1\}^{N \times N}, \boldsymbol{F}^{(\mathrm{if})} \in \mathbb{R}^{N \times d_{\mathrm{if}}}$　　　　　　　　$\boldsymbol{A} \in \{0,1\}^{N \times N}, \boldsymbol{F}^{(\mathrm{of})} \in \mathbb{R}^{N \times d_{\mathrm{of}}}$

图 5-1　图滤波操作

$\boldsymbol{A}^{(\mathrm{ip})} \in \{0,1\}^{N_{\mathrm{ip}} \times N_{\mathrm{ip}}}, \boldsymbol{F}^{(\mathrm{ip})} \in \mathbb{R}^{N_{\mathrm{ip}} \times d_{\mathrm{ip}}}$　　　　　$\boldsymbol{A}^{(\mathrm{op})} \in \{0,1\}^{N_{\mathrm{op}} \times N_{\mathrm{op}}}, \boldsymbol{F}^{(\mathrm{op})} \in \mathbb{R}^{N_{\mathrm{op}} \times d_{\mathrm{op}}}$

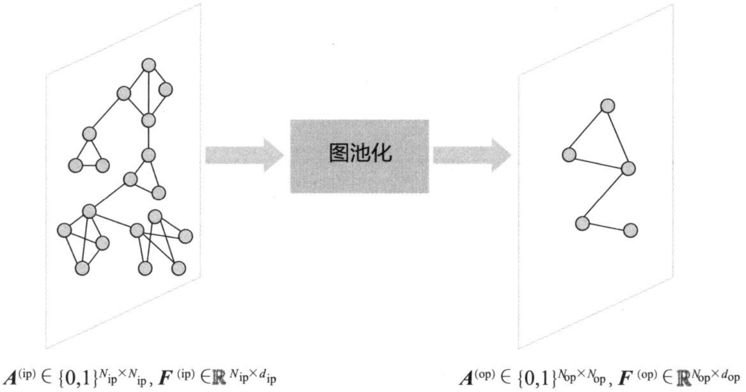

图 5-2　图池化操作

典型的图神经网络模型的体系结构由图滤波和（或）图池化操作组成。对于侧重于节点的任务，图神经网络仅使用图滤波操作，它们通常由几个连续的图滤波层组成，其中前一层的输出是下一层的输入。对于侧重于图的任务，图神经网络同时需要图滤波和图池化操作，其中图池化层通常将图滤波层分隔成不同的块。本章首先简要介绍图神经网络的基本框架，接着详细介绍典型的图滤波和图池化操作。

5.2 图神经网络基本框架

本节将介绍图神经网络的基本框架，包括侧重于节点的任务和侧重于图的任务。首先介绍本章使用的一些符号。图用 $\mathcal{G}=\{\mathcal{V},\mathcal{E}\}$ 表示；图的邻接矩阵用 $\boldsymbol{A}$ 表示；图的节点特征矩阵用 $\boldsymbol{F}\in\mathbb{R}^{N\times d}$ 表示，其中 N 表示图的节点数量，d 表示节点特征的维度，$\boldsymbol{F}$ 的每一行对应图中一个节点的特征。

5.2.1 侧重于节点的任务的图神经网络框架

对于侧重于节点的任务，一个图神经网络的基本框架是图滤波层和非线性激活层的组合。图 5–3 展示了一个由 L 个图滤波层和 $L-1$ 个激活函数构成的图神经网络框架，其中 $h_i(\cdot)$ 和 $\alpha_i(\cdot)$ 分别表示第 i 个图滤波层和激活层。接着，用 $\boldsymbol{F}^{(i)}$ 表示第 i 个图滤波层的输出。特别地，$\boldsymbol{F}^{(0)}$ 被初始化为节点特征矩阵 $\boldsymbol{F}$。此外，用 d_i 表示第 i 个图滤波层的输出维度。由于图结构不会发生改变，可知 $\boldsymbol{F}^{(i)}\in\mathbb{R}^{N\times d_i}$。第 i 层图滤波层可被描述为：

$$\boldsymbol{F}^{(i)}=h_i\left(\boldsymbol{A},\alpha_{i-1}\left(\boldsymbol{F}^{(i-1)}\right)\right), \tag{5–3}$$

式中，$\alpha_{i-1}()$ 表示第 $(i-1)$ 个图滤波层之后的逐元素应用的激活函数。请注意，这里的 α_0 表示一个恒等函数，因为实际上输入特征通常不会被激活。根据具体的下游任务，最后的输出 $\boldsymbol{F}^{(L)}$ 可被用作其他某些特定层的输入。

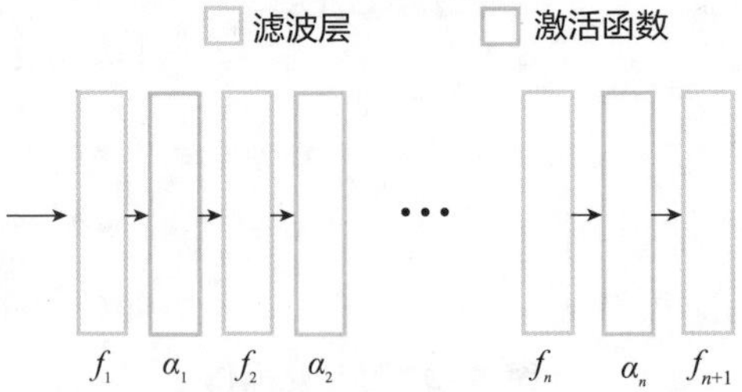

图 5–3 侧重于节点的任务的图神经网络框架

5.2.2　侧重于图的任务的图神经网络框架

对于侧重于图的任务，一个基本的图神经网络框架由三部分组成，即图滤波层、激活层和图池化层。在该框架下，图滤波层和激活层有与在侧重于节点任务的框架中相似的功能：生成更好的节点特征。而图池化层对节点特征进行汇总，生成能够捕获整个图信息的高层特征。通常，图池化层跟随在一系列图滤波层和激活层之后。经过图池化层，产生具有更抽象和更高级别的节点特征的粗化图。这些层的组合被称作块（block），如图 5–4 所示，其中 h_i、α_i 和 p 分别表示此块中的第 i 个滤波层、第 i 个激活层和池化层。

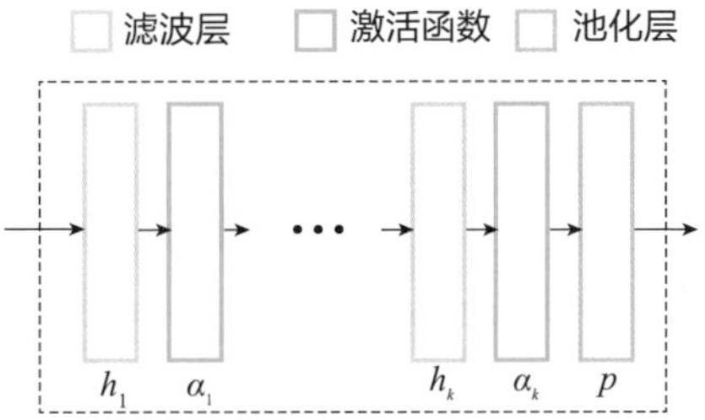

图 5–4　侧重于图的任务下图神经网络中的一个块

此块的输入是图 $\mathcal{G}_{\mathrm{ib}}=\{\mathcal{V}_{\mathrm{ib}},\mathcal{E}_{\mathrm{ib}}\}$ 的邻接矩阵 $\boldsymbol{A}^{(\mathrm{ib})}$ 和特征矩阵 $\boldsymbol{F}^{(\mathrm{ib})}$，输出是新生成的粗化图 $\mathcal{G}_{\mathrm{ob}}=\{\mathcal{V}_{\mathrm{ob}},\mathcal{E}_{\mathrm{ob}}\}$ 的邻接矩阵 $\boldsymbol{A}^{(\mathrm{ob})}$ 及节点特征 $\boldsymbol{F}^{(\mathrm{ob})}$。一个块中的计算过程可以被描述为：

$$\boldsymbol{F}^{(i)}=h_i(\boldsymbol{A}^{(\mathrm{ib})},\alpha_{i-1}(\boldsymbol{F}^{(i-1)})),\quad i=1,\cdots,k, \tag{5–4}$$

$$\boldsymbol{A}^{(\mathrm{ob})},\boldsymbol{F}^{(\mathrm{ob})}=p(\boldsymbol{A}^{(\mathrm{ib})},\boldsymbol{F}^{(k)}), \tag{5–5}$$

式中，α_i 表示第 i 层（$i\neq 0$）的激活函数，其中 α_0 是恒等函数且 $\boldsymbol{F}^{(0)}=\boldsymbol{F}^{(\mathrm{ib})}$。

上述的块中计算过程可以总结为：

$$\boldsymbol{A}^{(\mathrm{ob})},\boldsymbol{F}^{(\mathrm{ob})}=B(\boldsymbol{A}^{(\mathrm{ib})},\boldsymbol{F}^{(\mathrm{ib})}). \tag{5–6}$$

整个图神经网络框架可以包含一个或多个如图 5–5 所示的块。含有 L 个块的图神经网络框架的计算过程可以被正式表示为：

$$\boldsymbol{A}^{(j)},\boldsymbol{F}^{(j)}=B^{(j)}(\boldsymbol{A}^{(j-1)},\boldsymbol{F}^{(j-1)}),\quad j=1,\cdots,L. \tag{5–7}$$

式中，$\boldsymbol{F}^{(0)}=\boldsymbol{F}$ 和 $\boldsymbol{A}^{(0)}=\boldsymbol{A}$ 分别表示原图的初始节点特征和邻接矩阵。

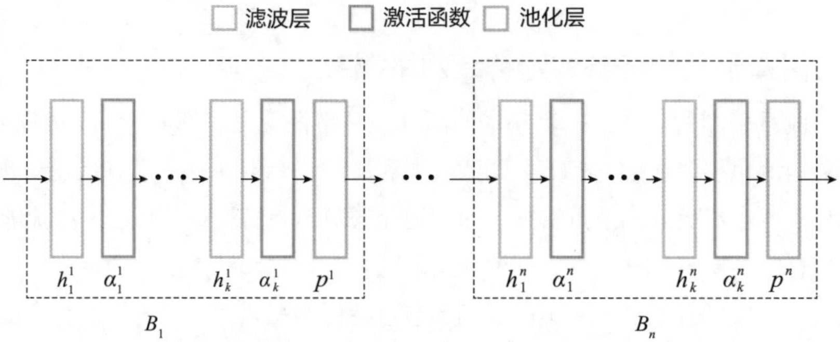

图 5–5 侧重于图的任务下的图神经网络框架

一个块的输出被用作下一个连续块的输入，如式 (5–7) 所示。当只有一个块，即 $L=1$ 时，图神经网络框架是平面的（flat），因为它直接从原图生成图级别的特征。而当 $L>1$ 时，具有池化层的图神经网络框架可以看作一个层次化的（hierarchical）过程，通过生成越来越小的粗化图，逐步总结节点特征以形成图特征。

5.3 图滤波器

图滤波器的设计有多种方式，它们大致可以分为两类：基于空间的图滤波器和基于谱的图滤波器。基于空间的图滤波器显式地利用图的结构（即节点之间的连接）来执行图域中的特征提取过程，而基于谱的图滤波器利用谱图理论来设计谱域中的滤波操作。这两类图滤波器密切相关。特别地，一些基于谱的图滤波器可以被理解为基于空间的滤波器。本节首先介绍基于谱的图滤波器，并解释如何从空间的角度分析一些基于谱的图滤波器。然后将讨论基于空间的图滤波器。

5.3.1 基于谱的图滤波器

基于谱的图滤波器是在图信号的谱域中设计的。本节首先介绍图谱滤波（Graph Spectral Filtering），然后描述如何利用它设计基于谱的图滤波器。

1. 图谱滤波

如图 5–6 所示，图谱滤波的思想是调制图信号的频率，使得其中一些频率分量被保留或放大，而另一些频率分量被移除或减小。因此，给定一个图信号 $\boldsymbol{f} \in \mathbb{R}^N$，首先需要对其进行图傅里叶变换（Graph Fourier Transform, GFT），以获得它的图傅里叶系数，然后对这些系数进行调制，再在图域（即空间域）中重构该信号。

图 5–6 谱滤波的过程

如第 2 章中描述的，对于一个定义在图 $\mathcal{G}$ 上的图信号 $\boldsymbol{f} \in \mathbb{R}^N$, 它的图傅里叶变换被定义为：

$$\hat{\boldsymbol{f}} = \boldsymbol{U}^\top \boldsymbol{f}, \tag{5–8}$$

式中，$\boldsymbol{U}$ 表示由图 $\mathcal{G}$ 的拉普拉斯矩阵的特征向量组成的矩阵；$\hat{\boldsymbol{f}}$ 表示由信号 $\boldsymbol{f}$ 进行图傅里叶变换得到的系数。

这些图傅里叶系数描述了每个图傅里叶分量对图信号 $\boldsymbol{f}$ 做出的贡献。具体来讲，$\hat{\boldsymbol{f}}$ 的第 i 个元素对应于第 i 个图傅里叶分量 $\boldsymbol{u}_i$。注意，$\boldsymbol{u}_i$ 的频率为 λ_i，它是与 $\boldsymbol{u}_i$ 对应的特征值。为了调制图信号 $\boldsymbol{f}$ 的频率，按如下方式对图傅里叶系数进行滤波操作：

$$\hat{\boldsymbol{f}}'[i] = \hat{\boldsymbol{f}}[i] \cdot \gamma(\lambda_i), \quad i = 1, \cdots, N. \tag{5–9}$$

式中，$\gamma(\lambda_i)$ 表示一个以频率 λ_i 作为输入的函数，该函数决定应如何调制相应的频率分量。这个过程可以用矩阵形式表示如下：

$$\hat{\boldsymbol{f}}' = \gamma(\boldsymbol{\Lambda}) \cdot \hat{\boldsymbol{f}} = \gamma(\boldsymbol{\Lambda}) \cdot \boldsymbol{U}^\top \boldsymbol{f}, \tag{5–10}$$

式中，$\boldsymbol{\Lambda}$ 表示由频率（拉普拉斯矩阵的特征值）组成的对角矩阵；$\gamma(\boldsymbol{\Lambda})$ 将函数 $\gamma(\cdot)$ 应用于 $\boldsymbol{\Lambda}$ 的对角线上的每个元素。形式上，$\boldsymbol{\Lambda}$ 和 $\gamma(\boldsymbol{\Lambda})$ 可以表示如下：

$$\boldsymbol{\Lambda} = \begin{pmatrix} \lambda_1 & & 0 \\ & \ddots & \\ 0 & & \lambda_N \end{pmatrix}; \quad \gamma(\boldsymbol{\Lambda}) = \begin{pmatrix} \gamma(\lambda_1) & & 0 \\ & \ddots & \\ 0 & & \gamma(\lambda_N) \end{pmatrix}. \tag{5–11}$$

有了滤波后的系数，就可以使用图傅里叶逆变换（IGFT）将信号重建到图域：

$$\boldsymbol{f}' = \boldsymbol{U}\hat{\boldsymbol{f}}' = \boldsymbol{U} \cdot \gamma(\boldsymbol{\Lambda}) \cdot \boldsymbol{U}^\top \boldsymbol{f}, \tag{5–12}$$

式中，$\boldsymbol{f}'$ 表示得到的滤波后的图信号。

滤波过程可视为将算子 $\boldsymbol{U}\cdot\gamma(\boldsymbol{\Lambda})\cdot\boldsymbol{U}^{\top}$ 应用于输入的图信号。为方便起见，本书有时将函数 $\gamma(\boldsymbol{\Lambda})$ 称为滤波器，因为它控制着图信号 $\boldsymbol{f}$ 的每个频率分量的滤波过程。例如，在极端情况下，如果 $\gamma(\lambda_i)$ 等于 0，即 $\hat{\boldsymbol{f}}'[i]=0$，则频率分量 $\boldsymbol{u}_i$ 会从图信号 $\boldsymbol{f}$ 中移除。

2. 基于谱的滤波器

上节引入了图谱滤波算子，它可以用来对输入信号中的某些频率进行滤波。比如，如果想在滤波后得到平滑的信号，就设计一个低通滤波器，其中小的 λ 值对应大的 $\gamma(\lambda)$ 值，而大的 λ 值对应小的 $\gamma(\lambda)$ 值。这样，滤波后的信号是平滑的，因为它主要包含输入信号的低频部分。例 5.1 就展示了一个低通滤波器的例子。如果知道该如何调制输入信号中的频率，那么就可以用相应的方式设计函数 $\gamma(\lambda)$。然而，在实际使用中，当把基于谱的滤波器作为图滤波器时，哪些频率更重要往往是未知的。因此，就像传统的神经网络一样，可以通过数据驱动的方式学习合适的图滤波器。具体来说，可以用某些函数对 $\gamma(\boldsymbol{\Lambda})$ 建模，然后在数据的监督下学习参数。

例 5.1 [97] 假设有一个定义在图 $\mathcal{G}$ 上的噪声图信号 $\boldsymbol{y}=\boldsymbol{f}_0+\boldsymbol{\eta}$，其中 $\boldsymbol{\eta}$ 是附加的与原信号不相关的高斯噪声，模型的目标是从噪声信号 $\boldsymbol{y}$ 中恢复原始信号 $\boldsymbol{f}_0$。假设原始信号 $\boldsymbol{f}_0$ 相对于图 $\mathcal{G}$ 是平滑的。为了利用信号 $\boldsymbol{f}_0$ 的平滑性的先验信息，在优化问题中引入形式为 $\boldsymbol{f}^{\top}\boldsymbol{L}\boldsymbol{f}$ 的正则项：

$$\arg\min_{\boldsymbol{f}}\ \|\boldsymbol{f}-\boldsymbol{y}\|^2+c\boldsymbol{f}^{\top}\boldsymbol{L}\boldsymbol{f}, \tag{5–13}$$

式中，$c>0$，表示控制平滑度的常量。由于目标函数是凸函数，令其导数为 0，可以求得最优解 $\boldsymbol{f}'$，如下所示：

$$\begin{aligned}
&2(\boldsymbol{f}-\boldsymbol{y})+2c\boldsymbol{L}\boldsymbol{f}=0\\
\Rightarrow&(I+c\boldsymbol{L})\boldsymbol{f}=\boldsymbol{y}\\
\Rightarrow&(\boldsymbol{U}\boldsymbol{U}^{\top}+c\boldsymbol{U}\boldsymbol{\Lambda}\boldsymbol{U}^{\top})\boldsymbol{f}=\boldsymbol{y}\\
\Rightarrow&\boldsymbol{U}(\boldsymbol{I}+c\boldsymbol{\Lambda})\boldsymbol{U}^{\top}\boldsymbol{f}=\boldsymbol{y}\\
\Rightarrow&\boldsymbol{f}'=\boldsymbol{U}(\boldsymbol{I}+c\boldsymbol{\Lambda})^{-1}\boldsymbol{U}^{\top}\boldsymbol{y}.
\end{aligned} \tag{5–14}$$

通过比较式 (5–14) 与式 (5–12)，可以发现干净的信号是由滤波器 $\gamma(\boldsymbol{\Lambda})=(\boldsymbol{I}+c\boldsymbol{\Lambda})^{-1}$ 对噪声信号 $\boldsymbol{y}$ 滤波得到的。对于一个特定的频率 λ_l，其滤波器可以表示

为：

$$\gamma(\lambda_l) = \frac{1}{1 + c\lambda_l}. \tag{5–15}$$

这意味着 $\gamma(\lambda_l)$ 其实是一个低通滤波器。因此式 (5–13) 中优化问题的解决过程等同于将式 (5–15) 中的低通滤波器应用于噪声信号 $\boldsymbol{y}$。

一种自然的尝试是在设计 $\gamma(\cdot)$ 时给予它充分的自由（即非参数化模型）。具体而言，函数 $\gamma(\cdot)$ 定义为[48]：

$$\gamma(\lambda_l) = \theta_l, \tag{5–16}$$

式中，θ_l 表示要从数据中学习的参数。它也可以用矩阵形式表示，如下所示：

$$\gamma(\boldsymbol{\Lambda}) = \begin{pmatrix} \theta_1 & & 0 \\ & \ddots & \\ 0 & & \theta_N \end{pmatrix}. \tag{5–17}$$

然而，这类非参数的卷积算子有一定的局限性。首先，需要学习的参数数量等于节点数 N，而在实际应用中 N 可能非常大，那么就需要大量的内存来存储这些参数，并且需要大量的数据来拟合。其次，卷积算子 $\boldsymbol{U} \cdot \gamma(\boldsymbol{\Lambda}) \cdot \boldsymbol{U}^\top$ 可能是一个稠密矩阵，故输出信号 $\boldsymbol{f}'$ 的第 i 个元素的计算可能与图中的所有节点相关。换句话说，算子在空间域上不是局部化的（localized）。此外，由于计算 $\boldsymbol{U} \cdot \gamma(\boldsymbol{\Lambda}) \cdot \boldsymbol{U}^\top$ 时涉及稠密矩阵的相乘，并且需要对拉普拉斯矩阵进行特征分解，该算子的计算成本相当高。

为了解决这些问题，文献[49]提出了一种多项式滤波算子，称之为 Poly-Filter。其中函数 $\gamma(\cdot)$ 可以用 K 阶截断多项式（Truncated Polynomial）建模，如下所示：

$$\gamma(\lambda_l) = \sum_{k=0}^{K} \theta_k \lambda_l^k. \tag{5–18}$$

在矩阵形式上，可以改写为：

$$\gamma(\boldsymbol{\Lambda}) = \sum_{k=0}^{K} \theta_k \boldsymbol{\Lambda}^k. \tag{5–19}$$

显然，式 (5–18) 和式 (5–19) 中的参数数量是 $K+1$，其中参数数量并不依赖于图中的节点数目。此外，还能证明 $\boldsymbol{U} \cdot \gamma(\boldsymbol{\Lambda}) \cdot \boldsymbol{U}^\top$ 可以简化为拉普拉斯矩阵的多项式。这

意味着：1）优化过程不再需要特征分解；2）多项式参数化的卷积算子在空间域上是局部化的，即输出 $\boldsymbol{f}'$ 的每个元素的计算只涉及图中的少量节点。接下来，首先证明 Poly-Filter 可以表示为拉普拉斯矩阵的多项式，然后再从空间域的角度来理解它。

根据式 (5–12)，在信号 $\boldsymbol{f}$ 上应用 Poly-Filter 可以得到输出 $\boldsymbol{f}'$：

$$\begin{aligned}\boldsymbol{f}' &= \boldsymbol{U}\cdot\gamma(\boldsymbol{\Lambda})\cdot\boldsymbol{U}^\top\boldsymbol{f}\\ &= \boldsymbol{U}\cdot\sum_{k=0}^{K}\theta_k\boldsymbol{\Lambda}^k\cdot\boldsymbol{U}^\top\boldsymbol{f}\\ &= \sum_{k=0}^{K}\theta_k\boldsymbol{U}\cdot\boldsymbol{\Lambda}^k\cdot\boldsymbol{U}^\top\boldsymbol{f}.\end{aligned} \tag{5–20}$$

为了进一步简化式 (5–20)，首先证明 $\boldsymbol{U}\cdot\boldsymbol{\Lambda}^k\cdot\boldsymbol{U}^\top = \boldsymbol{L}^k$：

$$\begin{aligned}\boldsymbol{U}\cdot\boldsymbol{\Lambda}^k\cdot\boldsymbol{U}^\top &= \boldsymbol{U}\cdot(\boldsymbol{\Lambda}\boldsymbol{U}^\top\boldsymbol{U})^k\boldsymbol{U}^\top\\ &= \underbrace{(\boldsymbol{U}\cdot\boldsymbol{\Lambda}\cdot\boldsymbol{U}^\top)\cdots(\boldsymbol{U}\cdot\boldsymbol{\Lambda}\cdot\boldsymbol{U}^\top)}_{k}\\ &= \boldsymbol{L}^k.\end{aligned} \tag{5–21}$$

有了式 (5–21)，就可以对式 (5–20) 进行如下简化：

$$\begin{aligned}\boldsymbol{f}' &= \sum_{k=0}^{K}\theta_k\boldsymbol{U}\cdot\boldsymbol{\Lambda}^k\cdot\boldsymbol{U}^\top\boldsymbol{f}\\ &= \sum_{k=0}^{K}\theta_k\boldsymbol{L}^k\boldsymbol{f}.\end{aligned} \tag{5–22}$$

> 拉普拉斯矩阵的多项式都是稀疏矩阵。同时，如下面引理所述，只有当节点 v_i 和节点 v_j 之间的最短路径的长度 $\mathrm{dis}(v_i, v_j)$ 小于或等于 k 时，$\boldsymbol{L}^k$ 的第 i, j 项（$i \neq j$）才为非零元素。

引理 5.1 用 $\mathcal{G}$ 表示一个图，$\boldsymbol{L}$ 表示该图的拉普拉斯矩阵，$\mathrm{dis}(v_i, v_j)$ 表示节点 v_i 和节点 v_j 之间的最短路径的长度。那么，当 $\mathrm{dis}(v_i, v_j) > k$ 时，该拉普拉斯矩阵的 k 次幂的 i, j 项 $\boldsymbol{L}^k_{i,j} = 0$。

证明 可用归纳法来证明该引理。当 $k=1$ 时，由拉普拉斯矩阵 $\boldsymbol{L}$ 的定义可知，当 $\mathrm{dis}(v_i,v_j)>1$ 时，$\boldsymbol{L}_{i,j}=0$ 。假设在 $k=n$ 的情况下，当 $\mathrm{dis}(v_i,v_j)>n$ 时，$\boldsymbol{L}_{i,j}^n=0$ 成立。接下来需要证明当 $k=n+1$ 时，$\mathrm{dis}(v_i,v_j)>n+1$ 使得 $\boldsymbol{L}_{i,j}^{n+1}=0$ 成立。特别地，$\boldsymbol{L}_{i,j}^{n+1}$ 可以用 $\boldsymbol{L}^n$ 和 $\boldsymbol{L}$ 表示：

$$\boldsymbol{L}_{i,j}^{n+1}=\sum_{h=1}^{N}\boldsymbol{L}_{i,h}^{n}\boldsymbol{L}_{h,j}. \tag{5–23}$$

接下来证明对于 $h=1,\cdots,N$，$\boldsymbol{L}_{i,h}^n\boldsymbol{L}_{h,j}=0$ 成立，也就是说 $\boldsymbol{L}_{i,j}^{n+1}=0$。特别地，若 $\boldsymbol{L}_{h,j}\neq 0$，则 $\mathrm{dis}(v_h,v_j)\leqslant 1$，即要么 $h=j$，要么节点 v_i 和节点 v_j 之间存在一条边。此时，如果 $\mathrm{dis}(v_i,v_h)\leqslant n$，则 $\mathrm{dis}(v_i,v_j)\leqslant n+1$，这和前面的假设 $\mathrm{dis}(v_i,v_j)>n+1$ 相违背。所以，若 $\boldsymbol{L}_{h,j}\neq 0$，则 $\mathrm{dis}(v_i,v_h)>n$ 一定成立。因此，可得 $\boldsymbol{L}_{i,h}^n=0$，也就是说 $\boldsymbol{L}_{i,h}^n\boldsymbol{L}_{h,j}=0$。而当 $\boldsymbol{L}_{h,j}=0$ 时，则 $\boldsymbol{L}_{i,h}^n\boldsymbol{L}_{h,j}=0$ 同样成立。因此，当 $\mathrm{dis}(v_i,v_j)>n+1$ 时，$\boldsymbol{L}_{i,j}^{n+1}=0$ 成立。证毕。

接下来重点关注输出信号 $\boldsymbol{f}'$ 的单个元素，并观察其计算过程是如何与图中其他节点相关的。更具体地说，节点 v_i 处的输出信号值可计算为：

$$\boldsymbol{f}'[i]=\sum_{j=0}^{N-1}\left(\sum_{k=0}^{K}\theta_k\boldsymbol{L}_{i,j}^{k}\right)\boldsymbol{f}[j]. \tag{5–24}$$

它可以被视为以 $\sum\limits_{k=0}^{K}\theta_k\boldsymbol{L}_{i,j}^k$ 为权重，对所有节点上的原始信号进行线性组合。根据引理 5.1，当 $\mathrm{dis}(v_i,v_j)>k$ 时，$\boldsymbol{L}_{i,j}^k=0$。因此，并非所有节点都参与此过程的计算，该计算只涉及节点 v_i 的 K 跳邻域内的节点。那么，可以只使用节点 v_i 的 K 跳邻域内的节点重写式 (5–24)，如下所示：

$$\boldsymbol{f}'[i]=b_{i,i}\boldsymbol{f}[i]+\sum_{v_j\in\mathcal{N}^K(v_i)}b_{i,j}\boldsymbol{f}[j], \tag{5–25}$$

式中，$\mathcal{N}^K(v_i)$ 表示节点 v_i 的 K 跳邻域内的所有节点，参数 $b_{i,j}$ 的定义如下：

$$b_{i,j}=\sum_{k=\mathrm{dis}(v_i,v_j)}^{K}\theta_k\boldsymbol{L}_{i,j}^{k}, \tag{5–26}$$

式中，$\mathrm{dis}(v_i,v_j)$ 表示节点 v_i 和节点 v_j 之间的最短路径的长度。

不难发现，在计算特定节点的输出信号值时，Poly-Filter 局限于空间域，因为它只涉及 K 跳邻域。此外，由于滤波过程可以基于如式 (5–25) 所示的空间域的图结构来描述，因此，Poly-Filter 还可以被视为基于空间的图滤波器。随后一个类似的图滤波操作被提出[51]，它不使用拉普拉斯矩阵的幂，而是将从中心节点的多跳邻居聚集的信息与邻接矩阵的幂进行线性组合。

Poly-Filter 虽然具有多方面的优点，但也存在一定的局限性。一个主要问题是多项式的基（即 $1, x, x^2, \cdots$）彼此不正交。因此，这些系数是相互依赖的，这使得它们在学习过程中受到扰动时不稳定。换句话说，一个系数的更新可能会导致其他系数的变化。为了解决这一问题，可以采用具有一组正交基的切比雪夫多项式对滤波器进行建模。接下来简要讨论切比雪夫多项式，并详细介绍基于切比雪夫多项式的 Cheby-Filter。

3. **切比雪夫多项式和** Cheby-Filter

切比雪夫多项式 $T_k(y)$ 可以由如下递推关系生成：

$$T_k(y) = 2yT_{k-1}(y) - T_{k-2}(y), \tag{5-27}$$

式中，$T_0(y) = 1$，$T_1(y) = y$。对于 $y \in [-1, 1]$，切比雪夫多项式可以用三角表达式表示：

$$T_k(y) = \cos(k \arccos(y)). \tag{5-28}$$

这意味着每个 $T_k(y)$ 的值域也是 $[-1, 1]$。此外，切比雪夫多项式满足以下关系：

$$\int_{-1}^{1} \frac{T_l(y)T_m(y)}{\sqrt{1-y^2}} \mathrm{d}y = \begin{cases} \delta_{l,m}\pi/2, & m, l > 0, \\ \pi, & m = l = 0, \end{cases} \tag{5-29}$$

式中，当且仅当 $l = m$ 时，$\delta_{l,m} = 1$，否则 $\delta_{l,m} = 0$。

由式 (5-29) 可知，切比雪夫多项式彼此正交。因此，这些切比雪夫多项式形成了关于 $\mathrm{d}y/\sqrt{1-y^2}$ 的平方可积函数的希尔伯特空间（Hillbert Space）的正交基，该空间记为 $L^2([-1, 1], \mathrm{d}y/\sqrt{1-y^2})$。

由于切比雪夫多项式的定义域是 $[-1, 1]$，为了利用切比雪夫多项式近似卷积算子，需要重新缩放并平移拉普拉斯矩阵的特征值，具体如下：

$$\tilde{\lambda}_l = \frac{2 \cdot \lambda_l}{\lambda_{\max}} - 1, \tag{5-30}$$

式中，$\lambda_{\max} = \lambda_N$ 表示拉普拉斯矩阵的最大特征值。显然，所有特征值都通过此操作转换到 $[-1, 1]$ 范围内。相应地，在矩阵形式中，重新放缩和移位的对角特征值矩阵表示为：

$$\tilde{\boldsymbol{\Lambda}} = \frac{2\boldsymbol{\Lambda}}{\lambda_{\max}} - \boldsymbol{I}, \tag{5-31}$$

式中，$\boldsymbol{I}$ 表示单位矩阵。以 K 阶截断切比雪夫多项式（truncated Chebyshev Polynomials）参数化的 Cheby-Filter 可以表示为：

$$\gamma(\boldsymbol{\Lambda}) = \sum_{k=0}^{K} \theta_k T_k(\tilde{\boldsymbol{\Lambda}}). \tag{5-32}$$

对图信号 $\boldsymbol{f}$ 应用 Cheby-Filter 的过程可定义为：

$$\begin{aligned} \boldsymbol{f}' &= \boldsymbol{U} \cdot \sum_{k=0}^{K} \theta_k T_k(\tilde{\boldsymbol{\Lambda}}) \boldsymbol{U}^\top \boldsymbol{f} \\ &= \sum_{k=0}^{K} \theta_k \boldsymbol{U} T_k(\tilde{\boldsymbol{\Lambda}}) \boldsymbol{U}^\top \boldsymbol{f}. \end{aligned} \tag{5-33}$$

接下来，证明如下定理，即当 $\tilde{\boldsymbol{L}} = \frac{2\boldsymbol{L}}{\lambda_{\max}} - \boldsymbol{I}$ 时，$\boldsymbol{U} T_k(\tilde{\boldsymbol{\Lambda}}) \boldsymbol{U}^\top = T_k(\tilde{\boldsymbol{L}})$ 成立。

定理 5.1　对于一个拉普拉斯矩阵为 $\boldsymbol{L}$ 的图 $\mathcal{G}$，若 $k \geqslant 0$，则下列等式成立。

$$\boldsymbol{U} T_k(\tilde{\boldsymbol{\Lambda}}) \boldsymbol{U}^\top = T_k(\tilde{\boldsymbol{L}}), \tag{5-34}$$

式中，

$$\tilde{\boldsymbol{L}} = \frac{2\boldsymbol{L}}{\lambda_{\max}} - \boldsymbol{I}. \tag{5-35}$$

证明　对于 $k=0$，当 $\boldsymbol{U} T_0(\tilde{\boldsymbol{\Lambda}}) \boldsymbol{U}^\top = \boldsymbol{I} = T_0(\tilde{\boldsymbol{L}})$ 时，等式显然成立。

对于 $k=1$, 有

$$\begin{aligned} \boldsymbol{U} T_1(\tilde{\boldsymbol{\Lambda}}) \boldsymbol{U}^\top &= \boldsymbol{U} \tilde{\boldsymbol{\Lambda}} \boldsymbol{U}^\top \\ &= \boldsymbol{U}(\frac{2\boldsymbol{\Lambda}}{\lambda_{\max}} - \boldsymbol{I}) \boldsymbol{U}^\top \\ &= \frac{2\boldsymbol{L}}{\lambda_{\max}} - \boldsymbol{I} \\ &= T_1(\tilde{\boldsymbol{L}}). \end{aligned} \tag{5-36}$$

因此，在 $k=1$ 的情况下，等式依然成立。

假设当 $k=n-2$ 和 $k=n-1$（$n \geqslant 2$）时等式成立，通过式 (5–27) 的递推关系证明 $k=n$ 依然成立。

$$\begin{aligned} \boldsymbol{U}T_n(\tilde{\boldsymbol{\Lambda}})\boldsymbol{U}^\top &= \boldsymbol{U}\left[2\tilde{\boldsymbol{\Lambda}}T_{n-1}(\tilde{\boldsymbol{\Lambda}}) - T_{n-2}(\tilde{\boldsymbol{\Lambda}})\right]\boldsymbol{U}^\top \\ &= 2\boldsymbol{U}\tilde{\boldsymbol{\Lambda}}T_{n-1}(\tilde{\boldsymbol{\Lambda}})\boldsymbol{U}^\top - \boldsymbol{U}T_{n-2}(\tilde{\boldsymbol{\Lambda}})\boldsymbol{U}^\top \\ &= 2\boldsymbol{U}\tilde{\boldsymbol{\Lambda}}\boldsymbol{U}\boldsymbol{U}^\top T_{n-1}(\tilde{\boldsymbol{\Lambda}})\boldsymbol{U}^\top - T_{n-2}(\tilde{\boldsymbol{L}}) \\ &= 2\tilde{\boldsymbol{L}}T_{n-1}(\tilde{\boldsymbol{L}}) - T_{n-2}(\tilde{\boldsymbol{L}}) \\ &= T_n(\tilde{\boldsymbol{L}}), \end{aligned} \tag{5–37}$$

证毕。

有了定理 5.1，可以进一步简化式 (5–33)：

$$\begin{aligned} \boldsymbol{f}' &= \sum_{k=0}^{K} \theta_k \boldsymbol{U}T_k(\tilde{\boldsymbol{\Lambda}})\boldsymbol{U}^\top \boldsymbol{f} \\ &= \sum_{k=0}^{K} \theta_k T_k(\tilde{\boldsymbol{L}})\boldsymbol{f}. \end{aligned} \tag{5–38}$$

因此，Cheby-Filter 在保持 Poly-Filter 优点的同时，在扰动下表现得也会更加稳定。

4. GCN-Filter：**仅包含 1 跳邻居的简化版** Cheby-Filter

当 Cheby-Filter计算一个节点的新表征时，会涉及该节点的 K 跳邻域。文献[50]中提出了一种简化的 Cheby-Filter——GCN-Filter。它将切比雪夫多项式的阶数设为 $K=1$，并把最大特征值近似为 2，$\lambda_{\max} \approx 2$，从而简化了 Cheby-Filter。在这种简化和近似下，$K=1$ 的 Cheby-Filter 可以简化如下：

$$\begin{aligned} \gamma(\boldsymbol{\Lambda}) &= \theta_0 T_0(\tilde{\boldsymbol{\Lambda}}) + \theta_1 T_1(\tilde{\boldsymbol{\Lambda}}) \\ &= \theta_0 \boldsymbol{I} + \theta_1 \tilde{\boldsymbol{\Lambda}} \\ &= \theta_0 \boldsymbol{I} + \theta_1(\boldsymbol{\Lambda} - \boldsymbol{I}). \end{aligned} \tag{5–39}$$

相应地，将 GCN-Filter 应用于图信号 $\boldsymbol{f}$，可以获得如下输出信号 $\boldsymbol{f}'$：

$$\begin{aligned}\boldsymbol{f}' &= \boldsymbol{U}\gamma(\boldsymbol{\Lambda})\boldsymbol{U}^\top \boldsymbol{f} \\ &= \theta_0 \boldsymbol{U}\boldsymbol{I}\boldsymbol{U}^\top \boldsymbol{f} + \theta_1 \boldsymbol{U}(\boldsymbol{\Lambda} - \boldsymbol{I})\boldsymbol{U}^\top \boldsymbol{f} \\ &= \theta_0 \boldsymbol{f} - \theta_1(\boldsymbol{L} - \boldsymbol{I})\boldsymbol{f} \\ &= \theta_0 \boldsymbol{f} - \theta_1(\boldsymbol{D}^{-\frac{1}{2}}\boldsymbol{A}\boldsymbol{D}^{\frac{1}{2}})\boldsymbol{f}.\end{aligned} \tag{5-40}$$

令 $\theta = \theta_0 = -\theta_1$，可对式 (5-40) 进一步简化，可得

$$\begin{aligned}\boldsymbol{f}' &= \theta_0 \boldsymbol{f} - \theta_1(\boldsymbol{D}^{-\frac{1}{2}}\boldsymbol{A}\boldsymbol{D}^{\frac{1}{2}})\boldsymbol{f} \\ &= \theta(\boldsymbol{I} + \boldsymbol{D}^{-\frac{1}{2}}\boldsymbol{A}\boldsymbol{D}^{-\frac{1}{2}})\boldsymbol{f}.\end{aligned} \tag{5-41}$$

注意，矩阵 $\boldsymbol{I} + \boldsymbol{D}^{-\frac{1}{2}}\boldsymbol{A}\boldsymbol{D}^{-\frac{1}{2}}$ 的特征值的范围是 $[0, 2]$，故对信号 $\boldsymbol{f}$ 重复滤波时有可能出现数值不稳定的现象。因此，再归一化（renormalization）技巧被提出用来解决该问题：在式 (5-41) 中，用 $\tilde{\boldsymbol{D}}^{-\frac{1}{2}}\tilde{\boldsymbol{A}}\tilde{\boldsymbol{D}}^{-\frac{1}{2}}$ 代替 $\boldsymbol{I} + \boldsymbol{D}^{-\frac{1}{2}}\boldsymbol{A}\boldsymbol{D}^{-\frac{1}{2}}$，其中 $\tilde{\boldsymbol{A}} = \boldsymbol{A} + \boldsymbol{I}$ 和 $\tilde{\boldsymbol{D}}_{ii} = \sum_j \tilde{\boldsymbol{A}}_{i,j}$。经过这些简化步骤，GCN-Filter 最后可被表示为：

$$\boldsymbol{f}' = \theta \tilde{\boldsymbol{D}}^{-\frac{1}{2}}\tilde{\boldsymbol{A}}\tilde{\boldsymbol{D}}^{-\frac{1}{2}}\boldsymbol{f}. \tag{5-42}$$

仅当节点 v_i 和 v_j 连接时，$\tilde{\boldsymbol{D}}^{-\frac{1}{2}}\tilde{\boldsymbol{A}}\tilde{\boldsymbol{D}}^{-\frac{1}{2}}$ 的第 i, j 项不为零。特别地，对于单个节点，该过程可以被视为聚集来自其 1 跳邻居的信息，其中该节点本身也被视为其 1 跳邻居。因此，GCN-Filter 也可以看作一种基于空间的滤波器，在更新节点特征时，只涉及与其直接相连的邻居。

5. **多通道图信号的图滤波器**

上文为单通道图信号引入了图滤波器，其中每个节点都与单个标量值相关联。然而，在实践中，图信号通常是多通道的，即其中每个节点对应的是一个特征向量。具有 d_{in} 维的多通道图信号可表示为 $\boldsymbol{F} \in \mathbb{R}^{N \times d_{\text{in}}}$。为了将图滤波器扩展到多通道信号，按照如下方式对输入信号所有的通道进行滤波操作：

$$\boldsymbol{f}_{\text{out}} = \sum_{d=1}^{d_{\text{in}}} \boldsymbol{U} \cdot \gamma_d(\boldsymbol{\Lambda}) \cdot \boldsymbol{U}^\top \boldsymbol{F}_{:,d}, \tag{5-43}$$

式中，$\boldsymbol{f}_{\text{out}}$ 表示卷积运算的单通道输出信号；$\boldsymbol{F}_{:,d}$ 表示输入信号的第 d 个通道。

因此，可以将该过程视为在每个通道中应用图滤波器，然后计算其结果的总和。与经典的卷积神经网络一样，在大多数情况下，输入通道采用多个滤波器进行滤波操作，输出为多通道信号。假设使用 d_{out} 个滤波器，则生成 d_{out} 通道输出信号的过程定义为：

$$\boldsymbol{F}'_{:,j} = \sum_{d=1}^{d_{\text{in}}} \boldsymbol{U} \cdot \gamma_{j,d}(\boldsymbol{\Lambda}) \cdot \boldsymbol{U}^{\top} \boldsymbol{F}_{:,d}, \quad j = 1, \cdots, d_{\text{out}}. \tag{5–44}$$

特别地，在式 (5–42) 表示的 GCN-Filter 中，这个多通道输入和输出的过程可以表示为：

$$\boldsymbol{F}'_{:,j} = \sum_{d=1}^{d_{\text{in}}} \theta_{j,d} \tilde{\boldsymbol{D}}^{-\frac{1}{2}} \tilde{\boldsymbol{A}} \tilde{\boldsymbol{D}}^{-\frac{1}{2}} \boldsymbol{F}_{:,d}, \quad j = 1, \cdots, d_{\text{out}}, \tag{5–45}$$

它可以进一步以矩阵形式重写为：

$$\boldsymbol{F}' = \tilde{\boldsymbol{D}}^{-\frac{1}{2}} \tilde{\boldsymbol{A}} \tilde{\boldsymbol{D}}^{-\frac{1}{2}} \boldsymbol{F} \boldsymbol{\Theta}, \tag{5–46}$$

式中，$\boldsymbol{\Theta} \in \mathbb{R}^{d_{\text{in}} \times d_{\text{out}}}$，并且 $\boldsymbol{\Theta}_{d,j} = \theta_{j,d}$ 表示对应于第 j 个输出通道和第 d 个输入通道的参数。具体地说，对于单个节点 v_i，式 (5–46) 中的滤波操作也可以用以下形式表示：

$$\boldsymbol{F}'_i = \sum_{v_j \in \mathcal{N}(v_i) \cup \{v_i\}} (\tilde{\boldsymbol{D}}^{-\frac{1}{2}} \tilde{\boldsymbol{A}} \tilde{\boldsymbol{D}}^{-\frac{1}{2}})_{i,j} \boldsymbol{F}_j \boldsymbol{\Theta} = \sum_{v_j \in \mathcal{N}(v_i) \cup \{v_i\}} \frac{1}{\sqrt{\tilde{d}_i \tilde{d}_j}} \boldsymbol{F}_j \boldsymbol{\Theta}, \tag{5–47}$$

式中，$\tilde{d}_i = \tilde{\boldsymbol{D}}_{i,i}$；$\boldsymbol{F}_i$ 表示 $\boldsymbol{F}$ 的第 i 行，即节点 v_i 的特征。式 (5–47) 的过程可以被视为聚集来自节点 v_i 的 1 跳邻居的信息。

5.3.2 基于空间的图滤波器

如式 (5–47) 所示，对于节点 v_i，GCN-Filter 聚集其 1 跳邻居的空间信息，而由滤波器的参数组成的矩阵 $\boldsymbol{\Theta}$ 可以被视为应用于输入节点特征的线性变换。事实上，在深度学习流行之前，图神经网络中的基于空间的滤波器就已经被提出了[47]。最近，各种基于空间的滤波器被提出并用于图神经网络。在这一部分中，首先介绍第一个基于空间的滤波器[47, 174]，然后介绍更高级的基于空间的滤波器。

1. 第一个图神经网络中的滤波器

图神经网络的概念最早是在文献[174]中提出的。该图神经网络模型利用节点邻居的特征迭代地更新中心节点的特征。接下来简要介绍该图神经网络模型中滤波器的设计。具体地说，该模型是用来处理图数据的，其中每个节点都与一个输入标签相关联。对于节点 v_i，其对应的标签可以表示为 l_i。对于滤波过程，输入图特征表示为 $\boldsymbol{F}$，其中 $\boldsymbol{F}_i$ 是节点 v_i 的关联特征。滤波器的输出特征表示为 $\boldsymbol{F}'$。对节点 v_i 的滤波操作可以描述为：

$$\boldsymbol{F}_i' = \sum_{v_j \in \mathcal{N}(v_i)} g(l_i, \boldsymbol{F}_j, l_j), \tag{5–48}$$

式中，$g()$ 表示一个带参数的函数，称为局部转换函数（Local Transition Function），它在空间上是局部化的，即节点 v_i 的滤波过程仅涉及其 1 跳邻居。当执行滤波操作时，函数 $g()$ 由图中的所有节点共享。注意，节点标签信息 l_i 可视为在滤波过程中利用的固定的初始输入信息。

2. GraphSAGE-Filter

文献[56]提出的 GraphSAGE 模型引入了一个基于空间的滤波器，该滤波器也是基于相邻节点信息的聚集进行设计的。对于单个节点 v_i，生成其新特征的过程可以表示为：

$$\mathcal{N}_S(v_i) = \text{SAMPLE}(\mathcal{N}(v_i), S), \tag{5–49}$$

$$\boldsymbol{f}'_{\mathcal{N}_S(v_i)} = \text{AGGREGATE}(\{\boldsymbol{F}_j, \forall v_j \in \mathcal{N}_S(v_i)\}), \tag{5–50}$$

$$\boldsymbol{F}_i' = \sigma(\left[\boldsymbol{F}_i, \boldsymbol{f}'_{\mathcal{N}_S(v_i)}\right] \boldsymbol{\Theta}), \tag{5–51}$$

式中，SAMPLE() 函数将一个集合作为输入，并从输入中随机抽样 S 个元素作为输出；AGGREGATE() 函数聚合来自相邻节点的信息；$\boldsymbol{f}'_{\mathcal{N}_S(v_i)}$ 表示 AGGREGATE() 函数的输出；$[\cdot,\cdot]$ 表示串联（concatenation）操作。

因此，对于单个节点 v_i，GraphSAGE 中的滤波器首先从其相邻节点 $\mathcal{N}(v_i)$ 采样 S 个节点，如式 (5–49) 所示。然后，AGGREGATE() 函数聚合来自这些采样节点的信息，并生成特征 $\boldsymbol{f}'_{\mathcal{N}_S(v_i)}$，如式 (5–50) 所示。最后，将聚合的邻域信息与节点 v_i 的旧特征相结合，以生成节点 v_i 的新特征，如式 (5–51) 所示。文献[56]引入了多种 AGGREGATE() 函数，如下所示。

- **Mean 聚合器**。Mean 聚合器是简单地取 $\{\boldsymbol{F}_j, \forall v_j \in \mathcal{N}_S(v_i)\}$ 中向量的元素的平均。这里的 Mean 聚合器与 GCN 中的滤波器非常相似。在处理节点 v_i 时，它们都取相邻节点的（加权）平均值作为其新的表示。它们的不同之处在于节

点 v_i 的输入表示 $\boldsymbol{F}_i$ 如何参与计算。显然，在 GraphSAGE 中，$\boldsymbol{F}_i$ 被连接到聚合的相邻信息 $\boldsymbol{f}'_{\mathcal{N}(v_i)}$，这类似于 skip connection。然而，在 GCN-Filter 中，节点 v_i 被平等地视为其邻居，并且 $\boldsymbol{F}_i$ 是加权平均过程的一部分。

- **LSTM 聚合器。** LSTM 聚合器将节点 v_i 的相邻节点 $\mathcal{N}_S(v_i)$ 集合视为一个序列，并利用 LSTM 模块结构对该序列进行处理。LSTM 的最后一个单元的输出用作结果 $\boldsymbol{f}'_{\mathcal{N}_S(v_i)}$。但是，邻居之间没有自然的顺序，因此文献[56]采用的是随机排序。
- **Pooling 聚合器。** Pooling 聚合器采用最大池化操作汇总来自相邻节点的信息。在聚合结果之前，首先用神经网络层对每个节点处的输入特征进行变换。这个过程可以描述为：

$$\boldsymbol{f}'_{\mathcal{N}_S(v_i)} = \max(\{\alpha(\boldsymbol{F}_j\boldsymbol{\Theta}_{\text{pool}}), \forall v_j \in \mathcal{N}_S(v_i)\}), \tag{5–52}$$

  式中，max() 表示逐元素取最大值；$\alpha()$ 表示非线性激活函数。

GraphSAGE 滤波器在空间上是局部化的，因为无论使用哪种聚合器，它都只涉及 1 跳邻居，并且聚合器还在所有节点之间共享。

3. GAT-Filter

注意力机制[175] 是图注意力网络（Graph Attention Network, GAT）[55] 中用来构造空间域上的图滤波器的方法。为方便起见，将 GAT 中的图滤波器称为 GAT-Filter。GAT-Filter 与 GCN-Filter 的相似之处在于，当为每个节点生成新特征时，GAT-Filter 同样聚合来自相邻节点的信息。不同的是，GCN-Filter 中的聚合方式完全基于图结构，而 GAT-Filter 在进行聚合时，会区分邻居的重要性。更具体地说，当为节点 v_i 生成新特征时，它会关注其所有邻居以生成每个邻居的重要性分数，然后将这些重要性分数作为在聚合过程中的线性加权系数。接下来详细介绍 GAT-Filter。

节点 $v_j \in \mathcal{N}(v_i) \cup \{v_i\}$ 对节点 v_i 的重要性分数可用如下方式计算：

$$e_{ij} = a(\boldsymbol{F}_i\boldsymbol{\Theta}, \boldsymbol{F}_j\boldsymbol{\Theta}), \tag{5–53}$$

式中，$\boldsymbol{\Theta}$ 表示共享参数矩阵；$a()$ 表示共享的注意力函数，它是一个单层的前馈神经网络[55]：

$$a(\boldsymbol{F}_i\boldsymbol{\Theta}, \boldsymbol{F}_j\boldsymbol{\Theta}) = \text{LeakyReLU}(\boldsymbol{a}^\top[\boldsymbol{F}_i\boldsymbol{\Theta}, \boldsymbol{F}_j\boldsymbol{\Theta}]), \tag{5–54}$$

式中，$[\cdot,\cdot]$ 表示串联操作；$\boldsymbol{a}$ 表示参数化的向量；LeakyReLU 表示非线性激活函数。

在用于聚合过程之前，式 (5–53) 计算的分数首先需要被归一化，以将输出保持在合理的范围内。v_i 所有邻居的分数的归一化通过 Softmax 层执行，如下所示：

$$\alpha_{ij} = \frac{\exp(e_{ij})}{\sum_{v_k \in \mathcal{N}(v_i)\cup\{v_i\}} \exp(e_{ik})}, \tag{5–55}$$

式中，α_{ij} 表示节点 v_j 对节点 v_i 的归一化重要性分数，它衡量节点 v_j 对节点 v_i 的重要性。利用归一化重要性分数，节点 v_i 的新表示 $\boldsymbol{F}_i'$ 可被计算为：

$$\boldsymbol{F}_i' = \sum_{v_k \in \mathcal{N}(v_i)\cup\{v_i\}} \alpha_{ij}\boldsymbol{F}_j\boldsymbol{\Theta}, \tag{5–56}$$

式中，$\boldsymbol{\Theta}$ 是式 (5–53) 中的变换矩阵。

为了稳定注意力机制的学习过程，文献[175]采用了多头注意力（Multi-head Attention）的研究方法。具体地说，M 个独立的具有式 (5–56) 形式的注意力机制并行执行，且它们有着不同的 $\boldsymbol{\Theta}^m$ 和 α_{ij}^m。接着将它们的输出串联起来，以生成节点 v_i 的最终表示：

$$\boldsymbol{F}_i' = \|_{m=1}^{M} \sum_{v_j \in \mathcal{N}(v_i)\cup\{v_i\}} \alpha_{ij}^m \boldsymbol{F}_j \boldsymbol{\Theta}^m, \tag{5–57}$$

式中，$\|$ 表示串联运算符。

> GAT-Filter 是基于空间的，因为对于每个节点，在滤波过程中只利用其 1 跳邻居来生成新的特征。

4. ECC-Filter

当图中存在边的信息时，可以利用该信息来设计图滤波器。具体地说，在文献[176]中，针对边的类型不同（且类型数有限），设计了一个图滤波器（Edge Conditioned，ECC-Filter）。对于给定的边 (v_i, v_j)，用 $\mathrm{tp}(v_i, v_j)$ 表示它的类型，那么 ECC-Filter 被定义为：

$$\boldsymbol{F}_i' = \frac{1}{|\mathcal{N}(v_i)|} \sum_{v_j \in \mathcal{N}(v_i)} \boldsymbol{F}_j \boldsymbol{\Theta}_{\mathrm{tp}(v_i,v_j)}, \tag{5–58}$$

式中，$\boldsymbol{\Theta}_{\mathrm{tp}(v_i,v_j)}$ 表示由类型为 $\mathrm{tp}(v_i, v_j)$ 的边共享的参数矩阵。

5. GGNN-Filter

GGNN-Filter[57] 在 GNN-Filter 中采用了 3.3 节中介绍的门控循环单元（Gated Recurrent Unit, GRU）[174]。GGNN-Filter 是为具有不同类型的有向边的图设计的。具体地说，对于 $(v_i, v_j) \in \mathcal{E}$，用 $\text{tp}(v_i, v_j)$ 表示它的类型。注意，由于边是有向的，边 (v_i, v_j) 和 (v_j, v_i) 的类型可以不同，即 $\text{tp}(v_i, v_j) \neq \text{tp}(v_j, v_i)$。针对特定节点 v_i 的 GGNN-Filter 的滤波过程可以表示如下：

$$\boldsymbol{m}_i = \sum_{(v_j, v_i) \in \mathcal{E}} \boldsymbol{F}_j \boldsymbol{\Theta}^e_{\text{tp}(v_j, v_i)}, \tag{5–59}$$

$$\boldsymbol{z}_i = \sigma\left(\boldsymbol{m}_i \boldsymbol{\Theta}^z + \boldsymbol{F}_i \boldsymbol{U}^z\right), \tag{5–60}$$

$$\boldsymbol{r}_i = \sigma\left(\boldsymbol{m}_i \boldsymbol{\Theta}^r + \boldsymbol{F}_i \boldsymbol{U}^r\right), \tag{5–61}$$

$$\widetilde{\boldsymbol{F}}_i = \tanh\left(\boldsymbol{m}_i \boldsymbol{\Theta} + \left(\boldsymbol{r}_i \odot \boldsymbol{F}_i\right) \boldsymbol{U}\right), \tag{5–62}$$

$$\boldsymbol{F}'_i = (1 - \boldsymbol{z}_i) \odot \boldsymbol{F}_i + \boldsymbol{z}_i \odot \widetilde{\boldsymbol{F}}_i, \tag{5–63}$$

式中，$\boldsymbol{\Theta}^e_{\text{tp}(v_j, v_i)}$、$\boldsymbol{\Theta}^z$、$\boldsymbol{\Theta}^r$ 和 $\boldsymbol{\Theta}$ 表示需要被学习的参数。

首先，如式 (5–59) 所示，该滤波器聚合那些指向节点 v_i 的邻居和 v_i 指向的邻居的信息。在此聚合过程中，$\boldsymbol{\Theta}^e_{\text{tp}(v_j, v_i)}$ 通过类型 $\text{tp}(v_j\ v_i)$ 的边连接到 v_i 的所有节点共享变换矩阵。式 (5–60)~ 式 (5–63) 则是 GRU 利用聚合后的信息来更新隐藏层表示。$\boldsymbol{z}_i$ 和 $\boldsymbol{r}_i$ 分别表示更新门和复位门；$\sigma(\cdot)$ 表示 Sigmoid 函数；$\odot$ 表示 Hardmand 积。因此，GGNN-Filter 也可以表示为：

$$\boldsymbol{m}_i = \sum_{(v_j, v_i) \in \mathcal{E}} \boldsymbol{\Theta}^e_{\text{tp}(v_j, v_i)} \boldsymbol{F}_j, \tag{5–64}$$

$$\boldsymbol{F}'_i = \text{GRU}(\boldsymbol{m}_i, \boldsymbol{F}_i). \tag{5–65}$$

其中，式 (5–65) 总结了式 (5–60)~ 式 (5–63)。

6. Mo-Filter

文献[54]引入了一种通用框架，即混合模型网络（Mixture Model Networks, MONET），用于对图和流形等非欧几里得数据进行卷积运算。接下来介绍这个图滤波操作，将其命名为 Mo-Filter，并以节点 v_i 为例来说明其过程。对于每个邻居 $v_j \in \mathcal{N}(v_i)$，它引入一个伪坐标表示节点 v_j 和 v_i 之间的相关关系。具体地说，对于

中心节点 v_i 及其邻居 v_j，伪坐标 $c(v_i, v_j)$ 用它们的度来定义：

$$c(v_i, v_j) = \left(\frac{1}{\sqrt{d_i}}, \frac{1}{\sqrt{d_j}}\right)^\top, \tag{5–66}$$

式中，d_i 和 d_j 分别表示节点 v_i 和 v_j 的度。接着在伪坐标上应用高斯核衡量两个节点之间的关系，如下所示：

$$\alpha_{i,j} = \exp\left(-\frac{1}{2}(c(v_i, v_j) - \boldsymbol{\mu})^\top \boldsymbol{\Sigma}^{-1}(c(v_i, v_j) - \boldsymbol{\mu})\right), \tag{5–67}$$

式中，$\boldsymbol{\mu}$ 和 $\boldsymbol{\Sigma}$ 表示要学习的高斯核的均值向量和协方差矩阵。

可以首先利用前馈网络对伪坐标 $c(v_i, v_j)$ 进行变换，而不是直接使用原始的 $c(v_i, v_j)$。聚合过程如下所示：

$$\boldsymbol{F}_i' = \sum_{v_j \in \mathcal{N}(v_i)} \alpha_{i,j} \boldsymbol{F}_j. \tag{5–68}$$

在式 (5–68) 中，只有单个高斯核被使用。但是实际上通常会采用一组具有不同均值和协方差的 K 个核，这会产生以下过程：

$$\boldsymbol{F}_i' = \sum_{k=1}^{K} \sum_{v_j \in \mathcal{N}(v_i)} \alpha_{i,j}^{(k)} \boldsymbol{F}_j, \tag{5–69}$$

式中，$\alpha_{i,j}^{(k)}$ 表示来自第 k 个高斯核的系数。

7. MPNN: 基于空间的图滤波器的通用框架

消息传递神经网络（Message Passing Neural Networks，MPNN）是一种通用的 GNN 框架。GCN-Filter、GraphSage-Filter 和 GAT-Filter 等许多基于空间的图滤波器都是它的特例。对于节点 v_i，MPNN-Filter 按如下方式更新节点特征：

$$\boldsymbol{m}_i = \sum_{v_j \in \mathcal{N}(v_i)} M(\boldsymbol{F}_i, \boldsymbol{F}_j, \boldsymbol{e}_{(v_i, v_j)}), \tag{5–70}$$

$$\boldsymbol{F}_i' = U(\boldsymbol{F}_i, \boldsymbol{m}_i), \tag{5–71}$$

式中，$M()$ 表示消息函数；$U()$ 表示更新函数；$\boldsymbol{e}_{(v_i, v_j)}$ 表示边的特征。

消息函数 $M()$ 生成节点 v_i 的每个邻居传递到节点 v_i 的消息。然后，更新函数 $U()$ 通过组合原始特征和来自其邻居的聚合消息更新节点 v_i 的特征。

5.4 图池化

图滤波器是在不更改图结构的情况下优化节点特征的。在图滤波操作之后，图中的每个节点都用一个新的特征表示。通常，对于利用节点表示的侧重于节点的任务，图滤波器的操作就足够了。但是，对于侧重于图的任务，需要得到整个图的表示。要获得这样的表示，就需要汇总来自各个节点的信息。生成整个图的表示需要考虑两种信息：一种是节点特征，另一种是图结构。图的表示应同时保留节点特征信息和图结构信息。类似于经典的卷积神经网络，图池化层被提出用来生成图级表示。早期的图池化层的设计通常是平面的（flat）。换句话说，它们在单个步骤中直接从节点表示生成图级表示。例如，图神经网络可以将平均池化层和最大池化层应用于每个特征通道，来得到图级表示。后来，层次化的图池化设计被开发出来，其目的是通过逐步粗化原图来总结图的信息。在层次化的图池化设计中，通常有多个图池化层。如图 5–5 所示，每个图池化层都跟在堆叠的多个滤波器的后面。通常，单个图池化层（无论平面图池化层还是层次图池化层）将一个图作为输入，并输出其粗化图。式 (5–2) 将该过程总结为：

$$\boldsymbol{A}^{(\mathrm{op})}, \boldsymbol{F}^{(\mathrm{op})} = \mathrm{pool}(\boldsymbol{A}^{(\mathrm{ip})}, \boldsymbol{F}^{(\mathrm{ip})}). \tag{5–72}$$

接下来，首先介绍典型的平面图池化，然后介绍层次图池化。

5.4.1 平面图池化

平面图池化层直接从节点表示生成图级表示。平面图池化层中不会生成新的图，而是生成一个节点。因此，除式 (5–72) 外，平面图池化层中的池化过程还可以总结为：

$$\boldsymbol{f}_{\mathcal{G}} = \mathrm{pool}(\boldsymbol{A}^{(\mathrm{ip})}, \boldsymbol{F}^{(\mathrm{ip})}), \tag{5–73}$$

式中，$\boldsymbol{f}_{\mathcal{G}} \in \mathbb{R}^{1\times d_p}$ 表示图级表示。

接下来介绍一些有代表性的平面图池化层。经典 CNN 中的最大池化操作和平均池化操作也适用于 GNN。具体地说，图最大池化层的操作可以表示为：

$$\boldsymbol{f}_{\mathcal{G}} = \max(\boldsymbol{F}^{(\mathrm{ip})}), \tag{5–74}$$

式中，将 max() 操作应用于每个通道，有：

$$\boldsymbol{f}_{\mathcal{G}}[i] = \max(\boldsymbol{F}_{:,i}^{(\mathrm{ip})}), \tag{5-75}$$

式中，$\boldsymbol{F}_{:,i}^{(\mathrm{ip})}$ 表示 $\boldsymbol{F}^{(\mathrm{ip})}$ 的第 i 个通道。类似地，图平均池化按如下方式对各通道应用平均池化操作：

$$\boldsymbol{f}_{\mathcal{G}} = \mathrm{ave}(\boldsymbol{F}^{(\mathrm{ip})}). \tag{5-76}$$

文献[57]提出了一种基于注意力机制的平面图池化操作。每个节点都会被赋予一个衡量重要性的注意力分数，用来汇总节点的表示以生成图级表示。具体地说，节点 v_i 的注意力分数计算如下：

$$s_i = \frac{\exp\left(h\left(\boldsymbol{F}_i^{(\mathrm{ip})}\right)\right)}{\sum\limits_{v_j \in \mathcal{V}} \exp\left(h\left(\boldsymbol{F}_j^{(\mathrm{ip})}\right)\right)}, \tag{5-77}$$

式中，h 表示将 $\boldsymbol{F}_i^{(\mathrm{ip})}$ 映射到标量的 MLP，然后通过 Softmax 进行归一化。利用学到的注意力分数和节点表示，图表示可被计算为：

$$\boldsymbol{f}_{\mathcal{G}} = \sum_{v_i \in \mathcal{V}} s_i \cdot \tanh\left(\boldsymbol{F}_i^{(\mathrm{ip})} \boldsymbol{\Theta}_{(\mathrm{ip})}\right),$$

式中，$\boldsymbol{\Theta}_{(\mathrm{ip})}$ 表示待学习的参数；激活函数 tanh() 也可用恒等函数替换。

有时，滤波层的设计也会嵌入一些平面图池化操作。例如，可以添加一个“伪”节点并将其连接到图中的所有其他节点。这个“伪”节点的表示可以在滤波过程中学习，因为它连接到图中的所有节点，所以它的表示捕获了所有节点的信息。因此，这个“伪”节点的表示可以作为下游任务的图表示。

5.4.2 层次图池化

在汇总节点表示得到图表示时，平面图池化层往往会忽略层次的图结构信息。而层次图池化层的目的是通过逐步粗化图直到得到图的表示，从而保留图的层次结构信息。层次图池化层根据其对图的粗化方式大致分为两种。一种通过降采样（downsampling）选择最重要的节点作为粗化图的节点来获得粗化图。另一种聚集输入图中的多个节点以形成粗化图的一个超节点。这两种粗化方法的关键区别在于，基于降采样的方法保留了原图中的节点，而基于超节点的方法为粗化后的图生成了新的节点。接下来介绍一些有代表性的方法，并通过描述 $\boldsymbol{A}^{(\mathrm{op})}$ 和 $\boldsymbol{F}^{(\mathrm{op})}$ 的生成，阐述式 (5–2) 中层次图池化的过程。

1. 基于降采样的层次图池化

为了对输入图进行粗化，先根据某种重要性度量选取 N_{op} 个节点，并基于这些节点形成粗化图的图结构和节点特征。基于降采样的图池化层有三个关键部分：1）选择降采样度量方法；2）为粗化图生成图结构；3）为粗化图生成节点特征。基于不同降采样的图池化层在这三个部分上通常具有不同的设计。接下来介绍具有代表性的基于降采样的图池化层。

gPool 层[59] 是第一个采用降采样策略对图进行粗化，以进行图池化操作的结构。在 gPool 中，节点的重要性度量是从输入节点特征 $\boldsymbol{F}^{(\mathrm{ip})}$ 学到的，如下所示：

$$\boldsymbol{y} = \frac{\boldsymbol{F}^{(\mathrm{ip})}\boldsymbol{p}}{\|\boldsymbol{p}\|}, \tag{5–78}$$

式中，$\boldsymbol{F}^{(\mathrm{ip})} \in \mathbb{R}^{N_{\mathrm{ip}} \times d_{\mathrm{ip}}}$ 表示节点特征的输入矩阵；$\boldsymbol{p} \in \mathbb{R}^{d_{\mathrm{ip}}}$ 表示要学习的向量。

在获得重要性分数 $\boldsymbol{y}$ 之后，可以对所有节点进行排序，并选择前 N_{op} 个最重要的节点：

$$\mathrm{idx} = \mathrm{rank}(\boldsymbol{y}, N_{\mathrm{op}}), \tag{5–79}$$

式中，N_{op} 是粗化图中预先定义的节点数目；idx 表示选定的前 N_{op} 个节点的索引。

有了选定的节点 idx 后，在此基础上为粗化图生成图结构和节点特征。具体而言，可以从输入图的图结构导出粗化图的图结构，如下所示：

$$\boldsymbol{A}^{(\mathrm{op})} = \boldsymbol{A}^{(\mathrm{ip})}(\mathrm{idx}, \mathrm{idx}), \tag{5–80}$$

式中，$\boldsymbol{A}^{(\mathrm{ip})}(\mathrm{idx}, \mathrm{idx})$ 提取 $\boldsymbol{A}^{(\mathrm{ip})}$ 行与列中的元素。类似地，粗化图的节点特征也可以从输入节点特征中提取。文献[59]采用门控系统控制从输入特征到新特征的信息流。具体来说，具有较高重要性分数的选定节点将有更多流向粗化图的信息，该过程可建模为：

$$\begin{aligned}
\tilde{\boldsymbol{y}} &= \sigma(\boldsymbol{y}(\mathrm{idx})) \\
\tilde{\boldsymbol{F}} &= \boldsymbol{F}^{(\mathrm{ip})}(\mathrm{idx}, :) \\
\boldsymbol{F}_p &= \tilde{\boldsymbol{F}} \odot (\tilde{\boldsymbol{y}}\boldsymbol{1}_{d_{\mathrm{ip}}}^{\top}),
\end{aligned} \tag{5–81}$$

式中，$\sigma()$ 表示将重要性分数映射到 $(0,1)$ 的 Sigmoid 函数；$\mathbf{1}_{d_{\text{ip}}} \in \mathbb{R}^{d_{\text{ip}}}$ 是元素全为 1 的向量。

在 gPool 中，重要性分数完全是基于输入特征来学习的，如式 (5–78) 所示。它完全忽略了图的结构信息。为了在学习重要性分数时加入图的结构信息，文献[177]利用 GCN-Filter 学习节点的重要性分数，它通过如下方式获得：

$$\boldsymbol{y} = \alpha\left(\text{GCN-Filter}(\boldsymbol{A}^{(\text{ip})}, \boldsymbol{F}^{(\text{ip})})\right). \tag{5–82}$$

式中，α 表示激活函数，例如 tanh 函数。

> $\boldsymbol{y}$ 是一个向量而不是矩阵。换言之，GCN-Filter 的输出通道数量被设置为 1。此图池化操作被命名为 SAGPool。

2. **基于超节点的层次图池化**

基于降采样的层次图池化层根据节点的重要性度量选择节点子集，从而对输入图进行粗化操作。在此过程中，未选择的节点的有关信息将会丢失，因为这些节点会被降采样丢弃。基于超节点的池化方法旨在通过生成超节点来粗化输入图。具体地说，它们学习如何将输入图中的节点分配到不同的集群中。这些集群被视为超节点，同时它们也是粗化图中的节点。然后池化层会生成超节点之间的边和这些超节点的特征以输出粗化图。在基于超节点的图池化层中有 3 个关键组件：1）生成超节点作为粗化图的节点；2）生成粗化图的图结构；3）生成粗化图的节点特征。接下来介绍几个典型的基于超节点的图池化层。

（1）DiffPool。DiffPool 算法以可微的过程生成超节点。具体地说，DiffPool 利用 GCN-Filter 学习从输入图中的节点到超节点的分配矩阵，如下所示：

$$\boldsymbol{S} = \text{Softmax}\left(\text{GCN-Filter}(\boldsymbol{A}^{(\text{ip})}, \boldsymbol{F}^{(\text{ip})})\right), \tag{5–83}$$

式中，$\boldsymbol{S} \in \mathbb{R}^{N_{\text{ip}} \times N_{\text{op}}}$ 表示要学习的分配矩阵。注意，如式 (5–5) 所示，$\boldsymbol{F}^{(\text{ip})}$ 通常是上一层图滤波层的输出。然而在文献[58]中，块的输入（即前一个池化层的输出）被用作输入特征。此外，虽然式 (5–83) 中仅使用单个滤波器，但实际上可以堆叠多个 GCN-Filter。分配矩阵的每一列都可被视为超节点。Softmax 函数是应用在矩阵 $\boldsymbol{S}$ 的每一行的，所以归一化后的每一行的和都为 1。矩阵 $\boldsymbol{S}$ 第 i 行中的第 j 个元素表示将第 i 个节点分配给第 j 个超节点的概率。利用分配矩阵 $\boldsymbol{S}$，可以继续生成粗化图的图结构和节点特征。具体地说，粗化图的图结构可以利用分配矩阵 $\boldsymbol{S}$ 从输入图生成：

$$\boldsymbol{A}^{(\mathrm{op})} = \boldsymbol{S}^{\top}\boldsymbol{A}^{(\mathrm{ip})}\boldsymbol{S} \in \mathbb{R}^{N_{\mathrm{op}} \times N_{\mathrm{op}}}. \tag{5–84}$$

类似地，根据分配矩阵 $\boldsymbol{S}$，通过线性组合输入图的节点特征，可以获得超节点的节点特征：

$$\boldsymbol{F}^{(\mathrm{op})} = \boldsymbol{S}^{\top}\boldsymbol{F}^{(\mathrm{inter})} \in \mathbb{R}^{N_{\mathrm{op}} \times d_{\mathrm{op}}},$$

式中，$\boldsymbol{F}^{(\mathrm{inter})} \in \mathbb{R}^{N_{\mathrm{ip}} \times d_{\mathrm{op}}}$ 是通过 GCN-Filter 学到的中间特征，表示如下：

$$\boldsymbol{F}^{(\mathrm{inter})} = \text{GCN-Filter}(\boldsymbol{A}^{(\mathrm{ip})}, \boldsymbol{F}^{(\mathrm{ip})}). \tag{5–85}$$

尽管式 (5–85) 只展示了一个 GCN-Filter，但实际上可以堆叠多个滤波器。总体而言，DiffPool 的过程可以概括为：

$$\boldsymbol{A}^{(\mathrm{op})}, \boldsymbol{F}^{(\mathrm{op})} = \mathrm{DiffPool}(\boldsymbol{A}^{(\mathrm{ip})}, \boldsymbol{F}^{(\mathrm{ip})}). \tag{5–86}$$

（2）EigenPooling。EigenPooling[60] 采用谱聚类的方法生成超节点，并在此基础上形成粗化图的图结构和节点特征。在应用谱聚类算法后，会得到一组互不重叠的簇（cluster），并将其作为粗化图的超节点。输入图的节点和超节点之间的分配矩阵可以表示为 $\boldsymbol{S} \in \{0,1\}^{N_{\mathrm{ip}} \times N_{\mathrm{op}}}$，其中每行中只有一个元素是 1，所有其他元素都是 0。更具体地说，$\boldsymbol{S}_{i,j} = 1$ 表示第 i 个节点被分配给第 j 个超节点。对于第 k 个超节点，用 $\boldsymbol{A}^{(k)} \in \mathbb{R}^{N^{(k)} \times N^{(k)}}$ 表示其相应簇中的图结构，其中 $N^{(k)}$ 是该簇中的节点数。此外，定义如下的采样算子 $\boldsymbol{C}^{(k)} \in \{0,1\}^{N_{\mathrm{ip}} \times N^{(k)}}$：

$$\boldsymbol{C}^{(k)}_{i,j} = 1 \quad \text{当且仅当} \quad \Gamma^{(k)}(j) = v_i, \tag{5–87}$$

式中，$\Gamma^{(k)}$ 表示簇中的节点列表；$\Gamma^{(k)}(j) = v_i$ 表示节点 v_i 对应于此簇中的第 j 个节点。使用此采样算子，第 k 个簇的邻接矩阵可以正式定义为：

$$\boldsymbol{A}^{(k)} = (\boldsymbol{C}^{(k)})^{\top}\boldsymbol{A}^{(\mathrm{ip})}\boldsymbol{C}^{(k)}. \tag{5–88}$$

接下来讨论为粗化图生成图结构和节点特征的过程。为了在超节点之间形成图结构，EigenPooling 只考虑原图中那些跨簇的边。为了实现这一目标，首先为输入图生成簇内（intra-cluster）邻接矩阵，它只由每个簇内的边组成，如下所示：

$$\boldsymbol{A}_{\text{int}} = \sum_{k=1}^{N_{\text{op}}} \boldsymbol{C}^{(k)} \boldsymbol{A}^{(k)} (\boldsymbol{C}^{(k)})^{\top}. \tag{5-89}$$

然后，仅由穿过簇的边组成的簇间（inter-cluster）邻接矩阵可以表示为 $\boldsymbol{A}_{\text{ext}} = \boldsymbol{A} - \boldsymbol{A}_{\text{int}}$。那么粗化图的邻接矩阵可以表示为：

$$\boldsymbol{A}_p = \boldsymbol{S}^{\top} \boldsymbol{A}_{\text{ext}} \boldsymbol{S}. \tag{5-90}$$

紧接着，EigenPooling 采用图傅里叶变换生成节点特征。具体来说，它利用每个子图（或簇）的图结构和节点特征生成相应超节点的节点特征。现以第 k 个簇为例演示这一过程。若 $\boldsymbol{L}^{(k)}$ 表示该子图的拉普拉斯矩阵，$\boldsymbol{u}_1^{(k)}, \cdots, \boldsymbol{u}_{N^{(k)}}^{(k)}$ 是其对应的特征向量，那么此子图中节点的特征可以使用采样算子 $\boldsymbol{C}^{(k)}$ 从 $\boldsymbol{F}^{(\text{ip})}$ 中提取，如下所示：

$$\boldsymbol{F}_{\text{ip}}^{(k)} = (\boldsymbol{C}^{(k)})^{\top} \boldsymbol{F}^{(\text{ip})}. \tag{5-91}$$

而后，应用图傅里叶变换，生成 $\boldsymbol{F}_{\text{ip}}^{(k)}$ 所有通道的图傅里叶系数：

$$\boldsymbol{f}_i^{(k)} = (\boldsymbol{u}_i^{(k)})^{\top} \boldsymbol{F}_{\text{ip}}^{(k)}, \quad i = 1, \cdots, N^{(k)}, \tag{5-92}$$

式中，$\boldsymbol{f}_i^{(k)} \in \mathbb{R}^{1 \times N^{(k)}}$ 由所有特征通道的第 i 次图傅里叶系数组成。第 k 个超节点的节点特征可以由这些系数串联形成，如下所示：

$$\boldsymbol{f}^{(k)} = [\boldsymbol{f}_1^{(k)}, \cdots, \boldsymbol{f}_{N^{(k)}}^{(k)}]. \tag{5-93}$$

通常只利用前几个系数生成超节点的特征。其原因有二：第一，不同的子图可能具有不同数量的节点，那么为了确保特征的维度相同就需要丢弃一些系数；第二，由于在现实中大多数图信号都是平滑的，前几个系数通常就已经捕获了绝大部分的重要信息。

5.5 图卷积神经网络的参数学习

在本节中，将以节点分类和图分类作为下游任务的示例说明如何学习图卷积神经网络的参数。注意，定义 22 和定义 24 已经分别正式定义了节点分类和图分类的任务。

5.5.1 节点分类中的参数学习

如定义 22 所介绍，图 $\mathcal{V}$ 的节点集可以分为两个不相交的集合，即有标签的集合 $\mathcal{V}_l$ 和不带标签的集合 $\mathcal{V}_u$。节点分类的目标是根据已标记节点 $\mathcal{V}_l$ 学习一个模型，以预测 $\mathcal{V}_u$ 中未标记节点的标签。GNN 模型通常将整个图作为输入生成节点表示，然后利用这些表示来训练节点分类器。具体地说，设 $\text{GNN}_{\text{node}}()$ 表示具有多个图滤波层堆叠的 GNN 模型。$\text{GNN}_{\text{node}}()$ 函数将图结构和节点特征作为输入，输出学到的节点特征，如下所示：

$$\boldsymbol{F}^{(\text{out})} = \text{GNN}_{\text{node}}(\boldsymbol{A}, \boldsymbol{F}; \boldsymbol{\Theta}_1), \tag{5–94}$$

式中，$\boldsymbol{\Theta}_1$ 表示模型参数；$\boldsymbol{A} \in \mathbb{R}^{N \times N}$ 表示邻接矩阵；$\boldsymbol{F} \in \mathbb{R}^{N \times d_{\text{in}}}$ 表示输入节点特征；$\boldsymbol{F}^{(\text{out})} \in \mathbb{R}^{N \times d_{\text{out}}}$ 表示输出节点特征。

然后，输出节点特征被用于节点分类，如下所示：

$$\boldsymbol{Z} = \text{Softmax}(\boldsymbol{F}^{(\text{out})}; \boldsymbol{\Theta}_2), \tag{5–95}$$

式中，$\boldsymbol{Z} \in \mathbb{R}^{N \times C}$ 表示输出的节点类别概率矩阵；$\boldsymbol{\Theta}_2 \in \mathbb{R}^{d_{\text{out}} \times C}$ 是将特征 $\boldsymbol{F}_{\text{out}}$ 转换成维度等于类数 C 的参数矩阵。

$\boldsymbol{Z}$ 的第 i 行表示预测的节点 v_i 的类别分布，预测的标签通常是取其中概率最大的标签。整个过程可以概括为：

$$\boldsymbol{Z} = f_{\text{GNN}}(\boldsymbol{A}, \boldsymbol{F}^{(\text{ip})}; \boldsymbol{\Theta}), \tag{5–96}$$

式中，函数 $f_{\text{GNN}}()$ 包含了式 (5–94) 和式 (5–95) 的过程；$\boldsymbol{\Theta}$ 包含了 $\boldsymbol{\Theta}_1$ 和 $\boldsymbol{\Theta}_2$。参数 $\boldsymbol{\Theta}$ 可以通过最小化如下目标函数学到：

$$\mathcal{L}_{\text{train}} = \sum_{v_i \in \mathcal{V}_l} l(f_{\text{GNN}}(\boldsymbol{A}, \boldsymbol{F}; \boldsymbol{\Theta})_i, y_i), \tag{5–97}$$

式中，$f_{\text{GNN}}(\boldsymbol{A}, \boldsymbol{F}; \boldsymbol{\Theta})_i$ 表示输出矩阵的第 i 行，即节点 v_i 的类别概率分布；y_i 表示其对应的标签；$l(\cdot, \cdot)$ 表示某种损失函数，比如交叉熵损失函数。

5.5.2 图分类中的参数学习

如定义 24 介绍的，在图分类任务中，每个图都被视为具有相关标签的样本。训练数据集可以表示为 $\mathcal{D} = \{\mathcal{G}_i, y_i\}$，其中 y_i 表示图 $\mathcal{G}_i$ 的对应标签。图分类的任务是

在训练集 $\mathcal{D}$ 上训练一个模型，使其能够在未标记的图上执行良好的预测。图神经网络模型通常被用作特征编码器，其将输入图映射为特征表示，如下所示：

$$\boldsymbol{f}_{\mathcal{G}} = \mathrm{GNN}_{\mathrm{graph}}(\mathcal{G}; \boldsymbol{\Theta}_1), \tag{5–98}$$

式中，$\mathrm{GNN}_{\mathrm{graph}}()$ 表示学习图级表示的图神经网络模型，通常由图滤波层和图池化层组成；$\boldsymbol{f}_{\mathcal{G}} \in \mathbb{R}^{1\times d_{\mathrm{out}}}$ 是生成的图级表示。然后，该图级表示用于进行图分类，如下所示：

$$\boldsymbol{z}_{\mathcal{G}} = \mathrm{Softmax}(\boldsymbol{f}_{\mathcal{G}}\boldsymbol{\Theta}_2), \tag{5–99}$$

式中，$\boldsymbol{\Theta}_2 \in \mathbb{R}^{d_{\mathrm{out}}\times C}$ 将图表示转换成维度等于类数 C 的矩阵；$\boldsymbol{z}_{\mathcal{G}} \in \mathbb{R}^C$ 表示输入图 $\mathcal{G}$ 的预测概率。

图 $\mathcal{G}$ 的标签通常被设置为具有最大预测概率的标签。图分类的整个过程可以概括如下：

$$\boldsymbol{z}_{\mathcal{G}} = f_{\mathrm{GNN}}(\mathcal{G}, \boldsymbol{\Theta}), \tag{5–100}$$

式中，函数 f_{GNN} 包含了式 (5–98) 和式 (5–99) 的过程；$\boldsymbol{\Theta}$ 包含了 $\boldsymbol{\Theta}_1$ 和 Θ_2。参数 Θ 可以通过最小化如下目标函数学到：

$$\mathcal{L}_{\mathrm{train}} = \sum_{\mathcal{G}_i\in\mathcal{D}} l(f_{\mathrm{GNN}}(\mathcal{G}_i, \boldsymbol{\Theta}), y_i), \tag{5–101}$$

式中，y_i 表示图 $\mathcal{G}_i$ 对应的标签；$l(\cdot,\cdot)$ 表示某种损失函数。

5.6 小结

本章介绍了侧重于节点的任务和侧重于图的任务的图神经网络框架。具体而言，本章引入了两个主要组件：1）图滤波层，用于提炼节点特征；2）图池化层，用于对图进行粗化并最终生成图级表示。本章将图滤波器分为基于谱的滤波器和基于空间的滤波器，介绍了每一类的代表性算法，并讨论了这两类之间的联系。本章将图池化分为平面图池化和层次图池化，并介绍了各类的代表性方法。最后介绍了如何通过下游任务（包括节点分类和图分类）学习 GNN 参数。

5.7 扩展阅读

除了本章介绍的图神经网络模型，还有其他一些工作尝试利用神经网络学习用于图分类的图级表示[178, 52, 179]。本章只描述了具有代表性的方法，实际上还有更多的图滤波器和图池化方法[180, 181, 182, 183, 184, 185, 186, 187]。同时推荐读者阅读一些综述文章[188, 189, 190]，它们从不同的角度介绍和总结了更多的图神经网络模型。此外，随着图神经网络的研究受到越来越多的关注，人们为了方便开发图神经网络模型，设计了多个工具包来简化，包括基于深度学习框架 PyTorch 开发的 Pytorch Geometry（PyG）[191]，以及支持深度学习框架 Tensorflow 和 Pytorch 的 Deep Graph Library（DGL）[192]。

第 6 章
CHAPTER 6

图神经网络的健壮性

本章将介绍图神经网络的健壮性。首先介绍图对抗攻击的基本概念，然后描述针对图的一些常见的对抗攻击方法，包括白盒攻击、灰盒攻击和黑盒攻击。其次，介绍针对不同对抗攻击方法的典型防御技术，包括图对抗训练、图净化、图注意力机制和图结构学习。

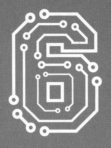

6.1 简介

图神经网络是传统深度神经网络在图数据上的延伸，并继承了它的优点与缺点。同传统深度神经网络相似，图神经网络已在许多与图相关的任务上取得了重大突破，如侧重于节点的任务和侧重于图的任务。研究表明，传统深度神经网络在面对专门设计的对抗攻击（Adversarial Attack）时存在健壮性差的问题[193, 194]。在对抗攻击下，数据样本会受到不易被察觉的微小扰动，但这种微小扰动足以导致模型性能急剧下降，并可能会造成更为严重的后果。不幸的是，图神经网络也继承了这一缺点。攻击者可以通过操纵图结构或节点属性“欺骗”图神经网络，从而生成图对抗扰动。在金融系统和风险管理等安全领域的关键应用中，图神经网络的这一限制引起了极大的关注。例如，在信用评分系统中，欺诈者可以伪造出和一些高信用客户的连接，从而逃避反欺诈模型的检测；垃圾邮件发送者可以很容易地创建虚假追随者，以增加假消息被推荐和传播的机会。因此，图对抗攻击及其对策的研究受到了越来越多的关注。这一章首先介绍图对抗攻击的概念和定义，并详细介绍几种典型的图对抗攻击方法，然后讨论针对这些对抗攻击的典型防御技术。

6.2 图对抗攻击

在图数据上，对抗攻击通常是通过对图数据的图结构和（或）节点特征进行微小改变来实现的，从而达到损害目标模型性能的目的。具体来讲，用 $\mathcal{T}$ 表示一个对抗攻击者（对抗攻击发起方），这个攻击者改变图 $\mathcal{G}$ 并生成新的图 $\mathcal{G}'$：

$$\mathcal{G}' = \mathcal{T}(\mathcal{G}; f_{\mathrm{GNN}}(\cdot;\boldsymbol{\Theta})) = \mathcal{T}(\{\boldsymbol{A},\boldsymbol{F}\}; f_{\mathrm{GNN}}(\cdot;\boldsymbol{\Theta})), \tag{6-1}$$

式中，$\mathcal{G}=\{\boldsymbol{A},\boldsymbol{F}\}$ 表示输入的以 $\boldsymbol{A}$ 为邻接矩阵、以 $\boldsymbol{F}$ 为节点特征矩阵的图；而 $\mathcal{G}'=\{\boldsymbol{A}',\boldsymbol{F}'\}$ 是攻击后的图。攻击者通常只能对数据进行微小扰动，这个约束可以被表示为：

$$\mathcal{G}' \in \Phi(\mathcal{G}), \tag{6-2}$$

式中，$\Phi(\mathcal{G})$ 表示了一个包含所有与原图 $\mathcal{G}$ “相似”的图的约束空间。这个约束空间的定义有很多种方式，之后的小节会对此进行介绍。一个典型且常用的约束空间被表示为：

$$\Phi(\mathcal{G}) = \{\mathcal{G}' = \{\boldsymbol{A}', \boldsymbol{F}'\}; \|\boldsymbol{A}' - \boldsymbol{A}\|_0 + \|\boldsymbol{F}' - \boldsymbol{F}\|_0 \leqslant \Delta\}. \tag{6-3}$$

这意味着约束空间 $\Phi(\mathcal{G})$ 包含了在攻击预算 Δ 以内的所有对 $\mathcal{G}$ 进行改变的图。攻击者 $\mathcal{T}$ 的目标是让模型在 $\mathcal{G}'$ 上的预测结果和在 $\mathcal{G}$ 上的预测结果发生改变。具体来讲，节点分类任务聚焦于模型在一组节点上的预测性能，这部分节点同样将被攻击的受害节点记为 $\mathcal{V}_t \subseteq \mathcal{V}_u$，$\mathcal{V}_u$ 是所有不带标签的节点的集合；而图分类任务则关注模型在测试集中的图上的预测性能。

6.2.1　图对抗攻击的分类

根据攻击者的能力、扰动类型、攻击目标及其可获得的知识，图对抗攻击算法可以划分成不同的类别。

1. 攻击者的能力

攻击者可以在模型训练和模型测试阶段执行攻击。根据攻击者执行攻击的能力，攻击可大致分为逃逸攻击和投毒攻击：

- **逃逸攻击：** 攻击是在训练好的模型上，即在测试阶段进行的。换言之，在逃逸攻击的模式下，攻击者不能更改模型的参数或结构。
- **投毒攻击：** 攻击发生在模型训练之前。因此，攻击者可以在训练数据中插入“毒药”，使得基于该数据训练的模型出现故障。

2. 扰动类型

除节点特征外，图数据还提供了丰富的结构信息。因此，攻击者可以从不同的角度对图结构数据进行扰动，例如修改节点特征、添加或删除边和添加新节点：

- **修改节点特征：** 攻击者可以在保留图结构的同时修改节点的特征。
- **添加或删除边：** 攻击者可以添加或者删除原图中已有的边。
- **添加新节点：** 攻击者可以向原有的图添加新的节点，并将它们和原图中的节点相连。

3. 攻击目标

根据攻击者的目标，对抗攻击可以分为如下两类。

- **有目标攻击：** 在给定一小部分测试节点或目标节点的情况下，攻击者的目标是使模型对这些测试样本进行错误分类，有目标攻击可以进一步分为攻击者直接干扰目标节点的直接攻击和攻击者只能通过操纵其他节点来影响目标节点的间接攻击。
- **无目标攻击：** 攻击者的目标是通过扰动图数据以降低模型的整体性能。

4. **攻击者的知识**

根据攻击者对目标 GNN 模型 $f_{\mathrm{GNN}}(;\boldsymbol{\Theta})$ 的知识掌握程度，对抗攻击可以分为如下三类：

- **白盒攻击：** 在此设定中，攻击者有权限访问被攻击模型 $f_{\mathrm{GNN}}(;\boldsymbol{\Theta})$（或受害者模型）的完整信息，如其网络结构、模型参数和训练数据。
- **灰盒攻击：** 在此设定中，攻击者没有权限访问被攻击模型或受害者模型的网络结构和模型参数，但可以访问模型的训练数据。
- **黑盒攻击：** 在这种设定下，攻击者可以访问被攻击模型（或受害者模型）的信息非常有限。攻击者没有权限访问模型网络结构、模型参数和训练数据。攻击者只被允许从目标模型中查询来获得预测结果。

随后的章节将从白盒攻击、灰盒攻击和黑盒攻击中选取一些具有代表性的攻击方法进行介绍。

6.2.2 白盒攻击

在白盒攻击的设定下，攻击者被允许访问受害者模型的全部信息。但实际上，此设定并不实用，因为攻击者通常无法获得完整信息。然而，攻击者仍然可以获得一些关于模型在面对攻击时的健壮性的信息。这一类别的大多数现有方法都是通过利用梯度信息来指导攻击者的。利用梯度信息的方法主要有两种：1）将攻击问题定义为一个优化问题，并利用基于梯度的优化方法来解决；2）利用梯度信息度量修改图结构和节点特征的有效性。接下来会介绍这两种白盒攻击方法中具有代表性的方法。

1. PGD **拓扑攻击**

在文献[195]中，攻击者只被允许修改图结构，但不能修改节点特征。攻击者的目标是降低模型在受害节点（目标节点）集合 $\mathcal{V}_t$ 上的预测准确度。引入对称布尔矩阵

$\boldsymbol{S} \in \{0,1\}^{N\times N}$ 对攻击者 $\mathcal{T}$ 所做的修改进行编码。具体地说，当且仅当 $\boldsymbol{S}_{i,j}=1$ 时，才修改（添加或删除）节点 v_i 和节点 v_j 之间的边。给定一个图 $\mathcal{G}$ 的邻接矩阵，它的补集可以表示为 $\bar{\boldsymbol{A}}=\boldsymbol{1}\boldsymbol{1}^\top-\boldsymbol{I}-\boldsymbol{A}$，其中 $\boldsymbol{1}\in\mathbb{R}^N$ 表示所有元素都等于 1 的向量。攻击者 $\mathcal{T}$ 在图 $\mathcal{G}$ 上的攻击可表示为：

$$\boldsymbol{A}'=\mathcal{T}(\boldsymbol{A})=\boldsymbol{A}+(\bar{\boldsymbol{A}}-\boldsymbol{A})\odot\boldsymbol{S}, \tag{6-4}$$

式中，$\odot$ 表示 Hadamand 乘积；矩阵 $\bar{\boldsymbol{A}}-\boldsymbol{A}$ 表示在原图两个节点之间是否存在边。

具体地说，当 $(\bar{\boldsymbol{A}}-\boldsymbol{A})_{i,j}=1$ 时，节点 v_i 和节点 v_j 之间不存在边，因此攻击者可以添加边；当 $(\bar{\boldsymbol{A}}-\boldsymbol{A})_{i,j}=-1$ 时，节点 v_i 和 v_j 之间存在边，攻击者可以将其删除。

攻击者 $\mathcal{T}$ 的目标是找到可能导致糟糕预测性能的 $\boldsymbol{S}$。对于某个节点 v_i，在给定其真实标签 y_i 的情况下，预测性能可以通过如下的 CW 损失来衡量，它从图像领域中的 Carlili-Wagner(CW)[196] 攻击改编而来：

$$\ell(f_{\text{GNN}}(\mathcal{G}';\boldsymbol{\Theta})_i,y_i)=\max\left\{\boldsymbol{Z}'_{i,y_i}-\max_{c\neq y_i}\boldsymbol{Z}'_{i,c},-\kappa\right\}, \tag{6-5}$$

式中，$\mathcal{G}'=\{\boldsymbol{A}',\boldsymbol{F}\}$ 表示攻击后的图；$\boldsymbol{Z}'=f_{\text{GNN}}(\mathcal{G}';\boldsymbol{\Theta})$ 表示在攻击后的图上用式 (5-96) 计算出的节点类别概率矩阵；y_i 和 c 作为索引来检索相应类的预测概率；$\boldsymbol{Z}'_{i,y_i}-\max\limits_{c\neq y_i}\boldsymbol{Z}'_{i,c}$ 项是用来测量预测概率中真实标签 y_i 对应的概率与除真实标签外其他类别中最大概率之间的差。当预测错误时，该项小于 0。因此，针对攻击者的目标，其值大于 0 会导致出现惩罚。

此外，在式 (6-5) 中，$\kappa>0$ 表示做出错误预测的置信度。这意味着当真实标签 y_i 的概率与除真实标签外其他类别中最大概率之间的差大于 $-\kappa$ 时，惩罚会出现。较大的 κ 意味着预测需要严重错误才能避免惩罚。

攻击者 $\mathcal{T}$ 的目的是找到一个合适的式 (6-4) 中的 $\boldsymbol{S}$，使得在给定有限预算内，受害节点集合 $\mathcal{V}_t$ 中的所有节点对应的式 (6-5) 中的CW损失最小。具体地说，这可以表示为以下优化问题：

$$\begin{aligned}&\min_{\boldsymbol{s}}\mathcal{L}(\boldsymbol{s})=\sum_{v_i\in\mathcal{V}_t}\ell(f_{\text{GNN}}(\mathcal{G}';\boldsymbol{\Theta})_i,y_i),\\&\text{s.t.}\quad \|\boldsymbol{s}\|_0\leqslant\Delta,\boldsymbol{s}\in\{0,1\}^{N(N-1)/2},\end{aligned} \tag{6-6}$$

式中，Δ 表示修改图的预算；$\boldsymbol{s}\in\{0,1\}^{N(N-1)/2}$ 是包含 $\boldsymbol{S}$ 中所有独立的扰动变量的向量式表示。这里 $\boldsymbol{S}$ 是一个对角线元素固定为 0 的对称矩阵，因此它包含了

$N(N-1)/2$ 个独立的扰动变量。约束项可视为将攻击后的图 $\mathcal{G}'$ 限制在由 $\boldsymbol{s}$ 的约束定义的空间 $\phi(\mathcal{G})$ 中。

式 (6–6) 中的优化问题是一个组合优化问题。为了简化该优化问题，约束 $\boldsymbol{s} \in \{0,1\}^{N(N-1)/2}$ 被松弛到它的凸包 $\boldsymbol{s} \in [0,1]^{N(N-1)/2}$ 上。特别地，这个连续空间被定义为 $\mathcal{S} = \{\boldsymbol{s}; \|\boldsymbol{s}\|_0 \leqslant \Delta, \boldsymbol{s} \in [0,1]^{N(N-1)/2}\}$。这样，式 (6–6) 中的组合优化问题被转化为了一个连续优化问题。它可以由如下的投影梯度算法（Projected Gradient Descent, PGD）解决：

$$\boldsymbol{s}^{(t)} = \mathcal{P}_{\mathcal{S}}[\boldsymbol{s}^{(t-1)} - \eta_t \nabla \mathcal{L}(\boldsymbol{s}^{(t-1)})], \tag{6–7}$$

式中，$\mathcal{P}_{\mathcal{S}}(\boldsymbol{x}) := \arg\min_{\boldsymbol{s}\in\mathcal{S}} \|\boldsymbol{s}-\boldsymbol{x}\|_2^2$ 是一个投影算子。它将 $\boldsymbol{x}$ 投射到 $\mathcal{S}$ 这个连续空间中。在利用 PGD 算法求得连续的 $\boldsymbol{s}$ 向量后，它可以被用来随机采样离散的 $\boldsymbol{s}$。具体来说，优化所得的 $\boldsymbol{s}$ 中的每个元素被视为对离散 $\boldsymbol{s}$ 相应元素采样为 1 的概率。

2. 基于积分梯度的攻击

文献[197]利用梯度信息作为分数来指导攻击。攻击者被允许修改图结构和节点特征，其目标是损害单个受害节点 v_i 的节点分类性能。当修改图结构时，攻击者 $\mathcal{T}$ 被允许删除或者添加边。假定节点特征为离散特征，例如词袋（Bag of Words）或具有二进制值的分类特征。因此，对图结构和节点特征的修改都限于从 0 到 1 或者从 1 到 0 的改变，这可以由目标函数的梯度信息来引导。

受快速梯度符号法（Fast Gradient Sign Method，FGSM）启发[193]，一种寻找对抗攻击样本的方法是最大化输入样本对应的用于训练神经网络的损失函数。对于标签为 y_i 的受害节点 v_i，该损失可以表示为：

$$\mathcal{L}_i = \ell(f_{\text{GNN}}(\boldsymbol{A}, \boldsymbol{F}; \boldsymbol{\Theta})_i, y_i). \tag{6–8}$$

FGSM 算法采用一步梯度上升法来最大化损失，从而生成对抗攻击样本。然而，在图的设定中，图结构和节点特征都是离散的，无法直接应用基于梯度的方法得到攻击样本。但是，与 $\boldsymbol{A}$ 和 $\boldsymbol{F}$ 中每个元素相对应的梯度信息可以被用来衡量它们的变化如何影响损失函数的值。因此，梯度信息可以用来引导攻击者执行对图的修改。然而，由于攻击者仅被允许执行从 0 到 1 或从 1 到 0 的修改，梯度信息可能没有太大帮助，因为考虑到图神经网络模型是非线性的，单个点上的梯度并不能反映诸如从 0 到 1 或从 1 到 0 的大变化的影响。因此，受积分梯度（Integrated Gradients）[198]

的启发，利用离散积分梯度来设计分数，称为积分梯度分数（IG-Score）。具体地说，IG-Score 将从 0 到 1 或者从 1 到 0 变化对应的梯度信息离散地累积为：

$$\mathrm{IG}_{\boldsymbol{H}}(i,j)=\sum_{k=1}^{m}\frac{\partial\mathcal{L}_i(\frac{k}{m}(\boldsymbol{H}_{i,j}-0))}{\partial\boldsymbol{H}_{i,j}};\quad 1\to 0,\boldsymbol{H}_{i,j}=1, \tag{6-9}$$

$$\mathrm{IG}_{\boldsymbol{H}}(i,j)=\sum_{k=1}^{m}\frac{\partial\mathcal{L}_i(0+\frac{k}{m}(1-\boldsymbol{H}_{i,j}))}{\partial\boldsymbol{H}_{i,j}};\quad 0\to 1,\boldsymbol{H}_{i,j}=0 \tag{6-10}$$

式中，$\boldsymbol{H}$ 既可以表示 $\boldsymbol{A}$，也可以表示 $\boldsymbol{F}$；m 是预先定义好的超参数，它表示步数。

将 $\boldsymbol{A}$ 和 $\boldsymbol{F}$ 中候选修改对应的 IG-Score 分别表示为 IG_A 和 IG_F，这衡量了 $\boldsymbol{A}$ 和 $\boldsymbol{F}$ 中每个元素的更改如何影响损失 $\mathcal{L}_i$。然后，攻击者 $\mathcal{T}$ 可以通过选择 IG_A 和 IG_F 之间具有更大 IG-Score 的操作对图进行修改。攻击者不断重复此过程，直到修改后的图不满足 $\mathcal{G}'\in\phi(\mathcal{G})$。

6.2.3 灰盒攻击

在灰盒攻击的设定中，攻击者不能访问受害者模型的结构和参数，但可以访问用于训练模型的数据。因此，灰盒攻击通常不是直接攻击给定的模型，而是首先用提供的训练数据训练一个代理模型，然后攻击给定图上的代理模型。这类方法假设这些通过代理模型对图的攻击也会损害受害者模型的性能。本节介绍了一些具有代表性的灰盒攻击方法。

1. Nettack

Nettack 模型[61] 的目标是生成针对节点分类任务的对抗图。更具体地说，选择单个节点 v_i 作为攻击的受害节点，目标是修改该节点或其附近节点的结构和（或）特征以改变模型对该节点的预测。将受害节点 v_i 的标签表示为 y_i，其中 y_i 可以是真实标签或原始干净图 $\mathcal{G}$ 上的受害模型 $f_{\mathrm{GNN}}(\boldsymbol{A},\boldsymbol{F},\boldsymbol{\Theta})$ 预测的标签。攻击者的目标是将图 $\mathcal{G}$ 修改为 $\mathcal{G}'=\{\boldsymbol{A}',\boldsymbol{F}'\}$，以便在攻击后的图 $\mathcal{G}'$ 上训练的模型将节点 v_i 分类为新的类 c。一般而言，攻击问题可被描述为如下的优化问题：

$$\arg\max_{\mathcal{G}'\in\Phi(\mathcal{G})}\left(\max_{c\neq y_i}\ln\boldsymbol{Z}'_{i,c}-\ln\boldsymbol{Z}'_{i,y_i}\right), \tag{6-11}$$

式中，$\boldsymbol{Z}'=f_{\mathrm{GNN}}(\boldsymbol{A}',\boldsymbol{F}';\boldsymbol{\Theta}')$，其中参数 $\boldsymbol{\Theta}'$ 是根据最小化受攻击图 $\mathcal{G}'$ 上的式 (5-97) 所得。

这里，约束空间 $\Phi(\mathcal{G})$ 是基于等式 (6-3) 的有限预算约束和关于扰动的另外两个约束来定义的。这两个约束是：1) 攻击后的图的度分布应接近于原图的度分布；

2) 攻击后的图的特征出现次数分布应接近于原图的特征出现次数分布。直接求解式 (6–11) 中的问题是非常具有挑战性的，因为该问题涉及两个相关的阶段。而图数据的离散结构进一步增加了求解难度。相反，Nettack 首先在原始干净图 $\mathcal{G}$ 上训练一个代理模型，然后通过攻击代理模型来生成对抗图。这个对抗图即为攻击后的图。当攻击基于 GCN-Filter 搭建的用于节点分类的图神经网络模型时，可以定义如下的两层图神经网络代理模型：

$$\boldsymbol{Z}^{\text{sur}} = \text{Softmax}(\tilde{\boldsymbol{A}}\tilde{\boldsymbol{A}}\boldsymbol{F}\boldsymbol{\Theta}_1\boldsymbol{\Theta}_2) = \text{Softmax}(\tilde{\boldsymbol{A}}^2\boldsymbol{F}\boldsymbol{\Theta}), \tag{6–12}$$

式中，参数 $\boldsymbol{\Theta}_1$ 和 $\boldsymbol{\Theta}_2$ 被包含在 $\boldsymbol{\Theta}$ 中。参数 $\boldsymbol{\Theta}$ 从原始的干净图 $\mathcal{G}$ 中的训练数据习得。为了对代理模型进行对抗攻击，如式 (6–11) 所示，目标是找到这些使差值最大的攻击，即 $\max_{c\neq y_i} \ln \boldsymbol{Z}^{\text{sur}}_{i,c} - \ln \boldsymbol{Z}^{\text{sur}}_{i,y_i}$。为了进一步简化问题，去掉与实例无关的 Softmax，从而得到下述代理损失：

$$\mathcal{L}_{\text{sur}}(\boldsymbol{A}, \boldsymbol{F}; \boldsymbol{\Theta}, v_i) = \max_{c\neq y_i}\left([\tilde{\boldsymbol{A}}^2\boldsymbol{F}\boldsymbol{\Theta}]_{i,c} - [\tilde{\boldsymbol{A}}^2\boldsymbol{F}\boldsymbol{\Theta}]_{i,y_i}\right). \tag{6–13}$$

相应的优化问题可被表示为

$$\max_{\mathcal{G}'\in\Phi(\mathcal{G})} \mathcal{L}_{\text{sur}}(\boldsymbol{A}', \boldsymbol{F}'; \boldsymbol{\Theta}, v_i). \tag{6–14}$$

虽然这个问题已经简化了许多，但仍然很难被准确地解决。因此采用贪婪算法，其中所有可能的步骤（添加或删除边和翻转特征）的分数定义如下：

$$s_{\text{str}}(e; \mathcal{G}^{(t)}, v_i) := \mathcal{L}_{\text{sur}}(\boldsymbol{A}^{(t+1)}, \boldsymbol{F}^{(t)}; \boldsymbol{\Theta}, v_i), \tag{6–15}$$

$$s_{\text{feat}}(f; \mathcal{G}^{(t)}, v_i) := \mathcal{L}_{\text{sur}}(\boldsymbol{A}^{(t)}, \boldsymbol{F}^{(t+1)}; \boldsymbol{\Theta}, v_i), \tag{6–16}$$

式中，$\mathcal{G}^{(t)} = \{\boldsymbol{A}^{(t)}, \boldsymbol{F}^{(t)}\}$ 表示该算法在步骤 t 的中间结果；$\boldsymbol{A}^{(t+1)}$ 和 $\boldsymbol{A}^{(t)}$ 的差别是添加或删除了边 e；$\boldsymbol{F}^{(t+1)}$ 与 $\boldsymbol{F}^{(t)}$ 的差别是特征 f 的一步翻转。在每一步中，贪婪算法选择得分最大的边或特征进行修改。只要选择的图仍在 $\Phi(\mathcal{G})$ 空间内，该过程就会重复。

2. Metattack

Metattack 方法[62] 试图修改图，以降低测试集上节点的分类性能，即受害节点集 $\mathcal{V}_t = \mathcal{V}_u$。Metattack 中的攻击者仅可以修改图结构。约束空间 $\Phi(\mathcal{G})$ 的定义来自 Nettack，其中有限预算约束和度分布约束被用于定义约束空间。Metattack 是一种投毒攻击；所以在生成攻击图之后，它需要在该图上重新训练受害者模型。攻击者的目标是找到这样一种攻击图，以至于在该图上重新训练的 GNN 模型的性能受到损害。攻击者的目标可以数学地表示为一个双层优化问题，如下所示：

$$\min_{\mathcal{G}'\in\Phi(\mathcal{G})} \mathcal{L}_{\text{atk}}(f_{\text{GNN}}(\mathcal{G}';\boldsymbol{\Theta}^*)) \quad \text{s.t.} \quad \boldsymbol{\Theta}^* = \arg\min_{\boldsymbol{\Theta}} \mathcal{L}_{\text{tr}}(f_{\text{GNN}}(\mathcal{G}';\boldsymbol{\Theta})), \tag{6–17}$$

式中，$f_{\text{GNN}}()$ 代表受害模型；$\mathcal{L}_{\text{tr}}$ 表示式(5–97) 中定义的用于训练模型的损失函数。

损失函数 $\mathcal{L}_{\text{atk}}$ 将被优化以生成攻击后的图 $\mathcal{G}'$。值得注意的是，低级别的优化问题是在给定受攻击图 $\mathcal{G}'$ 的情况下，找到最佳模型参数 $\boldsymbol{\Theta}^*$，而高级别的优化问题是将 $\mathcal{L}_{\text{atk}}$ 最小化以生成攻击后的图 $\mathcal{G}'$。由于攻击者的目标是损害无标签节点上的分类性能，所以在理想情况下，$\mathcal{L}_{\text{atk}}$ 应该基于 $\mathcal{V}_u$ 定义。但是，如果没有标签，就不能直接根据 $\mathcal{V}_u$ 计算损失。由于具有高训练误差的模型不能很好地泛化，定义 $\mathcal{L}_{\text{atk}}$ 的一种方法可以是将其设为 $\mathcal{L}_{\text{tr}}$ 的负值，即 $\mathcal{L}_{\text{atk}} = -\mathcal{L}_{\text{tr}}$。另一种设定 $\mathcal{L}_{\text{atk}}$ 的方法是首先使用原图 $\mathcal{G}$ 上经过良好训练的代理模型预测无标签节点的标签，然后将预测用作无标签节点的"标签"。更具体地说，让 C'_u 表示由代理模型预测的"标签"。损失函数 $\mathcal{L}_{\text{self}} = \mathcal{L}(f_{\text{GNN}}(\mathcal{G}';\boldsymbol{\Theta}^*), C'_u)$ 衡量"标签" C'_u 与来自 $f_{\text{GNN}}(\mathcal{G}';\boldsymbol{\Theta}^*)$ 的预测之间的不一致性，如式 (5–97) 所示。$\mathcal{L}_{\text{atk}}$ 的第二个可能的定义为 $\mathcal{L}_{\text{atk}} = -\mathcal{L}_{\text{self}}$。最后，$\mathcal{L}_{\text{atk}}$ 被定义为以下两个损失函数的组合：

$$\mathcal{L}_{\text{atk}} = -\mathcal{L}_{\text{tr}} - \beta \cdot \mathcal{L}_{\text{self}}, \tag{6–18}$$

式中，β 表示用于控制 $\mathcal{L}_{\text{self}}$ 重要性的参数。

为了解决式 (6–17) 中的双层优化问题，可采用元学习中的元梯度方法。元梯度可以看作相对于超参数的梯度。在此特定问题中，图结构（或邻接矩阵 $\boldsymbol{A}$）被视为超参数。目标是找到使损失函数 $\mathcal{L}_{\text{atk}}$ 最小化的"最优"结构。图 $\mathcal{G}$ 的元梯度可以定义为

$$\nabla_{\mathcal{G}}^{\text{meta}} := \nabla_{\mathcal{G}} \mathcal{L}_{\text{atk}}(f_{\text{GNN}}(\mathcal{G};\boldsymbol{\Theta}^*)) \quad \text{s.t.} \quad \boldsymbol{\Theta}^* = \arg\min_{\boldsymbol{\Theta}} \mathcal{L}_{\text{tr}}(f_{\text{GNN}}(\mathcal{G};\boldsymbol{\Theta})). \tag{6–19}$$

元梯度与参数 $\boldsymbol{\Theta}^*$ 有关，因为根据式 (6–19) 的第二部分所示，$\boldsymbol{\Theta}^*$ 是关于图 $\mathcal{G}$ 的函数。元梯度指示图 $\mathcal{G}$ 中的一个小变化如何影响攻击者损失 $\mathcal{L}_{\text{atk}}$，这可以指导对图的修改过程。

式 (6–17)（式 (6–19) 的第二部分）的内部问题通常没有解析解。取而代之的是，采用梯度下降或随机梯度下降（SGD）等可微优化过程获得 $\boldsymbol{\Theta}^*$。此优化过程可以表示为 $\boldsymbol{\Theta}^* = \text{opt}_{\boldsymbol{\Theta}}\mathcal{L}_{\text{tr}}(f_{\text{GNN}}(\mathcal{G};\boldsymbol{\Theta}))$。因此，元梯度可以重新表示为

$$\nabla_{\mathcal{G}}^{\text{meta}} := \nabla_{\mathcal{G}}\mathcal{L}_{\text{atk}}(f_{\text{GNN}}(\mathcal{G};\boldsymbol{\Theta}^*)) \quad \text{s.t.} \quad \boldsymbol{\Theta}^* = \text{opt}_{\boldsymbol{\Theta}}\mathcal{L}_{\text{tr}}(f_{\text{GNN}}(\mathcal{G};\boldsymbol{\Theta})). \tag{6–20}$$

例如，带有梯度下降的 $\text{opt}_{\boldsymbol{\Theta}}$ 可以形式化为

$$\boldsymbol{\Theta}_{t+1} = \boldsymbol{\Theta}_t - \eta\nabla_{\boldsymbol{\Theta}_t}\mathcal{L}_{\text{tr}}(f_{\text{GNN}}(\mathcal{G};\boldsymbol{\Theta})) \quad , \ t = 0, \cdots, T-1, \tag{6–21}$$

式中，η 表示学习率；$\boldsymbol{\Theta}_0$ 表示参数的初始化；T 表示梯度下降过程步骤的总数，且 $\boldsymbol{\Theta}^* = \boldsymbol{\Theta}_T$。

通过展开训练过程，元梯度可以表示为

$$\begin{aligned}\nabla_{\mathcal{G}}^{\text{meta}} &= \nabla_{\mathcal{G}}\mathcal{L}_{\text{atk}}(f_{\text{GNN}}(\mathcal{G};\boldsymbol{\Theta}_T)) \\ &= \nabla_{f_{\text{GNN}}}\mathcal{L}_{\text{atk}}(f_{\text{GNN}}(\mathcal{G};\boldsymbol{\Theta}_T)) \cdot [\nabla_{\mathcal{G}} f_{\text{GNN}}(\mathcal{G};\boldsymbol{\Theta}_T) + \nabla_{\boldsymbol{\Theta}_T} f_{\text{GNN}}(\mathcal{G};\boldsymbol{\Theta}_T) \cdot \nabla_{\mathcal{G}}\boldsymbol{\Theta}_T],\end{aligned} \tag{6–22}$$

式中，

$$\nabla_{\mathcal{G}}\boldsymbol{\Theta}_{t+1} = \nabla_{\mathcal{G}}\boldsymbol{\Theta}_t - \eta\nabla_{\mathcal{G}}\nabla_{\boldsymbol{\Theta}_t}\mathcal{L}_{\text{tr}}(f_{\text{GNN}}(\mathcal{G};\boldsymbol{\Theta}_t)). \tag{6–23}$$

注意，参数 $\boldsymbol{\Theta}_t$ 依赖于图 $\mathcal{G}$；因此，关于图 $\mathcal{G}$ 的导数必须一直链式回传到初始参数 $\boldsymbol{\Theta}_0$。在获得元梯度之后，可以用它来更新图，如下所示：

$$\mathcal{G}^{(k+1)} = \mathcal{G}^{(k)} - \gamma\nabla_{\mathcal{G}^{(k)}}\mathcal{L}_{\text{atk}}(f_{\text{GNN}}(\mathcal{G};\boldsymbol{\Theta}_T)). \tag{6–24}$$

由于得到的元梯度是稠密的，式 (6–24) 中的运算将产生不离散的稠密图，这不是攻击者所希望的。此外，由于在灰盒设定下，模型的结构和参数是未知的，无法获得元梯度。为了解决这两个问题，文献[62]进一步提出了一种贪婪算法，该算法将在代理模型上计算出来的元梯度指导攻击行为的选择。接下来介绍基于元梯度的贪婪算法。它使用与式 (6–12) 相同的代理模型替换式 (6–17) 中的 $f_{\text{GNN}}(\mathcal{G};\boldsymbol{\Theta})$。通过元梯度定义如下的分数，用于衡量邻接矩阵 $\boldsymbol{A}$ 的第 i,j 个元素的微小变化对损失函数 $\mathcal{L}_{\text{atk}}$ 的影响：

$$s(i,j) = \nabla_{\boldsymbol{A}_{i,j}}^{\text{meta}} \cdot (-2 \cdot \boldsymbol{A}_{i,j} + 1), \tag{6–25}$$

式中，当 $\boldsymbol{A}_{i,j}=1$，即节点 v_i 和 v_j 之间的边存在并且只能被移除时，项（$-2\cdot\boldsymbol{A}_{i,j}+1$）用于反转元梯度的符号。得到基于元梯度计算每个可能操作的分数后，攻击者采取得分最大的操作。只要结果图仍在空间 $\phi(\mathcal{G})$ 中，该过程就会重复。

6.2.4 黑盒攻击

在黑盒攻击设定中，攻击者无法获取受害者模型信息。攻击者只能查询受害者模型的预测结果。这类方法大多采用强化学习来学习攻击策略。它们将受害者模型视为一台黑盒查询机，利用查询结果设计强化学习的奖励。

1. RL-S2V

RL-S2V是一种利用强化学习[63] 实现黑盒攻击模型的方法。在此设定中，目标分类器 $f_{\text{GNN}}(\mathcal{G};\boldsymbol{\Theta})$ 的参数 $\boldsymbol{\Theta}$ 已确定。攻击者被要求修改图，以损害受害者模型的分类性能。RL-S2V攻击者可用于攻击节点分类任务和图分类任务，它只修改图结构，而并不改变图特征。为了修改图结构，RL-S2V攻击者可以添加或删除原图 $\mathcal{G}$ 中的边。RL-S2V的约束空间可以定义为：

$$\begin{aligned}&\Phi(\mathcal{G})=\{\mathcal{G}';|(\mathcal{E}-\mathcal{E}')\cup(\mathcal{E}'-\mathcal{E})|\leqslant\Delta\},\\&\mathcal{E}'\subset\mathcal{N}(\mathcal{G},b),\end{aligned}\tag{6–26}$$

式中，$\mathcal{E}$ 和 $\mathcal{E}'$ 分别表示原图 $\mathcal{G}$ 和攻击图 $\mathcal{G}'$ 对应的边集；Δ 是添加或删除边的预算上限。

此外，$\mathcal{N}(\mathcal{G},b)$ 的定义为

$$\mathcal{N}(\mathcal{G},b)=\{(v_i,v_j):v_i,v_j\in\mathcal{V},d^{(\mathcal{G})}(v_i,v_j)\leqslant b\}.\tag{6–27}$$

式中，$d^{(\mathcal{G})}(v_i,v_j)$ 表示节点 v_i 和节点 v_j 在原图 $\mathcal{G}$ 之间的最短路径距离；$\mathcal{N}(\mathcal{G},b)$ 表示所有连接的两点在原图中最多相距 b 跳的边集合。本文将 RL-S2V 中的攻击过程建模为有限马尔可夫决策过程（Finite Markov Decision Process，Finite MDP），其定义如下：

- **行为（Action）：**如前所述，有两种类型的操作，即添加边和删除边。此外，仅将修改后图仍在约束空间 $\Phi(\mathcal{G})$ 中对应的操作视为有效操作。
- **状态（State）：**在时刻 t 的状态 s_t 是中间图 $\mathcal{G}_t$，通过对应用中间图 $\mathcal{G}_{t-1}$ 一次操作修改所得。

- **奖励（Reward）**：攻击者的目的是修改图，以便"欺骗"目标分类器。当攻击过程 (MDP) 终止时，才授予奖励。更具体地说，如果目标模型与原始模型做出不同的预测，则授予一个正奖励 $r(s_t, a_t) = 1$；否则，授予 $r(s_t, a_t) = -1$ 的负奖励。对于所有中间步骤，该奖励设置为 $r(s_t, a_t) = 0$。
- **终止（Termination）**：RL-S2V 中操作的总预算为 Δ。当智能体的操作达到预算时，即攻击者修改了 Δ 条边，MDP 终止。

采用深度 Q-Learning (DQN)[63] 学习 MDP。具体地说，Q-Learning 符合以下贝尔曼最优方程：

$$Q^*(s_t, a_t) = r(s_t, a_t) + \gamma \max_{a'} Q^*(s_{t+1}, a'), \tag{6–28}$$

式中，$Q^*()$ 表示一个参数化的函数，用于估计给定状态–动作对下的未来最优预期值（或所有未来步骤的预期总奖励）；γ 表示衰减因子。一旦 $Q^*()$ 函数在训练过程中被学到了，它暗示了一种贪心策略：

$$\pi(a_t|s_t; Q^*) = \arg\max_{a_t} Q^*(s_t, a_t). \tag{6–29}$$

利用如上的策略，在每个状态 s_t 的情况下，选择能够最大化 $Q*()$ 的行为 a_t。$Q^*()$ 函数可以使用 GNN 模型参数化以学习图的表示，因为状态 s_t 是一个图。

行为 a_t 涉及两个节点，这意味着行为的搜索空间为 $O(N^2)$。对于大型图来说，这个代价可能过高了。因此，在文献[63]中将行为 a_t 分解为

$$a_t = (a_t^{(1)}, a_t^{(2)}), \tag{6–30}$$

式中，$a_t^{(1)}$ 表示选择第一个节点的子行为；$a_t^{(2)}$ 表示选择第二个节点的子行为。分层 $Q^*()$ 函数用于学习分解后的行为的策略。

2. ReWatt

ReWatt[64] 是一种黑盒攻击方法，其目标为图分类任务。在该设定下，5.5.2 节中定义的图分类模型 $f_{\text{GNN}}(\mathcal{G}; \boldsymbol{\Theta})$ 是给定且固定的。除了查询图样本的预测结果，攻击者无法访问有关模型的任何信息。文献[64]提出，删除边或添加边的操作是比较明显的攻击行为。因此，该文献提出了一种不太引人注意的操作，即 Rewiring 操作来攻击图。Rewiring 操作将现有边从一个节点重新布线到另一个节点，正式定义如下。

定义 31（Rewiring 操作） 一个 Rewiring 操作 $a=(v_{\text{fir}},v_{\text{sec}},v_{\text{thi}})$ 涉及三个节点，其中 $v_{\text{sec}}\in\mathcal{N}(v_{\text{fir}})$,$v_{\text{thi}}\in\mathcal{N}^2(v_{\text{fir}})/\mathcal{N}(v_{\text{fir}})$, $\mathcal{N}^2(v_{\text{fir}})$ 代表节点 v_{fir} 的二阶邻居。Rewiring 操作 a 删除节点 v_{fir} 和 v_{sec} 之间的边，并在节点 v_{fir} 和 v_{thi} 之间添加一条新的边。

文献[64]中的理论和实验表明，与删除边或添加边等其他操作相比，Rewiring 操作不那么明显。ReWatt 攻击的约束空间基于 Rewiring 操作定义为

$$\Phi(\mathcal{G})=\{\mathcal{G}'|\mathcal{G}'\text{由在 }\mathcal{G}\text{ 上进行 }\Delta\text{ 以内次 Rewiring 操作得到}\},\tag{6-31}$$

式中，预算 Δ 通常基于图尺寸定义为 $p\cdot|\mathcal{E}|$，其中 $p\in(0,1)$。

攻击过程可建模为一个 MDP，定义如下：

- **动作:** 动作空间由定义 31 中的所有有效 Rewiring 操作组成。
- **状态:** 在时刻 t 的状态 s_t 是中间图 $\mathcal{G}_t$，是通过对中间图 $\mathcal{G}_{t-1}$ 应用一次 Rewiring 操作而获得的。
- **状态转移（State Transition Dynamics）:** 给定动作 $a_t=(v_{\text{fir}},v_{\text{sec}},v_{\text{thi}})$，通过删除 v_{fir} 和 v_{sec} 之间的边，并添加边以将 v_{fir} 与 v_{thi} 连接起来，可以从状态 s_t 转换到状态 s_{t+1}。
- **奖励:** 攻击者的目标是修改图，使预测的标签不同于原图（或初始状态 s_1）预测的标签。此外，还鼓励攻击者采取尽可能少的操作来实现目标，以便对图结构的修改最少。因此，如果操作导致标签更改，则给予正奖励；否则，给予负奖励。具体地说，奖励 $R(s_t,a_t)$ 可以定义如下：

$$R(s_t,a_t)=\begin{cases}1\,, & f_{\text{GNN}}(s_t;\boldsymbol{\Theta})\neq f_{\text{GNN}}(s_1;\boldsymbol{\Theta});\\ n_r\,, & f_{\text{GNN}}(s_t;\boldsymbol{\Theta})=f_{\text{GNN}}(s_1;\boldsymbol{\Theta}).\end{cases}\tag{6-32}$$

式中，n_r 是负奖励，自适应依赖于图的尺寸，即 $n_r=-\frac{1}{p\cdot|\mathcal{E}|}$。注意，此处稍微滥用了 $f_{\text{GNN}}(\mathcal{G};\boldsymbol{\Theta})$ 的定义，将预测标签作为其输出。

- **终止:** 当预测标签已经改变或者当结果图不在约束空间 $\Phi(\mathcal{G})$ 中时，攻击者停止攻击。

可以采用各种强化学习技术学习 MDP。在文献[64]中，设计了基于图神经网络的策略网络，以便根据状态选择 Rewiring 操作，并使用策略梯度算法[199]训练策略网络。

6.3 图对抗防御

为了防御针对图类型数据的对抗攻击，研究者们提出了各种防御技术。这些防御技术主要可以分为四类：1) 图对抗训练，将对抗样本纳入训练过程，以提高模型的健壮性；2) 图净化，试图检测对抗攻击并将其从攻击图中移除，以生成干净的图；3) 图注意力机制，在训练阶段识别对抗攻击，并在训练模型时给予较少的关注；4) 图结构学习，目的是在联合训练图神经网络模型的同时，从攻击图中学习干净的图。接下来介绍每一类中具有代表性的方法。

6.3.1 图对抗训练

对抗训练[193] 的思想是将对抗样本纳入模型的训练阶段，从而提高模型的健壮性。实验表明[193]，该算法在训练图像领域中健壮的深度模型是有效的。对抗训练通常有两个阶段：1) 生成对抗攻击；2) 用这些攻击训练模型。在图领域中，允许攻击者修改图结构和 (或) 节点特征。因此，图对抗训练技术可以根据它们所包含的对抗攻击进行分类：1) 仅针对图结构 $\boldsymbol{A}$ 的攻击；2) 仅针对节点特征 $\boldsymbol{F}$ 的攻击；3) 针对图结构 $\boldsymbol{A}$ 和节点特征 $\boldsymbol{F}$ 的攻击。接下来介绍具有代表性的图对抗训练技术。

1. 针对图结构的图对抗学习

文献[63]提出了一种廉价、简单的图对抗训练方法。在训练阶段，从输入图中随机丢弃边，生成“对抗攻击图”。这是探索图结构数据对抗训练的第一种技术，虽然方法简单，但对提高健壮性的效果不是很好。在此基础上，一种基于 PGD 拓扑攻击的图对抗训练技术被提出。这种对抗训练过程可以表示为以下 min-max 优化问题：

$$\min_{\boldsymbol{\Theta}} \max_{\boldsymbol{s} \in \mathcal{S}} -\mathcal{L}(\boldsymbol{s}; \boldsymbol{\Theta}), \tag{6–33}$$

式中，目标函数 $\mathcal{L}(\boldsymbol{s}; \boldsymbol{\Theta})$ 的定义与式 (6–6) 类似，其定义在整个训练集上，具体如下：

$$\mathcal{L}(\boldsymbol{s}; \boldsymbol{\Theta}) = \sum_{v_i \in \mathcal{V}_l} l(f_{\text{GNN}}(\mathcal{G}'; \boldsymbol{\Theta})_i, y_i),$$
$$\|\boldsymbol{s}\|_0 \leqslant \Delta, \boldsymbol{s} \in \{0,1\}^{N \times (N-1)/2}.$$

解决式 (6–33) 中的 min-max 问题的目的是使 GNN 在对抗图上的训练损失最小。最小化问题和最大化问题是以一种交替的方式处理的。特别地，可以使用 6.2.2

节介绍的 PGD 算法解决最大化问题。算法产生 $\boldsymbol{s}$ 的连续解，然后根据连续的 $\boldsymbol{s}$ 生成非二进制邻接矩阵 $\boldsymbol{A}$。它作为最小化问题中的对抗图，用于学习分类模型的参数 $\boldsymbol{\Theta}$。

2. 针对节点特征的图对抗学习

GraphAT[200] 将基于节点特征的对抗样本纳入分类模型的训练过程中。它通过扰动干净节点的节点特征生成对抗样本，从而使相邻的节点尽可能地被分配到不同的标签。图神经网络模型中的一个重要假设是相邻节点往往彼此相似。因此，针对节点特征的对抗攻击会使得模型容易出错。然后，这些生成的对抗样本以正则化项的形式在训练过程中使用。具体地说，图对抗训练过程可以表示为以下 min-max 优化问题：

$$\min_{\boldsymbol{\Theta}} \mathcal{L}_{\text{train}} + \beta \sum_{v_i \in \mathcal{V}} \sum_{v_j \in \mathcal{N}(v_i)} d(f_{\text{GNN}}(\boldsymbol{A}, \boldsymbol{F} \star \boldsymbol{r}_i^g; \boldsymbol{\Theta})_{i,:}, f_{\text{GNN}}(\boldsymbol{A}, \boldsymbol{F}; \boldsymbol{\Theta})_{j,:});$$

$$\boldsymbol{r}_i^g = \arg \max_{\boldsymbol{r}_i, \|\boldsymbol{r}_i\| \leqslant \epsilon} \sum_{v_j \in \mathcal{N}(v_i)} d(f_{\text{GNN}}(\boldsymbol{A}, \boldsymbol{F} \star \boldsymbol{r}_i; \boldsymbol{\Theta})_{i,:}, f_{\text{GNN}}(\boldsymbol{A}, \boldsymbol{F}; \boldsymbol{\Theta})_{j,:}); \tag{6-34}$$

式中，$\mathcal{L}_{\text{train}}$ 是在式 (5-97) 中定义的损失；$\boldsymbol{r}_i \in \mathbb{R}^{1\times d}$ 是一个按行排列的对抗向量；操作 $\boldsymbol{F} \star \boldsymbol{r}_i$ 表示将 $\boldsymbol{r}_i$ 加到 $\boldsymbol{F}$ 的第 i 行，也就是说在节点 v_i 的特征上添加对抗噪声；函数 $d(\cdot,\cdot)$ 表示 KL 散度[201]，衡量输出值之间的距离。最小化问题和最大化问题也是以一种交替的方式处理的。最大化问题为节点生成对抗节点特征，破坏了连接节点之间的光滑性。而最小化问题旨在学习参数 $\boldsymbol{\Theta}$，这不仅使训练误差变小，而且通过附加的正则化项促进了对抗样本与其相邻样本之间的平滑性。

3. 针对图结构和节点特征的图对抗学习

考虑到图结构 $\boldsymbol{A}$ 和节点特征 $\boldsymbol{F}$ 的离散本质带来的挑战，一种图对抗训练技术[202] 提出对第一层滤波层 $\boldsymbol{F}^{(1)}$ 的连续输出进行修改。该方法对第一层的隐藏层表示 $\boldsymbol{F}^{(1)}$ 生成对抗攻击，并将其合并到模型训练阶段。具体地说，它可以建模为以下 min-max 优化问题：

$$\min_{\boldsymbol{\Theta}} \max_{\zeta \in D} \mathcal{L}_{\text{train}} \left(\boldsymbol{A}, \boldsymbol{F}^{(1)} + \boldsymbol{\zeta}; \boldsymbol{\Theta} \right), \tag{6-35}$$

式中，最大化问题在第一层隐藏层表示 $\boldsymbol{F}^{(1)}$ 上产生一个小的对抗扰动。这种扰动间接地表征了图结构 $\boldsymbol{A}$ 和节点特征 $\boldsymbol{F}$ 中的扰动。最小化问题学习模型的参数，同时将产生的扰动合并到学习过程中。$\boldsymbol{\zeta}$ 表示要学习的对抗噪声，D 表示噪声的约束域，其定义如下：

$$D = \{\boldsymbol{\zeta}; \|\boldsymbol{\zeta}_{i,:}\|_2 \leqslant \Delta\}; \tag{6-36}$$

式中，$\zeta_{i,:}$ 代表 ζ 的第 i 行；Δ 是预定义的预算。

式 (6–35) 重新使用了 $\mathcal{L}_{\text{train}}\left(\boldsymbol{A}, \boldsymbol{F}^{(1)}+\zeta;\boldsymbol{\Theta}\right)$，以表示与式 (5–97) 类似的损失，唯一不同的是它是基于被扰动的隐藏层表示 $\boldsymbol{F}^{(1)}+\zeta$。类似于其他对抗训练技术，其最小化问题和最大化问题以一种交替的方式处理。

6.3.2 图净化

为了抵御图结构的对抗攻击，基于图净化的防御技术应运而生。这些方法试图识别给定图中的对抗攻击，并在使用该图进行模型训练之前删除它们。因此，大多数的图净化方法都可以看作对图进行预处理。接下来介绍两种基于图净化的防御技术。

1. 除去特征相似度低的节点之间的边

实验研究表明，许多对抗攻击方法（如 Nettack 和 IG-FGSM）倾向于添加边来连接节点特征明显不同的节点[197, 203]。类似地，当除去边时，这些攻击方法倾向于移除具有相似特征的节点之间的边。基于这些观察结果，文献[197]提出了一种简单有效的方法，该方法试图除去特征差异很大的节点之间的边。更具体地说，它提出了一个评分函数度量节点特征之间的相似度。例如，对于二值特征，采用 Jaccard 相似性[204]作为评分函数。分数小于阈值的边将被从图中删除，然后使用预处理后的图训练图神经网络模型。

2. 邻接矩阵的低秩近似

对 Nettack 等攻击产生的对抗扰动进行实验探究，结果表明，Nettack 往往会扰动图结构，从而增加邻接矩阵的秩[205, 203]。同时，邻接矩阵取值最小的奇异值的数量也会增加。因此，文献[205]提出了基于奇异值分解（SVD）的预处理方法，以消除加入图结构中的对抗扰动。具体而言，给定一个图的邻接矩阵 $\boldsymbol{A}$，用 SVD 分解它，只保留 top-k 个奇异值来重构邻接矩阵。重构后的邻接矩阵可以近似地认为是净化后的图结构，可直接用于图神经网络模型的训练。

6.3.3 图注意力机制

基于注意力机制的图方法不同于图净化方法，其目的不是将图的对抗攻击从图中除去，而是如何使模型学会更少地关注图中受到攻击影响的节点或边。基于图的防御技术通常都是端到端的。换句话说，它们将图注意力机制作为图神经网络模型中的一个构件。接下来介绍两种基于注意力机制的防御技术。

1. RGCN: 基于高斯分布的隐藏层表示建模

对抗攻击会对图结构产生扰动，进而对节点表示造成异常影响。基于平面向量的隐藏层表示不能很好地适应对抗攻击的影响，而 RGCN[65] 认为基于高斯分布的隐藏层表示可以很好地吸收对抗攻击造成的影响，从而生成更健壮的隐藏层表示。具体来说，RGCN 采用高斯分布代替平面向量，对图神经网络模型中的隐藏层表示进行建模。此外，它还引入了一种基于方差的注意力机制，以阻止对抗攻击的影响在图中传播。具体地说，因为攻击倾向于连接具有非常不同特征的节点和（或）来自不同社区的节点，受对抗攻击影响的节点通常具有很大的方差。因此，在进行邻居信息聚合以更新节点特征时，RGCN 选择较少关注方差较大的邻居节点，以防止对抗效应的传播。接下来将详细描述基于上述思想构建的图滤波器——RGCN-Filter。

RGCN-Filter 是基于 GCN-Filter 建立的，GCN-Filter 如式 (5–47) 所定义。为了便于描述，将式 (5–47) 重新描述如下：

$$\boldsymbol{F}_i' = \sum_{v_j \in \mathcal{N}(v_i) \cup \{v_i\}} \frac{1}{\sqrt{\tilde{\boldsymbol{d}}_i \tilde{\boldsymbol{d}}_j}} \boldsymbol{F}_j \boldsymbol{\Theta}, \tag{6–37}$$

式中，$\tilde{\boldsymbol{d}}_i = \tilde{\boldsymbol{D}}_{i,i}$。RGCN-Filter 利用高斯分布建模节点表示，而不是平面向量。对于节点 v_i，其表示可以被记作：

$$\boldsymbol{F}_i \sim \mathcal{N}(\boldsymbol{\mu}_i, \operatorname{diag}(\boldsymbol{\sigma}_i)), \tag{6–38}$$

式中，$\boldsymbol{\mu}_i \in \mathbb{R}^d$ 表示平均值；$\operatorname{diag}(\boldsymbol{\sigma}_i) \in \mathbb{R}^{d \times d}$ 表示对角化方差矩阵。

当更新节点表示时，它在表示的平均值和方差上有两个聚合过程。此外，还引入了一种基于表示方差的注意力机制，来防止对抗攻击的影响在图上的传播。具体来说，对于具有较大方差的节点，则分配较小的注意力分数。节点 v_i 的注意力分数通过如下平滑指数函数建模：

$$\boldsymbol{a}_i = \exp\left(-\gamma \boldsymbol{\sigma}_i\right), \tag{6–39}$$

式中，γ 是一个超参数。根据基于高斯分布的表示和注意力分数的定义，节点 v_i 的表示更新过程可以表示为

$$\boldsymbol{F}_i' \sim \mathcal{N}(\boldsymbol{\mu}_i', \operatorname{diag}(\boldsymbol{\sigma}_i')), \tag{6–40}$$

式中，

$$
\begin{aligned}
\boldsymbol{\mu}_i' &= \alpha\left(\sum_{v_j\in\mathcal{N}(v_i)\cup\{v_i\}} \frac{1}{\sqrt{\tilde{d}_i\tilde{d}_j}}\left(\boldsymbol{\mu}_j\odot\boldsymbol{a}_j\right)\boldsymbol{\Theta}_\mu\right);\\
\boldsymbol{\sigma}_i' &= \alpha\left(\sum_{v_j\in\mathcal{N}(v_i)\cup\{v_i\}} \frac{1}{\tilde{d}_i\tilde{d}_j}\left(\boldsymbol{\sigma}_j\odot\boldsymbol{a}_j\odot\boldsymbol{a}_j\right)\boldsymbol{\Theta}_\sigma\right).
\end{aligned}
\tag{6–41}
$$

式中，α 代表非线性激活函数；$\odot$ 是 Hadamard 乘法算子；$\boldsymbol{\Theta}_\mu$ 和 $\boldsymbol{\Theta}_\sigma$ 分别是对平均值和方差的聚集信息做变换的可学习参数。

2. PA-GNN: 从干净图中迁移健壮性

不同于 RGCN 惩罚受影响的节点，PA-GNN[66] 通过惩罚对抗边来阻止对抗攻击的影响在图中传播。具体来说，它旨在学习一个注意力机制，将低注意力分数分配到对抗边。然而，在通常情况下，模型没有关于对抗边的知识。因此，PA-GNN 旨在从干净图中迁移出这种知识，即在干净图中生成对抗攻击作为监督信号来学习所需的注意力分数。PA-GNN 模型建立在图注意力网络的基础上，如式 (5–56) 所述，其可以写成：

$$
\boldsymbol{F}_i' = \sum_{v_j\in\mathcal{N}(v_i)\cup\{v_i\}} a_{ij}\boldsymbol{F}_j\boldsymbol{\Theta}, \tag{6–42}
$$

式中，a_{ij} 表示通过边 e_{ij} 将信息从节点 v_j 聚合到节点 v_i 的注意力得分。

直观上，希望对抗边的注意力分数较小，以防止对抗攻击的影响的传播。假设已知一组对抗边，表示为 $\mathcal{E}_{\rm ad}$，而剩余的“干净”边的集合可以表示为 $\mathcal{E}/\mathcal{E}_{\rm ad}$。为了确保对抗边的注意力分数较小，可以在训练损失中添加以下项来惩罚对抗边：

$$
\mathcal{L}_{\rm dist} = -\min\left(\eta,\ \mathop{\mathbb{E}}_{\substack{e_{ij}\in\mathcal{E}/\mathcal{E}_{\rm ad}\\ 1\leqslant l\leqslant L}} a_{ij}^{(l)} - \mathop{\mathbb{E}}_{\substack{e_{ij}\in\mathcal{E}_{\rm ad}\\ 1\leqslant l\leqslant L}} a_{ij}^{(l)}\right), \tag{6–43}
$$

式中，$a_{ij}^{(l)}$ 表示第 l 个图滤波层的边 e_{ij} 对应的注意力得分；L 是模型中图滤波层的总数；η 是控制两个期望之间的差值的超参数。

注意力系数的期望值通过其经验平均值估计为

$$
\mathop{\mathbb{E}}_{\substack{e_{ij}\in\mathcal{E}/\mathcal{E}_{\rm ad}\\ 1\leqslant l\leqslant L}} a_{ij}^{(l)} = \frac{1}{L|\mathcal{E}/\mathcal{E}_{\rm ad}|}\sum_{l=1}^{L}\sum_{e_{ij}\in\mathcal{E}/\mathcal{E}_{\rm ad}} a_{ij}^{(l)}, \tag{6–44}
$$

$$
\mathop{\mathbb{E}}_{\substack{e_{ij}\in\mathcal{E}_{\rm ad}\\ 1\leqslant l\leqslant L}} a_{ij}^{(l)} = \frac{1}{L|\mathcal{E}_{\rm ad}|}\sum_{l=1}^{L}\sum_{e_{ij}\in\mathcal{E}_{\rm ad}} a_{ij}^{(l)}, \tag{6–45}
$$

式中，$|\cdot|$ 表示集合的基数。

为了训练分类模型，同时将较低的注意力分值分配给对抗边，将损失 $\mathcal{L}_{\text{dist}}$ 和如式 (5–97) 所示的半监督节点分类误差组合为

$$\min_{\boldsymbol{\Theta}} \mathcal{L} = \min_{\boldsymbol{\Theta}} \left(\mathcal{L}_{\text{train}} + \lambda \mathcal{L}_{\text{dist}}\right), \tag{6–46}$$

式中，λ 是平衡两类损失之间的重要性的超参数。

到目前为止，对抗边集 $\mathcal{E}_{\text{ad}}$ 都被假设为已知的，而这是不切实际的。因此，PA-GNN 不是直接建立和优化式 (6–46)，而是尝试从具有已知对抗边的图中迁移出给对抗边分配低注意力分数的能力。为了得到已知对抗边的图，首先从与给定图相似的域中收集干净的图，然后应用已有的对抗攻击方法（如 Metattack）来生成攻击后的图。最后从这些攻击后的图中学习上述能力，并迁移到目标图上。接下来首先简要讨论 PA-GNN 的总体框架，然后详细介绍学习注意力机制并将其能力转移到目标图的过程。

如图 6–1 所示，给定一组由 K 个干净图组成的集合，记为 $\{\mathcal{G}_1, \cdots, \mathcal{G}_K\}$，PA-GNN 使用现有的攻击方法（如元攻击），为每个图生成一组对抗边 $\mathcal{E}_{\text{ad}}^i$。此外，每个图中的节点集 $\mathcal{V}^i$ 被分成训练集 $\mathcal{V}_l^i$ 和测试集 $\mathcal{V}_u^i$。然后，它尝试在式 (6–46) 中对每个图的损失函数进行优化。特别地，对于图 $\mathcal{G}_i$，将其相应的损失表示为 $\mathcal{L}_i$。受元优化算法 MAML[206] 的启发，所有图共享相同的初始化 $\boldsymbol{\Theta}$，而模型的目标是学习一些参数 $\boldsymbol{\Theta}$，这些参数可以很容易地适应到每个图上的学习任务。

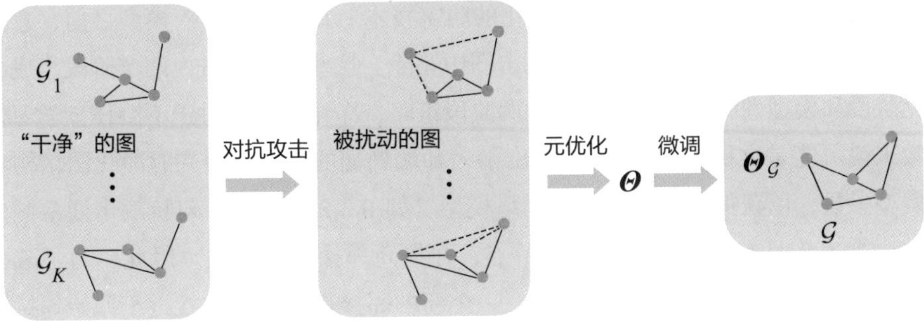

图 6–1　PA-GNN 整体框架

如图 6–1 所示，理想的共享初始化参数 $\boldsymbol{\Theta}$ 是通过元优化获得的，稍后将详细介绍。这些共享参数 $\boldsymbol{\Theta}$ 被认为具有将较低的注意力分数分配给对抗边的能力。为了将这种能力传递到给定的图 $\mathcal{G}$ 上，PA-GNN 使用共享参数 $\boldsymbol{\Theta}$ 作为初始化参数，在图 $\mathcal{G}$

上训练图神经网络模型，得到的微调参数表示为 $\boldsymbol{\Theta}_{\mathcal{G}}$。接下来介绍改编自 MAML 的用于学习最优共享参数 $\boldsymbol{\Theta}$ 的元优化算法。

首先，使用梯度下降方法在每个图 $\mathcal{G}_i$ 上调整（微调）参数 $\boldsymbol{\Theta}$，如下所示：

$$\boldsymbol{\Theta}_i' = \boldsymbol{\Theta} - \alpha \nabla_{\boldsymbol{\Theta}} \mathcal{L}_i^{\text{tr}}(\boldsymbol{\Theta}), \tag{6-47}$$

式中，$\boldsymbol{\Theta}_i'$ 表示图 $\mathcal{G}_i$ 上的学习任务的具体参数；$\mathcal{L}^{\text{tr}}$ 表示在相应训练集 $\mathcal{V}_l^i$ 上式 (6–46) 中的损失。

使用所有图 $\{\mathcal{V}_u^1, \cdots, \mathcal{V}_u^K\}$ 的测试集更新共享参数 $\boldsymbol{\Theta}$，使得学到的每个分类器可以很好地用于每个图。因此，元优化的目标可以概括为

$$\min_{\boldsymbol{\Theta}} \sum_{i=1}^{K} \mathcal{L}_i^{\text{te}}\left(\boldsymbol{\Theta}_i'\right) = \min_{\boldsymbol{\Theta}} \sum_{i=1}^{K} \mathcal{L}_i^{\text{te}}\left(\boldsymbol{\Theta} - \alpha \nabla_{\boldsymbol{\Theta}} \mathcal{L}_i^{\text{tr}}(\boldsymbol{\Theta})\right), \tag{6-48}$$

式中，$\mathcal{L}_i^{\text{te}}\left(\boldsymbol{\Theta}_i'\right)$ 表示在相应测试集 $\mathcal{V}_u^i$ 上评估式 (6–46) 中的误差。使用随机梯度下降方法更新共享参数 $\boldsymbol{\Theta}$ 的过程如下：

$$\boldsymbol{\Theta} \leftarrow \boldsymbol{\Theta} - \beta \nabla_{\boldsymbol{\Theta}} \sum_{i=1}^{K} \mathcal{L}_i^{\text{te}}\left(\boldsymbol{\Theta}_i'\right). \tag{6-49}$$

一旦学习了共享参数 $\boldsymbol{\Theta}$，它们就可以根据给定图 $\mathcal{G}$ 上的学习任务对模型进行初始化操作。

6.3.4 图结构学习

在 6.3.2 节中，介绍了基于图净化的防御技术。在训练 GNN 模型之前，它们通常首先识别对抗攻击，然后将其从攻击图中删除。这些方法通常由两个阶段组成，即净化阶段和模型训练阶段。使用这种两阶段策略，净化后的图对于下游任务学习模型参数来说可能是次优的。文献[67]提出了一种端到端的方法，即同时净化图结构和学习模型参数，以获得健壮的图神经网络模型。如 6.3.2 节所述，对抗攻击通常倾向于添加边来连接具有不同节点特征的节点，并提高邻接矩阵的秩。因此，为了减少对抗攻击的影响，Pro-GNN[67] 旨在学习一个新的邻接矩阵 $\boldsymbol{S}$，它接近于原始邻接矩阵 $\boldsymbol{A}$，在保证低秩的同时又能保证节点特征的平滑。具体地说，净化后的邻接矩阵 $\boldsymbol{S}$ 和模型参数 $\boldsymbol{\Theta}$ 可以通过求解以下优化问题来学习：

$$\min_{\boldsymbol{\Theta}, \boldsymbol{S}} \mathcal{L}_{\text{train}}(\boldsymbol{S}, \boldsymbol{F}; \boldsymbol{\Theta}) + \|\boldsymbol{A} - \boldsymbol{S}\|_{\text{F}}^2 + \beta_1 \|\boldsymbol{S}\|_1 + \beta_2 \|\boldsymbol{S}\|_* + \beta_3 \cdot \text{tr}(\boldsymbol{F}^\top \boldsymbol{L} \boldsymbol{F}), \tag{6-50}$$

式中，项 $\|\boldsymbol{A}-\boldsymbol{S}\|_{\mathrm{F}}^2$ 用来确保学到的矩阵 $\boldsymbol{S}$ 接近原始邻接矩阵；学到的邻接矩阵 $\|\boldsymbol{S}\|_1$ 的 L_1 范数允许学到的矩阵 $\boldsymbol{S}$ 是稀疏的；核范数 $\|\boldsymbol{S}\|_*$ 是用于保证学到的矩阵 $\boldsymbol{S}$ 是低秩的；$\operatorname{tr}(\boldsymbol{F}^\top\boldsymbol{L}\boldsymbol{F})$ 是为了保证节点间特征的平滑性。

值得注意的是，特征矩阵 $\boldsymbol{F}$ 是固定的，$\operatorname{tr}(\boldsymbol{F}^\top\boldsymbol{L}\boldsymbol{F})$ 限制构建在 $\boldsymbol{S}$ 上的拉普拉斯矩阵 $\boldsymbol{L}$，以确保节点特征是平滑的。超参数 β_1、β_2 和 β_3 控制这些项之间的平衡。矩阵 $\boldsymbol{S}$ 和 $\boldsymbol{\Theta}$ 模型参数可以交替优化如下：

- **更新 $\boldsymbol{\Theta}$:** 固定矩阵 $\boldsymbol{S}$，并删除式 (6-50) 中与 $\boldsymbol{S}$ 无关的项。然后将优化问题重新表示为

$$\min_{\boldsymbol{\Theta}} \mathcal{L}_{\text{train}}(\boldsymbol{S},\boldsymbol{F};\boldsymbol{\Theta}).$$

- **更新 $\boldsymbol{S}$:** 固定模型参数 $\boldsymbol{\Theta}$，并通过解决以下优化问题来优化矩阵 $\boldsymbol{S}$。

$$\min_{\boldsymbol{S}} \mathcal{L}_{\text{train}}(\boldsymbol{S},\boldsymbol{F};\boldsymbol{\Theta})+\|\boldsymbol{A}-\boldsymbol{S}\|_{\mathrm{F}}^2+\alpha\|\boldsymbol{S}\|_1+\beta\|\boldsymbol{S}\|_*+\lambda\operatorname{tr}(\boldsymbol{F}^\top\boldsymbol{L}\boldsymbol{F}).$$

6.4 小结

本章重点讨论了图神经网络的健壮性，这是将图神经网络模型应用于实际应用的关键。本章首先描述了针对图结构数据设计的各种对抗攻击方法，包括白盒攻击、灰盒攻击和黑盒攻击。它们表明，图神经网络模型容易受到故意设计的在图结构和（或）节点特征上不明显的扰动的影响。然后介绍了提高图神经网络模型健壮性的各种防御技术，包括图对抗训练、图净化、图注意力机制和图结构学习。

6.5 扩展阅读

关于图神经网络健壮性的研究仍在迅速发展。因此，本书作者团队开发了一个用于图对抗攻击和防御的综合系统[207]。该系统可以对现有算法进行实验，帮助研究者有效地测试新开发的算法。该系统提供了图对抗攻击和防御上的深刻见解，能够大大加深读者对该领域的了解，并促进这一研究领域的发展。基于该系统，本书作者团队对已有的算法进行了实证研究[203]。除图域外，其他领域中也存在对抗攻击和防御，例如图像[208, 194, 209] 和文本[194, 210] 领域。

第 7 章 CHAPTER 7

可扩展图神经网络

本章将介绍多种用于提高图神经网络模型可扩展性的采样方法。首先将介绍影响图神经网络模型可扩展性的关键问题，即邻域爆炸问题。然后介绍三种旨在提高图神经网络模型可扩展性的节点采样方法，包括逐点采样法、逐层采样法和子图采样法，并分别描述这三种方法中的代表性算法，讨论它们的优缺点。

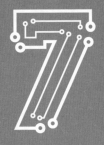

7.1 简介

图神经网络通常存在比较严重的可扩展性问题，这使得图神经网络无法很好地被应用到大型图中。以 GCN-Filter 为例，当它被应用到节点分类任务时，需要优化如下的损失函数（同式 (5–97)）：

$$\mathcal{L}_{\text{train}} = \sum_{v_i \in \mathcal{V}_l} \ell(f_{\text{GCN}}(\boldsymbol{A}, \boldsymbol{F}; \boldsymbol{\Theta})_i, y_i), \tag{7–1}$$

式中，$\ell()$ 表示损失函数；$f_{\text{GCN}}(\boldsymbol{A}, \boldsymbol{F}; \boldsymbol{\Theta})$ 由 L 层 GCN-Filter 组成，如式 (5–46) 中所述：

$$\boldsymbol{F}^{(l)} = \hat{\boldsymbol{A}} \boldsymbol{F}^{(l-1)} \boldsymbol{\Theta}^{(l-1)}, \quad l = 1, \cdots, L. \tag{7–2}$$

式中，$\hat{\boldsymbol{A}}$ 表示 $\tilde{\boldsymbol{D}}^{-\frac{1}{2}} \tilde{\boldsymbol{A}} \tilde{\boldsymbol{D}}^{-\frac{1}{2}}$，而 $\boldsymbol{F}^{(0)} = \boldsymbol{F}$。

为便于分析，假设所有层中的节点表示均具有相同的维度 d。注意，此公式中省略了滤波层之间的激活层。式 (7–1) 中的参数 $\boldsymbol{\Theta}$ 包含了所有层次的参数 $\boldsymbol{\Theta}^{(l)} (l = 1, \cdots, L)$ 以及按照式 (5–95) 进行预测所需的参数 $\boldsymbol{\Theta}_2$。一般来说，梯度下降法被用于最小化这个损失函数。梯度下降法的一步迭代过程表示如下：

$$\boldsymbol{\Theta} \leftarrow \boldsymbol{\Theta} - \eta \cdot \nabla_{\boldsymbol{\Theta}} \mathcal{L}_{\text{train}},$$

式中，η 表示学习率，$\nabla_{\boldsymbol{\Theta}} \mathcal{L}_{\text{train}}$ 表示梯度。这个梯度需要根据整个训练集 $\mathcal{V}_l$ 计算。

此外，根据式 (7–2) 所示的 GCN-Filter 层的设计，当在前向传播中评估 $\mathcal{L}_{\text{train}}$ 时，需要计算每一层中所有的节点表示。因此，在每个训练周期（epoch）的前向传播中，每个图滤波层中所有节点的表示和参数都需要存储在内存中。这样，当图的规模增大时，计算需要的内存也变得非常大。需求内存可以按如下方式计算。在前向传播过程中，归一化的邻接矩阵 $\hat{\boldsymbol{A}}$、所有滤波层中的结点表示 $\boldsymbol{F}^{(l)}$ 以及所有滤波层中的参数 $\boldsymbol{\Theta}^{(l)}$ 都需要被存储在内存中。它们的空间复杂度分别是 $O(|\mathcal{E}|)$、$O(L \cdot |\mathcal{V}| \cdot d)$ 和 $O(L \cdot d^2)$。因此，总共需要的内存是 $O(|\mathcal{E}| + L \cdot |\mathcal{V}| \cdot d + L \cdot d^2)$。当图较大时，即 $|\mathcal{V}|$ 和（或）$|\mathcal{E}|$ 较大时，它们将无法被完整地放入内存中。此外，按照式 (7–2) 所示，虽然未标记节点的最终表示（即第 L 层之后的表示）不是评估式 (7–1) 所必需的，但是它们也被计算出来了。因此，式 (7–2) 的计算方式从时间上考虑也并非高效。具体

而言，需要 $O(L\cdot(|\mathcal{E}|\cdot d+|\mathcal{V}|\cdot d^2))=O(L\cdot|\mathcal{V}|\cdot d^2)$ 的运算时间来执行前向传播的完整过程。如同传统的深度学习场景一样，可以采用随机梯度下降（SGD）来减少训练过程的内存需求。在每一步迭代中，它利用单个训练样本（或训练样本的子集）来估计梯度，因而不需要把所有训练样本放入内存中。然而，在图结构数据中，采用随机梯度下降法并不像在传统数据中那样方便。因为如式 (7–1) 所示，训练样本可能与图中的其他标记或未标记样本相连接。为了计算节点 v_i 的损失 $\ell(f_{\mathrm{GCN}}(\boldsymbol{A},\boldsymbol{F};\boldsymbol{\Theta})_i,y_i)$，根据式 (7–2) 描述的图滤波操作，许多其他节点（甚至整个图中所有节点）的节点表示都需要计算。若仅聚焦于计算图中某个节点 v_i 的节点表示，式 (7–2) 中的过程可以表示为

$$\boldsymbol{F}_i^{(l)}=\sum_{v_j\in\tilde{\mathcal{N}}(v_i)}\hat{\boldsymbol{A}}_{i,j}\boldsymbol{F}_j^{(l-1)}\boldsymbol{\Theta}^{(l-1)},\quad l=1,\cdots,L. \tag{7–3}$$

式 (7–3) 更好地展现了单个节点表示的计算过程。具体来说，它可以被看成是一个从相邻节点聚集信息的过程。请注意，这里 $\boldsymbol{F}_i^{(l)}$ 表示第 l 个图滤波层之后节点 v_i 的节点表示，$\hat{\boldsymbol{A}}_{i,j}$ 表示 $\hat{\boldsymbol{A}}$ 的第 i,j 个元素，而 $\tilde{\mathcal{N}}(V_i)=\mathcal{N}(v_i)\cup\{v_i\}$ 表示节点 v_i 的邻居节点的集合（包括其自身）。因此，如图 7–1 所示，自上而下地来看（即从第 L 层到输入层），要计算第 L 个图滤波层（即输出层）中节点 v_i 的表示，只需要计算其邻居（包括其自身）在 $(L-1)$ 层中的表示。类似地，为了计算某个 $\tilde{\mathcal{N}}(v_i)$ 中的节点在第 $(L-1)$ 层表示，需要计算其邻居在第 $(L-2)$ 层中的节点表示。$\tilde{\mathcal{N}}(v_i)$ 中所有节点的邻居是节点 v_i 的“邻居的邻居”，即节点 v_i 的 2 跳邻居。要计算节点 v_i 的损失项，需要先计算出它在第 L 层的节点表示。如上所述，计算它的 L 层节点表示需要叠加 L 个图滤波层。其中第 $(L-l+1)$ 个图滤波层需要用到 v_i 的 l 跳邻居。特别地，输入层（即第一层）需要用到节点 v_i 的 L 跳邻居的信息。因此，整个计算过程涉及了所有离 v_i 的 L 跳之内的节点。基于此分析，节点 v_i 的损失项可以改写为

$$\ell(f_{\mathrm{GCN}}(\boldsymbol{A},\boldsymbol{F};\boldsymbol{\Theta})_i,y_i)=\ell(f_{\mathrm{GCN}}(\boldsymbol{A}\{\mathcal{N}^L(v_i)\},\boldsymbol{F}\{\mathcal{N}^L(v_i)\};\boldsymbol{\Theta}),y_i), \tag{7–4}$$

式中，$\mathcal{N}^L(v_i)$ 表示所有距离节点 v_i 的 L 跳之内的节点的集合，即图 7–1 所包含的所有节点。

$\boldsymbol{A}\{\mathcal{N}^L(v_i)\}$ 表示由 $\mathcal{N}^L(v_i)$ 导出的图结构。具体而言，$\boldsymbol{A}\{\mathcal{N}^L(v_i)\}$ 中包含了 $\mathcal{N}^L(v_i)$ 中的节点在原来的邻接矩阵 $\boldsymbol{A}$ 中对应的行和列。类似地，$\boldsymbol{F}\{\mathcal{N}^L(v_i)\}$ 表示了 $\mathcal{N}^L(v_i)$ 中的节点的输入特征。通常来说，小批次梯度下降被用于参数更新。在每

一步迭代中，从 $\mathcal{V}_l$ 中采样一小批次节点以估计梯度并进行参数更新。对应于一个批次 $\mathcal{B}$ 的损失函数可以被表示为

$$\mathcal{L}_{\mathcal{B}} = \sum_{v_i \in \mathcal{B}} \ell(f_{\text{GCN}}(\boldsymbol{A}\{\mathcal{N}^L(v_i)\}, \boldsymbol{F}\{\mathcal{N}^L(v_i)\}; \boldsymbol{\Theta}), y_i), \tag{7-5}$$

式中，$\mathcal{B} \subset \mathcal{V}_l$ 表示被采样的批次。

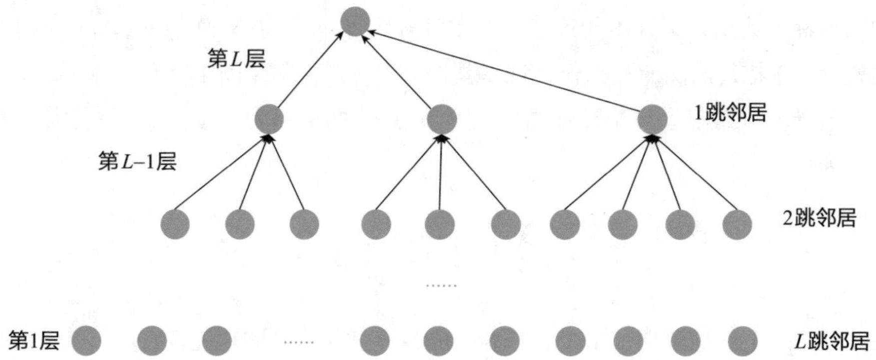

图 7–1　聚集过程

但是，即使采用了随机梯度下降法对图神经网络进行优化，其内存需求仍然很高。其主要原因是，如图 7–1 所示，节点集合 $\mathcal{N}^L(v_i)$ 的大小随着图滤波层数的增加而呈指数级扩展。具体而言，$\mathcal{N}^L(v_i)$ 中的节点数约为 deg^L，其中 deg 表示图中节点的度的平均值。因此，平均来说，若要利用随机梯度下降法优化参数，则需要 $O(\text{deg}^L \cdot d)$ 内存存储节点表示。此外，在实际中，为了应对最极端的批次，需要准备比平均要求更大的内存。当一个批次中有一个度较大的节点时，这个节点会涉及许多其他节点（即它的邻居们），这可能会需要相当大的内存来存储它们的节点表示。这个邻域呈指数增长的问题在文献中通常被称为“邻域扩张”或“邻域爆炸”[68, 69, 70]。当 L 大于图的直径时，$\mathcal{N}^L(v_i) = \mathcal{V}$，这是邻域爆炸的极端情况。在这种情况下，计算的过程涉及整个节点集合。此外，“邻域爆炸”问题也影响了随机梯度下降法的时间效率。具体而言，计算节点 v_i 的最终表示 $\boldsymbol{F}_i^{(L)}$ 的时间复杂度为 $O(\text{deg}^L \cdot (\text{deg} \cdot d + d^2))$。因为 deg 通常比 d 小得多，这个时间复杂度也可表示为 $O(\text{deg}^L \cdot d^2)$。当假设每个批次中只包含单个训练样本时，在整个训练集 $\mathcal{V}_l$ 上运行一个周期的时间复杂度是 $O(|\mathcal{V}_l| \cdot \text{deg}^L \cdot d^2)$。当批次大小 $|\mathcal{B}| > 1$ 时，一个周期的时间复杂度可以更低一些。因为在这种情况下，在每个批次 $\mathcal{B}$ 中，批次 $\mathcal{B}$ 中的不同样本 v_i 可能共享一些计算所涉及的节点，在计算期间可以共享这些节点的表示，因此所

需计算的节点表示的节点数量也会相应减少。当 L 较大时，与全梯度下降算法需要 $O(L \cdot |\mathcal{V}| \cdot d^2)$ 的时间来运行一个完整的周期相比，尽管随机梯度下降法没有计算额外的未标记节点的最终表示，但它的时间复杂度甚至可能更高。

虽然上文仅以 GCN-Filter 为例，介绍了 GNN 模型的“邻域爆炸”问题，但是其他采取与式 (7–3) 类似的邻域聚集的形式的图滤波器也存在这个问题。在不失一般性的情况下，本章的讨论和分析都基于 GCN-Filter。为了解决“邻域爆炸”问题，从而相应地提高图神经网络模型的可扩展性，人们提出了各种邻域采样方法。采样方法的主要思想是减少式 (7–5) 的计算所涉及的节点数，从而降低执行计算所需的时间和内存。采样方法主要有如下三种：

- **逐点采样法：** 在每一层的计算过程中，计算每个节点在该层的节点表示时，从其邻居集合中采样出节点集，用于更新这个节点表示。
- **逐层采样法：** 在每一层的计算过程中，采样一个节点集合，用于整层的节点表示计算。换句话说，计算节点 v_i 和 v_j 的 $\boldsymbol{F}_i^{(L)}$ 和 $\boldsymbol{F}_j^{(L)}$ 时，同一个采样节点集合被用于执行计算。
- **子图采样法：** 在每一层的计算过程中，在原图中采样一个子图，然后基于这个采样子图进行节点表示学习。

接下来详细介绍每种采样方法中具有代表性的算法。

7.2 逐点采样法

式 (7–3) 中以聚集信息的方式来更新节点表示的过程可以被重写为

$$\boldsymbol{F}_i^{(l)} = |\tilde{\mathcal{N}}(v_i)| \sum_{v_j \in \tilde{\mathcal{N}}(v_i)} \frac{1}{|\tilde{\mathcal{N}}(v_i)|} \hat{\boldsymbol{A}}_{i,j} \boldsymbol{F}_j^{(l-1)} \boldsymbol{\Theta}^{(l-1)}, \tag{7–6}$$

式 (7–6) 也可以用如下的数学期望的形式表示：

$$\boldsymbol{F}_i^{(l)} = |\tilde{\mathcal{N}}(v_i)| \cdot \mathbb{E}[\mathscr{F}_{v_i}], \tag{7–7}$$

式中，$\mathscr{F}_{v_i}$ 表示如下的离散的随机变量：

$$p\left(\mathscr{F}_{v_i} = \hat{\boldsymbol{A}}_{i,j} \boldsymbol{F}_j^{(l-1)} \boldsymbol{\Theta}^{(l-1)}\right) = \begin{cases} \frac{1}{\tilde{\mathcal{N}}(v_i)}, & v_j \in \tilde{\mathcal{N}}(v_i), \\ 0, & \text{其他}. \end{cases}$$

为了提高式 (7–7) 的运算效率以及减少需要的内存，可以用蒙特卡洛采样（Monte-Carlo Sampling）估计这个期望。具体而言，期望值 $\mathbb{E}[\mathscr{F}_{v_i}]$ 可以被估计为

$$\mathbb{E}[\mathscr{F}_{v_i}] \approx \hat{\mathscr{F}}_{v_i} = \frac{1}{|n^l(v_i)|} \sum_{v_j \in n^l(v_i)} \hat{\boldsymbol{A}}_{i,j} \boldsymbol{F}_j^{(l-1)} \boldsymbol{\Theta}^{(l-1)}, \tag{7–8}$$

式中，$n^l(v_i) \subset \tilde{\mathcal{N}}(v_i)$ 是从 $\mathcal{V}$ 中采样的节点集合，它们被用于第 l 层 v_i 的节点表示计算。这些节点从以下概率分布中采样出来：

$$p\left(v_j|v_i\right) = \begin{cases} \frac{1}{\tilde{\mathcal{N}}(v_i)}, v_j \in \tilde{\mathcal{N}}(v_i), \\ 0. \end{cases} \tag{7–9}$$

如下所示，式 (7–8) 中的估计是无偏的：

$$\begin{aligned}
\mathbb{E}[\hat{\mathscr{F}}_{v_i}] &= \mathbb{E}\left[\frac{1}{|n^l(v_i)|} \sum_{v_j \in n^l(v_i)} \hat{\boldsymbol{A}}_{i,j} \boldsymbol{F}_j^{(l-1)} \boldsymbol{\Theta}^{(l-1)} \mathbb{1}\{v_j \in n^l(v_i)\}\right] \\
&= \mathbb{E}\left[\frac{1}{|n^l(v_i)|} \sum_{v_j \in \mathcal{V}} \hat{\boldsymbol{A}}_{i,j} \boldsymbol{F}_j^{(l-1)} \boldsymbol{\Theta}^{(l-1)} \mathbb{1}\{v_j \in n^l(v_i)\}\right] \\
&= \frac{1}{|n^l(v_i)|} \sum_{v_j \in \mathcal{V}} \hat{\boldsymbol{A}}_{i,j} \boldsymbol{F}_j^{(l-1)} \boldsymbol{\Theta}^{(l-1)} \mathbb{E}\left[\mathbb{1}\{v_j \in n^l(v_i)\}\right] \\
&= \frac{1}{|n^l(v_i)|} \sum_{v_j \in \mathcal{V}} \hat{\boldsymbol{A}}_{i,j} \boldsymbol{F}_j^{(l-1)} \boldsymbol{\Theta}^{(l-1)} \frac{|n^l(v_i)|}{|\tilde{\mathcal{N}}(v_i)|} \\
&= \frac{1}{|\tilde{\mathcal{N}}(v_i)|} \sum_{v_j \in \mathcal{V}} \hat{\boldsymbol{A}}_{i,j} \boldsymbol{F}_j^{(l-1)} \boldsymbol{\Theta}^{(l-1)} \\
&= \mathbb{E}[\mathscr{F}_{v_i}].
\end{aligned}$$

式中，$\mathbb{1}\{v_j \in n^l(v_i)\}$ 是一个指示变量，它用于表明节点 v_j 是否属于集合 $n^l(v_i)$。

具体来说，当节点 v_j 属于这个集合时，这个指示变量取值为 1，否则取值为 0。利用式 (7–8)，聚合邻居信息并以此更新节点表示的过程可以被表示为

$$\boldsymbol{F}_i^{(l)} = \frac{|\tilde{\mathcal{N}}(v_i)|}{|n^l(v_i)|} \sum_{v_j \in n^l(v_i)} \hat{\boldsymbol{A}}_{i,j} \boldsymbol{F}_j^{(l-1)} \boldsymbol{\Theta}^{(l-1)}. \tag{7–10}$$

式 (7–10) 使用的采样过程称为逐点采样，因为采样的节点集 $n^l(v_i)$ 仅用于节点 v_i 的表示计算，而不与其他节点共享。

特别地，由于 GraphSAGE-Filter（请参阅 5.3.2 节）采用了邻居采样的过程，它可以被视为一种基于逐点采样的方法。通常，对于特定的图滤波层，所有节点的采

样大小 $|n^l(v_i)|$ 设置为一个固定值 $|n^l(v_i)| = m$。另外，虽然不同的图滤波层可以有不同的采样大小，但为了方便起见，本章假设所有的图滤波层具有相同的采样大小 m。

虽然逐节点采样方法可以将每层中涉及的节点数控制在一个固定数字 m，但当 m 较大时，“邻域爆炸”问题仍然存在。具体而言，从图 7-1 中自上而下观察（从第 L 层到输入层），计算节点 v_i 的最终表示 $\boldsymbol{F}_i^{(L)}$ 涉及的节点数为 m^L，它随着层数 L 的增长而呈指数增加。空间复杂度和时间复杂度分别为 $O(m^L \cdot d^2)$ 和 $O(|\mathcal{V}_l| \cdot m^L \cdot d^2)$。一种可以缓解此问题的方法是将采样大小 m 控制为一个较小的数字。然而，较小的 m 导致式 (7-8) 中的估计具有较大的方差，从而影响学习到的节点表示的质量。

文献[68]提出了一种利用极小的采样大小 m（比如 2）的逐点采样方法，而且它同时使估计保持合理的方差。其主要思想是为每个节点表示 $\boldsymbol{F}_i^{(l-1)}$ 保留了一个相应的历史拷贝 $\bar{\boldsymbol{F}}_i^{(l-1)}$，然后在式 (7-3) 的计算期间使用这些历史拷贝。每次计算更新 $\boldsymbol{F}_i^{(l)}$ 时，该算法将其对应的历史拷贝 $\bar{\boldsymbol{F}}_i^{(l)}$ 更新到 $\boldsymbol{F}_i^{(l)}$。如果模型参数在训练过程中变化不太快，则历史拷贝与对应的实际表示相似。在计算节点表示时，蒙特卡洛采样仍然被用于估计式 (7-3)。但是，对于没有被采样到 $n^l(v_i)$ 的节点，它们的历史拷贝被用来参与计算。式 (7-3) 可以被分解为两项，具体如下所示：

$$\boldsymbol{F}_i^{(l)} = \sum_{v_j \in \tilde{\mathcal{N}}(v_i)} \hat{\boldsymbol{A}}_{i,j} \Delta\boldsymbol{F}_j^{(l-1)} \boldsymbol{\Theta}^{(l-1)} + \sum_{v_j \in \tilde{\mathcal{N}}(v_i)} \hat{\boldsymbol{A}}_{i,j} \bar{\boldsymbol{F}}_j^{(l-1)} \boldsymbol{\Theta}^{(l-1)}, \tag{7-11}$$

式中，$\Delta\boldsymbol{F}_j^{(l-1)}$ 有如下的形式：

$$\Delta\boldsymbol{F}_j^{(l-1)} = \boldsymbol{F}_j^{(l-1)} - \bar{\boldsymbol{F}}_j^{(l-1)},$$

式中，$\Delta\boldsymbol{F}_j^{(l-1)}$ 表示实际的最新的节点表示与相应的历史拷贝之间的差异。蒙特卡洛采样被用来估计这个差值，如下所示：

$$\sum_{v_j \in \tilde{\mathcal{N}}(v_i)} \hat{\boldsymbol{A}}_{i,j} \Delta\boldsymbol{F}_j^{(l-1)} \boldsymbol{\Theta}^{(l-1)} \approx \frac{|\tilde{\mathcal{N}}(v_i)|}{|n^l(v_i)|} \sum_{v_j \in n^l(v_i)} \hat{\boldsymbol{A}}_{i,j} \Delta\boldsymbol{F}_j^{(l-1)} \boldsymbol{\Theta}^{(l-1)}. \tag{7-12}$$

利用式 (7-12)，式 (7-11) 中的节点表示可以被估计为：

$$\boldsymbol{F}_i^{(l)} \approx \frac{|\tilde{\mathcal{N}}(v_i)|}{|n^l(v_i)|} \sum_{v_j \in n^l(v_i)} \hat{\boldsymbol{A}}_{i,j} \Delta\boldsymbol{F}_j^{(l-1)} \boldsymbol{\Theta}^{(l-1)} + \sum_{v_j \in \tilde{\mathcal{N}}(v_i)} \hat{\boldsymbol{A}}_{i,j} \bar{\boldsymbol{F}}_j^{(l-1)} \boldsymbol{\Theta}^{(l-1)}. \tag{7-13}$$

这种估计方式被称为控制变量估计量（Control-variate Estimator）。式 (7–13) 右侧的第二项是根据存储的节点表示的历史拷贝来计算的，这不需要递归计算过程，因此在计算上是比较高效的。

式 (7–12) 中的估计是无偏的，因此控制变量估计量也是无偏的。$\Delta\boldsymbol{F}_i^{(l-1)}$ 远小于 $\boldsymbol{F}_i^{(l-1)}$，因此式 (7–13) 的方差小于式 (7–10)的方差。然而，减少的方差并不是毫无代价的。虽然和式(7–10) 中描述的聚集过程一样，这个过程的时间复杂度仍然是 $O(m^L \cdot d^2)$（在控制变量估计量中，m 可以小得多），但是它需要更大的内存。事实上，要存储计算过程中涉及的所有节点表示的历史拷贝，需要内存的空间复杂度为 $O(\deg^L \cdot d)$。这与没有采用逐点采样的随机梯度下降法的空间复杂度相同。因为空间复杂度不依赖于采样大小 m，所以较小的 m 不能确保较低的空间复杂度。

7.3 逐层采样法

在逐点采样法中，为了计算节点 v_i 的最终表示 $\boldsymbol{F}_i^{(L)}$，需要从 $\tilde{\mathcal{N}}(v_i)$ 中采样节点集 $n^L(v_i)$。这个集合中的点的上一层（第 $L-1$ 层）表示 $\boldsymbol{F}_j^{(L-1)}$ 被用于计算节点 v_i 的最终表示 $\boldsymbol{F}_i^{(L)}$。要计算这个集合中的每一个点 $v_j \in \tilde{\mathcal{N}}(v_i)$ 的第 $L-1$ 层表示，需要采样一个相应的节点集 $n^{(L-1)}(v_j)$。具体而言，设 N^l 表示用于计算第 l 层所有节点表示而采样的节点的集合，则 N^l 可以从上层到下层递归地定义为

$$N^{l-1} = \cup_{v_j \in N^l} n^{l-1}(v_j), \tag{7–14}$$

式中，$N^L = n^L(v_i)$. $l = L, \cdots, 2, 1$.

当采用批量随机梯度下降法，需要计算批次 $\mathcal{B}$ 中所有节点的最终表示时，N^L 可定义为 $N^L = \cup_{v_i \in \mathcal{B}} n^L(v_i)$。式 (7–14) 中的递归过程使得 N^l 呈指数增长，因此逐点采样法仍然存在“邻域爆炸”的问题。解决该问题的一种方法是利用相同的采样节点集计算特定层中的所有节点表示。换句话说，对于所有的 $v_j, v_k \in N^l$, 需要使 $n^{l-1}(v_j) = n^{l-1}(v_k)$。这样 $N^{(l-1)}$ 的大小不会随着 L 值的增大而增加。对于每一层，都只需要采样一次，这种策略称为逐层采样法。然而，使 $n^{l-1}(v_j) = n^{l-1}(v_k)$ 不是特别实际，因为它们是根据式 (7–9) 中描述的针对不同节点特定分布进行采样的。具体而言，集合 $n^{l-1}(v_j)$ 是从节点 v_j 的邻域中采样的, 而 $n^{l-1}(v_k)$ 是从节点 v_k 的邻域中采样的。为了解决这个问题，文献[69, 70]使用重要性采样（Importance Sampling）设计逐层采样法。

对于第 l 层，节点集的采样不是根据每个节点的特定分布来采样不同的节点集，而是使用在整个节点集 $\mathcal{V}$ 上定义的一个共享分布来采样共享的节点集。然后，该层的所有输出节点表示仅基于这些共享采样节点计算。本节接下来的部分将介绍文献[69, 70]中的两种代表性的逐层采样法。由于这两种方法遵循相似的设计，因此本节重点介绍文献 [70]中的方法，而简要描述文献[69]中的方法。

为了与原文献[70] 保持一致，式 (7–6) 到式 (7–9) 描述的过程，可以按以下形式重新表达。首先，式 (7–3) 中的节点聚合过程可以改写为

$$\boldsymbol{F}_i^{(l)} = D(v_i) \sum_{v_j \in \tilde{\mathcal{N}}(v_i)} \frac{\hat{\boldsymbol{A}}_{i,j}}{D(v_i)} \boldsymbol{F}_j^{(l-1)} \boldsymbol{\Theta}^{(l-1)}, \tag{7–15}$$

式中，$D(v_i) = \sum\limits_{v_j \in \tilde{\mathcal{N}}(v_i)} \hat{\boldsymbol{A}}_{i,j}$。式 (7–15) 可以用如下的数学期望的形式表示：

$$\boldsymbol{F}_i^{(l)} = D(v_i) \cdot \mathbb{E}[\mathscr{F}_{v_i}], \tag{7–16}$$

式中，$\mathscr{F}_{v_i}$ 表示一个离散的随机变量，定义如下：

$$p\left(\mathscr{F}_{v_i} = \boldsymbol{F}_j^{(l-1)} \boldsymbol{\Theta}^{(l-1)}\right) = \begin{cases} \frac{\hat{\boldsymbol{A}}_{i,j}}{D(v_i)}, v_j \in \tilde{\mathcal{N}}(v_i), \\ 0, \text{其他}. \end{cases}$$

假设 $q^l(v_j)$ 是定义在整个节点集 $\mathcal{V}$ 上的一个已知的分布，且 $q^l(v_j) > 0\ \forall v_j \in \mathcal{V}$。不同于逐点采样法中使用蒙特卡洛采样来估计 $\mathbb{E}[\mathscr{F}_{v_i}]$，此处利用基于 $q^l(v_j)$ 的重要性采样估计这个期望，如下所示：

$$\mathbb{E}[\mathscr{F}_{v_i}] \approx \hat{\mathscr{F}}_{v_i} = \frac{1}{|N^l|} \sum_{v_j \in N^l} \frac{p(v_j|v_i)}{q^l(v_j)} \boldsymbol{F}_j^{(l-1)} \boldsymbol{\Theta}^{(l-1)}, v_j \sim q^l(v_j)\ \forall v_j \in N^l, \tag{7–17}$$

式中，N^l 表示根据分布 $q^l(v_j)$ 采样出来的一个节点集；而 $p(v_j|v_i)$ 在 v_j 属于 $\tilde{\mathcal{N}}(v_i)$ 的情况下取值为 $\frac{\hat{\boldsymbol{A}}_{i,j}}{D(v_i)}$，否则取值为 0。所有需要计算 l 层节点表示的节点共享这些采样的节点。

利用式 (7–17) 中的对于 $\mathbb{E}[\mathscr{F}_{v_i}]$ 的重要性采样估计，在利用逐层采样策略下的逐节点聚集过程（如式 (7–16) 中所述）可以描述为

$$\begin{aligned} \boldsymbol{F}_i^{(l)} &= D(v_i) \cdot \frac{1}{|N^l|} \sum_{v_j \in N^l} \frac{p(v_j|v_i)}{q(v_j)} \boldsymbol{F}_j^{(l-1)} \boldsymbol{\Theta}^{(l-1)} \\ &= \frac{1}{|N^l|} \sum_{v_j \in N^l} \frac{\hat{\boldsymbol{A}}_{i,j}}{q^l(v_j)} \boldsymbol{F}_j^{(l-1)} \boldsymbol{\Theta}^{(l-1)}, \end{aligned} \tag{7–18}$$

式中，N^l 中的节点是根据 $q^l(v_j)$ 采样而来的。

分布 $q^l(v_j)$ 不依赖于特定中心节点 v_i，而是由所有的节点共享。

在介绍如何适当地设计采样分布 $q^l(v_j)$ 之前，先介绍节点采样以及构建计算图来计算采样批次 $\mathcal{B}$ 中所有节点的最终表示的过程。如图 7–2 所示，从自上而下的角度，在计算 $\mathcal{B}$ 中所有节点的 L 层表示（对于节点 v_i 来说，这个表示就是 $\boldsymbol{F}_i^{(L)}$）时，需要根据 $q^L(v_j)$ 采样一个节点集 N^L。根据式 (7–18)，这个节点集中任意一点 $v_j \in N^L$ 的第 $L-1$ 层表示（即 $\boldsymbol{F}_j^{(L-1)}$）被用于计算 $\mathcal{B}$ 中所有节点的 L 层节点表示。而要计算 N^L 中所有节点的第 $L-1$ 层表示，又需要采样一个节点集 N^{L-1}。这个过程一直重复到最底下的输入层。在输入层中，需要采样节点集 N^1，这些节点集的输入特征 $\boldsymbol{F}^{(0)}$ 被用于计算第一层的节点表示。假设所有层的采样大小都是 $N^l = m, l = 1, \cdots, N$, 那么根据式 (7–18) 计算批次 $\mathcal{B}$ 中的所有节点的最终表示需要 $O(L \cdot m \cdot d)$ 的内存。这比基于逐点采样的方法所要求的内存要小得多。相应地，由于在此过程中需要计算的节点表示相对较少，每个周期的时间效率也得到了提升。

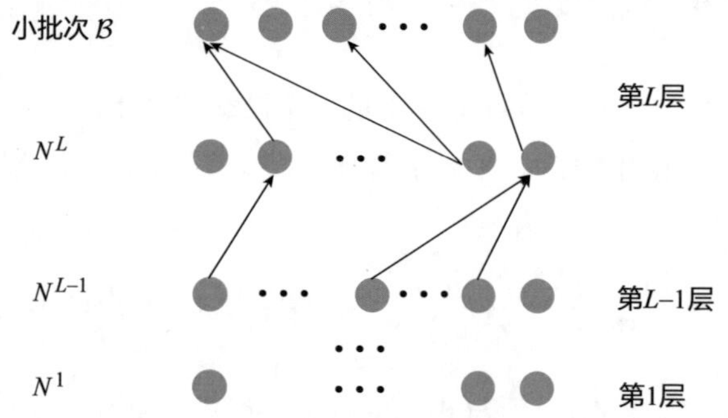

图 7–2 逐层采样

式 (7–17) 基于重要性采样的估计量是无偏的。理想的分布 $q(v_j)$ 需要使得式 (7–17) 的方差得以最小化。根据文献[211]中关于重要性采样的推导，可以得出以下结论：

命题 7.1 式 (7–17) 中的估计量 $\hat{\mathscr{F}}_{v_i}$ 的方差可以表示为[70]：

$$\mathrm{Var}_q(\hat{\mathscr{F}}_{v_i}) = \frac{1}{|N^l|}\left[\frac{(p(v_j|v_i)\cdot|\boldsymbol{F}_j^{(l-1)}\boldsymbol{\Theta}^{(l-1)}| - \mathbb{E}[\mathscr{F}_{v_i}]\cdot q(u_j))^2}{(q(v_j))^2}\right].$$

从最小化上述方差的角度来说，最优的用于采样的分布如下：

$$q(v_j) = \frac{p(v_j|v_i) \cdot |\boldsymbol{F}_j^{(l-1)} \boldsymbol{\Theta}^{(l-1)}|}{\sum\limits_{v_k \in \mathcal{V}} p(v_k|v_i) \cdot |\boldsymbol{F}_k^{(l-1)} \boldsymbol{\Theta}^{(l-1)}|}. \tag{7-19}$$

式 (7–19) 中的最优的采样分布依赖于所有在第 $l-1$ 层采样出节点的节点表示（即 $\boldsymbol{F}^{(l-1)}$）。然而这个采样分布就是用来采样第 $l-1$ 层的节点集的，因此这个最优采样分布是无法得到的。另外，值得注意的是，文献[69]中的最优采样分布是基于最小化每层中所有点的节点表示的方差得到的，而不是如命题 7.1 中仅最小化单个节点的方差得到的。尽管由此得到的最优的采样分布也与式 (7–19) 中有略微不同，但这个最优的采样分布还是依赖于所有在第 $l-1$ 层采样出节点的节点表示（即 $\boldsymbol{F}^{(l-1)}$）。

因此，文献[69]和文献[70]分别提出了基于逐层采样的方法。文献[69]直接舍弃了对于 $\boldsymbol{F}^{(l-1)}$ 的依赖，根据最优分布的形式提出了如下的采样分布：

$$q(v_j) = \frac{\|\hat{\boldsymbol{A}}_{:,j}\|^2}{\sum\limits_{v_k \in \mathcal{V}} \|\hat{\boldsymbol{A}}_{:,k}\|^2}. \tag{7-20}$$

式 (7–20) 中的采样分布 $q(v_j)$ 被用来采样所有层所需的节点集。因此去掉了 $q^l(v_j)$ 中的上标 l。在文献[70]中，式 (7–19) 中的 $\boldsymbol{F}_j^{(l-1)}\boldsymbol{\Theta}^{(l-1)}$ 被 $\boldsymbol{F}_j^{(0)}\boldsymbol{\Theta}_{\text{in}}$ 取代。这里，$\boldsymbol{F}_j^{(0)}$ 表示节点 v_j 的输入特征，而 $\boldsymbol{\Theta}_{\text{in}}$ 是需要学习的线性变换参数。此外，式 (7–19) 中的采样分布仅仅是相对于某个特定的节点 v_i 来说是最优的，因此它也不适用于逐层采样。为了使其能适用于逐层采样，在文献[70] 中，提出了一种基于 N^{l+1} 中所有节点定义的分布，如下所示：

$$q^l(v_j) = \frac{\sum\limits_{v_i \in N^{l+1}} p(v_j|v_i) \cdot |\boldsymbol{F}_j^{(0)} \boldsymbol{\Theta}_{\text{in}}|}{\sum\limits_{v_k \in \mathcal{V}} \sum\limits_{v_i \in N^{l+1}} p(v_k|v_i) \cdot |\boldsymbol{F}_k^{(0)} \boldsymbol{\Theta}_{\text{in}}|}. \tag{7-21}$$

N^{l+1} 表示从第 $l+1$ 层中采样出来的节点集。第 $l+1$ 层在第 l 层之上。因此，式 (7–21) 的采样分布的定义依赖于它的上一层的采样节点集合。此外，在训练过程中，由于参数 $\boldsymbol{\Theta}_{\text{in}}$ 一直在更新，这个采样分布也在一直变化。经过这些对式 (7–19) 中的最优采样分布的修改，得到的如式 (7–21) 中所示的采样分布不再能够保证方差最小化。因此，这些方差项被直接包含在损失函数中，以便在训练过程中直接对其优化[70]。

7.4 子图采样法

逐层采样法大大减少了计算最终节点表示中所涉及的节点数目，从而解决了“邻域爆炸”问题。然而，逐层采样法的设计可能会导致层到层的聚合过程中出现另一个问题。具体来说，可以从式 (7–18) 中观察到生成 $\boldsymbol{F}_i^{(L)}$ 的聚合过程依赖于每个采样节点相对的 $\hat{\boldsymbol{A}}_{i,j}$ 项。这一发现表明，在计算 v_i 的第 l 层的节点表示 $\boldsymbol{F}_i^{(l)}$ 时，并非所有 N^l 中的节点都被利用了，而仅有那些在原图中与 v_i 相连的节点真正参与了计算。在这种情况下，如果节点 v_i 和 N^l 中的节点之间的连接过于稀疏，那么可能无法很好地学习到节点 v_i 的表示 $\boldsymbol{F}_i^{(l)}$。在一种极端情况下，如果 v_i 没有与 N^l 中的任何节点相连，那么根据式 (7–18) 的计算得出的 v_i 的表示 $\boldsymbol{F}_i^{(l)}$ 将会是 0。因此，为了提高训练过程的稳定性，节点 v_i 和被采样的点集 N^l 之间需要有合理数量的连接。换句话说，需要确保相继层次中的被采样的节点集 N^l，N^{l-1} 之间的连接较为稠密。这样所有的 N^l 中的节点都可以与一些 N^{l-1} 中的节点相连，从而可以聚合一些信息。7.3 节中提到的逐层采样法在设计逐层采样分布时并没有考虑这一点。为了提高相继层次的采样节点集合之间的连接密度，在设计它们对应的采样分布时，必须使它们互相依赖。这给连续层次的采样分布设计带来了极大的困难。一种缓解设计难度的方法是对所有的层次都使用同一个采样出来的节点集，使得 $N^l = N^{l-1}$ 对于所有的 $l = L, \cdots, 2$ 成立。这个采样的节点集内部的连接需要是较为稠密的。此外，在同一个节点集（表示为 $\mathcal{V}_s$）用于所有层次的情况下，式 (7–18) 所表达的逐层的节点聚合的过程可以被认为是在由 $\mathcal{V}_s$ 导出的子图（记为 $\mathcal{G}_s = \{\mathcal{V}_s, \mathcal{E}_s\}$）上进行完整的无须采样的节点聚合。这个导出子图 $\mathcal{G}_s$ 是原图的一个子图，它的节点的集合是 $\mathcal{V}_s$，边的集合是 $\mathcal{E}_s$。在这种情况下，对于随机梯度下降法的每一个批次来说，可以直接从原图中采样出一个子图 $\mathcal{G}_s$ 进行模型的训练。这种采样一个子图来进行节点表示学习及模型训练的策略被称为子图采样。文献[212, 213]提出了一些不同的基于子图采样的方法，它们在采样子图时有不同的侧重点。

在文献[212]中，METIS[214]、Graclus[215] 等图聚类方法被用于将图 $\mathcal{G}$ 划分为一些子图（或聚类），这些子图的集合记为 $\{\mathcal{G}_s\}$。这些子图内部的连接密度往往比子图之间的连接密度要高很多。在执行随机梯度下降法时，在每一步中，从 $\{\mathcal{G}_s\}$ 采样出一个子图，用于根据如下的损失函数计算梯度：

$$\mathcal{L}_{\mathcal{G}_s} = \sum_{v_i \in \mathcal{V}_l \cap \mathcal{V}_s} \ell(f_{\text{GNN}}(\boldsymbol{A}_s, \boldsymbol{F}_s; \boldsymbol{\Theta})_i, y_i), \tag{7-22}$$

式中，$\boldsymbol{A}_s$ 和 $\boldsymbol{F}_s$ 分别表示这个采样出来的子图 $\mathcal{G}_s$ 的邻接矩阵和输入特征；集合 $\mathcal{V}_l \cap \mathcal{V}_s$ 包含了 $\mathcal{V}_s$ 中所有有标记的节点。基于 $\mathcal{G}_s$ 执行这样的一步随机梯度下降法总共需要 $O(|\mathcal{E}_s| + L \cdot |\mathcal{V}_s| \cdot d + L \cdot d^2)$ 的内存。

文献[213]设计了不同的节点采样器（Node Sampler）来采样一个节点的集合 $\mathcal{V}_s$。然后子图 $\mathcal{G}_s$ 可以从这个采样出来的节点集中导出，并用于随机梯度下降法。具体而言，一种基于边的节点采样器被设计出来，以较高的概率一对一对地采样相互影响比较大的节点。另外，一种基于随机游走的节点采样器被设计来，以提高采样出来的节点之间的连通性。这两种采样器的简要描述如下：

- **基于边的节点采样器：** 在基于边的节点采样器中，给定一个采样预算 m，m 条边被按照如下所示的采样分布采样出来：

$$p((u,v)) = \frac{\frac{1}{d(u)+d(v)}}{\sum\limits_{(u',v') \in \mathcal{E}} \frac{1}{d(u')+d(v')}}, \tag{7-23}$$

  式中，$d(v)$ 表示节点 v 的度。这些采样出来的边的所有的端点作为 $\mathcal{V}_s$，即采样的节点的集合。这个节点的集合被用于导出子图 $\mathcal{G}_s$。

- **基于随机游走的节点采样器：** 基于随机游走的节点采样器首先从 $\mathcal{V}$ 均匀地采样了 r 个节点作为随机游走的起始节点。然后，从每一个起始节点出发，生成 r 个随机游走。这些随机游走中的所有节点组成了最终的被采样的节点 $\mathcal{V}_s$，用于导出子图 $\mathcal{G}_s$。

另外，文献[213]引入了一些归一化的技巧，使得生成的节点表示变得更加无偏，如下所示：

$$\boldsymbol{F}_i^{(l)} = \sum_{v_j \in \mathcal{V}_s} \frac{\hat{\boldsymbol{A}}_{i,j}}{\alpha_{i,j}} \boldsymbol{F}_j^{(l-1)} \boldsymbol{\Theta}^{(l-1)}, \tag{7-24}$$

式中，$\alpha_{i,j}$ 可以从采样出的子图的集合中估计出来。

具体来说，首先采样 M 个子图，然后分别统计每个节点以及每条边在这些子图中出现的次数。C_i 和 $C_{i,j}$ 分别表示节点 v_i 和边 (v_i, v_j) 出现的次数。$\alpha_{i,j}$ 可以用

$C_{i,j}/C_i$ 估计。此外，文献[213]还引入了一些技巧来归一化基于子图 $\mathcal{G}_s$ 的损失函数，如下所示：

$$\mathcal{L}_{\mathcal{G}_s} = \sum_{v_i \in \mathcal{V}_l \cap \mathcal{V}_s} \frac{1}{\lambda_i} \ell(f_{\text{GNN}}(\boldsymbol{A}_s, \boldsymbol{F}_s; \boldsymbol{\Theta})_i, y_i), \tag{7-25}$$

式中，λ_i 可以由 C_i/M 估计而得。这个归一化技巧使得这个损失函数更加无偏。

7.5 小结

本章主要讨论了多种采样的方法来提高图神经网络模型的可扩展性。本章首先介绍了“邻域爆炸”问题。该问题使得随机梯度下降法无法很方便地被应用于训练图神经网络模型。然后，本章介绍了三种采样方法，包括逐点采样法、逐层采样法、子图采样法。它们旨在减少随机梯度下降法每个批次中涉及的节点总数，并提高模型的可扩展性。针对每种采样方法，本章讨论了各自的优缺点，并介绍了基于每种采样方法的代表性算法。

7.6 扩展阅读

本章主要讨论了基于采样方法来提高图神经网络可扩展性的一些算法。其中一些提到的方法已经被成功地用于实际应用中。例如，基于逐点采样的方法 GraphSAGE，被改进并应用于基于大型图的推荐[216]；基于分层采样的方法 FastGCN[69] 被用于对大规模比特币交易网络进行反洗钱[217]。另外，有一些其他的研究[218, 192, 219, 220] 聚焦于开发分布式框架来处理大型的图神经网络。这些分布式图神经网络框架可以分布式地存储数据以及进行并行计算，因此可以用来处理非常大型的图。

第 8 章
CHAPTER 8

复杂图神经网络

本章将介绍如何将图神经网络模型从简单图扩展到复杂图，包括异质图、二分图、多维图、符号图、超图和动态图。对于不同类型的复杂图，将介绍相应的具有代表性的图滤波器，并讨论这些滤波器如何捕获复杂图的特定模式和属性。

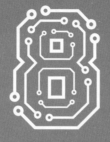

8.1 简介

前面的章节讨论了针对简单图的图神经网络模型，其中图是静态的，并且只有一种类型的节点和一种类型的边。但是，许多实际应用中的图要复杂得多，它们通常具有多种类型的节点和边，以及独特的结构，并且通常是动态的。这些复杂图呈现出更复杂的模式，而捕获这些模式超出了为简单图设计的图神经网络模型的能力范围。因此，需要设计出能够用于复杂图的图神经网络模型。这些模型能够极大地扩展 GNN 的应用范围。本章以 2.5 节介绍的复杂图为例，将讨论如何扩展图神经网络模型，从而捕获更复杂的数据模式。具体地说，本章将描述如何设计用于捕获复杂图特定模式的更高级的图滤波器。

8.2 异质图神经网络

如定义 15 所述，异质图由多种类型的节点和边组成，并在实际应用中广泛存在。如 2.6.1 节中所讨论，论文、作者和会议之间的关系可以通过异质图来描述。图神经网络模型已扩展到异质图[71, 72, 73]。元路径（捕获节点之间具有不同语义的各种关系）被用来处理异质图中的异质性（参见如定义 27 中所述的元路径模式和元路径）。文献[71, 73]利用元路径，将异质图拆分为几个同质图。具体地说，元路径被视为节点之间的边，并且那些遵循相同元路径模式的元路径被视为相同类型的边。每种元路径模式定义了一个简单的同质图，其中它的边为具有该模式的元路径实例。第 5 章中的图滤波操作都可以应到这些简单的同质图中，以生成捕获不同局部语义信息的节点表示，然后将其组合以生成最终的节点表示。类似地，元路径用于定义基于元路径的邻居，在图滤波过程中，对它们的处理也会有所不同[72]。具体来说，给定元路径 ψ，如果节点 v_i 可以通过模式 ψ 的元路径达到 v_j，那么 v_j 就被定义为 v_i 的 ψ-邻居。来自不同类型的基于元路径的邻居信息通过注意力机制进行组合，以生成新的节点表示。接下来，本章首先正式定义基于元路径的邻居，然后介绍为异质图设计的图滤波器。

定义 32（基于元路径的邻居） 在一个异质图中，给定一个节点 v_i 和元路径模式 ψ，节点 v_i 的 ψ 邻居表示为 $\mathcal{N}_\psi(v_i)$，它由通过模式 ψ 的元路径与节点 v_i 相连接的节点组成。

异质图的滤波器设计包含两个步骤：1）对于每个 $\psi \in \Psi$，聚合来自 ψ-邻居的信息，其中 Ψ 表示在任务中采用的元路径模式集合; 2）结合从每种邻居类型聚合的信息，以生成节点表示。具体来说，对于节点 v_i，图滤波操作（对于第 l 层）将其表示更新为：

$$\begin{aligned}\boldsymbol{z}_{\psi,i}^{(l)} &= \sum_{v_j \in \mathcal{N}_\psi(v_i)} \alpha_{\psi,ij}^{(l-1)} \boldsymbol{F}_j^{(l-1)} \boldsymbol{\Theta}_\psi^{(l-1)}, \\ \boldsymbol{F}_i^{(l)} &= \sum_{\psi \in \Psi} \boldsymbol{\beta}_\psi^{(l)} \boldsymbol{z}_{\psi,i}^{(l)}.\end{aligned}$$

式中，$\boldsymbol{z}_{\psi,i}^{(l)}$ 表示从节点 v_i 的 ψ-邻居聚合的信息；$\boldsymbol{\Theta}_\psi^{(l-1)}$ 是基于元路径 ψ 的邻居的参数；$\alpha_{\psi,ij}^{(l-1)}$ 和 $\beta_\psi^{(l)}$ 是注意力得分。它们可以通过类似于在 5.3.2 节中介绍的 GAT-Filter 一样来学习。

具体来说，$\alpha_{\psi,ij}^{(l-1)}$ 用于更新 v_i 的节点表示，它表示节点 v_i 的 ψ 邻居 $v_j \in \mathcal{N}_\psi(v_i)$ 在第 l 层的贡献。它可以被正式定义为：

$$\alpha_{\psi,ij}^{(l-1)} = \frac{\exp\left(\sigma\left(\boldsymbol{a}_\psi^\top \cdot \left[\boldsymbol{F}_i^{(l-1)} \boldsymbol{\Theta}_\psi^{(l-1)}, \boldsymbol{F}_j^{(l-1)} \boldsymbol{\Theta}_\psi^{(l-1)}\right]\right)\right)}{\sum_{v_k \in \mathcal{N}_\psi(v_i)} \exp\left(\sigma\left(\boldsymbol{a}_\psi^\top \cdot \left[\boldsymbol{F}_i^{(l-1)} \boldsymbol{\Theta}_\psi^{(l-1)}, \boldsymbol{F}_k^{(l-1)} \boldsymbol{\Theta}_\psi^{(l-1)}\right]\right)\right)},$$

式中，$\boldsymbol{a}_\psi$ 是要学习的参数向量。

同时，用于组合来自不同元路径的邻居的信息的注意力得分 $\beta_\psi^{(l)}$ 并非针对每个节点 v_i，而是由所有的节点共享。$\beta_\psi^{(l)}$ 表示的是来自节点 v_i 的 ψ 邻居的贡献。它被正式定义为：

$$\beta_\psi^{(l)} = \frac{\exp\left(\frac{1}{|\mathcal{V}|} \sum_{i \in \mathcal{V}} \boldsymbol{q}^\top \cdot \tanh\left(\boldsymbol{z}_{\psi,i}^{(l)} \boldsymbol{\Theta}_\beta^{(l)} + \boldsymbol{b}\right)\right)}{\sum\limits_{\psi \in \Psi} \exp\left(\frac{1}{|\mathcal{V}|} \sum_{i \in \mathcal{V}} \boldsymbol{q}^\top \cdot \tanh\left(\boldsymbol{z}_{\psi,i}^{(l)} \boldsymbol{\Theta}_\beta^{(l)} + \boldsymbol{b}\right)\right)},$$

式中，$\boldsymbol{q}$、$\boldsymbol{\Theta}_\beta^{(l)}$ 和 $\boldsymbol{b}$ 是需要学习的参数。

8.3 二分图神经网络

二分图广泛地存在于诸如推荐之类的实际应用中，其中用户和商品是两个不相交的节点集，而它们的交互用边来体现。本节将简要介绍一个为二分图设计的通用图滤波器，12.2.2 节在讨论图神经网络在推荐任务中的应用时，将会介绍更多高级的二分图滤波器。

如定义 16 所述，图中有两个不相交的节点集 $\mathcal{U}$ 和 $\mathcal{V}$，它们可以是不同的类型。边只存在于两组之间，而每组内都没有边。要为二分图设计基于空间的图滤波器，关键是如何聚合来自相邻节点的信息。在二分图中，对于 $\mathcal{U}$ 中的任何节点 u_i，其邻居都是 $\mathcal{V}$ 的子集，即 $\mathcal{N}(u_i) \subset \mathcal{V}$。类似地，对于节点 $v_j \in \mathcal{V}$，其邻居来自 $\mathcal{U}$。因此，这两组节点需要两种图滤波操作，可以描述为：

$$\boldsymbol{F}_{u_i}^{(l)} = \frac{1}{|\mathcal{N}(u_i)|} \sum_{v_j \in \mathcal{N}(u_i)} \boldsymbol{F}_{v_j}^{(l-1)} \boldsymbol{\Theta}_v^{(l-1)},$$

$$\boldsymbol{F}_{v_i}^{(l)} = \frac{1}{|\mathcal{N}(v_i)|} \sum_{u_j \in \mathcal{N}(v_i)} \boldsymbol{F}_{u_j}^{(l-1)} \boldsymbol{\Theta}_u^{(l-1)}.$$

式中，$\boldsymbol{F}_{u_i}^{(l)}$ 表示第 l 层之后的节点 u_i 的表示；$\boldsymbol{\Theta}_v^{(l-1)}$ 和 $\boldsymbol{\Theta}_u^{(l-1)}$ 分别是将节点嵌入从节点空间 $\mathcal{V}$ 转换到节点空间 $\mathcal{U}$ 和从节点空间 $\mathcal{U}$ 到节点空间 $\mathcal{V}$ 的参数。

8.4 多维图神经网络

在许多现实世界的图中，一对节点之间可以同时存在多种类型的关系。如 2.6.3 节介绍的那样，这些具有多种关系类型的图可以建模为多维图。在多维图中，所有维度共享同一组节点，而每个维度都有其独特的结构。因此，在设计用于多维图的图滤波器时，必须同时考虑维度内和维度间的交互。具体来说，维度内的交互体现在相同维度的节点之间的连接，而维度间的交互体现在同一节点在不同维度的“副本”之间。文献[74]提出了一种可同时捕获维度内部信息和跨维度信息的图滤波器。具体而言，在图滤波过程中，对于每个节点 v_i，首先学习在每个维度上的节点 v_i 的表示，然后将其组合以生成节点 v_i 的整体表示。接着更新维度 d 中节点 v_i 的表示，它需要聚合来自同一维度中其邻居的信息，以及其他维度中有关 v_i 的信息。因此，在多维图中定义了两种类型的邻居：维度内邻居和跨维度邻居。对于在维度 d 的给定节点 v_i，维度内邻居是直接在维度 d 上与节点 v_i 连接的节点。相比之下，跨维度的邻居由其他维度的节点 v_i 的副本组成。在维度 d 上的节点 v_i 的维度内邻居集表示为 $\mathcal{N}_d(v_i)$。例如，在如图 8–1 所示的多维图中，对于节点 4，其在“红色”维度中的维度内邻居包括节点 1、2 和 5。此外，所有维度共享同一个节点 4，可以将其视为不同维度中同一个节点的副本。这些节点 4 的副本彼此隐式连接，所以它们被称为节点 4 的跨维度邻居。如图 8–1 中所示，“红色”维度中节点 4 的跨维度邻居是“蓝色”和“绿色”维度中节点 4 的副本。

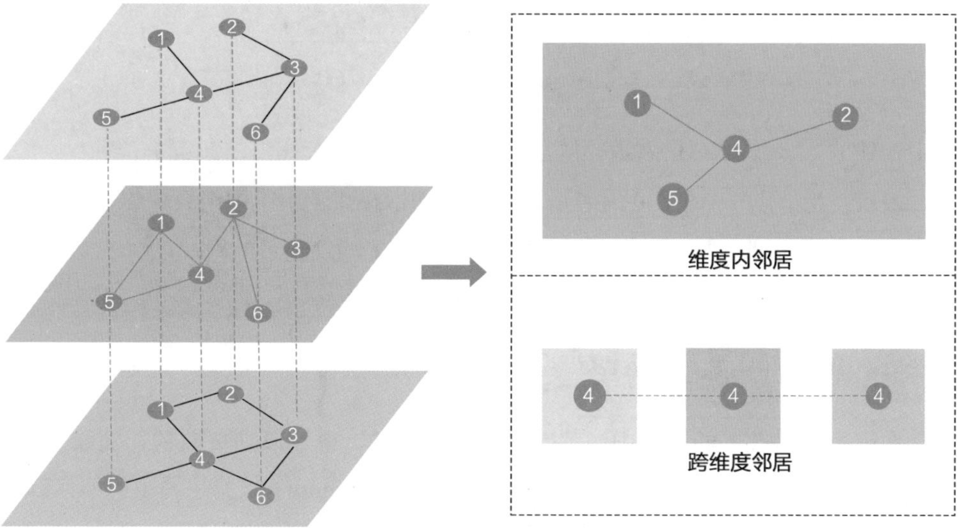

图 8–1　多维图中两种类型的邻居的示例

利用这两种邻居，文献[74]为多维图设计的图滤波操作（针对第 l 层中的节点 v_i）描述为：

$$\boldsymbol{F}_{d,j}^{(l-1)} = \sigma\left(\boldsymbol{F}_j^{(l-1)}\boldsymbol{\Theta}_d^{(l-1)}\right), \quad v_j \in \mathcal{N}_d(v_i), \tag{8–1}$$

$$\boldsymbol{F}_{g,i}^{(l-1)} = \sigma\left(\boldsymbol{F}_i^{(l-1)}\boldsymbol{\Theta}_g^{(l-1)}\right), \quad g = 1, \cdots, D \tag{8–2}$$

$$\boldsymbol{F}_{w,d,i}^{(l)} = \sum_{v_j \in \mathcal{N}_d(v_i)} \boldsymbol{F}_{d,j}^{(l-1)}, \tag{8–3}$$

$$\boldsymbol{F}_{a,d,i}^{(l)} = \sum_{g=1}^{D} \beta_{g,d}^{(l-1)} \boldsymbol{F}_{g,i}^{(l-1)}, \tag{8-4}$$

$$\boldsymbol{F}_i^{(l)} = \eta \boldsymbol{F}_{w,d,i}^{(l)} + (1-\eta)\boldsymbol{F}_{a,d,i}^{(l)}. \tag{8-5}$$

下面将解释从式 (8-1) 到式 (8-5) 所描述的图滤波器的步骤。在式 (8-1) 中，来自上一层（第 $l-1$ 层）的节点 v_i 的维度内邻居的表示由 $\boldsymbol{\Theta}_d^{(l-1)}$ 映射到维度 d；$\sigma()$ 是一个非线性激活函数。类似地，来自上一层的节点 v_i 的表示被映射到不同的维度，其中 D 是多维图中的维度总数。维度内聚合是在式 (8-3) 中执行的，它为第 l 层中的节点 v_i 生成维度内表示。跨维度的信息聚合在式 (8-4) 中执行，其中 $\beta_{g,d}^{(l-1)}$ 是注意力得分，它表示维度 g 对维度 d 的影响，其计算公式为：

$$\beta_{g,d}^{(l-1)} = \frac{\operatorname{tr}(\boldsymbol{\Theta}_g^{(l-1)\top} \boldsymbol{W}^{(l-1)} \boldsymbol{\Theta}_d^{(l-1)})}{\sum\limits_{g=1}^{D} \operatorname{tr}(\boldsymbol{\Theta}_g^{(l-1)\top} \boldsymbol{W}^{(l-1)} \boldsymbol{\Theta}_d^{(l-1)})},$$

式中，$\boldsymbol{W}^{(l-1)}$ 是要学习的参数矩阵。

最后，将节点 v_i 的维度内表示和跨维度表示在式 (8-5) 中组合，以生成在第 l 层之后更新的 v_i 的表示 $\boldsymbol{F}_i^{(l)}$，其中 η 是平衡这两个部分的超参数。

8.5 符号图神经网络

在许多现实世界的系统中，关系可以是正向的，也可以是负向的。例如，社交媒体用户不仅具有诸如朋友（例如，Facebook 和 Slashdot）、关注者（例如，Twitter）和信任（例如，Epinions）之类的正向关系，而且可以创建诸如敌人（例如，Slashdot）、不信任（例如，Epinions）、被屏蔽和不友善的用户（如 Facebook 和 Twitter）之类的负向关系。这些关系可以表示为具有正边和负边的图。随着在线社交网络的日益普及，符号图已变得越来越普遍。2.6.4 节给出了符号图的正式定义。由于存在负边，因此无法直接将第 5 章中为简单图设计的图滤波器应用于符号图。负边与正边相比具有非常不同甚至相反的关系。因此，为了实现用于符号图的图滤波器，需要专门的设计来适当地处理负边。解决负边的一种简单方法是将一个符号图分成两个单独的无符号图，每个图都仅由正边或负边组成。然后，可以将 5.2 节中的图滤波器分别应用于这两个图，然后通过组合来自这两个图的表示来获得最终的节点表示。但是，此方法忽略了正、负边之间的复杂交互关系。这些关系可以通过平衡理论来理解[221, 222]。适当地提取这些关系可以提供丰富的有关符号图的信息[223, 224, 225]。在文献[75]中，平衡理论用来对正、负边之间的关系进行建模，在此基础上为符号图设计了特定的图滤波器。具体地说，基于平衡理论提出了平衡路径和不平衡路径，然后在设计符号图的图滤波器时，采用这些路径来指导聚合过程。每个节点有两种表示，一种捕获从平衡路径聚合的信息，另一种捕获从不平衡路径聚合的信息。接下来，首先介绍平衡路径和不平衡路径，然后介绍为符号图设计的图滤波器。

一般而言，平衡理论[221, 222] 提出"我朋友的朋友是我的朋友"和"我朋友的敌人是我的敌人"。因此，图中的环可以分为平衡的或不平衡的。具体而言，负边数为偶数的环被视为平衡的，否则视为不平衡的。从大量的经验研究可以明显看出，现实世界中符号图的大多数环都是平衡的[225]。受平衡环定义的启发，可以将由偶数个负边组成的路径定义为平衡路径。相反，不平衡路径由奇数条负边组成。给定平衡路径的定义，如果节点 v_i 和节点 v_j 之间存在平衡路径，那么它们之间存在正相关的关系。因为根据平衡理论和实际经验，这样可以形成平衡环。类似地，节点 v_i 和 v_j 之间的不平衡路径表示它们之间负相关。给定平衡和不平衡路径的定义之后，可以定义平衡多跳邻居和不平衡多跳邻居。将节点 v_i 的 $(l{-}1)$ 跳平衡邻居节点定义为可以从节点 v_i 通过长度为 $(l{-}1)$ 的平衡路径到达的节点，表示为 $B^{(l-1)}(v_i)$。类似地，可以定义一组不平衡的 $(l{-}1)$ 跳邻居并将其表示为 $U^{l-1}(v_i)$。给定 $(l{-}1)$ 跳平衡邻居和不平衡邻居，可以方便地引入 l 跳平衡邻居和不平衡邻居。如图 8–2 所示，在长度为 $l{-}1$ 的平衡路径上添加一条正边，或者在长度为 $l{-}1$ 的不平衡路径上添加一条负边，都可以得到长度为 l 的平衡路径。可以类似地定义长度为 l 的不平衡路径。形式上，可以递归地定义不同跳的平衡邻居和不平衡邻居（对于 $l > 2$），如下所示：

$$\begin{aligned} B^l(v_i) = &\{v_j|v_k \in B^{(l-1)}(v_i) \text{ 且 } v_j \in \mathcal{N}^+(v_k)\} \\ &\cup \{v_j|v_k \in U^{(l-1)}(v_i) \text{ 且 } v_j \in \mathcal{N}^-(v_k)\}, \end{aligned}$$

$$\begin{aligned} U^l(v_i) = &\{v_j|v_k \in U^{(l-1)}(v_i) \text{ 且 } v_j \in \mathcal{N}^+(v_k)\} \\ &\cup \{v_j|v_k \in B^{(l-1)}(v_i) \text{ 且 } v_j \in \mathcal{N}^-(v_k)\}, \end{aligned}$$

式中，$\mathcal{N}^+(v_i)$ 和 $\mathcal{N}^-(v_i)$ 表示节点 v_i 的 1 跳正邻居和负邻居，所以有 $B^1(v_i) = \mathcal{N}^+(v_i)$ 和 $U^1(v_i) = \mathcal{N}^-(v_i)$。

在为符号图设计图滤波器时，应分别保留来自平衡邻居和不平衡邻居的信息，因为它们可能携带非常不同的信息。具体而言，平衡邻居可以被视为潜在的"朋友"，

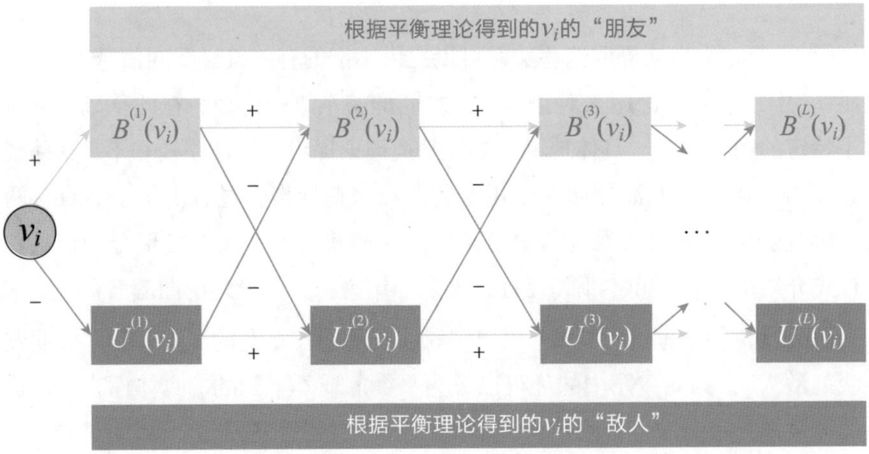

图 8-2 平衡邻居和不平衡邻居

而不平衡邻居可以被视为潜在的“敌人”。因此，需要用两种表示形式分别保留来自平衡邻居和不平衡邻居聚合的信息。对于节点 v_i，$\boldsymbol{F}_i^{(B,l)}$ 和 $\boldsymbol{F}_i^{(U,l)}$ 用于分别表示节点 v_i 经第 l 层图滤波层之后的平衡表示和不平衡表示。具体来说，第 l 层的图滤波器的过程可以描述如下：

$$\boldsymbol{F}_i^{(B,l)} = \sigma\left(\left[\sum_{v_j \in \mathcal{N}^+(v_i)} \frac{\boldsymbol{F}_j^{(B,l-1)}}{|\mathcal{N}^+(v_i)|}, \sum_{v_k \in \mathcal{N}^-(v_i)} \frac{\boldsymbol{F}_k^{(U,l-1)}}{|\mathcal{N}^-(v_i)|}, \boldsymbol{F}_i^{(B,l-1)}\right] \boldsymbol{\Theta}^{(B,l)}\right), \quad (8\text{–}6)$$

$$\boldsymbol{F}_i^{(U,l)} = \sigma\left(\left[\sum_{v_j \in \mathcal{N}^+(v_i)} \frac{\boldsymbol{F}_j^{(U,l-1)}}{|\mathcal{N}^+(v_i)|}, \sum_{v_k \in \mathcal{N}^-(v_i)} \frac{\boldsymbol{F}_k^{(B,l-1)}}{|\mathcal{N}^-(v_i)|}, \boldsymbol{F}_i^{(U,l-1)}\right] \boldsymbol{\Theta}^{(U,l)}\right), \quad (8\text{–}7)$$

式中，$\boldsymbol{\Theta}^{(B,l)}$ 和 $\boldsymbol{\Theta}^{(U,l)}$ 是学习的参数。

在式 (8–6) 中，$\boldsymbol{F}_i^{(B,l)}$ 是三种类型信息的串联：节点 v_i 的正邻居（在 $(l-1)$ 层）的平衡表示的聚合，即 $\sum_{v_j \in \mathcal{N}^+(v_i)} \frac{\boldsymbol{F}_j^{(B,l-1)}}{|\mathcal{N}^+(v_i)|}$；节点 v_i 的负邻居（在 $(l-1)$ 层）的不平衡表示的聚合，即 $\sum_{v_k \in \mathcal{N}^-(v_i)} \frac{\boldsymbol{F}_k^{(U,l-1)}}{|\mathcal{N}^-(v_i)|}$；$(l-1)$ 层中 v_i 的平衡表示。类似地，$\boldsymbol{F}_i^{(U,l)}$ 是通过式 (8–7) 中的不平衡路径集合信息生成的。通过 L 层图滤波层之后，节点 v_i 的平衡表示和不平衡表示被合并以形成 v_i 的最终表示，如下所示：

$$\boldsymbol{z}_i = [\boldsymbol{F}_i^{(B,L)}, \boldsymbol{F}_i^{(U,L)}],$$

式中，$\boldsymbol{z}_i$ 为节点 v_i 生成的最终表示形式。

文献 [226]采用注意力机制区分在式 (8–6) 和式 (8–7) 中进行聚合时节点的重要

性。具体而言，GAT-Filter 用于将式 (8–6) 和式 (8–7) 中的平衡邻居或不平衡邻居进行聚合。

8.6 超图神经网络

在许多实际问题中，实体之间的关系比两两关联更加复杂。例如，在描述论文之间关系的图中，特定作者可以撰写两篇以上的论文。在这里，“作者”可以看作与多篇“论文”（节点）相连的“超边”。与简单图中的边相比，超边可以编码更高阶的关系。具有超边的图被称为超图。2.6.5 节中给出了超图的正式定义。为超图建立图滤波器的关键是如何利用由超边编码的高阶关系。具体而言，从这些超边中提取成对关系，会将超图变换为简单图，并且可以应用如 5.2 节中介绍的为简单图设计的图滤波器。接下来将介绍一些从超边中提取成对关系的具有代表性的方法。

在文献[76]中，节点之间的成对关系是通过超边估计的。如果两个节点在至少一个超边中同时出现，则视为已连接。如果它们出现在多个超边中，则这些超边的影响将被合并在一起。描述成对节点关系的“邻接矩阵”可以表示为：

$$\tilde{\boldsymbol{A}}_{\mathrm{hy}} = \boldsymbol{D}_v^{-1/2}\boldsymbol{H}\boldsymbol{W}\boldsymbol{D}_e^{-1}\boldsymbol{H}^\top\boldsymbol{D}_v^{-1/2},$$

式中，矩阵 $\boldsymbol{D}_v, \boldsymbol{H}, \boldsymbol{W}, \boldsymbol{D}_e$ 已在定义 19 中被描述。具体而言，$\boldsymbol{H}$ 是表示节点和超边之间关系的关联矩阵；$\boldsymbol{W}$ 是描述超边上权重的对角矩阵；$\boldsymbol{D}_v$ 和 $\boldsymbol{D}_e$ 分别是节点度矩阵和超边度矩阵。然后，可以将为简单图设计的图滤波器应用于矩阵 $\tilde{\boldsymbol{A}}_{\mathrm{hy}}$ 上。文献 [76]采用了 GCN-Filter，它可以描述为：

$$\boldsymbol{F}^{(l)} = \sigma(\tilde{\boldsymbol{A}}_{\mathrm{hy}}\boldsymbol{F}^{(l-1)}\boldsymbol{\Theta}^{(l-1)}),$$

式中，$\sigma()$ 是一个非线性的激活函数。

文献[77]采用了在文献[227]中提出的方法，将超边转换为成对关系。对于每个由一组节点组成的超边 e，选择两个节点用于生成简单边，如下所示：

$$(v_i, v_j) := \arg\max_{v_i, v_j \in e} \|\boldsymbol{h}(v_i) - \boldsymbol{h}(v_j)\|_2^2,$$

式中，$\boldsymbol{h}(v_i)$ 可以视为与节点 v_i 关联的某些属性（或某些特征）。

具体而言，在图神经网络的设置中，对于第 l 层，从上一层 $\boldsymbol{F}^{(l-1)}$ 获取的隐藏层表示用来作为度量关系的特征。然后可以通过将所有这些提取的成对关系添加到图中来构造加权图，并且这些边的权重由其相应的超边确定。用 $\boldsymbol{A}^{(l-1)}$ 描述这些关系的邻接矩阵，第 l 层的图滤波器可以表示为：

$$\boldsymbol{F}^{(l)} = \sigma(\tilde{\boldsymbol{A}}^{(l-1)}\boldsymbol{F}^{(l-1)}\boldsymbol{\Theta}^{(l-1)}), \tag{8–8}$$

式中，$\tilde{\boldsymbol{A}}^{(l-1)}$ 是 $\boldsymbol{A}^{(l-1)}$ 的归一化。

该过程采用了在 5.3.2 节中用来对 GCN-Filter 的归一化方法。值得注意的是，图滤波器中的邻接矩阵 $\boldsymbol{A}^{(l-1)}$ 不是固定的，而是根据上一层的隐藏表示进行调整的。

此定义的主要缺点是每个超边仅连接两个节点，这可能会导致超边中其他节点的信息丢失。此外，这也可能导致图非常稀疏。因此，文献[228]提出了一种改进邻接矩阵的方法。所选节点还连接到相应超边中的其余节点。因此，每条超边导致 $2|e|-3$ 条边，其中 $|e|$ 表示超边 e 中的节点数。每条被提取的边的权重指定为 $1/(2|e|-3)$。根据这些边，建立邻接矩阵 $\boldsymbol{A}^{(l-1)}$，然后式 (8–8) 中的图滤波器可以用在该邻接矩阵。

8.7 动态图神经网络

现实中的图往往是动态演化的，即动态图。由于无法捕获时间信息，现有的图神经网络模型无法直接应用于动态图。文献[78]提出了一种名为 EvolveGCN 的图神经网络模型，用于处理离散动态图（其定义请参见 2.6.6 节），该模型的参数在时间推移下随着图的变化而变化。对于由 T 个快照组成的离散动态图，EvolveGCN 将学习具有相同结构（即多个 GNN-Filter 的堆积）的 T 个图神经网络模型。第一个图神经网络模型的模型参数是随机初始化并在训练过程中学习的，而第 t 个 GNN 模型的模型参数是从第 $(t-1)$ 个模型参数演化而来的。如图 8–3 所示，采用 RNN 体系结构更新模型参数。因此 3.4.2节中引入的 RNN 的 LSTM 和 GRU 变体均可用于更新模型参数。以 GRU 为例，第 t 个图快照的第 l 个图滤波层可以表示为：

$$\boldsymbol{\Theta}^{(l-1,t)} = \text{GRU}(\boldsymbol{F}^{(l-1,t)}, \boldsymbol{\Theta}^{(l-1,t-1)}), \tag{8–9}$$

$$\boldsymbol{F}^{(l,t)} = \text{GNN-Filter}(\boldsymbol{A}^{(t)}, \boldsymbol{F}^{(l-1,t)}, \boldsymbol{\Theta}^{(l-1,t)}), \tag{8–10}$$

式中，$\boldsymbol{\Theta}^{(l-1,t)}$ 和 $\boldsymbol{F}^{(l,t)}$ 分别表示第 t 个 GNN 模型的第 l 个图滤波层的参数和输出；矩阵 $\boldsymbol{A}^{(t)}$ 是第 t 个图快照的邻接矩阵。请注意，在式 (8–10) 中，第 t 个 GNN

模型的第 l 层的参数 $\boldsymbol{\Theta}^{(l-1,t)}$ 是通过 GRU 从第 $t-1$ 个 GNN 模型 $\boldsymbol{\Theta}^{(l-1,t-1)}$ 演化而成的，如式 (8–9) 所示。GRU 的详细体系结构在 3.4.3 节中有详细的描述。通用的 GNN-Filter 都可用于式 (8–10)，而文献[78]采用了 GCN-Filter。

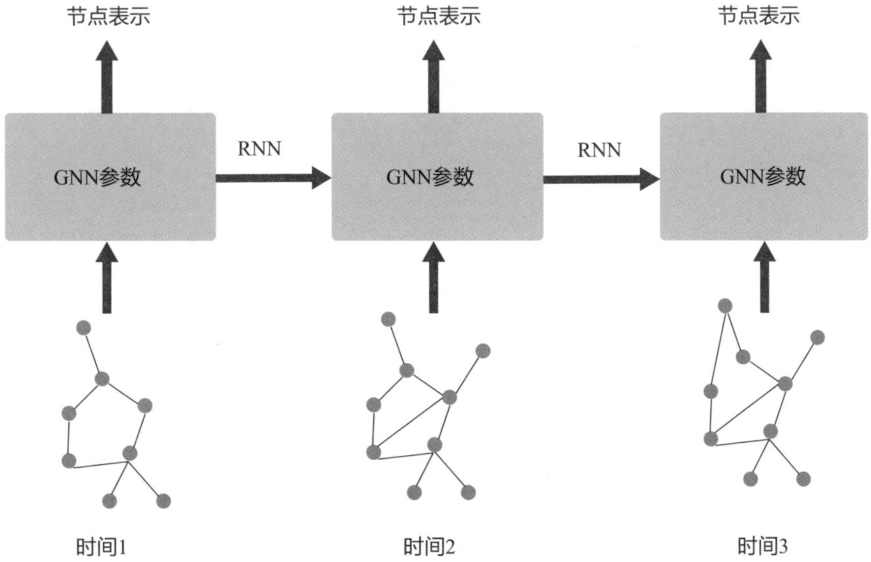

图 8–3　EvolveGCN 的一个示例

8.8 小结

本章讨论图神经网络模型如何扩展到复杂图，包括异质图、二分图、多维图、符号图、超图和动态图。对于每种类型的复杂图，本章介绍了代表性的图滤波器，这些滤波器经过专门设计以捕获其复杂的属性和模式。

8.9 扩展阅读

尽管本章为这些复杂的图引入了代表性的图神经网络，但仍在不断涌现更多的相关工作。文献[229]利用随机游走对异质邻居进行采样，从而为异质图设计图神经网络。文献[230]将自注意力机制用于离散动态图。文献[231]将注意力机制用于建模超图神经网络。文献[232, 233]聚焦于设计能够用于动态图的图神经网络。

第 9 章
CHAPTER 9

图上的其他深度模型

本章将介绍更多图上的深度模型，包括自编码器、循环神经网络、变分自编码器和生成对抗网络。对于每种深度模型，将介绍相应的具有代表性的算法。

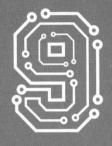

9.1 简介

传统的深度模型有卷积神经网络（CNN）、循环神经网络（RNN）、深度自编码器和生成对抗网络（GAN）。这些模型是针对不同类型的数据设计的。例如，CNN 用来处理如图像之类的网格状数据，RNN 用来处理文本等序列数据。这些模型也是为了满足不同的需求而设计的。例如，CNN 和 RNN 的训练需要大量的标记数据（即有监督的场景），而自编码器和 GAN 仅用无标记的数据（即无监督的场景）就能提取复杂的特征。这些不同的架构使得深度学习技术能够应用于更多领域，例如计算机视觉、自然语言处理、数据挖掘和信息检索。前面的章节已经介绍了用于简单图和复杂图的各种图神经网络（GNN）。然而，这些模型仅针对特定的图任务，例如节点分类和图分类；而且它们通常需要依赖标记数据来进行训练。因此，人们开始为图结构数据设计更多的深度模型。例如，自编码器已经被扩展到可用于图结构化数据上的节点表示学习[79, 81, 234]，包括变分自编码器和生成对抗网络在内的深度生成模型也被用于图数据的节点表示学习[81, 234, 84] 和图生成[235, 236] 之中。这些深度图模型促进了在 GNN 能力之外的不同场景下图数据相关任务的发展，并且极大地扩展了图深度学习技术。因此，本章的目标是介绍更多深度图模型，包括针对图数据的深度自动编码器、循环神经网络、变分自编码器和生成对抗网络。

9.2 图上的自编码器

自编码器可以被看作一种无监督的学习模型，用于获得输入数据样本的压缩低维表示。文献[79, 81, 234]已经采用自编码器学习节点的低维表示。文献[79]利用每个节点的邻域信息作为输入进行重构，因此学习到的低维表示只保留了节点的结构信息。如 3.4 节介绍的，其编码器和解码器都采用多层感知器（MLP）建模。文献[81, 234]以图神经网络模型作为编码器，以节点特征和图结构作为输入并将节点编码为低维表示，然后利用这些编码的节点表示重建图结构信息。接下来，本节将简要介绍这两种用于学习低维节点表示的图自编码器。

在文献[79]中，对于每个节点 $v_i \in \mathcal{V}$，它在邻接矩阵的对应行 $\boldsymbol{a}_i = \boldsymbol{A}_i$ 被作为编码器的输入，以获得如下的低维表示：

$$\boldsymbol{z}_i = f_{\text{enc}}(\boldsymbol{a}_i; \boldsymbol{\Theta}_{\text{enc}}), \tag{9-1}$$

式中，f_{enc} 表示编码器，该编码器由参数为 $\boldsymbol{\Theta}_{\text{enc}}$ 的 MLP 建模。

然后，$\boldsymbol{z}_i$ 被用作解码器的输入，其目的是重构 $\boldsymbol{a}_i$，如下：

$$\tilde{\boldsymbol{a}}_i = f_{\text{dec}}(\boldsymbol{z}_i; \boldsymbol{\Theta}_{\text{dec}}), \tag{9-2}$$

式中，f_{dec} 表示解码器；$\boldsymbol{\Theta}_{\text{dec}}$ 表示其参数。

因此，可以通过令 $\mathcal{V}$ 中所有节点的 $\tilde{\boldsymbol{a}}_i$ 和 $\boldsymbol{a}_i$ 保持相似来构建重构损失：

$$\mathcal{L}_{\text{enc}} = \sum_{v_i \in \mathcal{V}} \|\boldsymbol{a}_i - \tilde{\boldsymbol{a}}_i\|_2^2. \tag{9-3}$$

最小化上述重构损失可以将邻居信息“压缩”到低维表示 $\boldsymbol{z}_i$。节点邻域之间的两两相似性（即输入之间的相似性）不能被显式地捕获。但是，由于所有节点共享自编码器的参数，编码器期望将具有类似输入的节点映射到类似节点表示中，从而隐式地保留了相似性。由于邻接矩阵 $\boldsymbol{A}$ 固有的稀疏性，直接使用上述重构损失可能会产生以下问题：$\boldsymbol{a}_i$ 中的大部分元素是 0，这可能导致优化进程更倾向于重构出元素 0。为了解决这一问题，需要对非零元素的重构误差添加惩罚项，因此对重构损失进行如下修改：

$$\mathcal{L}_{\text{enc}} = \sum_{v_i \in \mathcal{V}} \|(\boldsymbol{a}_i - \tilde{\boldsymbol{a}}_i) \odot \boldsymbol{b}_i\|_2^2, \tag{9-4}$$

式中，$\odot$ 表示 Hadamard 积；$\boldsymbol{b}_i = \{b_{i,j}\}_{j=1}^{|\mathcal{V}|}$，其中当 $\boldsymbol{A}_{i,j} = 0$ 时，$b_{i,j} = 1$，当 $\boldsymbol{A}_{i,j} \neq 0$ 时，$b_{i,j} = \beta > 1$（β 是一个需要调整的超参数）。

此外，为了直接促使相连节点有相似的低维表示，引入如下正则化损失：

$$\mathcal{L}_{\text{con}} = \sum_{v_i, v_j \in \mathcal{V}} \boldsymbol{A}_{i,j} \cdot \|\boldsymbol{z}_i - \boldsymbol{z}_j\|_2^2. \tag{9-5}$$

最后引入对于编码器和解码器参数的正则化损失，最终的目标函数表示如下：

$$\mathcal{L} = \mathcal{L}_{\text{enc}} + \lambda \cdot \mathcal{L}_{\text{con}} + \eta \cdot \mathcal{L}_{\text{reg}}, \tag{9-6}$$

式中，$\mathcal{L}_{\text{reg}}$ 表示参数上的正则化损失，表示如下：

$$\mathcal{L}_{\text{reg}} = \|\boldsymbol{\Theta}_{\text{enc}}\|_2^2 + \|\boldsymbol{\Theta}_{\text{dec}}\|_2^2. \tag{9-7}$$

上面介绍的图自编码器模型只能利用图结构信息，无法利用节点特征。因此，文献[81]采用图神经网络模型作为编码器，既能利用图结构信息又能利用节点特征。具体而言，编码器建模为：

$$\boldsymbol{Z} = f_{\text{GNN}}(\boldsymbol{A}, \boldsymbol{X}; \boldsymbol{\Theta}_{\text{GNN}}), \tag{9–8}$$

式中，f_{GNN} 是建模为图神经网络的编码器。

文献[81]用 GCN-Filter 构建编码器。解码器用来重构原图，包括其邻接矩阵 $\boldsymbol{A}$ 和节点特征矩阵 $\boldsymbol{X}$。而在文献[81]中，只有邻接矩阵 $\boldsymbol{A}$ 被作为重构的目标。具体来说，邻接矩阵可以从编码后的节点表示 $\boldsymbol{Z}$ 进行如下重构：

$$\hat{\boldsymbol{A}} = \sigma(\boldsymbol{Z}\boldsymbol{Z}^{\top}), \tag{9–9}$$

式中，$\sigma()$ 表示 Sigmoid 函数。低维节点表示 $\boldsymbol{Z}$ 可以通过最小化 $\hat{\boldsymbol{A}}$ 和 $\boldsymbol{A}$ 的重构误差学习得到。其目标函数被建模为：

$$-\sum_{v_i, v_j \in \mathcal{V}} \left(\boldsymbol{A}_{i,j} \log \hat{\boldsymbol{A}}_{i,j} + (1 - \boldsymbol{A}_{i,j}) \log \left(1 - \hat{\boldsymbol{A}}_{i,j}\right)\right), \tag{9–10}$$

可以看作 $\boldsymbol{A}$ 和 $\hat{\boldsymbol{A}}$ 之间的交叉熵损失。

9.3 图上的循环神经网络

本书 3.3 节介绍的循环神经网络最初是为处理序列数据而设计的，近年来已发展到可以学习图结构数据的表示。文献[82]引入 Tree-LSTM，将 LSTM 模型推广到树型数据。树可以看作一种特殊的图，它是没有任何环的图。文献[83]提出了 Graph-LSTM，将 Tree-LSTM 进一步扩展到一般的图。本节首先介绍 Tree-LSTM，然后讨论 Graph-LSTM。

如图 9–1 所示，序列可以被认为是一棵特定的树，其中每个节点（除了第一个节点）只有一个子节点，即它的前一个节点。信息从序列中的第一个节点流向最后一个节点。因此，正如 3.4.2 节和图 3–13 所示，LSTM 模型通过使用给定节点的输入和前一个节点的隐藏状态，按顺序生成给定节点的隐藏状态。

但是，如图 9–2 所示，树中的一个节点可以有任意数量的子节点。假定树中的信息总是从子节点流向父节点，那么在生成某节点的隐藏状态时，就需要利用其输入和子节点的隐藏状态。因此，处理树结构数据的 Tree-LSTM 模型诞生了。为介绍 Tree-LSTM 模型，本节遵循与 3.4.2 节相同的符号。具体来讲，对于树中的节点 v_k，用 $\boldsymbol{x}^{(k)}$ 表示它的输入，$\boldsymbol{h}^{(k)}$ 表示它的隐藏状态，$\boldsymbol{C}^{(k)}$ 表示它的单元状态，$\mathcal{N}_c(v_k)$ 表示它的子节点集合。给定一棵树，Tree-LSTM 按如下方式生成节点 v_k 的隐藏状态。

$$\tilde{\boldsymbol{h}}^{(k)} = \sum_{v_j \in \mathcal{N}_c(v_k)} \boldsymbol{h}^{(j)}, \tag{9–11}$$

$$\boldsymbol{f}_{kj} = \sigma(\boldsymbol{W}_f \cdot \boldsymbol{x}^{(k)} + \boldsymbol{U}_f \cdot \boldsymbol{h}^{(j)} + \boldsymbol{b}_f), \quad v_j \in \mathcal{N}_c(v_k), \tag{9–12}$$

$$\boldsymbol{i}_k = \sigma(\boldsymbol{W}_i \cdot \boldsymbol{x}^{(k)} + \boldsymbol{U}_i \cdot \tilde{\boldsymbol{h}}^{(k)} + \boldsymbol{b}_i), \tag{9–13}$$

$$\boldsymbol{o}_k = \sigma(\boldsymbol{W}_o \cdot \boldsymbol{x}^{(k)} + \boldsymbol{U}_o \cdot \tilde{\boldsymbol{h}}^{(k)} + \boldsymbol{b}_o), \tag{9–14}$$

$$\tilde{\boldsymbol{C}}^{(k)} = \tanh(\boldsymbol{W}_c \cdot \boldsymbol{x}^{(k)} + \boldsymbol{U}_c \cdot \tilde{\boldsymbol{h}}^{(k)} + \boldsymbol{b}_c), \tag{9–15}$$

$$\boldsymbol{C}^{(k)} = \boldsymbol{i}_t \odot \tilde{\boldsymbol{C}}^{(k)} + \sum_{v_j \in \mathcal{N}_c(v_k)} \boldsymbol{f}_{kj} \odot \boldsymbol{C}^{(j)}, \tag{9–16}$$

$$\boldsymbol{h}^{(k)} = \boldsymbol{o}_t \odot \tanh(\boldsymbol{C}^{(k)}). \tag{9–17}$$

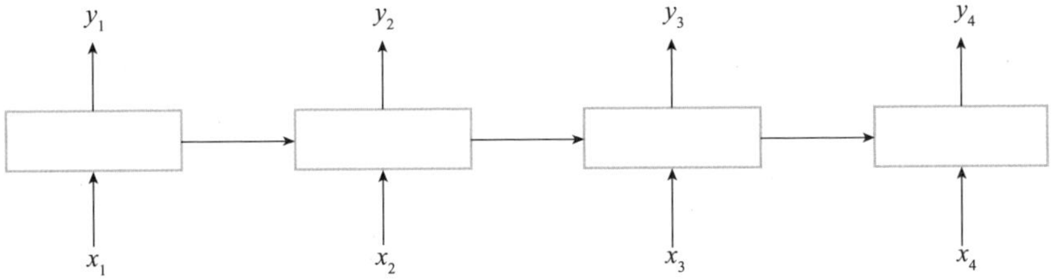

图 9–1 序列的一个说明性例子

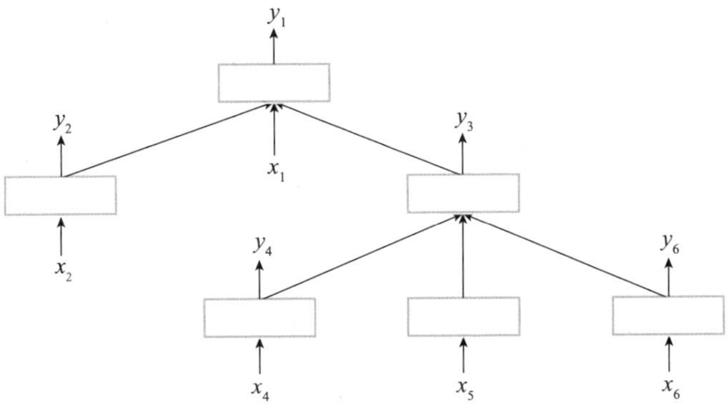

图 9–2 树的一个说明性例子

本节接下来简要描述 Tree-LSTM 中的操作。节点 v_k 的子节点的隐藏状态被聚合产生 $\tilde{\boldsymbol{h}}^{(k)}$，如式 (9–11) 所示。聚合得到的隐藏状态 $\tilde{\boldsymbol{h}}^{(k)}$ 用来产生输入门、输出门和候选记忆单元，分别如式 (9–13)、式 (9–14) 和式 (9–15) 所示。在式 (9–12) 中，对每个子节点 $v_j \in \mathcal{N}_c(v_k)$ 生成相应的遗忘门，当更新式 (9–16) 中 v_k 的记忆单元时，以控制从这个子节点流向 v_k 的信息。最后，在式 (9–17) 中，更新节点 v_k 的隐藏状态。

与树不同，图中通常有环。因此，一般图中的节点不像树中的节点那样有自然的顺序。广度优先搜索（Breadth-First Search，BFS）和深度优先搜索（Depth-First Search，DFS）是定义节点顺序的两种方法[83]。此外，还可以根据具体应用定义节点的顺序。在获得节点的排序之后，可以用与式 (9–11) 到式 (9–17) 类似的操作，以按照所获得的排序更新这些节点的隐藏状态和单元。这其中主要的不同是在无向图中，式 (9–11) 聚合来自节点 v_k 的所有相邻节点 $\mathcal{N}(v_k)$ 的隐藏状态，而在 Tree-LSTM 中，式 (9–11) 只聚合节点 v_k 的子节点。此外，邻居 $\mathcal{N}(v_k)$ 中的某些节点的隐藏状态可能尚未更新。在这种情况下，聚合过程将利用预更新的隐藏状态。

9.4 图上的变分自编码器

变分自编码器是一种生成模型。给定一个数据集 $\mathcal{X} = \{\boldsymbol{x}_1, \cdots, \boldsymbol{x}_N\}$，变分自编码器通常被用来模拟它的数据分布。变分自编码器同时也是一个隐变量模型，它可以用一个隐变量作为输入来生成样本。给定一个从标准正态分布 $p(\boldsymbol{z})$ 中采样出来的隐变量 $\boldsymbol{z}$, 通过学习的自编码器可以用 $\boldsymbol{z}$ 作为输入生成一些和给定的数据集相似的样本，这些样本的分布如下：

$$p(\boldsymbol{x}|\boldsymbol{z};\boldsymbol{\Theta}) = \mathcal{N}(\boldsymbol{x}|f(\boldsymbol{z};\boldsymbol{\Theta}), \sigma^2 \cdot \boldsymbol{I}), \tag{9–18}$$

式中，$\mathcal{N}(\boldsymbol{x}|f(\boldsymbol{z};\boldsymbol{\Theta}), \sigma^2 \cdot \boldsymbol{I})$ 是一个以 $f(\boldsymbol{z};\boldsymbol{\Theta})$ 为均值、$\sigma^2 \cdot \boldsymbol{I}$ 为协方差矩阵的高斯分布；$\boldsymbol{\Theta}$ 表示需要学习的参数；$\boldsymbol{x}$ 表示一个生成的样本。这个生成的样本与给定的数据集是同一种类型的。例如，当给定的数据集是图片数据时，生成的样本也需要是图片。$f(\boldsymbol{z};\boldsymbol{\Theta})$ 是一个确定性函数（Deterministic Function），它被用于将隐变量 $\boldsymbol{z}$ 映射成式 (9–18) 所示的生成模型的分布函数的均值。

> 在实践中，生成模型的概率分布不一定呈高斯分布，根据具体的应用，也可以是其他分布。这里为方便起见，以计算机视觉任务中生成图像时采用的高斯分布为例。

为了确保式 (9–18) 中的生成模型对于给定的数据 $\mathcal{X}$ 有足够的代表性，如下所示的 $\mathcal{X}$ 中每个样本 $\boldsymbol{x}_i$ 的对数似然（log-likelihood）需要被最大化：

$$\log p(\boldsymbol{x}_i) = \log \int p(\boldsymbol{x}_i|\boldsymbol{z};\boldsymbol{\Theta})p(\boldsymbol{z})\mathrm{d}\boldsymbol{z}, \quad \boldsymbol{x}_i \in \mathcal{X}. \tag{9–19}$$

然而，式 (9–19) 中的积分是难解的。此外，真正的后验函数 $p(\boldsymbol{z}|\boldsymbol{x};\boldsymbol{\Theta})$ 也是难解的，这使得 EM 算法不能直接应用于该问题。为了解决该问题，一个推论模型 $q(\boldsymbol{z}|\boldsymbol{x};\boldsymbol{\Phi})$ 可被用来近似这个难解的后验函数 $p(\boldsymbol{z}|\boldsymbol{x};\boldsymbol{\Theta})$[237]。通常，$q(\boldsymbol{z}|\boldsymbol{x};\boldsymbol{\Phi})$ 被建模为高斯分布，即 $q(\boldsymbol{z}|\boldsymbol{x};\boldsymbol{\Phi}) = \mathcal{N}(\mu(\boldsymbol{x};\boldsymbol{\Phi}), \sigma(\boldsymbol{x};\boldsymbol{\Phi}))$。这个高斯分布的均值和方差由一些确定性函数建模。这样，式 (9–19) 中的对数似然可以重写为：

$$\log p(\boldsymbol{x}_i) = D_{\mathrm{KL}}(q(\boldsymbol{z}|\boldsymbol{x};\boldsymbol{\Phi})\|p(\boldsymbol{z}|\boldsymbol{x};\boldsymbol{\Theta})) + \mathcal{L}(\boldsymbol{\Theta},\boldsymbol{\Phi};\boldsymbol{x}_i).$$

因为近似后验和真实后验（即右侧的第一项）的 KL 散度是非负的。式中 $\mathcal{L}(\boldsymbol{\Theta},\boldsymbol{\Phi};\boldsymbol{x}_i)$ 被称为 $\boldsymbol{x}_i$ 的对数似然的变分下界（Variational Lower Bound）。具体来讲，变分下限可以写成如下形式：

$$\mathcal{L}(\boldsymbol{\Theta},\boldsymbol{\Phi};\boldsymbol{x}_i) = \underbrace{\mathbb{E}_{q(\boldsymbol{z}|\boldsymbol{x}_i;\boldsymbol{\Phi})}\left[\log p(\boldsymbol{x}_i|\boldsymbol{z};\boldsymbol{\Theta})\right]}_{\text{重建}} - \underbrace{D_{\mathrm{KL}}(q(\boldsymbol{z}|\boldsymbol{x}_i;\boldsymbol{\Phi})\|p(\boldsymbol{z}))}_{\text{正则}}. \tag{9–20}$$

最大化式 (9–19) 中对数似然的过程常常被变换成相对于 $\boldsymbol{\Theta}$ 和 $\boldsymbol{\Phi}$ 来最大化变分下界的问题。最小化变分下界的负值（即，$-\mathcal{L}(\boldsymbol{\theta},\boldsymbol{\phi};\boldsymbol{x}_i)$）类似于 3.4 节介绍的自编码器的过程。这也部分解释了为什么该模型被命名为变分自编码器。具体地说，式 (9–20) 中的右侧的第一项可以视为一个重建过程，其中 $q(\boldsymbol{z}|\boldsymbol{x}_i;\boldsymbol{\Phi})$ 是编码器 (即推论模型)，而 $p(\boldsymbol{x}_i|\boldsymbol{z};\boldsymbol{\Theta})$ 是解码器（即生成模型）。与传统的自编码器中编码器将给定输入映射到一个向量表示不同，这里的编码器 $q(\boldsymbol{z}|\boldsymbol{x}_i;\boldsymbol{\Phi})$ 将输入的 $\boldsymbol{x}_i$ 映射到一个高斯分布。最大化式 (9–20) 右侧的第一项可被视为最小化输入 $\boldsymbol{x}_i$ 与解码出来的高斯分布的 $p(\boldsymbol{x}_i|\boldsymbol{z};\boldsymbol{\Theta})$ 的均值之间的距离。同时，式 (9–20) 中右侧的第二项可被视为正则项，它强制近似的后验分布 $q(\boldsymbol{z}|\boldsymbol{x}_i;\boldsymbol{\Phi})$ 接近于先验分布 $p(\boldsymbol{z})$。经过训练，生成模型 $p(\boldsymbol{x}_i|\boldsymbol{z};\boldsymbol{\Theta})$ 可用于生成与给定数据中样本相似的样本。生成模型的输入（即隐变量）可以从标准高斯分布 $p(\boldsymbol{z})$中采样。

9.4.1 用于节点表示学习的变分自编码器

在文献[81]中，变分自编码器被用于学习图上的节点表示。其中，变分自编码器的推论模型将每个节点都编码成一个多元正态分布。图中所有节点的联合分布表示如下：

$$q(\boldsymbol{Z}|\boldsymbol{X},\boldsymbol{A};\boldsymbol{\Phi})=\prod_{v_i\in\mathcal{V}}q\left(\boldsymbol{z}_i|\boldsymbol{X},\boldsymbol{A};\boldsymbol{\Phi}\right),$$
$$q\left(\boldsymbol{z}_i|\boldsymbol{X},\boldsymbol{A};\boldsymbol{\Phi}\right)=\mathcal{N}\left(\boldsymbol{z}_i|\boldsymbol{\mu}_i,\operatorname{diag}\left(\boldsymbol{\sigma}_i^2\right)\right),\tag{9-21}$$

式中，$\boldsymbol{\mu}_i$ 和 $\boldsymbol{\sigma}_i$ 分别表示节点 v_i 对应的高斯分布的均值和方差。它们可以由如下的确定性图神经网络模型学习：

$$\boldsymbol{\mu}=\mathrm{GNN}(\boldsymbol{X},\boldsymbol{A};\boldsymbol{\Phi}_\mu),$$
$$\log\boldsymbol{\sigma}=\mathrm{GNN}(\boldsymbol{X},\boldsymbol{A};\boldsymbol{\Phi}_\sigma),$$

式中，$\boldsymbol{\mu}$ 和 $\boldsymbol{\sigma}$ 是两个矩阵，其中 $\boldsymbol{\mu}_i$、$\boldsymbol{\sigma}_i$ 表示它们的第 i 行；参数 $\boldsymbol{\Phi}_\mu$ 和 $\boldsymbol{\Phi}_\sigma$ 可以看作式 (9–21) 中的 $\boldsymbol{\Phi}$。

特别地，在文献[81]中，GCN-Filter 被用来作为上式中的图神经网络模型来构建这个推论模型。生成模型用来生成（或重建）输入图的邻接矩阵。生成模型采用如下隐变量之间内积的形式：

$$p(\boldsymbol{A}|\boldsymbol{Z})=\prod_{i=1}^{N}\prod_{j=1}^{N}p\left(\boldsymbol{A}_{i,j}|\boldsymbol{z}_i,\boldsymbol{z}_j\right),$$
$$p\left(\boldsymbol{A}_{i,j}=1|\boldsymbol{z}_i,\boldsymbol{z}_j\right)=\sigma\left(\boldsymbol{z}_i^\top\boldsymbol{z}_j\right),$$

式中，$\boldsymbol{A}_{i,j}$ 表示邻接矩阵 $\boldsymbol{A}$ 的第 i,j 个元素；$\sigma(\cdot)$ 表示逻辑 S 形函数。

注意，生成模型不包含需要学习的参数。变分自编码器的推论模型中的参数可以通过优化如下的变分下界得到：

$$\mathcal{L}=\mathbb{E}_{q(\boldsymbol{Z}|\boldsymbol{X},\boldsymbol{A};\boldsymbol{\Phi})}[\log p(\boldsymbol{A}|\boldsymbol{Z})]-\mathrm{KL}[q(\boldsymbol{Z}|\boldsymbol{X},\boldsymbol{A};\boldsymbol{\Phi})\|p(\boldsymbol{Z})],$$

式中，$p(\boldsymbol{Z})=\prod_i p\left(\boldsymbol{z}_i\right)=\prod_i\mathcal{N}\left(\boldsymbol{z}_i|0,\boldsymbol{I}\right)$ 是隐变量 $\boldsymbol{Z}$ 的一个正态先验分布。

9.4.2 用于图生成的变分自编码器

图生成任务的目标是，在给定一组图 $\{\mathcal{G}_i\}$ 的情况下，训练模型来生成与这些图相似的图。变分自编码器被用来生成小规模的图，如分子图等[235]。具体地说，给定

一个图 $\mathcal{G}$，推理模型 $q(\boldsymbol{z}|\mathcal{G};\boldsymbol{\Phi})$ 旨在将其映射到一个隐分布（Latent Distribution）。而解码器可以用生成模型 $p(\mathcal{G}|\boldsymbol{z};\boldsymbol{\Theta})$ 表示。其中，$\boldsymbol{\Phi}$ 和 $\boldsymbol{\Theta}$ 都是参数，需要通过优化 $\mathcal{G}$ 的对数似然度 $\log p(\mathcal{G};\boldsymbol{\Theta}))$ 的变分下界来学习：

$$\mathcal{L}(\boldsymbol{\Phi},\boldsymbol{\Theta};\mathcal{G})=\mathbb{E}_{q(\boldsymbol{z}|\mathcal{G};\boldsymbol{\Phi})}\left[\log p(\mathcal{G}|\boldsymbol{z};\boldsymbol{\Theta})\right]-D_{\mathrm{KL}}\left[q(\boldsymbol{z}|\mathcal{G};\boldsymbol{\Phi})\|p(\boldsymbol{z})\right], \tag{9–22}$$

式中，$p(\boldsymbol{z})=\mathcal{N}(0,\boldsymbol{I})$ 是隐变量 $\boldsymbol{z}$ 的一个正态先验分布。接下来，首先介绍这个变分自编码器的编码器（推论模型）$q(\boldsymbol{z}|\mathcal{G};\boldsymbol{\Phi})$ 以及解码器（生成模型）$p(\mathcal{G}|\boldsymbol{z};\boldsymbol{\Theta})$ 的设计细节，最后讨论如何计算 $\mathbb{E}_{q(\boldsymbol{z}|\mathcal{G};\boldsymbol{\Phi})}\left[\log p(\mathcal{G}|\boldsymbol{z};\boldsymbol{\Theta})\right]$。

9.4.3　编码器：推论模型

文献[235]介绍的图生成模型的目标是生成规模较小的图，如分子图等。此外，这些图中的节点和边常被假设为关联了一些属性。比如，在分子图中，节点和边属性表示节点和边的类型，它们被编码为独热向量。具体地说，图 $\mathcal{G}=\{\boldsymbol{A},\boldsymbol{F},\boldsymbol{E}\}$ 可以由它的邻接矩阵 $\boldsymbol{A}\in\{0,1\}^{N\times N}$、节点属性 $\boldsymbol{F}\in\{0,1\}^{N\times t_n}$ 以及边属性 $\boldsymbol{E}\in\{0,1\}^{N\times N\times t_e}$ 表示。通常，在分子图中，节点数 N 的数量级为 10。矩阵 $\boldsymbol{F}$ 用来表示每个节点的属性（类型），其中 t_n 是节点类型的数量。具体地说，$\boldsymbol{F}$ 的第 i 行是用来表示第 i 个节点类型的一个独热编码向量。类似地，$\boldsymbol{E}$ 是用来表示边类型的张量，其中 t_e 是边类型的数量。请注意，这些图通常没有 $N\times N$ 条边，所以它们不是完全图。因此，在 $\boldsymbol{E}$ 中，与不存在的边相对应的独热编码实际上是 $\mathbf{0}$ 向量。为了充分利用给定的图信息，建模编码器时使用具有池化层的图神经网络模型，其表示如下：

$$\begin{aligned}
q(\boldsymbol{z}|\mathcal{G};\boldsymbol{\Phi})&=\mathcal{N}(\boldsymbol{\mu},\boldsymbol{\sigma}^2),\\
\boldsymbol{\mu}&=\mathrm{pool}(\mathrm{GNN}_{\mu}(\mathcal{G})),\\
\log\boldsymbol{\sigma}&=\mathrm{pool}(\mathrm{GNN}_{\sigma}(\mathcal{G})),
\end{aligned}$$

式中，均值和方差都由图神经网络模型学习而来。具体地，5.3.2 节介绍的 ECC-Filter 可以用来构建图神经网络模型，以学习图中的节点表示，而在 5.4.1 节中介绍的门控全局池化操作可以用来合并节点表示以生成图表示。

9.4.4 解码器: 生成模型

给定一个隐变量 $\boldsymbol{z}$，生成模型旨在以其为输入生成一个图 $\mathcal{G}$。换句话说，它将生成三个矩阵 $\boldsymbol{A}$、$\boldsymbol{E}$ 和 $\boldsymbol{F}$。在文献[235]中，要生成的图的大小被限制在一个较小的 k 以内。生成模型需要输出一个具有 k 个节点概率完全图 $\widetilde{\mathcal{G}}=\{\widetilde{\boldsymbol{A}},\widetilde{\boldsymbol{E}},\widetilde{\boldsymbol{F}}\}$。在这个表示概率的图中，节点和边是否存在被建模为伯努利变量，而节点和边的类型被建模为多项式变量。矩阵 $\widetilde{\boldsymbol{A}}$ 包含了关于节点和边是否存在的概率。其中，矩阵 $\widetilde{\boldsymbol{A}}$ 中的对角元素 $\widetilde{\boldsymbol{A}}_{i,i}$ 表示节点存在的概率，而非对角元素 $\widetilde{\boldsymbol{A}}_{i,j}$ 表示边存在的概率。边类型的概率分布包含在张量 $\widetilde{\boldsymbol{E}}\in\mathbb{R}^{k\times k\times t_e}$ 中。而关于节点类型的概率分布则以矩阵 $\widetilde{\boldsymbol{F}}\in\mathbb{R}^{k\times t_n}$ 表示。可以用不同的模型构建这个生成模型。文献[235]采用了一个简单的前馈网络构建生成模型，它以隐变量 $\boldsymbol{z}$ 为输入，在其最后一层输出三个矩阵。逻辑 S 形函数用于生成矩阵 $\widetilde{\boldsymbol{A}}$，它是一个表示边和节点存在性概率的矩阵。归一化指数函数（Softmax Function）将 $\widetilde{\boldsymbol{E}}$、$\widetilde{\boldsymbol{F}}$ 中对应每条边，以及每个节点的部分分别归一化为表示边的类型和节点类型的多项式分布。请注意，如上所述的表示概率的图 $\widetilde{\mathcal{G}}$ 可被视为用来生成新图 $\mathcal{G}$ 的生成模型，它可以被表示为：

$$p(\mathcal{G}|\boldsymbol{z};\boldsymbol{\Theta})=p(\mathcal{G}|\widetilde{\mathcal{G}}),$$

式中，

$$\widetilde{\mathcal{G}}=\mathrm{MLP}(\boldsymbol{z};\boldsymbol{\Theta}).$$

式中，MLP() 用来表示一个前馈网络模型。

9.4.5 重建的损失函数

最优化式 (9–22) 的过程需要先评估计算 $\mathbb{E}_{q(\boldsymbol{z}|\mathcal{G};\boldsymbol{\Phi})}[\log p(\mathcal{G}|\boldsymbol{z};\boldsymbol{\Theta})]$。它可以被认为是评估输入图 $\mathcal{G}$ 和重建图 $\widetilde{\mathcal{G}}$ 之间的区别。由于图中的节点没有特定的顺序，因此直接比较两个图是很困难的。在文献[235]中，一种称为最大池化匹配（Max Pooling Matching）[238] 的方法被用于寻找输入图 $\mathcal{G}$ 和重建的图 $\widetilde{\mathcal{G}}$ 之间的节点对应关系 $\boldsymbol{P}\in\{0,1\}^{k\times N}$。这种方法基于两个图中节点之间的相似性来完成匹配，其中 N 表示 $\mathcal{G}$ 中的节点数，而 k 表示 $\widetilde{\mathcal{G}}$ 中的节点数。只有在 $\widetilde{\mathcal{G}}$ 中的第 i 个节点与原图 $\mathcal{G}$ 中的第 j 个节点匹配时，有 $\boldsymbol{P}_{i\,j}=1$，否则 $\boldsymbol{P}_{i\,j}=0$。在给定这个匹配矩阵 $\boldsymbol{P}$ 的情况下，两个图中的信息得以进行对齐而具有可比性。特别地，可以通过 $\boldsymbol{A}'=\boldsymbol{P}\boldsymbol{A}\boldsymbol{P}^{\top}$ 将输入的邻接矩阵映射到预测图的矩阵。而预测图的节点类型和边类型也可以通过

$\widetilde{\boldsymbol{F}}' = \boldsymbol{P}^\top \widetilde{\boldsymbol{F}}$ 和 $\widetilde{\boldsymbol{E}}'_{:,:,l} = \boldsymbol{P}^\top \widetilde{\boldsymbol{E}}_{:,:,l}\boldsymbol{P}$ 被映射到输入图。那么，$\mathbb{E}_{q(\boldsymbol{z}|\mathcal{G};\boldsymbol{\Phi})}[\log p(\mathcal{G}|\boldsymbol{z};\boldsymbol{\Theta})]$ 可以通过从 $q(\boldsymbol{z}|\mathcal{G})$ 采样单个隐变量 $\boldsymbol{z}$ 进行估计：

$$\mathbb{E}_{q(\boldsymbol{z}|\mathcal{G};\boldsymbol{\Phi})}[\log p(\mathcal{G}|\boldsymbol{z};\boldsymbol{\Theta})] \approx \log p(\mathcal{G}|\boldsymbol{z};\boldsymbol{\Theta}) = \log p\left(\boldsymbol{A}', \boldsymbol{E}, \boldsymbol{F}|\widetilde{\boldsymbol{A}}, \widetilde{\boldsymbol{E}}'\widetilde{\boldsymbol{F}}'\right),$$

式中，$p\left(\boldsymbol{A}', \boldsymbol{E}, \boldsymbol{F}|\widetilde{\boldsymbol{A}}, \widetilde{\boldsymbol{E}}'\widetilde{\boldsymbol{F}}'\right)$ 可以表示为：

$$\begin{aligned} & p\left(\boldsymbol{A}', \boldsymbol{E}, \boldsymbol{F}|\widetilde{\boldsymbol{A}}, \widetilde{\boldsymbol{E}}'\widetilde{\boldsymbol{F}}'\right) \\ & = \lambda_A \log p(\boldsymbol{A}'|\widetilde{\boldsymbol{A}}) + \lambda_E \log p(\boldsymbol{E}|\widetilde{\boldsymbol{E}}') + \lambda_F \log p(\boldsymbol{F}|\widetilde{\boldsymbol{F}}'), \end{aligned} \tag{9-23}$$

式中，λ_A、λ_E 和 λ_F 是超参数。特别地，式 (9-23) 中的三项分别表示 $\boldsymbol{A}'$、$\boldsymbol{E}$ 和 $\boldsymbol{F}$ 的对数似然，它们有如下的表示形式：

$$\begin{aligned} \log p(\boldsymbol{A}'|\widetilde{\boldsymbol{A}}) = & \frac{1}{k}\sum_{i=1}^{k}\left[\boldsymbol{A}'_{i,i}\log \widetilde{\boldsymbol{A}}_{i,i} + (1-\boldsymbol{A}'_{i,i})\log(1-\widetilde{\boldsymbol{A}}_{i,i})\right] \\ & + \frac{1}{k(k-1)}\sum_{i\neq j}^{k}\left[\boldsymbol{A}'_{i,j}\log \widetilde{\boldsymbol{A}}_{i,j} + (1-\boldsymbol{A}'_{i,j})\log(1-\widetilde{\boldsymbol{A}}_{i,j})\right], \\ \log p(\boldsymbol{E}|\widetilde{\boldsymbol{E}}') = & \frac{1}{\|\boldsymbol{A}\|_1 - N}\sum_{i\neq j}^{N}\log\left(\boldsymbol{E}_{i,j,:}^\top \widetilde{\boldsymbol{E}}_{i,j,:}\right), \\ \log p(\boldsymbol{F}|\widetilde{\boldsymbol{F}}') = & \frac{1}{N}\sum_{i=1}^{N}\log\left(\boldsymbol{F}_{i,:}^\top \widetilde{\boldsymbol{F}}'_{i,:}\right). \end{aligned}$$

9.5 图上的生成对抗网络

生成对抗网络（Generative Adversarial Network，GAN）是通过生成模型与判别模型相互竞争的对抗性过程来估计生成模型的框架，其中判别模型负责区分样本是来自原始数据还是生成模型[239]。具体来讲，生成模型 $G(\boldsymbol{z};\boldsymbol{\Theta})$ 将一个从先验噪声分布采样的噪声变量 $\boldsymbol{z}$ 映射到给定数据的空间上，其模型参数记为 $\boldsymbol{\Theta}$。而判别模型 $D(\boldsymbol{x};\boldsymbol{\Phi})$ 被建模为一个参数为 $\boldsymbol{\Phi}$ 的二分类器，它负责判别一个给定的数据样本 $\boldsymbol{x}$ 是来自原数据分布 $p_{\text{data}}(\boldsymbol{x})$ 还是由生成模型 G 产生的。具体地说，$D(\boldsymbol{x};\boldsymbol{\Phi})$ 将 $\boldsymbol{x}$ 映射到一个表示 $\boldsymbol{x}$ 来自原数据分布的概率的标量。在训练过程中，生成模型与判别模型相互竞争。生成模型试图学习生成足以愚弄判别器的伪样本，而判别器试图改进自身以将生成模型生成的样本正确识别为伪样本。竞争驱使这两个模型不断地改进自身，直到生成的样本与真实样本难以区分。此竞争过程可以建模为二人最小最大博弈（two-player minmax game），如下所示：

$$\min_{\boldsymbol{\Theta}}\max_{\boldsymbol{\Phi}}\mathbb{E}_{\boldsymbol{x}\sim p_{\text{data}}(\boldsymbol{x})}\left[\log D(\boldsymbol{x};\boldsymbol{\Phi})\right]+\mathbb{E}_{\boldsymbol{z}\sim p(\boldsymbol{z})}\left[\log(1-D(G(\boldsymbol{z};\boldsymbol{\Theta})))\right]. \tag{9–24}$$

生成模型和判别模型的参数被交替地优化。本节将使用节点表示学习和图生成任务作为示例，来描述如何将 GAN 框架应用于图结构数据。

9.5.1 用于节点表示学习的生成对抗网络

文献[84]将 GAN 框架应用于节点表示学习。给定节点 v_i，生成模型旨在估计该节点的邻居分布。可以记为 $p(v_j|v_i)$，它定义在整个节点集 $\mathcal{V}$ 上。其真实邻居的节点集 $\mathcal{N}(v_i)$ 可被看作从 $p(v_j|v_i)$ 观察到的样本。生成器为 $G(v_j|v_i;\boldsymbol{\Theta})$，它试图生成（更准确的说法是选择）$\mathcal{V}$ 中的一个最可能和 v_i 相连接的节点。$G(v_j|v_i;\boldsymbol{\Theta})$ 可看作采样 v_j 作为节点 v_i 的伪邻居的概率。判别器记为 $D(v_j,v_i;\boldsymbol{\Phi})$，它试图区分一对给定节点 (v_j,v_i) 在图中是否相连。判别器的输出可被看作节点 v_j 与节点 v_i 之间存在边的概率。生成器和判别器相互竞争：生成器 G 试图完美拟合数据潜在的概率分布 $p_{\text{true}}(v_j|v_i)$，使得生成的（被选择的）v_j 与节点 v_i 足够相关且能欺骗判别器。而判别器旨在区分生成器生成的节点和节点 v_i 真正的邻居节点集。这两个模型表示为如下的最小最大博弈：

$$\begin{aligned}\min_{\boldsymbol{\Theta}}\max_{\boldsymbol{\Phi}}V(G,D)=\sum_{v_i\in\mathcal{V}}\Big(&\mathbb{E}_{v_j\sim p_{\text{true}}(v_j|v_i)}\left[\log D\left(v_j,v_i;\boldsymbol{\Phi}\right)\right]\\&+\mathbb{E}_{v_j\sim G(v_j|v_i;\boldsymbol{\Theta})}\left[\log\left(1-D\left(v_j,v_i;\boldsymbol{\Phi}\right)\right)\right]\Big).\end{aligned} \tag{9–25}$$

生成器 G 和判别器 D 的参数可以通过交替地最大化和最小化目标函数 $V(G,D)$ 来优化。接下来详细介绍生成器和判别器的设计。

1. 生成器

一种对生成器直接建模的方法是在所有节点 $\mathcal{V}$ 上使用 Softmax 函数，如下所示：

$$G(v_j|v_i;\boldsymbol{\Theta})=\frac{\exp\left(\boldsymbol{\theta}_j^{\top}\boldsymbol{\theta}_i\right)}{\sum\limits_{v_k\in\mathcal{V}}\exp\left(\boldsymbol{\theta}_k^{\top}\boldsymbol{\theta}_i\right)}, \tag{9–26}$$

式中，$\boldsymbol{\theta}_i\in\mathbb{R}^d$ 是特定于生成器的节点 v_i 的表示，其维度为 d；$\boldsymbol{\Theta}$ 包含了所有节点的表示。

注意，该式通过两个节点的表示的内积来衡量节点之间的相关性。这个想法是合理的，因为如果两个节点彼此更相关，它们的低维表示也会更接近。当学到参数 $\boldsymbol{\Theta}$ 后，给定一个节点 v_i，生成器 G 可被用来从分布 $G(v_j|v_i;\boldsymbol{\Theta})$ 中采样节点。如前所述，生成器的过程应该更准确地描述为从整个集合 $\mathcal{V}$ 中选择一个节点，而不是生成伪节点。

虽然式 (9–26) 中的 Softmax 函数提供了一个直观的方法来建模概率分布，但是它存在严重的计算效率问题：由于式 (9–26) 中分母需要对所有节点 $\mathcal{V}$ 求和，其计算成本非常高。为了解决这个问题，可以采用 4.2.1 节介绍的分层 Softmax 方法[240, 28]。

2. 判别器

判别器被建模为一个二分类器，其目的是判断给定的节点对 (v_j, v_i) 在图中是否相连。具体而言，$D(v_j, v_i;\boldsymbol{\Phi})$ 将节点 v_j 和 v_i 之间存在边的概率建模为：

$$D(v_j, v_i;\boldsymbol{\Phi}) = \sigma\left(\boldsymbol{\phi}_j^\top \boldsymbol{\phi}_i\right) = \frac{1}{1+\exp\left(-\boldsymbol{\phi}_j^\top \boldsymbol{\phi}_i\right)}, \tag{9–27}$$

式中，$\boldsymbol{\phi}_i \in \mathbb{R}^d$ 是特定于判别器的节点 v_i 的低维表示；$\boldsymbol{\Phi}$ 包含了所有节点的表示，同时也是需要学习的判别器的参数。经过训练，生成器和判别器的节点表示或者它们的组合都可以用于下游任务。

9.5.2　用于图生成的生成对抗网络

在文献[236]中，生成对抗网络框架被用于图的生成，它采用 GAN 框架生成分子图。与 9.4.2 节类似，具有 N 个节点的分子图 $\mathcal{G}$ 由两个对象表示：1）矩阵 $\boldsymbol{F} \in \{0,1\}^{N\times t_e}$ 表示所有节点的类型，其第 i 行对应了第 i 个节点，t_n 表示节点类型的数量（或不同原子的数量）；2）张量 $\boldsymbol{E} \in \{0,1\}^{N\times N\times t_e}$ 表示所有边的类型，其中 t_e 表示边类型的数量（或不同化学键的数量）。生成器的目标不仅是生成与给定的一组分子相似的分子图，而且还需要优化一些特定的性质，例如生成的分子的溶解度。因此，在 GAN 框架中，除了生成器和判别器，还有一个裁判，它根据特定性质衡量生成的图的好坏并分配奖励。裁判是一个在一些具有标签的其他分子上预先训练好的网络，它仅用于对图生成的过程施加约束。在训练过程中，生成器和判别器通过相互竞争的方式进行训练。而裁判网络是固定的，并可看作一个黑盒。具体地说，生成器和判别器的优化可表示为如下的最小最大博弈：

$$\min_{\boldsymbol{\Theta}} \max_{\boldsymbol{\Phi}} \mathbb{E}_{\mathcal{G}\sim p_{\text{data}}(\mathcal{G})}\left[\log D(\mathcal{G};\boldsymbol{\Phi})\right]+\mathbb{E}_{\boldsymbol{z}\sim p(\boldsymbol{z})}\left[\log(1-D(G(\boldsymbol{z};\boldsymbol{\Theta})))-\lambda J(G(\boldsymbol{z};\boldsymbol{\Theta}))\right], \tag{9–28}$$

式中，$p_{\text{data}}(\mathcal{G})$ 表示给定分子图的真实数据分布；$J()$ 表示裁判网络，它输出一个标量，该标量指示需要被最大化的某种特定性质。

接下来介绍框架中的生成器、判别器和裁判网络。

1. 生成器

生成器 $G(\boldsymbol{z};\boldsymbol{\Theta})$ 和 9.4.4 节介绍的生成器类似，其中，给定从噪声分布 $p(\boldsymbol{z})=\mathcal{N}(0,\boldsymbol{I})$ 采样出来的隐表示 $\boldsymbol{z}$，生成一个全连接的概率图。具体来讲，生成器 $G(\boldsymbol{z};\boldsymbol{\Theta})$ 将隐表示 $\boldsymbol{z}$ 映射到两个连续的稠密的分布。它们被用来描述这个生成的 k 个节点的图：$\tilde{\boldsymbol{E}}\in\mathbb{R}^{k\times k\times t_e}$ 表示边类型的概率分布，$\tilde{\boldsymbol{F}}\in\mathbb{R}^{k\times t_n}$ 表示节点类型的概率分布。其中 t_e 是分子图中边类型（或化学键）的数量，t_n 是节点类型（或原子）的数量。为了生成分子图，分别从 $\tilde{\boldsymbol{E}}$ 和 $\tilde{\boldsymbol{F}}$ 采样离散矩阵 $\boldsymbol{E}$ 和 $\boldsymbol{F}$。而在训练过程中，使用的是连续的概率图 $\tilde{\boldsymbol{E}}$ 和 $\tilde{\boldsymbol{F}}$ 进行计算，因为这样使得梯度信息可以被顺利地反向传播。

2. 判别器和裁判网络

判别器和裁判网络都以图 $\mathcal{G}=\{\boldsymbol{E},\boldsymbol{F}\}$ 作为输入，并输出标量值。文献[236]采用图神经网络模型对这两个组件进行建模。具体而言，输入图 $\mathcal{G}$ 的表示如下所示：

$$\boldsymbol{h}_{\mathcal{G}}=\text{Pool}(\text{GNN}(\boldsymbol{E},\boldsymbol{F})), \tag{9–29}$$

式中，GNN() 表示几个堆叠的图滤波层；Pool() 表示图池化操作。

具体而言，文献[236]采用了 5.4.1 节介绍的门池化（gated global pooling）操作生成图表示 $\boldsymbol{h}_{\mathcal{G}}$。然后，将图表示送入全连接层中以产生标量值。特别地，判别器会产生 0 和 1 之间的标量值，用来衡量产生的图是来自给定图集的“真实”分子图的概率。同时，裁判网络也输出标量值，该标量值表示图的特定性质。判别器需要与生成器交替地进行训练；而裁判网络需要在额外的分子图上预先训练，然后在 GAN 框架的训练过程中将其视为一个固定不变的黑盒。

9.6 小结

本章介绍了更多关于图的深度学习技术，包括针对图数据的深度自编码器、循环神经网络、变分自动编码器和生成对抗网络。具体地说，本章首先介绍了用于学习图节点表示的图自编码器和循环神经网络，接着介绍了两种深度生成模型——变分自编码器和生成对抗网络。本章用节点表示学习和图生成任务来说明如何将这两种生成模型应用于图数据。

9.7 扩展阅读

图神经网络之外的深度图模型极大地丰富了图的深度学习方法，也极大地扩展了其应用领域。本章只介绍了应用领域中的一个或两个代表性算法。实际上还有更多的算法和应用。在文献[241]中，变分自编码器与图神经网络一起被用于分子图的生成。在文献[242]中，在变分图自编码器中引入了额外的约束来生成语义上有效的分子图。文献[243]将 GAN 框架与强化学习技术相结合用于分子生成，并采用图神经网络对策略网络进行建模。此外，还有一些将循环神经网络运用到图生成的工作[244, 245]，其中图生成的过程被建模为生成节点序列以及这些节点之间连接的过程。

第3篇 实际应用

第 10 章 CHAPTER 10

自然语言处理中的图神经网络

本章将介绍图神经网络在自然语言处理中的应用。首先介绍常见的自然语言处理任务，包括语义角色标注、神经机器翻译、关系抽取、问答系统和图到序列学习，以及它们对应的图神经网络模型。然后介绍知识图谱的概念，以及如何将图神经网络应用于知识图谱。

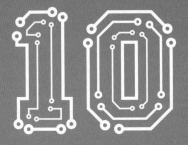

10.1 简介

图在自然语言处理（Natural Language Processing，NLP）中被广泛地用于表示语言结构。基于依存关系的句法分析树能表示给定句子的短语结构。依存句法树（Syntactic Dependency Tree）按照树结构[246]对句法关系进行编码。抽象语义表达（Abstract Meaning Representation，AMR）将句子的语义表示为程序易于遍历的带根图和标签图[95]。自然语言的图表示以明确的结构方式承载了丰富的语义和（或）句法信息。图神经网络已经被各种涉及图的 NLP 任务采用，这些图包括上面提到的图和专门为特定任务设计的其他图。GNN 已经被用来辅助解决许多种 NLP 任务，例如语义角色标注[247]、（多跳）问答系统[248, 249, 250, 251]、关系抽取[190, 252, 253, 254, 255, 256, 257]、神经机器翻译[258, 259]和图到序列学习[260, 261, 262]。此外，以图的形式编码多种关系信息的知识图谱也在 NLP 任务中得到了广泛的应用。也有很多工作[263, 264, 265, 266, 267, 268]致力于将 GNN 模型推广到知识图谱领域。本章将通过语义角色标注、神经机器翻译、关系抽取、问答系统和图到序列学习的例子说明如何在 NLP 任务中应用图神经网络。同时，也会介绍针对知识图谱设计的图神经网络。

10.2 语义角色标注

文献[247]在依存句法树上利用 GNN 融合句法信息，以提高语义角色标注（Semantic Role Labeling，SRL）的性能，是最早证明 GNN 在 NLP 任务中的有效性的工作之一。本节将首先描述 SRL 任务，然后介绍如何利用 GNN 执行此任务。

SRL 旨在发现句子中隐藏的谓语–论元（predicate-argument）结构，可以非正式地被定义为发现“谁在哪里对谁做了什么”的任务。例如，如图 10–1 所示带有语义标签的句子中，其中“detained”是谓语，“the policeman”和“the suspect”是它的具有不同标签的论元。

SRL 任务包括以下几个步骤，首先是检测谓语，如图 10–1 中的“detained”。然后识别论元并贴上语义角色的标签，即“the policeman”是施事（agent），“the suspect”是主事（theme）。文献[247]对 SRL 问题（在 CoNLL-2009 基准上）进行了轻微的简化，其中谓语在测试阶段是给定的（例如，已知在图 10–1 中的示例中 “detained” 是谓语），因此不需要谓语检测。最后是识别给定谓语的论元，并给它们相应的语义角色标签。可以将 SRL 视为序列标注任务。语义角色标注模型需要标注给定谓词的所有论元，并将所有非论元元素标注为 “NULL”。

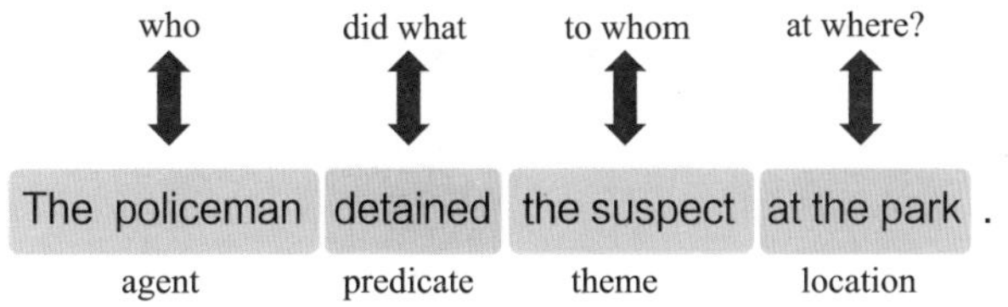

图 10–1　一个具有语义标签句子的例子

为了解决这个问题，文献[247]采用了 Bi-LSTM[269] 编码器学习上下文感知的单词表示。这些学到的单词表示稍后会被用来标记序列中的每个元素。通常将一个句子表示为序列 $[w_0, \cdots, w_n]$，此序列中的每个单词 w_i 都与输入表示 $\boldsymbol{x}_i$ 相关联。输入表示由四个组件组成：1) 随机初始化嵌入；2) 预训练单词嵌入；3) 针对其对应的词性标签的随机初始化嵌入；4) 随机初始化词元嵌入，它仅在单词是谓语时有效。这四个嵌入串联，形成每个单词 w_i 的输入表示 $\boldsymbol{x}_i$。除了预先训练的嵌入，其余三个嵌入在训练期间会被更新。然后，序列 $[\boldsymbol{x}_0, \cdots, \boldsymbol{x}_n]$ 被用作 Bi-LSTM 的输入。具体来说，Bi-LSTM 模型由两个 LSTM 组成，其中一个处理前向传递的输入序列，而另一个处理后向传递的序列。3.4.2 节介绍了单个 LSTM 模型中的操作。接下来使用 LSTM() 表示使用 LSTM 处理序列输入的过程。前向和后向 LSTM 的过程可以表示为：

$$[\boldsymbol{x}_0^f, \cdots, \boldsymbol{x}_n^f] = \text{LSTM}^f([\boldsymbol{x}_0, \cdots, \boldsymbol{x}_n]),$$
$$[\boldsymbol{x}_0^b, \cdots, \boldsymbol{x}_n^b] = \text{LSTM}^b([\boldsymbol{x}_n, \cdots, \boldsymbol{x}_0]),$$

式中，LSTM^f 代表前向 LSTM，捕获每个单词的上文信息；LSTM^b 代表后向 LSTM，捕获每个单词的下文信息；$\boldsymbol{x}_i^b$ 是单词 w_{n-i} 经过 LSTM^b 的输出表示。

两个 LSTM 的输出串接在一起，组成 Bi-LSTM 的输出，它能从两个方向捕获上下文信息，其式如下：

$$[\boldsymbol{x}_0^{bi}, \cdots, \boldsymbol{x}_n^{bi}] = \text{Bi-LSTM}([\boldsymbol{x}_0, \cdots, \boldsymbol{x}_n]),$$

式中，$\boldsymbol{x}_i^{bi}$ 代表 $\boldsymbol{x}_i^f$ 和 $\boldsymbol{x}_{n-i}^b$ 的串联。

有了 Bi-LSTM 的输出后，标注任务可以当作针对每个候选词的分类问题，类别包括语义标签和“NULL”。分类器的输入是候选单词 $\boldsymbol{x}_c^{bi}$ 和谓词 $\boldsymbol{x}_p^{bi}$ 经过 Bi-LSTM 的输出表示的串联。

为了改进上述算法，文献[247]在依存句法树上利用图神经网络模型融合句法结构信息。图神经网络模型中的聚合过程被推广到有向标记边上，故而能够应用于依存句法树。为了融合句子的句法信息，将 Bi-LSTM 层的输出作为图神经网络模型的输入，然后将图神经网络模型输出作为上述线性分类器的输入。接下来，本节首先简要介绍依存句法树，然后描述如何修改图神经网络模型，以适用于依存句法树。

依存句法树是指编码了给定句子中句法依赖的有向标记树。句子中的单词是依存句法树的节点，有向边则描述了它们之间的句法依赖关系。边被标注为各种依赖关系，例如“主语”（SBJ）和“直接宾语”（DOBJ）。如图 10–2 所示，在句子“Sequa makes and repairs jet engines.”的依存句法树中，“makes”是谓语动词，“Sequa”是对应的主语，“jet engines”是对应的宾语。

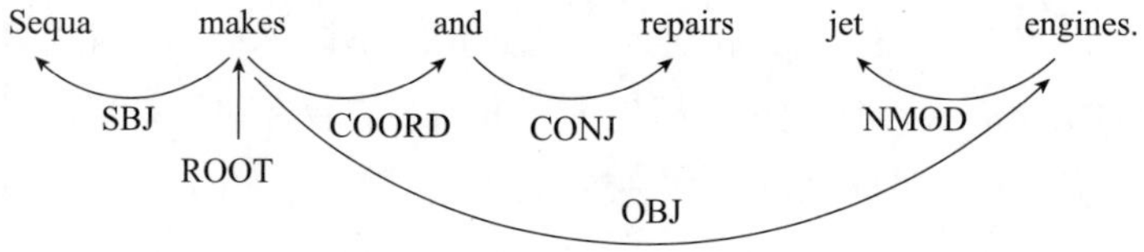

图 10–2　句子“Sequa 制造并修理喷气发动机”的依存句法树示意

由于依存句法树中的边是有向的且有标签的，所以可采用图神经网络模型融合边中的方向和标签信息，文献[247]提出了如下广义图滤波算子（针对第 $l-1$ 层）：

$$\boldsymbol{F}_i^{(l)} = \sigma\left(\sum_{v_j \in \mathcal{N}(v_i)} \boldsymbol{F}_j^{(l-1)} \boldsymbol{\Theta}_{\text{dir}(i,j)}^{(l-1)} + \boldsymbol{b}_{\text{lab}(i,j)}\right), \tag{10–1}$$

式中，$\mathcal{N}(v_i)$ 包含了节点 v_i 的传入和传出邻居节点；$\text{dir}(i,j) \in \{传入, 传出\}$ 表示边 (v_i, v_j) 关于节点 v_i 的方向；$\boldsymbol{\Theta}_{\text{dir}(i,j)}^{(l-1)}$ 表示和边 (v_i, v_j) 方向相同的边共享的参数；$\boldsymbol{b}_{\text{lab}(i,j)}$ 是融合边上的标签信息的偏置项，其中 $\text{lab}(i,j)$ 代表 (v_i, v_j) 之间的依存关系。

式 (10–1) 中描述的滤波操作被层层叠加，以搭建用于 SRL 任务的 L 层图神经网络模型。

10.3 神经机器翻译

机器翻译是自然语言处理中的一项基础任务。随着深度学习的发展，神经网络广泛应用于机器翻译。基于神经网络的翻译模型被称为神经机器翻译模型，它们通常采用编码器–解码器形式。编码器将源语言中的一系列单词作为输入，并为序列中的每个单词输出一个表示。然后解码器根据编码器的输出表示，输出翻译（或目标语言中的一串单词）。编码器和解码器通常都采用循环神经网络或其变体建模。例如，在 10.2 节介绍的 Bi-LSTM是编码器的首选，而带有注意力机制[131]的循环神经网络是解码器的首选。为了融合句子中的句法结构信息以提高机器翻译的性能，文献[258]采用了与 10.2 节中相同的策略设计编码器。解码器与传统模型保持一致，即基于注意力机制的循环神经网络模型。由于 10.2 节已经介绍过编码器，本节只简要地介绍。具体来说，一个 Bi-LSTM 模型被用于编码序列，然后将这些表示作为基于依存句法树的图神经网络模型的输入。图神经网络模型的单个图滤波运算的公式如式 (10–1) 所示。最后，将图神经网络模型的输出作为解码器[270] 的输入。

10.4 关系抽取

图神经网络也被应用到关系抽取[190, 252, 253, 254, 255, 256, 257]（Relation Extraction，RE）任务。文献[190, 252, 253] 采用和（或）修改图神经网络模型（即式 (10–1)），以便将句法信息融合到关系抽取任务中。文献[247]是将图神经网络应用到关系抽取任务中的第一个工作。本节首先简要描述关系抽取任务，然后以文献[190]中的模型为例，说明如何将图神经网络应用于关系抽取任务。

关系抽取任务是区分句子中两个实体之间是否存在关系（即句子中的主语和宾语），可以更正式地定义。令 $\mathcal{W} = [w_1, \cdots, w_n]$ 表示一个句子，其中 w_i 是句子中第 i 个符号。实体是指句子中连续单词构成的一个序列。由一系列连续单词组成的主语实体可以表示为 $\mathcal{W}_s = [w_{s1} : w_{s2}]$。类似地，宾语实体可以表示为 $\mathcal{W}_o = [w_{o1} : w_{o2}]$。关系抽取的目的是在给定句子 $\mathcal{W}$ 中的主语实体 $\mathcal{W}_s$ 和宾语实体 $\mathcal{W}_o$ 的情况下，预测它们之间的关系。关系来自预定义集合 $\mathcal{R}$，集合中还包含一种特殊关系——“无关”，以表明两个实体之间没有关系。在文献[190]中，关系抽取问题被当成分类问题。其输入是句子 $\mathcal{W}$、主语实体 $\mathcal{W}_s$ 和宾语实体 $\mathcal{W}_o$ 的表示的串联；其输出标签是

$\mathcal{R}$ 中的某个关系。具体来说，通过一个参数为 $\boldsymbol{\Theta}_{\text{FFNN}}$ 的前馈神经网络（FFNN）对一对实体进行关系预测，公式如下：

$$\boldsymbol{p} = \text{Softmax}([\boldsymbol{F}_{\text{sent}}, \boldsymbol{F}_s, \boldsymbol{F}_o]\boldsymbol{\Theta}_{\text{FFNN}})),$$

式中，Softmax() 是归一化函数；$\boldsymbol{p}$ 是集合 $\mathcal{R}$ 中关系的概率分布；$\boldsymbol{F}_{\text{sent}}$、$\boldsymbol{F}_s$ 和 $\boldsymbol{F}_o$ 分别代表句子、主语实体、宾语实体的向量表示。

为了同时捕获句子的上下文信息和句法结构，采用了与文献[247]中非常相似的过程（即 10.2 节介绍的用于 SRL 任务的模型）学习单词表示，然后用来学习句子、主语实体和宾语实体的表示。主要区别在于，式 (10–1) 在表示更新过程中引入了自循环，从而包含了单词自身的信息。换句话说，对于关系抽取任务，式 (10–1) 包括了节点 v_i 以及它的传入邻居和传出邻居。文章还通过实验发现，边的方向和标签信息对关系抽取任务并没有帮助。

给定由 L 个上述图滤波层构成的模型输出的单词表示，句子、主语实体和宾语实体的表示可以通过如下的最大池化操作得到：

$$\begin{aligned}
\boldsymbol{F}_{\text{sent}} &= \max(\boldsymbol{F}^{(L)}),\\
\boldsymbol{F}_s &= \max(\boldsymbol{F}^{(L)}[s1 : s2]),\\
\boldsymbol{F}_o &= \max(\boldsymbol{F}^{(L)}[o1 : o2]),
\end{aligned} \tag{10–2}$$

式中，$\boldsymbol{F}^{(L)}$、$\boldsymbol{F}^{(L)}[s1 : s2]$ 和 $\boldsymbol{F}^{(L)}[o1 : o2]$ 分别代表组成整个句子、主语实体和宾语实体的单词的表示序列。其中，最大池化操作取每个维度的最大值，最大池化输出向量的维度与单词表示的维度相同。

10.5 问答系统

机器阅读理解（Reading Comprehension，RC）或问答（Question Answering，QA）旨在通过理解文档生成给定查询或问题的正确答案，是自然语言处理领域的一项重要而富有挑战性的任务。图神经网络已经广泛地应用于提高问答任务模型的性能，特别是多跳问答任务[248, 249, 250, 251]，它需要跨文档推理来回答给定的查询。本节将介绍多跳问答任务及其对应的代表模型，其利用图神经网络完成任务。本节首先介绍基于 WIKIHOP数据[271] 的多跳问答任务的设定，该数据集是专门为评估多跳问答模型而创建的；然后介绍文献[248]提出的 Entity-GCN 解决多跳问答任务。

10.5.1 多跳问答任务

下面简要讨论基于 WIKIHOP 数据集的多跳问答的设定。WIKIHOP 数据集由一组问答样本组成。每个样本可以表示为元组 $(q, S_q, C_q, a^\star)$，其中 q 是一个查询/问题，S_q 是一组支持文档，C_q 是一组候选答案（所有候选答案都是支持文档 S_q 集合中的实体），$a^\star \in C_q$ 是给定查询的正确答案。查询 q 以元组 $(s, r, ?)$ 的形式给出，其中 s 表示主语，r 表示关系，而宾语实体是未知的（标记为“?”），需要从支持文件中推断出来。WIKIHOP 数据集中的一个样本如图 10–3 所示，其目标是从候选集合 C_q ={Iran, India, Pakistan, Somalia} 中为Hanging Gardens选择正确的“国家”。在这个示例中，要找到查询的正确答案，需要进行多跳推理：首先从第一个文档可以推理出Hanging Gardens位于Mumbai；然后从第二个文档可以发现Mumbai是India的一个城市，这与第一个证据一起可以得出查询的正确答案。多跳问答的目标是学习一个模型，该模型可以通过理解支持文档 S_q 集合，从候选集合 C_q 中识别给定查询 q 的正确答案 $a^\star$。

> The Hanging Gardens, in [Mumbai], also known as Pheroze-shahMehta Gardens, are terraced gardens ... They provide sunset viewsover the [Arabian Sea] ...

> Mumbai (also known as Bombay, the official name until 1995) is the capital city of the Indian state of Maharashtra.It is the most-populous city in India ...

> The Arabian Sea is a region of the northern Indian Ocean bound-edon the north by Pakistan and Iran, on the west by northeast-ernsomalia and the Arabian Peninsula, and on the east by India

问题： {Hanging Gardens of Mumbai, country, ?}

候选项： {Iran, India,Pakistan, Somalia, ...}

图 10–3 WIKIHOP 数据集中的一个样本

10.5.2 Entity-GCN

为了捕获文档内和文档间实体之间的关系，从而提升跨文档的推理性能，可以将支持文档内和文档间对候选答案的提及进行连接，从而将多跳问答任务中的每个样本 $(q, S_q, C_q, a^{\star})$ 组织成图。然后使用一种广义图神经网络模型（即 Entity-GCN）学习节点表示，这些节点表示随后被用来从给定查询的候选集中识别正确答案，并应用 L 个图滤波层确保每个提及（或节点）都可以访问来自多个邻居的丰富信息。接下来首先介绍图是如何构建的，然后介绍使用 Entity-GCN 解决问答任务的过程。

1. 实体图

当构建实体图时，对于给定样本 $(q, S_q, C_q, a^{\star})$，从支持文档集 S_q 中识别出 $C_q \cup \{s\}$ 中的实体提及，并将每个提及视为图中的节点。这些提及包括：S_q 中和 $C_q \cup \{s\}$ 中元素直接匹配的实体；和 $C_q \cup \{s\}$ 中元素在同一条共指链上的实体。一个端到端的指代消歧技术[272] 可以发现共指链。有多种边被用于连接这些提及（或节点），具体如下：1）“MATCH”，如果两个提及（文档内或文档间）相同，则用“MATCH”边连接；2)“DOC-BASED”，如果两个提及出现在同一个支持文档中，则用“DOC-BASED”边连接；3）“COREF”，如果两个提及在同一条共指链上，则用“COREF”边连接。上述三种边描述了三种不同类型的提及关系。除此之外，为了避免图上有不连通的子图，在不相连的节点之间加上第四种边——“COMPLEMENT”边，使图变成完全图。

2. 在实体图上用 Entity-GCN 进行多步推理

一种广义图神经网络模型 Entity-GCN 可以实现多步推理，以在构建的实体图上变换和传播节点表示。Entity-GCN 中的第 l 层图滤波器 (l) 可以看作实例化式 (5–71) 中的 MPNN 框架, 以处理不同类型的边：

$$\boldsymbol{m}_i^{(l-1)} = \boldsymbol{F}_i^{(l-1)}\boldsymbol{\Theta}_s^{(l-1)} + \frac{1}{|\mathcal{N}(v_i)|}\sum_{r\in\mathcal{R}}\sum_{v_j\in\mathcal{N}_r(v_i)}\boldsymbol{F}_j^{(l-1)}\boldsymbol{\Theta}_r^{(l-1)}, \tag{10–3}$$

$$\boldsymbol{a}_i^{(l-1)} = \sigma\left(\left[\boldsymbol{m}_i^{(l)}, \boldsymbol{F}_i^{(l-1)}\right]\boldsymbol{\Theta}_a^{(l-1)}\right), \tag{10–4}$$

$$\boldsymbol{h}_i^{(l)} = \rho\left(\boldsymbol{m}_i^{(l-1)}\right)\odot\boldsymbol{a}_i^{(l-1)} + \boldsymbol{F}_i^{(l-1)}\odot\left(1-\boldsymbol{a}_i^{(l-1)}\right), \tag{10–5}$$

式中，$\mathcal{R} = \{\text{MATCH}, \text{DOC-BASED}, \text{COREF}, \text{COMPLEMENT}\}$ 表示边类型的集合；$\mathcal{N}_r(v_i)$ 表示通过类型为 r 的边与节点 v_i 相连的节点的集合；$\boldsymbol{\Theta}_r^{(l-1)}$ 表示类型为 r 的边共享的参数；$\boldsymbol{\Theta}_s^{(l-1)}$ 和 $\boldsymbol{\Theta}_a^{(l-1)}$ 表示所有节点共享的参数。

式 (10–4) 的输出作为门控系统，控制式 (10–5) 中信息更新部分的信息流。每个节点 v_i 的表示初始化如下：

$$\boldsymbol{F}_i^{(0)} = f_x(\boldsymbol{q}, \boldsymbol{x}_i),$$

式中，$\boldsymbol{q}$ 表示预训练模型 ELMo[273] 输出的查询表示；$\boldsymbol{x}_i$ 表示 ELMo 输出的节点 v_i 预训练表示；$f_x(,)$ 表示由一个前馈神经网络参数化的函数。

最后的节点表示 $\boldsymbol{F}_i^{(L)}$ 来自有 L 个图滤波层的 Entity-GCN，其被用于从候选集中为给定查询选择答案。具体而言，选择候选 $c \in C_q$ 作为答案的概率为：

$$P\left(c|q, C_q, S_q\right) \propto \exp\left(\max_{v_i \in \mathcal{M}_c} f_o\left(\left[\boldsymbol{q}, \boldsymbol{F}_i^{(L)}\right]\right)\right),$$

式中，f_o 表示参数化变换；$\mathcal{M}_c$ 表示候选 c 对应的提及的集合；max 算子用于选择 $\mathcal{M}_c$ 中具有最大预测概率的候选对应的提及。

在文献[250]中，候选 c 不仅选择 $\mathcal{M}_c$ 中具有最大概率的提及，而是将其对应的所有提及都用于建模 $P\left(c|q, C_q, S_q\right)$。具体如下：

$$P\left(c|q, C_q, S_q\right) = \frac{\sum\limits_{v_i \in \mathcal{M}_c} \alpha_i}{\sum\limits_{v_i \in \mathcal{M}} \alpha_i},$$

式中，$\mathcal{M}$ 表示所有的提及，即实体图中所有的节点；α_i 由一个归一化函数建模，如下：

$$\alpha_i = \frac{\exp\left(f_o\left(\left[\boldsymbol{q}, \boldsymbol{F}_i^{(L)}\right]\right)\right)}{\sum\limits_{v_i \in \mathcal{M}} \exp\left(f_o\left(\left[\boldsymbol{q}, \boldsymbol{F}_i^{(L)}\right]\right)\right)}.$$

10.6 图到序列学习

序列到序列模型广泛应用于自然语言处理任务，如神经机器翻译（Neural Machine Translation，NMT）[131] 和自然语言生成（Natural Language Generation，NLG）[274]。这些模型大多可以看作编码器–解码器模型。在编码器–解码器模型中，编码器将一系列符号作为输入，并将其编码成连续向量表示序列。然后，解码器将编码向量表示作为输入，输出一个新的目标序列。通常，循环神经网络（RNN）及其变体既可以充当编码器又可以充当解码器。因为自然语言可以用图表示，所以图到序列模型被用于处理自然语言处理中的各种任务，如神经机器翻译[258, 259]（详见 10.3 节）和 AMR 到文本任务[260, 261]。这些图到序列模型通常使用图神经网络作为编码器 (或编码器的一部分)，同时仍然采用 RNN 及其变体作为解码器。例如，式 (10–1)[247] 中描述的图神经网络模型被用作编码器，用于神经机器翻译和 AMR 到文本的任务[258, 261, 260]。文献[262]提出了一个用于图到序列学习的通用编解码器 Graph2seq 框架，它采用图神经网络模型作为编码器，带有注意力机制的 RNN 模型作为解码器。本节主要介绍基于 GNN 的编码器模型，而不多介绍基于 RNN 的解码器。

NLP 应用（如 AMR 和依存句法树）中的大多数图都是有向的。因此，Graph2seq 中基于 GNN 的编码器被设计为在聚合信息时区分传入邻居和传出邻居。特别地，对于节点 v_i，其邻居分成两个集合：传入邻居 $\mathcal{N}_{\text{in}}(V_I)$ 和传出邻居 $\mathcal{N}_{\text{out}}(V_I)$。GraphSAGE-Filter 中的聚合操作（请参阅 5.3.2 节中有关 GraphSAGE-Filter 的详细介绍）被用于聚合和更新节点表示。具体地，每个节点有两个节点表示，即输入表示和输出表示。第 l 层中节点 v_i 的表示的更新过程如下：

$$
\begin{aligned}
\boldsymbol{F}^{(l)}_{\mathcal{N}_{\text{in}}(v_i)} &= \text{AGGREGATE}(\{\boldsymbol{F}^{(l-1)}_{\text{out}}(v_j), \forall v_j \in \mathcal{N}_{\text{in}}(v_i)\}), \\
\boldsymbol{F}^{(l)}_{\text{in}}(v_i) &= \sigma\left([\boldsymbol{F}^{(l-1)}_{\text{in}}(v_i), \boldsymbol{F}^{(l)}_{\mathcal{N}_{\text{in}}(v_i)}]\boldsymbol{\Theta}^{(l-1)}_{\text{in}}\right), \\
\boldsymbol{F}^{(l)}_{\mathcal{N}_{\text{out}}(v_i)} &= \text{AGGREGATE}(\{\boldsymbol{F}^{(l-1)}_{\text{in}}(v_j), \forall v_j \in \mathcal{N}_{\text{out}}(v_i)\}), \\
\boldsymbol{F}^{(l)}_{\text{out}}(v_i) &= \sigma\left([\boldsymbol{F}^{(l-1)}_{\text{out}}(v_i), \boldsymbol{F}^{(l)}_{\mathcal{N}_{\text{out}}(v_i)}]\boldsymbol{\Theta}^{(l-1)}_{\text{out}}\right),
\end{aligned}
$$

式中，$\boldsymbol{F}^{(l)}_{\text{in}}(v_i)$ 和 $\boldsymbol{F}^{(l)}_{\text{out}}(v_i)$ 分别表示在 l 层网络后节点 v_i 的输入表示和输出表示。

如 5.3.2 节对 GraphSAGE-Filter 的介绍，AGGREGATE() 函数可以有多种设计。经过 L 个图滤波层后，最终的输入表示和输出表示分别记为 $\boldsymbol{F}^{(L)}_{\text{in}}(v_i)$ 和 $\boldsymbol{F}^{(L)}_{\text{out}}(v_i)$。因为这两种类型的表示被串联，所以生成的节点表示包含了来自两个方向的信息，如下所示：

$$
\boldsymbol{F}^{(L)}(v_i) = \left[\boldsymbol{F}^{(L)}_{\text{in}}(v_i), \boldsymbol{F}^{(L)}_{\text{out}}(v_i)\right].
$$

在获得节点表示后，使用池化方法生成图表示，该图表示用于对解码器进行初始化操作。池化过程可以表示为：

$$\boldsymbol{F}_G = \mathrm{Pool}\left(\left\{\boldsymbol{F}^{(L)}(v_i), \forall v_i \in \mathcal{V}\right\}\right).$$

这里可以采用各种平面池化方法，例如最大平面池化和平均平面池化。解码器采用基于注意力的循环神经网络模型，它在生成序列的每个符号时关注所有的节点表示。注意，图表示 $\boldsymbol{F}_G$ 被用作 RNN 解码器的初始状态。

10.7 知识图谱中的图神经网络

一般来说，一个知识图谱 $G = (\mathcal{V}, \mathcal{E}, \mathcal{R})$ 包含一个节点集 $\mathcal{V}$、一组关系边 $\mathcal{E}$ 和一个关系集 $\mathcal{R}$。节点是各种类型的实体和属性，而边则包括节点之间的不同类型的关系。具体来说，一条边 $e \in \mathcal{E}$ 可以表示为一个三元组 (s, r, t)，其中 $s, t \in \mathcal{V}$ 分别是边的源节点和目标节点，$r \in \mathcal{R}$ 表示它们之间的关系。图神经网络可以扩展到知识图谱中用于学习节点表示，从而辅助各种下游任务，包括知识图谱补全[263, 264, 265, 266, 275]、节点重要性评估[276]、实体链接[277] 和跨语言知识图谱对齐[278]。知识图谱与简单图的主要区别在于关系信息，当设计针对知识图谱的图神经网络时，需要重点考虑关系信息。本节首先描述如何将图神经网络推广到知识图谱中。处理知识图谱中关系边的方法主要有两种：1) 将边的关系信息融入图滤波器的设计；2) 通过捕获关系信息，将关系知识图谱转化为一个简单无向图。本节将以知识图谱补全任务为例，阐述基于图神经网络的知识图谱的应用。

10.7.1 知识图谱中的图滤波

针对知识图谱的图滤波器有很多种，接下来介绍一种具有代表性的方法。在该方法中，式 (5-47) 中描述的 GCN-Filter 被改编到知识图谱上[264]：

$$\boldsymbol{F}_i^{(l)} = \sum_{r\in\mathcal{R}} \sum_{v_j \in \mathcal{N}_r(v_i)} \frac{1}{|\mathcal{N}_r(v_i)|} \boldsymbol{F}_j^{(l-1)} \boldsymbol{\Theta}_r^{(l-1)} + \boldsymbol{F}_i^{(l-1)} \boldsymbol{\Theta}_0^{(l-1)}, \tag{10-6}$$

式中，$\boldsymbol{\Theta}_r^{(l-1)}$ 表示具有相同关系 $r \in \mathcal{R}$ 的边共享的参数；$\mathcal{N}_r(v_i)$ 表示以关系 r 与节

文献[263]中也有相似的想法。10.5.2 节中描述的 Entity-GCN 受到了式 (10–6) 中的图滤波器的启发。在文献[266]中，为了获得每种关系的重要性，为每种关系都学习了一个标量分数，而不是不同的变换参数。因此得到如下的图滤波操作：

$$\boldsymbol{F}_i^{(l)} = \sum_{r\in\mathcal{R}} \sum_{v_j\in\mathcal{N}_r(v_i)} \frac{1}{|\mathcal{N}_r(v_i)|}\alpha_r^{(l)}\boldsymbol{F}_j^{(l-1)}\boldsymbol{\Theta}^{(l-1)} + \boldsymbol{F}_i^{(l-1)}\boldsymbol{\Theta}_0^{(l-1)}, \tag{10–7}$$

式中，$\alpha_r^{(l)}$ 是学习到的针对关系 r 的重要性分数。

为了减少式 (10–6) 中涉及的参数，文献[279]提出针对不同的关系学习其对应的嵌入。具体来说，在经过 $l–1$ 层网络后，$\mathcal{R}$ 中的所有关系对应的嵌入可表示为 $\boldsymbol{Z}^{(l-1)}$，其中 $\boldsymbol{Z}_r^{(l-1)}$ 表示关系 r 的嵌入。第 l 层的关系嵌入更新公式如下：

$$\boldsymbol{Z}^{(l)} = \boldsymbol{Z}^{(l-1)}\boldsymbol{\Theta}_{\text{rel}}^{(l-1)},$$

式中，$\boldsymbol{\Theta}_{\text{rel}}^{(l-1)}$ 是学习到的参数；用 $\mathcal{N}(v_i)$ 表示节点 v_i 的邻居节点集合，其包含了通过不同关系与 v_i 相连的节点。因此，使用 (v_j, r) 表示 $\mathcal{N}(v_i)$ 中 v_i 的一个邻居，其中 v_j 是通过关系 r 与 v_i 相连的节点。在文献[279]中，$\mathcal{E}$ 中任何边的反向边也被当作一条边。换句话说，如果 $(v_i, r, v_j) \in \mathcal{E}$, 那么 $(v_j, \hat{r}, v_i)$ 也被当作一条边，其中 $\hat{r}$ 表示 r 的反向关系。为了方便阐述，使用 $\mathcal{E}$ 和 $\mathcal{R}$ 分别代表增强的边数据集和关系数据集。在此数据集中，关系具有方向性，用 $\text{dir}(r)$ 指示关系 r 的方向，$\text{dir}(r) = 1$ 表示所有原始关系，$\text{dir}(\hat{r}) = -1$ 表示所有反向关系。滤波操作的定义如下：

$$\boldsymbol{F}_i^{(l)} = \sum_{(v_j,r)\in\mathcal{N}(v_i)} \phi(\boldsymbol{F}_j^{(l-1)}, \boldsymbol{Z}_r^{(l-1)})\boldsymbol{\Theta}_{\text{dir}}^{(l-1)}(r), \tag{10–8}$$

式中，$\phi(,)$ 表示非参数化操作，如减法和乘法；$\boldsymbol{\Theta}_{\text{dir}}^{(l-1)}(r)$ 表示所有具有相同方向的关系 r 共享的参数。

10.7.2 知识图谱到简单图的转换

文献[278]提出了一种方法，它不为知识图谱设计特别的图滤波操作，而是轮换得到一个简单图，以获取知识图谱中的有向关系信息，然后将现存的图滤波操作直接应用到该简单图上。

为了衡量一个实体通过某类关系 r 对另一个实体的影响，提出以下两种分数：

$$\text{fun}(r) = \frac{\#\text{Source\_with\_r}}{\#\text{Edges\_with\_r}},$$
$$\text{ifun}(r) = \frac{\#\text{Taget\_with\_r}}{\#\text{Edges\_with\_r}},$$

式中，#Edges_with_r 表示具有关系 r 的边的总数；#Source_with_r 表示具有关系 r 的独特的源实体的总数；#Target_with_r 表示具有关系 r 的独特的目标实体的总数。

实体 v_i 对实体 v_j 的总影响定义如下：

$$\boldsymbol{A}_{i,j} = \sum_{(v_i,r,v_j)\in\mathcal{E}} \text{ifun}(r) + \sum_{(v_j,r,v_i)\in\mathcal{E}} \text{fun}(r),$$

式中，$\boldsymbol{A}_{i,j}$ 是转换得到的简单图的邻接矩阵 $\boldsymbol{A}$ 的第 i 行第 j 列元素。

10.7.3 知识图谱补全

知识图谱补全旨在预测不相连的一对实体之间的关系，这是一项重要的任务，因为知识图谱通常是不完整的或者因新实体不断加入而在快速变化。知识图谱补全任务是预测给定的三元组 (s,r,t) 是否为真正存在的关系。为了实现这个目标，需要给三元组 (s,r,t) 分配一个分数 $f(s,r,t)$，衡量其为真正存在的关系的概率。特别地，文献[280]采用了 DistMult 分解作为评分函数，具体表示如下：

$$f(s,r,t) = \boldsymbol{F}_s^{(L)\top} \boldsymbol{R}_r \boldsymbol{F}_t^{(L)},$$

式中，$\boldsymbol{F}_s^{(L)}$ 和 $\boldsymbol{F}_t^{(L)}$ 分别表示源节点 s 和目标节点 t 的表示，它们通过图神经网络的 L 个滤波层学习得到；$\boldsymbol{R}_r$ 是对应训练中学习的关系 r 的对角线矩阵。

该模型可以采用基于交叉熵损失的负采样方法训练。对于每个观察样本 $e \in \mathcal{E}$，通过用其他实体随机替换其主语或宾语生成 k 个负样本。有了观察样本和负样本，可将交叉熵损失优化如下：

$$\mathcal{L} = -\tfrac{1}{(1+k)|\mathcal{E}|} \textstyle\sum_{(s,r,o,y)\in\mathcal{T}} y \log\sigma\left(f(s,r,o)\right) + (1-y)\log\left(1-\sigma\left(f(s,r,o)\right)\right),$$

式中，$\mathcal{T}$ 表示 $\mathcal{E}$ 中观察到的正样本和随机产生的负样本的集合；观察样本的 y 设为 1，而负样本的 y 设为 0。

10.8 小结

本章阐述了如何将图神经网络应用于自然语言处理中，介绍了自然语言处理中的代表性任务，包括语义角色标注、关系抽取、问答系统和图到序列学习等，并描述了如何利用图神经网络提高相应模型的性能，还讨论了在 NLP 任务中广泛应用的知识图谱，并介绍了如何将图神经网络推广到知识图谱中。

10.9 扩展阅读

除了图神经网络，9.2 节介绍的图 LSTM 算法也可以被应用于处理关系抽取任务[281, 282]。此外，图神经网络也被应用于许多其他 NLP 任务，如恶意语言检测[283]、基于神经网络的自动文摘[284] 和文本分类[285]。Transformer 模型[175] 广泛用于处理自然语言中的序列数据。基于 Transformer 搭建的预训练模型 BERT[286] 可以帮助解决 NLP 的许多任务。当应用于给定序列时，Transformer 可以看作一个特殊的图神经网络，应用于一个由给定序列产生的图。具体来说，序列可以被当作一个完全图，序列中的元素被当作图上的节点。这样，Transformer 中的单个自注意力层可以看作一个 GAT-Filter（请查阅 5.3.2 节中 GAT-Filter的介绍）。

第 11 章

CHAPTER 11

计算机视觉中的图神经网络

本章将介绍图神经网络在计算机视觉中的应用。介绍常见的计算机视觉任务，包括视觉问答、基于骨架的动作识别、零样本图像分类、少样本图像分类、多标签图像分类和点云学习，并针对每种任务介绍其相应的图神经网络模型。

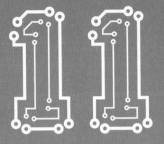

11.1 简介

图结构数据广泛存在于计算机视觉领域的众多任务中。在视觉问答任务中，目标是根据给定图像的内容回答问题，可以使用图建模图像中物体之间的关系。在基于骨架的识别任务中，目标是根据骨架运动预测人类的行为，而骨架可以用图表示。在图像分类中，不同类别的图片可通过知识图谱或类别共现图进行关联 [287, 288]。此外，点云（Point Cloud）是一种表示物体或者形状的不规则的数据结构，也可以用图表示。因此，可以自然地利用图神经网络从这些图中提取特征，并应用于相应的计算机视觉任务中。本章将展示如何将图神经网络代表性算法应用于上述计算机视觉任务中。

11.2 视觉问答

在给定一幅图像和一个用自然语言描述的问题的情况下，视觉问答（Visual Question Answering，VQA）的任务是根据图像中提供的信息回答该问题。如图 11–1 所示为 VQA 任务的一个说明性示例。为了正确地完成 VQA 任务，对问题和图像的理解非常重要，需要使用自然语言处理和计算机视觉技术。通常采用卷积神经网络（CNN）学习图像的整体表示，并将其与问题的表示相结合完成 VQA 任务。如图 11–1 所示，除了整体图像信息，图像中物体之间的关系对于正确回答问题也很重要。为了更好地捕获图像中物体之间的语义关系和空间关系，从而优化 VQA 任务，可以采用图显式地表示物体之间的关系。然后采用图神经网络学习这些由图像生成的图的表示[289, 290]。具体而言，一些工作假设每个图像都会预先给定一个对应的图[289]，而另一些工作则将生成图的过程作为所提出的模型的一部分[290]。本节将以文献[289]和文献[290]中提出的两个模型为例，说明图神经网络在 VQA 任务中的应用。

VQA 的任务被建模为一个分类问题，其中每个类对应训练集中最常见的答案之一。在形式上，这个分类问题的每个样本可以表示为 (q, I)，其中 q 表示问题，I 表示图像。为了利用来自问题和图像的信息解决该分类问题，一种直觉是学习并组合它们的表示，用作基于 MLP 的预测层的输入。在文献[290]中，当训练整个框架时，将

图像 I：

问题 q：What is the color of fruit at the left?

图 11–1 VQA 任务的一个说明性示例

图像以端到端的方式转换为图；而在文献[289]中，问题 q 和图像 I 都被预处理为图，再使用图神经网络处理。

11.2.1 图像表示为图

在文献[290]中，使用带 GRU 的 RNN 将问题 q 编码为问题表示 $\boldsymbol{q} \in \mathbb{R}^{1\times d_q}$。为了学习图像 I 的表示，根据问题 q 从图像 I 生成一个图，然后在生成的图上应用图神经网络模型学习其表示。接下来首先描述如何在给定图像 I 和问题表示 $\boldsymbol{q}$ 的情况下生成该图，然后引入图神经网络模型学习图表示 $\boldsymbol{F}_I$，最后简要描述以问题 q 和图像 I 的表示作为输入的预测层。

给定图像 I 和由物体检测器生成的边界框所限定的 n 个视觉特征。每个边界框可看作生成的图中的节点。通过计算边界框中对应的卷积特征映射的平均值，为每个节点 v_i 产生初始表示 $\boldsymbol{x}_i \in \mathbb{R}^{1\times d_x}$。这些节点表示生成的图的节点集记为 $\mathcal{V}$。接下来，需要生成描述这些节点之间关系的边集 $\mathcal{E}$。这些边是基于视觉特征相似性和与给定问题 q 的相关性构建的。为了组合这两种类型的信息，对每个节点，生成其与问题相关的节点表示：

$$\boldsymbol{e}_i = h([\boldsymbol{x}_i, \boldsymbol{q}]), \tag{11–1}$$

式中，$\boldsymbol{e}_i \in \mathbb{R}^{1\times d_e}$ 表示节点 v_i 与问题相关的节点表示；$h()$ 表示组合这两种信息的非线性函数。

所有节点的表示可以用矩阵 $\boldsymbol{E} \in \mathbb{R}^{n\times d_e}$ 概括，并且图的邻接矩阵可以计算为：

$$\boldsymbol{A} = \boldsymbol{E}\boldsymbol{E}^\top. \tag{11–2}$$

然而，由式 (11–2) 学习的邻接矩阵是完全连通的，这会影响模型的效率和性能。为了生成稀疏邻接矩阵，现只保留每个节点的最强连接。具体而言，只保留每行的最大的 m 个值，并将其他值设置为 0，其中 m 是一个超参数。

根据图像中检测到的物体，得到与问题相关的图，采用文献[54]提出的基于空间的图滤波操作生成节点表示。节点 v_i 的运算可表示为：

$$\boldsymbol{F}_i^{(l)} = \sum_{v_j \in \mathcal{N}(v_i)} w(\boldsymbol{u}(i,j)) \boldsymbol{F}_j^{(l-1)} \alpha_{i,j}, \tag{11–3}$$

式中，$\mathcal{N}(v_i)$ 表示节点 v_i 的邻居集合；$\alpha_{i,j} = \mathrm{Softmax}(\boldsymbol{A}_i)[j]$ 表示节点 v_i 和 v_j 之间的连通性强度；$w()$ 表示可学习的高斯核；$\boldsymbol{u}(i,j)$ 表示伪坐标函数，此伪坐标函数返回极坐标向量 (ρ, θ)，它描述边界框中心与节点 v_i 和 v_j 的相对空间位置。

在应用式 (11–3) 所描述的 L 个连续图滤波层之后，每个节点 v_i 的最终表示为 $\boldsymbol{F}_i^{(L)}$。在文献[290]中，使用 K 个不同的高斯核，并将 K 个核的输出表示组合为：

$$\boldsymbol{F}_i = \|_{k=1}^{K} \boldsymbol{F}_{i|k}^{(L)} \boldsymbol{\Theta}_k, \tag{11–4}$$

式中，$\boldsymbol{F}_{i|k}^{(L)}$ 表示第 k 个核的输出；$\boldsymbol{\Theta}_k$ 表示一个可学习的线性变换。图中所有节点的最终表示可以汇总为一个矩阵 $\boldsymbol{F} \in \mathbb{R}^{n \times d}$，其中 d 表示输出的维度。

一旦获得了最终节点表示，就可应用最大池化层生成图表示 $\boldsymbol{F}_I$。图表示 $\boldsymbol{F}_I$ 和问题表示 $\boldsymbol{q}$ 通过逐元素乘积，组合生成任务表示。然后，该任务表示被输入基于 MLP 的预测层执行分类。

11.2.2 图像和问题表示为图

在文献[289]中，问题 q 和图像 I 都被预处理为图。问题 q 被建模为依存句法树，其中句子中的每个词作为节点，词与词之间的依存关系作为边。将问题 q 生成的图表示为 $\mathcal{G}_q = \{\mathcal{V}_q, \mathcal{E}_q, \mathcal{R}_q\}$，其中 $\mathcal{R}_q$ 是所有可能的依存关系的集合。同时，图像 I 被预处理为完全图，其中图像 I 中的物体被提取为节点，并且它们彼此成对地连接。将图像 I 表示为 $\mathcal{G}_I = \{\mathcal{V}_I, \mathcal{E}_I\}$。每个物体（或节点）$v_i \in \mathcal{V}_I$ 都与其视觉特征 $\boldsymbol{x}_i$ 相关联，而节点 v_i 和节点 v_j 之间的边 $(v_i, v_j) \in \mathcal{E}_I$ 与向量 $\boldsymbol{x}_{ij}$ 相关联，该向量编码了 v_i 和 v_j 之间的相对空间关系。

这两种图都通过图神经网络处理得到节点表示，然后将它们组合得到 (q, I) 的表示。在文献[289]中，5.3.2 节介绍的 GGNN-Filter 的改进版本被用来处理这两个图。

改进的 GGNN-Filter 可以描述为：

$$\boldsymbol{m}_i = \sum_{v_j \in \mathcal{N}(v_i)} \boldsymbol{x}'_{ij} \odot \boldsymbol{x}'_j, \tag{11-5}$$

$$\boldsymbol{h}_i^{(t)} = \text{GRU}([\boldsymbol{m}_i, \boldsymbol{x}'_i], \boldsymbol{h}_i^{(t-1)}); t = 1, \cdots, T, \tag{11-6}$$

式中，$\boldsymbol{x}'_j$ 和 $\boldsymbol{x}'_{ij}$ 分别表示节点 v_j 和边 (v_i, v_j) 的特征。

在问题生成的图 $\mathcal{G}_q$ 中，$\boldsymbol{x}'_j$ 和 $\boldsymbol{x}'_{ij}$ 是随机初始化的。具体而言，节点特征是特定于词的，即每个词都用一个表示初始化，而边的特征是特定于关系的，即具有同种关系 r 的边共享相同的特征。对于图像生成的图 $\mathcal{G}_I$，$\boldsymbol{x}'_i$ 和 $\boldsymbol{x}'_{ij}$ 分别由 $\boldsymbol{x}_i$ 和 $\boldsymbol{x}_{ij}$ 通过 MLP 变换得到。在式 (11–6) 中，GRU 的更新门（其中 $\boldsymbol{h}_0^{(0)} = \boldsymbol{0}$）运行 T 次，然后得到最终的节点 v_i 的表示 $\boldsymbol{h}_i^{(T)}$。注意，在文献[289] 中，用式 (11–5) 到式 (11–6) 所描述的一个单层图滤波器处理这些图。换句话说，这个过程包含 1 次信息聚合和 T 次 GRU 的更新步骤。对于问题生成的图 $\mathcal{G}_q$ 中的节点 $v_i \in \mathcal{V}_q$ 和图像生成的图的节点 $v_j \in \mathcal{V}_I$，将它们通过图滤波操作得到的最终节点表示分别记为 $\boldsymbol{h}_i^{(T,q)}$ 和 $\boldsymbol{h}_j^{(T,I)}$。接着对来自这两个图的节点表示进行如下组合：

$$\boldsymbol{h}_{i,j} = \alpha_{i,j} \cdot [\boldsymbol{h}_i^{(T,q)}, \boldsymbol{h}_j^{(T,I)}], i = 1, \cdots, |\mathcal{V}_q|; j = 1, \cdots, |\mathcal{V}_I|. \tag{11-7}$$

$$\boldsymbol{h}'_i = f_1\left(\sum_{j=1}^{|\mathcal{V}_I|} \boldsymbol{h}_{i,j}\right), \tag{11-8}$$

$$\boldsymbol{h}_{(q,I)} = f_2\left(\sum_{i=1}^{|\mathcal{V}_q|} \boldsymbol{h}'_i\right), \tag{11-9}$$

式中，$\boldsymbol{h}_{i,j}$ 表示来自问题生成的图和图像生成的图的混合的节点表示。这些表示 $\boldsymbol{h}_{i,j}$ 被分层地聚合起来，并生成式 (11–8) 和式 (11–9) 中的 (q, I) 的表示 $\boldsymbol{h}_{q,I}$，其中 f_1 和 f_2 被建模为前馈神经网络。这些表示可用于对候选集合执行分类任务。式 (11–7) 中的 $\alpha_{i,j}$ 使用原始特征 $\boldsymbol{x}'$ 学习得到，它可看成问题节点和图像节点之间的相关性度量。具体而言，$\alpha_{i,j}$ 被建模为：

$$\alpha_{i,j} = \sigma\left(f_3\left(\frac{\boldsymbol{x}_i'^Q}{\|\boldsymbol{x}_i'^Q\|} \odot \frac{\boldsymbol{x}_j'^I}{\|\boldsymbol{x}_j'^I\|}\right)\right),$$

式中，Q 和 I 分别表示来自问题和图像的节点特征；$\odot$ 表示 Hadarmard 积；$f_3()$ 被建模为一个线性变换；$\sigma()$ 表示 Sigmoid 函数。

11.3 基于骨架的动作识别

人体动作识别是一个活跃的研究领域，在视频理解中起着重要的作用。人体骨架运动可以捕获人体动作的重要信息，这些信息通常被用来识别动作。骨架运动可以自然地建模为人体关节位置及其相互作用的时间序列。特别地，关节之间的空间关系可以建模为以关节为节点、以骨骼为连接它们的边的图。然后，骨架运动可以表示为共享相同空间结构的图序列，而序列中图的节点属性（或关节的位置坐标）不同。采用图神经网络可以学习更好的骨架运动表示，能够有效提高基于骨架的动作识别的性能[291, 292, 293, 294, 295, 296, 297]。本节将以文献[291]提出的框架为例，演示如何将图神经网络应用于基于骨架的动作识别任务，它是将图神经网络应用于基于骨架的动作识别的首次尝试。

如图 11–2 所示，一个骨架序列以时空图的形式表示，记为 $\mathcal{G}=\{\mathcal{V},\mathcal{E}\}$，其中 $\mathcal{V}$ 表示节点集，$\mathcal{E}$ 表示边集。节点集 $\mathcal{V}$ 包含骨架序列的所有关节，即 $\mathcal{V}=\{v_{ti}|t=1,\cdots,T;i=1,\cdots,N\}$，$N$ 表示单个骨架图中的关节数量；T 表示骨架序列中骨架的数量。边集 $\mathcal{E}$ 由两种类型的边组成：同一骨架内的边，是基于关节之间的骨骼定义的；骨架间的边连接序列中连续骨架的相同关节。在图 11–2 所示的说明性示例中，骨架内的边显示为绿色，而骨架间的边显示为蓝色。然后可以将基于骨架的动作识别问题转化为图分类任务，其中类别是需要预测的动作，比如跑步。为了完成这种图分类任务，文献提出了一种用于时空图的图滤波操作，用于学习节点表示。它在学习节点表示后，通过应用全局池化层（例如最大池化）获得图表示。然后，将该图表示用作基于 MLP 的预测层的输入。接下来，给出上文所提出的针对时空图的图滤波器的细节。

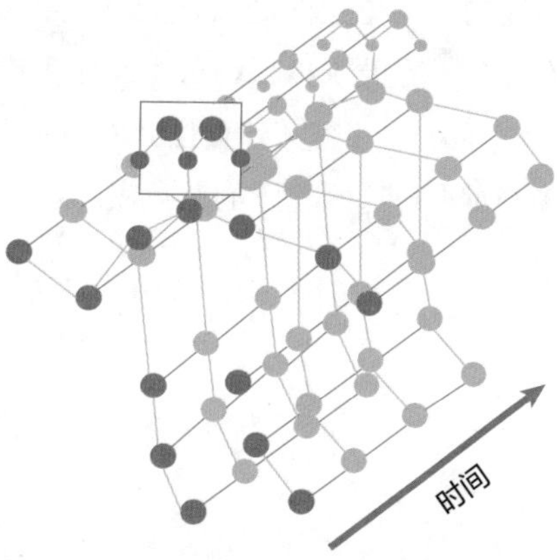

图 11–2 时空骨架图的一个说明性示例

该图滤波器是在 GCN-Filter 基础上改进而来的，GCN-Filter 将时空图中相邻节点的变换信息聚合在一起。具体而言，对于第 t 个骨架中的节点 v_{ti}，其空间邻居 $\mathcal{N}(v_{ti})$ 由其在第 t 个骨架图中的 1 跳邻居和节点 v_{ti} 组成，而它在时空图 $\mathcal{G}$ 上的时

空邻居 $\mathcal{N}^T(v_{ti})$ 可以定义为：

$$\mathcal{N}^T(v_{ti}) = \{v_{\tau j}|\ v_{tj} \in \mathcal{N}(v_{ti})\ \text{且}\ |\tau - t| \leqslant \Gamma\}. \tag{11–10}$$

式 (11–10) 中的约束 $|\tau - t| \leqslant \Gamma$ 意味着节点 $v_{\tau j}$ 和节点 v_{tj} 所在的两个骨架图之间的时间距离应小于 Γ。因此，节点 v_{ti} 的空间时间邻居 $\mathcal{N}^T(v_{ti})$ 不仅包括来自同一骨架的空间邻居，还包括来自序列中接近骨架的“时间邻居”。文献[291]并不对邻居一视同仁，而是将邻居划分为不同子集，并利用不同的变换矩阵进行变换。在骨架图中，节点 v_{ti} 的空间邻居 $\mathcal{N}(v_{ti})$ 被分为如下三个子集：1）中心节点本身；2）比中心节点更靠近骨架重心的相邻节点；3）所有其他节点。其他骨架图中节点 v_{ti} 的相邻节点按相似的规则划分；因此，相邻集 $\mathcal{N}^T(v_{ti})$ 可以分为 $3 \cdot (2\Gamma + 1)$ 个集合。为了方便起见，本节使用 $s(v_{qj})$ 表示给定节点 $v_{qj} \in \mathcal{N}^T(v_{ti})$ 所属于的子集。给定节点 v_{ti} 的图滤波过程可以描述为：

$$\boldsymbol{F}_{ti}^{(l)} = \sum_{v_{\tau j} \in \mathcal{N}^T(v_{ti})} \frac{1}{\#s(v_{\tau j})} \cdot \boldsymbol{F}_{\tau j}^{(l-1)} \boldsymbol{\Theta}_{s(v_{\tau j})}, \tag{11–11}$$

式中，$\boldsymbol{F}_{ti}^{(l)}$ 和 $\boldsymbol{F}_{\tau i}^{(l-1)}$ 分别表示输出的节点表示和输入的节点表示；$\#s(v_{\tau j})$ 表示 $v_{\tau j}$ 的邻居数目；变换参数 $\boldsymbol{\Theta}_{s(v_{\tau j})}$ 由属于 $s(v_{\tau j})$ 的所有邻居共享。

通过堆叠 L 层如式 (11–11) 所示的图滤波层和激活层学习节点表示，然后可以通过将全局池化层应用到这些节点表示中得到图表示。

> 骨架中关节之间的关系由骨骼的内在连接定义。因此，只有空间上相近的关节是相互连接的。然而，一些相距较远的关节也可能会发生关联，尤其是在做某些特定动作时。例如，当做出“拍手”动作时，双手高度关联。因此，编码较远的关节之间的关系也很重要。在文献[298, 293, 296]中，关节构成的图和模型参数是在模型训练过程中被共同学习的。

11.4 图像分类

图像分类旨在对给定的图像进行分类。图神经网络常被用来进行图像分类，尤其是在少样本和多标签的设置下。本节讨论这两种条件下的基于 GNN 的图像分类的代表性算法。如 3.3.4 节中的图 3–11 所示，基于 CNN 的图像分类器通常由两部分组成：1）特征提取，它由卷积层和池化层组成；2）分类，它通常被建模为一个全连接层。具体而言，全连接层（不考虑 Softmax 层）可以表示为矩阵 $\boldsymbol{W} \in \mathbb{R}^{d\times c}$，其中 d 表示提取出的特征的维度，c 表示分类任务的类别数量。$\boldsymbol{W}$ 的第 i 行记为 $\boldsymbol{w}_i$，对应于第 i 个类别。本节粗略地称 $\boldsymbol{w}_i$ 为第 i 个类别的"分类器"。

11.4.1 零样本图像分类

在传统的计算机视觉图像分类任务中，假设每个类别的图像数量丰富，可以用于分类器的训练。在这个设置下学到的分类器只能从已有训练类别中识别出图像。要识别一个新类别中的图像，这些分类器需要使用数千张该类图像和训练集的图像一起重新训练。零样本图像分类的任务是在没有任何新类别的训练图像的情况下，学习一个能够识别新类别的分类器；零样本图像分类要求分类器只基于类别信息，比如图像本身的描述或新类别与其他类别的关系进行预测。在文献 [287] 中，图神经网络被用来学习分类器，它利用描述类别间关系的知识图谱，从其他类别中传播信息学习分类器。接下来，本节首先正式描述零样本图像分类任务的设置，然后介绍如何利用图神经网络解决这个问题。

在零样本图像分类的设置中，给定了 n 个类别，其中前 m 个类别有足够的训练图像，而其余的 $n-m$ 个类别没有图像。每个类别 c_i 都和一个简短的描述相关联，该描述可以被投射为语义嵌入 $\boldsymbol{x}_i$。此外，存在一个描述这些类别之间关系的知识图谱（比如 WordNet[299]）$\mathcal{G}=\{\mathcal{V},\mathcal{E}\}$，其中节点对应类别。在本节的介绍中，使用 $\boldsymbol{w}_i$ 简单地表示类别 c_i 的"分类器"。对于给定的类别 c_i，诸如 Logistic 回归之类的线性分类器可以由其参数 $\boldsymbol{w}_i \in \mathbb{R}^d$ 表示，其中 d 是输入图像的特征的维度。对于给定的图像，可以使用一些预训练的卷积神经网络提取其特征。对于 m 个有充足训练样本的类别，它们对应的分类器可以从这些训练样本中学习。零样本图像分类任务的目的是利用它们的嵌入和（或）给定的知识图谱 $\mathcal{G}$ 学习 $n-m$ 个没有训练样本的类别的分类器。

一种简单的分类器预测方法是采用一种神经网络，将类别的语义嵌入作为输入，并生成相应的分类器作为输出。然而，在实践中，有足够训练样本的类别通常数量太少（几百个），无法充分地训练神经网络。因此，采用图神经网络模型代替深度神经网络预测分类器。图神经网络模型的输入是类别的语义嵌入，输出是其对应的分类器。在文献[287]中，GCN-Filter 被用作图滤波操作，且在最后得到分类器之前堆

叠 L 层图滤波层，以改良特征（以语义嵌入作为初始特征）。具体来讲，该任务可以被建模为一个回归问题，其中前 m 个类别的分类器 $\{\boldsymbol{w}_1, \cdots, \boldsymbol{w}_m\}$ 被作为基准真相。在文献[287]中，L 设置为相对较大的数字（例如 6），这样远距离的信息可以在知识图谱中传播。但是，经验表明，增加图神经网络层数会降低性能[300]。因此，为了在不影响性能的情况下传播远距离信息，文献[287]从给定的知识图谱中构造了一个稠密图，其中任何给定节点都与其知识图谱中的所有祖先相连接。然后，在构造的稠密图上应用两层图滤波层：第一层聚合由后代流向祖先的信息，第二层则聚合从祖先流向后代的信息。

11.4.2　少样本图像分类

零样本学习的目标是在没有任何训练样本的情况下学习类别的分类器。而在少样本学习图像分类的设置中给出了 n 个类别，其中前 m 个类别有足够的训练图像，而剩下的 $n-m$ 类别只有 k 个带标记的图像，其中 k 通常是一个非常小的数字，比如 3。具体而言，当 $k=0$ 时，少样本学习等同于零样本学习。本节特别关注 $k>0$ 的情况。

在少样本学习中，由于所有类别都有一些标记的图像（无论是否足够），所有类别的分类器都可以学习。现将第 i 类别学习的分类器表示为 $\boldsymbol{w}_i$。对于具有足够标记训练图像的 m 个类别，学习的分类器 $\boldsymbol{w}_1, \cdots, \boldsymbol{w}_m$ 是足够好的，可以对不在训练集中的样本进行合理的预测。然而，对于只有 k 个图像的 $n-m$ 个类别，分类器 $\{\boldsymbol{w}_{m+1}, \cdots, \boldsymbol{w}_n\}$ 可能不足以执行合理的预测。因此，少样本学习的目标是为 $n-m$ 个类别学习更好的分类器。

一种与 11.4.1 节介绍的方法类似的模型可被用来改良分类器 $\{\boldsymbol{w}_{m+1}, \cdots, \boldsymbol{w}_n\}$。具体而言，可以将这些学到的分类器 $\{\boldsymbol{w}_{m+1}, \cdots, \boldsymbol{w}_n\}$ 输入 GNN 模型中，产生改良后的分类器。GNN 模型可以在具有足够多标签的类别上进行训练[301]。特别地，为了模拟改良训练程度较低的分类器以生成训练良好的分类器，对于每个具有足够多标记训练样本的类别，采样 k 个训练样本以形成一个“假”训练集，该训练集模拟仅含 k 个标记样本的类别的设置。接着，一组分类器 $\{\hat{\boldsymbol{w}}_1, \cdots, \hat{\boldsymbol{w}}_m\}$ 可以通过在“假”训练集中训练得到。这些“假”分类器 $\{\hat{\boldsymbol{w}}_1, \cdots, \hat{\boldsymbol{w}}_m\}$ 和有足够多训练样本的分类器 $\{\boldsymbol{w}_1, \cdots, \boldsymbol{w}_m\}$ 可以被用作 GNN 模型的训练数据。具体而言，该 GNN 模型类似于 11.4.1 节介绍的模型。不同之处在于，该模型将“假”分类器作为输入，而不是使用词嵌入作为输入。训练完成后，对于训练样本较少的类别，就可以利用 GNN 模

型改良分类器 $\{\boldsymbol{w}_{m+1},\cdots,\boldsymbol{w}_n\}$。如 11.4.1 节所述，描述类别之间关系的知识图谱可以用作 GNN 模型的输入。在文献[301]中，在改良分类器之前，类别之间的图是建立在分类器之间的相似度之上的。

11.4.3 多标签图像分类

在给定图像的情况下，多标签图像分类的任务是预测给定图像中存在的一组物体。一种简单的方法是将该问题作为一系列的二分类问题来处理，其中每个二分类器需要预测图像中是否存在特定的物体，然而，在现实世界中，某些物体经常一起出现，例如网球和网球拍经常同时出现。捕获物体之间的依赖关系是多标签图像分类模型成功的关键。文献[288]从训练集中学习描述物体之间关系的图，并对该图应用图神经网络模型，学习相互依赖的分类器。这些分类器预测给定图像中是否存在特定物体。与 11.4.1 节类似，这些分类器用 $\boldsymbol{w}_i$ 表示。

给定图像 I，多标签图像分类的目标是预测候选集 $\mathcal{C}=\{c_1,\cdots,c_K\}$ 中的哪些物体会出现在该图像中。因此，需要学习 K 个二分类器完成预测任务，这些分类器记为 $\{\boldsymbol{w}_1,\cdots,\boldsymbol{w}_K\}$，其中 $\boldsymbol{w}_i\in\mathbb{R}^d$。分类器的维度 d 由图像表示 $\boldsymbol{x}_I\in\mathbb{R}^d$ 定义；图像表示可以由某些预训练的卷积神经网络提取出来。为了学习能够捕获物体之间依赖关系的物体分类器，将图神经网络模型应用于描述物体之间关系的图 $\mathcal{G}$。在文献[288]中，图 $\mathcal{G}$ 以物体作为节点，节点之间的连接是根据它们在训练数据的共现关系建立的。首先统计训练集中所有物体对出现在同一张图片中的频率，可得到一个矩阵 $\boldsymbol{M}\in\mathbb{R}^{K\times K}$，其中 $\boldsymbol{M}_{i,j}$ 表示第 i 个物体和第 j 个物体的共现频率。接下来，该矩阵的每一行被正则化为：

$$\boldsymbol{P}_i=\boldsymbol{M}_i/N_i, \tag{11–12}$$

式中，$\boldsymbol{P}_i$ 和 $\boldsymbol{M}_i$ 分别表示矩阵 $\boldsymbol{P}$ 和 $\boldsymbol{M}$ 的第 i 行；N_i 表示第 i 个物体的出现频率。为了稀疏化矩阵 $\boldsymbol{P}$，可进一步使用一个阈值 τ 过滤带噪声的边：

$$\boldsymbol{A}_{i,j}=\begin{cases}0, & \boldsymbol{P}_{i,j}<\tau,\\ 1, & \boldsymbol{P}_{i,j}\geqslant\tau.\end{cases} \tag{11–13}$$

一旦构建好了图，就可以在图上应用图神经网络模型学习不同物体的分类器。具体而言，图神经网络以邻接矩阵和这些物体的文本描述的词嵌入作为输入，然后输出物体的分类器。在获得分类器 $\{\boldsymbol{w}_1,\cdots,\boldsymbol{w}_K\}$ 之后，可以通过将图像表示 $\boldsymbol{x}_I$ 映射到用于每个物体 c_i 的二分类的分数 $\boldsymbol{w}_i^\top\boldsymbol{x}_I$ 中完成分类。

11.5 点云学习

点云为三维形状和物体提供了灵活的几何表示。更正式的表达是，点云由一组点 $\{v_1, \cdots, v_n\}$ 组成，其中每个点都包含一个表示几何位置的三维几何坐标 $v_i = (x_i, y_i, z_i)$。一个点云通常可以表示三维对象或形状。与图一样，点云也是不规则的，因为其中的点没有顺序，也没有规则的结构。因此，并不能直接将经典的深度学习技术（如 CNN）应用于点云学习。点云中的拓扑信息由点之间的距离隐式地表示。为了捕获点云中的局部拓扑，需要根据点云中的点之间的距离构建图[302]。具体而言，在构建的图中，每个点 v_i 的 k 个最近的点被认为是它的邻居。然后利用图滤波操作学习这些点的表示，这些表示可用于下游任务。与图类似，点云上有两种类型的任务：一种是侧重于点的任务，比如点云分割，其目的是为每个点指定一个标签；另一种是侧重于云的任务，如点云分类，即为整个点云指定一个标签。对于侧重于云的任务，需要使用池化方法从整个点云的点表示中学习点云表示。本节接下来将描述文献[302]中引入的图滤波操作。对于点 v_i，该过程可以表示为：

$$\boldsymbol{F}_i^{(l)} = \text{AGGREGATE}\left(\left\{h_{\boldsymbol{\Theta}^{(l-1)}}(\boldsymbol{F}_i^{(l-1)}, \boldsymbol{F}_j^{(l-1)}) \mid v_j \in \mathcal{N}^{(l-1)}(v_i)\right\}\right), \tag{11-14}$$

式中，AGGREGATE() 表示聚合函数，如求和（summation）或者 GraphSAGE-Filter 中的 Pooling 聚合器；函数 $h_{\boldsymbol{\Theta}^{(l-1)}}()$ 由 $\boldsymbol{\Theta}^{(l-1)}$ 参数化并用于计算被聚合的边信息。有多种 $h_{\boldsymbol{\Theta}^{(l-1)}}()$ 函数可以使用，例如：

$$h_{\boldsymbol{\Theta}^{(l-1)}}(\boldsymbol{F}_i^{(l-1)}, \boldsymbol{F}_j^{(l-1)}) = \sigma(\boldsymbol{F}_j^{(l-1)}\boldsymbol{\Theta}^{(l-1)}), \tag{11-15}$$

$$h_{\boldsymbol{\Theta}^{(l-1)}}(\boldsymbol{F}_i^{(l-1)}, \boldsymbol{F}_j^{(l-1)}) = \sigma(\left(\boldsymbol{F}_j^{(l-1)} - \boldsymbol{F}_i^{(l-1)}\right)\boldsymbol{\Theta}^{(l-1)}), \tag{11-16}$$

式中，$\sigma()$ 表示一个非线性激活函数。

> 在式 (11-14) 中，$\mathcal{N}^{(l-1)}(v_i)$ 表示 v_i 的邻居集合，这个邻居集合由距离（基于前一层输出特征 $\boldsymbol{F}^{(l-1)}$ 计算得出）点 v_i 最近的 k 个点组成（包括点 v_i 本身）。$\mathcal{N}^{(0)}(v_i)$ 基于 $\boldsymbol{F}^{(0)}$ 计算，其中 $\boldsymbol{F}^{(0)}$ 表示第一层的输入特征，即点云中点的坐标。

11.6 小结

本章介绍了图神经网络模型在各种计算机视觉任务中的应用，包括视觉问答、基于骨架的人体动作识别、零样本图像分类、少样本图像分类、多标签图像分类和点云学习。本章简要介绍了每个任务，并通过介绍有代表性的算法，描述为什么要利用以及如何利用图神经网络提高任务的性能。

11.7 扩展阅读

除了本章介绍的计算机视觉任务，还有许多其他利用了图神经网络的任务。在文献[303]中，用图神经网络注释给定图像中的物体。此外，图神经网络也被用于场景图的处理，可提高场景图相关任务的性能，例如场景图的生成[304, 305]和基于场景图的图像字幕[306]。

第 12 章
CHAPTER 12

数据挖掘中的图神经网络

本章将介绍图神经网络在数据挖掘中的应用。介绍不同数据挖掘子领域及其对应的图神经网络方法，包括万维网数据挖掘中的社交网络分析和推荐系统、城市数据挖掘中的交通预测和空气质量预测、网络安全数据挖掘中的恶意账户检测和虚假新闻检测。

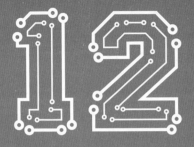

12.1 简介

数据挖掘的目的是从海量数据中提取模式和知识[307]。现实世界中的许多数据可以自然地用图进行表示。在万维网中，社交媒体用户之间的关系——如 Facebook 上的朋友关系和 Twitter 上的关注关系——可以用社交图表示。电子商务用户和商品之间的历史交互可以建模为二分图，其中用户和商品分别是两组节点，两组节点之间的交互是边。城市地区的道路或路段之间由于空间关系往往互相关联，这些空间关系可以用交通网络来表示，其中节点是道路或路段，边是它们的空间关系。因此，图神经网络自然地被应用于各种数据挖掘任务。本章将说明如何用 GNN 解决典型的数据挖掘任务，包括万维网数据挖掘、城市数据挖掘和网络安全数据挖掘。

12.2 万维网数据挖掘

诸如社交媒体和电子商务等基于万维网的应用程序，已经产生了大量数据。万维网数据挖掘将数据挖掘技术应用于发现万维网数据中的模式和规律。本节将展示图神经网络模型应用于万维网数据挖掘的两个代表性任务，即社交网络分析和推荐系统。

12.2.1 社交网络分析

社交网络在万维网中无处不在，尤其在社交媒体中，它常常表示用户之间的关系和（或）交互。社交网络可以自然地建模为图，其中节点代表网络中的用户，而边代表用户的关系和（或）交互。图神经网络已被用来辅助处理社交网络上的各种任务，如社会影响力预测[308]、政治观点检测[309]和社交表示学习[310]等。接下来，本节将详细介绍其中的一些任务。

1. 社会影响力预测

在社交网络中，一个人的情绪、观点、行为和决策都会受到他人的影响。这种现象通常被称为社会影响，其在各种线下和（或）线上社交网络中非常普遍。分析社会影响力对于优化广告策略和实施个性化推荐非常重要。文献[308]采用图神经网络对用户在社交网络中的本地社会影响力进行预测。具体而言，给定用户的局部邻域和该邻域内用户的行为，目标是预测用户将来是否会采取某些行为。例如，在 Twitter 平台中，预测任务可以描述为在给定其他用户（局部邻域）的行为状态（是否转发）的情况下，预测用户是否会转发关于某个主题的帖子。

社交网络中用户之间的关系可以用一个图 $\mathcal{G} = \{\mathcal{V}, \mathcal{E}\}$ 建模，其中 $\mathcal{V}$ 表示社交网络中用户的集合，$\mathcal{E}$ 表示这些用户之间的关系的集合。对于节点 $v_i \in \mathcal{V}$，其局部邻域可以被定义为其 r 跳自我中心网络（Ego-network）$\mathcal{G}_{v_i}^r$[308]，是 $\mathcal{G}$ 的子图，包含与节点 v_i 距离 r 跳之内的所有节点。r 跳自我中心网络$\mathcal{G}_{v_i}^r$ 的节点集 $\mathcal{V}_{v_i}^r$ 和边集 $\mathcal{E}_{v_i}^r$ 可以定义为：

$$\mathcal{V}_{v_i}^r = \{v_j \in \mathcal{V} \mid \text{dis}(v_i, v_j) \leqslant r\},$$
$$\mathcal{E}_{v_i}^r = \left\{(v_j, v_k) \in \mathcal{E} \mid v_j, v_k \in \mathcal{V}_{v_i}^r\right\},$$

式中，$\text{dis}(v_i, v_j)$ 表示节点 v_i 和 v_j 之间的最短路径距离。此外，对于每个节点 $v_j \in \mathcal{V}_{v_i}^r / \{v_i\}$，都有一个与之关联的二元操作 $s_j \in \{0, 1\}$。比如在 Twitter 平台上，如果用户 v_j 转发了某个特定主题的帖子，则行为状态 $s_j = 1$，否则 $s_j = 0$。所有节点 $v_j \in \mathcal{V}_{v_i}^r / \{v_i\}$ 的行为状态可以总结为 $\mathcal{S}_{v_i}^r = \left\{s_j \mid v_j \in \mathcal{V}_{v_i}^r / \{v_i\}\right\}$。社会影响力预测的目标是：在给定 $\mathcal{G}_{v_i}^r$ 和 $\mathcal{S}_{v_i}^r$ 的情况下，预测节点 v_i 的行为状态。该问题可以被建模为一个二分类问题。

为了预测节点 v_i 的行为状态 s_i，可在 v_i 的自我中心网络上应用图神经网络模型学习节点 v_i 的节点表示，该表示随后被用来进行二分类。具体而言，可以采用 GCN-Filter 和 GAT-Filter（请参见 5.3.2 节）作为图滤波器构建图神经网络[308]。图神经网络模型采用如下所示的节点特征作为初始输入：

$$\boldsymbol{F}_j^{(0)} = [\boldsymbol{x}_j, \boldsymbol{e}_j, s_j, \text{ind}_j], v_j \in \mathcal{V}_{v_i}^r, \tag{12-1}$$

式中，$\boldsymbol{x}_j$ 表示在图 $\mathcal{G}$ 上通过诸如 DeepWalk 或者 LINE 方法（请参见 4.2.1 节）得到的表示。文献[308]采用实例归一化技巧，对 $\mathcal{V}_{v_i}^r$ 中的节点的表示进行归一化，从而提高模型性能。向量 $\boldsymbol{e}_j$ 包含了一些其他的节点特征，如结构特征、内容特征等。对于节点 v_j，由于其行为状态未知，s_j 被初始化为 0。最后一个元素 $\text{ind}_j \in \{0, 1\}$ 是一个二元变量，它指示节点 v_j 是否为中心用户，即当且仅当 $v_j = v_i$ 时，$\text{ind}_j = 1$，否则 $\text{ind}_j = 0$。

2. 社交表示学习

随着 Facebook 等社交媒体的快速发展，越来越多的服务通过社交网络提供给用户。例如，用户可以在 Facebook 上表达他们对各种电影、运动和书籍的偏好。这些不同类型的社交网络服务导致了不同类别的用户行为。用户可能在某类行为中具有相似的偏好，而在其他类行为中具有不同的偏好。例如，两位用户可能喜欢相同类型的电影，但他们喜欢不同类型的运动。为了捕获用户在不同行为中的偏好相似性，可使用多个向量表示每位用户，其中每个向量对应特定类别的行为[310]。具体地，对于每位用户，不同行为对应的表示都以该用户的一般表示为前提条件。为了学习这些用户表示，采用图神经网络模型捕获在不同类型行为中各个用户之间的偏好相似性[310]。接下来首先系统地描述问题设定，然后介绍如何利用图神经网络模型学习条件表示。

社交网络可以被建模为图 $\mathcal{G} = \{\mathcal{V}, \mathcal{E}\}$，其中 $\mathcal{V} = \{v_1, \cdots, v_N\}$ 表示节点（社交网络用户）集合，$\mathcal{E}$ 表示连接节点的边（社会关系）的集合。这些关系也可以被表示为图的邻接矩阵 $\boldsymbol{A}$。此外，用户还与电影、运动和书籍等存在交互，这些物品分属不同的类别。具体而言，类别 c (例如书籍) 的物品集合被表示为 $\mathcal{I}_c$，用户与这些物品之间的交互由交互矩阵 $\boldsymbol{R}^c$ 描述，其中仅当用户 v_i 已经与类别 c 中的 j 物品交互时，$\boldsymbol{R}^c_{i,j} = 1$，否则为 0。条件表示学习的目标是为每位用户 v_j 学习一组表示，其中特定类别 c 的条件表示可以捕获 $\boldsymbol{A}$ 中的结构信息以及 $\boldsymbol{R}^c$ 中描述的对类别 c 中物品的偏好。表示学习框架是基于 5.3.2 节中介绍的 MPNN 框架设计的。其消息函数 $M()$ 和更新函数 $U()$（针对第 l 层）可被这样描述：MPNN 框架中的消息函数 $M()$ 生成从其邻居节点 v_j 传递到中心节点 v_i 的消息。为了捕获不同类别中的节点 v_i 和 v_j 之间的相似性，这些节点的表示被映射到不同的类别，如下所示：

$$\boldsymbol{F}_{j|c}^{(l-1)} = \boldsymbol{F}_j^{(l-1)} \odot \boldsymbol{b}_c^{(l-1)},$$

式中，$\boldsymbol{b}_c^{(l-1)}$ 是所有节点共享的可学习的二值 mask 矩阵。它将输入表示 $\boldsymbol{F}_j^{(l-1)}$ 映射到类别 c 的条件表示 $\boldsymbol{F}_{j|c}^{(l-1)}$。从节点 v_j 到节点 v_i 的消息生成如下：

$$\boldsymbol{F}_{v_j \to v_i}^{(l-1)} = M(\boldsymbol{F}_i^{(l-1)}, \boldsymbol{F}_j^{(l-1)}) = \sum_{c=1}^{C} \alpha_{i,j|c}^{(l-1)} \cdot \boldsymbol{F}_{j|c}^{(l-1)},$$

式中，C 表示类别的总数；$\alpha_{i,j|c}^{(l-1)}$ 表示如下学到的注意力分数：

$$e_{i,j|c}^{(l-1)} = \boldsymbol{h}^{(l-1)\top} \operatorname{ReLU}\left(\left[\boldsymbol{F}_{i|c}^{(l-1)}, \boldsymbol{F}_{j|c}^{(l-1)}\right] \boldsymbol{\Theta}_a^{(l-1)}\right),$$

$$\alpha_{i,j|c}^{(l-1)} = \frac{\exp\left\{e_{i,j|c}^{(l-1)}\right\}}{\sum_{c=1}^{C} \exp\left\{e_{i,j|c}^{(l-1)}\right\}},$$

式中，$\boldsymbol{h}^{(l-1)}$ 和 $\boldsymbol{\Theta}_a^{(l-1)}$ 表示要学习的参数。注意力机制被用来确保行为越相似的节点在生成消息时贡献越多。生成消息后，节点 v_i 的表示由如下更新函数更新：

$$\boldsymbol{m}_i^{(l-1)} = \sum_{v_j \in \mathcal{N}(v_i)} \boldsymbol{F}_{v_j \to v_i}^{(l-1)}, \tag{12–2}$$

$$\boldsymbol{F}^{(l)} = U(\boldsymbol{F}_i^{(l-1)}, \boldsymbol{m}_i^{(l-1)}) = \alpha\left(\left[\boldsymbol{F}_i^{(l-1)}, \boldsymbol{m}_i^{(l-1)}\right] \boldsymbol{\Theta}_u^{(l-1)}\right), \tag{12–3}$$

式中，$\boldsymbol{\Theta}_u^{(l-1)}$ 表示更新函数的参数；$\alpha()$ 表示某种激活函数。

在叠加 L 层上述 MPNN 滤波操作后，可以获得最终表示 $\boldsymbol{F}_i^L$，然后将其映射到条件表示 $\boldsymbol{F}_{i|c}^L$。最后的条件表示 $\boldsymbol{F}_{i|c}^L$ 被用于恢复交互信息 $\boldsymbol{R}^c$，作为框架的训练目标。因此，学习到的条件表示既可以捕获社交结构信息，又可以捕获特定类别的用户–物品交互信息。

12.2.2 推荐系统

推荐系统已经被广泛应用于电子商务、视频/音乐流媒体和社交媒体等众多在线服务中，以缓解信息过载问题。协同过滤[311, 312, 313]（Collaborative Filtering, CF）利用用户的历史行为数据预测用户的偏好，是推荐系统开发中的重要技术之一。协同过滤的一个关键假设是具有相似历史行为的用户具有相似的偏好。协同过滤方法通常将这些信息编码成用户和物品的向量表示，这些向量表示可以重构历史交互关系[21, 314]。

当学习这些向量表示时，通常不会被直接利用历史交互，而是将其作为重构过程的基准。用户和物品之间的历史交互可以被建模为一个二分图 $\mathcal{G} = \{\mathcal{U} \cup \mathcal{V}, \mathcal{E}\}$。其中，$\mathcal{U} = \{u_1, \cdots, u_{N_u}\}$ 表示用户集，$\mathcal{V} = \{v_1, \cdots, v_{N_v}\}$ 表示物品的集合，它们之间的交互可以被表示为 $\mathcal{E} = \{e_1, \cdots, e_{N_e}\}$，其中 $e_i = (u_{(i)}, v_{(i)})$，$u_{(i)} \in \mathcal{U}$ 且 $v_{(i)} \in \mathcal{V}$。这些交互也可以由交互矩阵 $\boldsymbol{M} \in \mathbb{R}^{N_u \times N_v}$ 表示，其中 $\boldsymbol{M}$ 的第 i, j 个元素指示用户 u_i 和物品 v_j 之间的交互状态。特别地，$\boldsymbol{M}_{i,j}$ 可以是用户 u_i 给物品 v_j 的评分值，也可以是指示用户 u_i 和物品 v_j 之间是否有交互的二元值（$\boldsymbol{M}_{i,j} = 1$ 代表用户 u_i 和物品 v_j 之间有交互）。当被建模为二分图后，通过采用图神经网络模型，历史交互可以被显式地用于建模学习用户和物品的表示[315, 316, 314]。此外，诸如用户的社交网络和物品的知识图谱等关于用户和物品的辅助信息，也可以用图的形式建模，从而用于辅助图神经网络模型学习表示[317, 267, 318, 319]。接下来主要介绍基于图神经网络模型的协同过滤方法。

1. **协同过滤**

通常，协同过滤方法可以被视为一种编码器–解码器模型，其中编码器将每位用户或物品编码成向量表示，而解码器利用这些表示重建历史交互。因此，解码器通常被建模为回归任务（重建评分）或二分类任务（重建交互是否存在）。因此，本节主要介绍基于图神经网络模型设计协同过滤方法的编码器部分。在这些模型中，图滤波器被用来更新用户和物品的表示。具体而言，对于给定用户，这些模型同样利用来自其邻居的信息（即与其有交互的物品）来更新其表示。类似地，对于给定物品，这些模型利用来自其邻居（即与其交互的用户）的信息更新其表示。接下来，从给定用户 u_i 的角度描述图滤波过程。因为给定物品的图滤波过程与之类似，所以此处不做详细介绍。图滤波过程（对于第 l 层）通常可以用 5.3.2 节介绍的 MPNN 框架描述，具体如下：

$$\begin{aligned}&\boldsymbol{m}_i^{(l-1)} = \text{AGGREGATE}\left(\left\{M(\boldsymbol{u}_i^{(l-1)}, \boldsymbol{v}_j^{(l-1)}, \boldsymbol{e}_{(i,j)}) \mid v_j \in \mathcal{N}(u_i)\right\}\right), \\ &\boldsymbol{u}_i^{(l)} = U(\boldsymbol{u}_i^{(l-1)}, \boldsymbol{m}_i^{(l-1)}),\end{aligned} \tag{12-4}$$

式中，$\boldsymbol{u}_i^{(l-1)}$、$\boldsymbol{v}_j^{(l-1)}$ 表示第 l 层的用户 u_i 和物品 v_j 的输入表示；$\boldsymbol{e}_{(i,j)}$ 表示边的信息（如评分信息等）；$\mathcal{N}(u_i)$ 表示用户 u_i 的邻居，即与用户有过交互的物品；AGGREGATE()、$M()$、$U()$ 分别表示消息聚合函数、消息产生函数和更新函数。

文献[315]提出了多种不同的消息聚合函数，其中之一是求和函数。消息产生函数旨在将与交互相关联的离散评分信息合并，具体如下：

$$M\left(\boldsymbol{u}_i^{(l-1)}, \boldsymbol{v}_j^{(l-1)}\right) = \frac{1}{\sqrt{|\mathcal{N}(u_i)||\mathcal{N}(v_j)|}} \boldsymbol{v}_j^{(l-1)} \boldsymbol{\Theta}_{r(u_i,v_j)}^{(l-1)},$$

式中，$r(u_i, v_j)$ 表示用户 u_i 给物品 v_j 的离散评分（如 $1 \sim 5$）；$\boldsymbol{\Theta}_{r(u_i,v_j)}^{(l-1)}$ 由具有该评分的所有交互共享。更新函数如下：

$$U(\boldsymbol{u}_i^{(l-1)}, \boldsymbol{m}_i^{(l-1)}) = \text{ReLU}(\boldsymbol{m}_i^{(l-1)} \boldsymbol{\Theta}_{\text{up}}^{(l-1)}),$$

式中，$\boldsymbol{\Theta}_{\text{up}}^{(l-1)}$ 表示需要学习的参数。

文献[314]采用求和函数作为消息聚合函数，消息产生函数和更新函数如下所示：

$$\begin{aligned}&M\left(\boldsymbol{u}_i^{(l-1)}, \boldsymbol{v}_j^{(l-1)}\right) = \frac{1}{\sqrt{|\mathcal{N}(u_i)||\mathcal{N}(v_j)|}} \left(\boldsymbol{v}_j^{(l-1)} \boldsymbol{\Theta}_1^{(l-1)} + (\boldsymbol{u}_i^{(l-1)} \boldsymbol{\Theta}_2^{(l-1)} \odot \boldsymbol{v}_j^{(l-1)})\right), \\ &U(\boldsymbol{u}_i^{(l-1)}, \boldsymbol{m}_i^{(l-1)}) = \text{LeakyReLU}\left(\boldsymbol{u}_i^{(l-1)} \boldsymbol{\Theta}_3^{(l-1)} + \boldsymbol{m}_i^{(l-1)}\right),\end{aligned}$$

式中，$\boldsymbol{\Theta}_1^{(l-1)}$、$\boldsymbol{\Theta}_2^{(l-1)}$ 和 $\boldsymbol{\Theta}_3^{(l-1)}$ 表示要学习的参数。

2. 带物品辅助信息的协同过滤

知识图谱描述了物品之间的关系，可以被当作除历史交互之外的另一种关于物品的信息资源。不少方法采用图神经网络模型将知识图谱中的信息与学习物品表示的过程相融合[267, 317, 318]。一个将物品集 $\mathcal{V}$ 作为实体的知识图谱可以被表示为 $\mathcal{G}_k=\{\mathcal{V},\mathcal{E}_k,\mathcal{R}\}$，其中 $\mathcal{R}$ 表示知识图谱中的关系集合，每一条关系边 $e\in\mathcal{E}_k$ 可被记为 $e=(v_i,r,v_j)$，其中 $r\in\mathcal{R}$。对于物品 v_i，在知识图谱中与其相连的物品为它提供了聚合信息的另一个资源。为了在聚合信息的同时区分各种关系的重要性，可以采用注意力机制。具体来说，在文献[318]中，类似于 TransR[320] 的知识图谱嵌入方法被用来计算关系 (v_i,r,v_j) 上的注意力分数 α_{irj}，具体如下所示：

$$\pi(v_i,r,v_j)=\left(\boldsymbol{v}_j^{(0)}\boldsymbol{\Theta}_r^{(l-1)}\right)^{\top}\tanh\left(\boldsymbol{v}_i^{(0)}\boldsymbol{\Theta}_r^{(l-1)}+\boldsymbol{e}_r\right),$$
$$\alpha_{irj}=\frac{\exp(\pi(v_i,r,v_j))}{\sum\limits_{(r,v_j)\in\mathcal{N}^k(v_i)}\exp(\pi(v_i,r,v_j))},$$

式中，$\boldsymbol{v}_i^{(0)}$、$\boldsymbol{e}_r$ 和 $\boldsymbol{\Theta}_r^{(l-1)}$ 分别表示实体嵌入、关系嵌入和 TransR[320] 学习的变换矩阵；$\mathcal{N}^k(v_i)$ 表示知识图谱 $\mathcal{G}_k$ 中 v_i 的邻居。更新物品 v_i 表示的图滤波过程（第 l 层）如下：

$$\boldsymbol{m}_i^{(l-1)}=\sum_{(r,v_j)\in\mathcal{N}^k(v_i)}\alpha_{irj}\boldsymbol{v}_j^{(l-1)},$$
$$\boldsymbol{v}_i^{(l)}=U(\boldsymbol{v}_i^{(l-1)},\boldsymbol{m}_i^{(l-1)})=\text{LeakyReLU}([\boldsymbol{v}_i^{(l-1)},\boldsymbol{m}_i^{(l-1)}]\boldsymbol{\Theta}_{\text{up}}^{(l-1)}), \tag{12-5}$$

式中，$U()$ 是更新函数；$\boldsymbol{\Theta}_{\text{up}}^{(l-1)}$ 表示要学习的参数。

TransR学习的嵌入 $\boldsymbol{v}_i^{(0)}$ 被作为第一层的输入。实体嵌入、关系嵌入和变换矩阵在式 (12–5) 描述的传播过程中是固定的。因此，注意力分数 α_{irj} 是由不同的图滤波层共享的。此外，用户和物品之间的交互被作为一种特殊关系交互，合并到知识图谱中[318]。具体来说，$e_i=(u_{(i)},v_{(i)})\in\mathcal{E}$ 被转化为一个带关系的边 $(u_{(i)},r,v_{(i)})$，其中 r 表示用户间的交互。因此，用户表示和物品表示都由式 (12–5) 更新。

在文献[267, 317]中，针对不同用户设计了不同的个性化注意力得分机制。特别地，当考虑实体 v_j 对另一个实体 v_i 的影响时，还应该考虑该物品被推荐给哪位用户。例如，当向用户推荐电影时，一些用户可能更喜欢某些特定导演指导的电影，而另一些用户可能更喜欢某些特定演员表演的电影。因此，当学习专门用于向用户 u_k 推荐物品的物品嵌入时，用于聚合的注意力得分可以被建模为：

$$\pi(v_i, r, v_j | u_k) = \boldsymbol{u}_k^\top \boldsymbol{e}_r,$$

式中，$\boldsymbol{u}_k$ 和 $\boldsymbol{e}_r$ 分别表示用户嵌入和关系嵌入。这个过程可以被视作为每位用户导出一个知识图谱。注意，在文献[267, 317]中，只有知识图谱被显式地用于表示学习，而历史交互仅被用作重构的基准真相。因此，与矩阵分解[21] 相同，用户表示 $\boldsymbol{u}_k$ 被随机初始化。

3. 带用户辅助信息的协同过滤

编码 $\mathcal{U}$ 中用户之间的关系或交互的社交网络，可以作为除用户–物品交互二分图外的一种信息资源。社交网络可以被建模为图 $\mathcal{G}_s = \{\mathcal{U}, \mathcal{E}_s\}$，其中 $\mathcal{U}$ 是节点（用户）集，$\mathcal{E}_s$ 是描述用户之间社交关系的边集。在文献[319]中，图神经网络模型被用于利用这两种信息学习用户和物品的表示。如同之前章节介绍的仅有协同过滤的图神经网络模型一样，物品的表示通过聚合交互二分图 $\mathcal{G}$ 中邻居节点（即与物品有交互的用户）的信息进行更新。而用户的表示则通过结合两类信息（即用户–物品交互图 $\mathcal{G}$ 和社交网络 $\mathcal{G}_s$）生成，具体如下：

$$\boldsymbol{u}_i^{(l)} = \left[\boldsymbol{u}_{i,\mathcal{I}}^{(l)}, \boldsymbol{u}_{i,\mathcal{S}}^{(l)}\right] \boldsymbol{\Theta}_c^{(l-1)},$$

式中，$\boldsymbol{u}_{i,\mathcal{I}}^{(l)}$ 表示通过聚合交互二分图中邻居物品的信息学习到的用户 u_i 的表示；$\boldsymbol{u}_{i,\mathcal{S}}^{(l)}$ 表示通过聚合社交网络中邻居用户的信息学习到的相应表示；$\boldsymbol{\Theta}_c^{(l-1)}$ 表示要学习的参数。特别地，$\boldsymbol{u}_{i,\mathcal{S}}^{(l)}$ 由参数 $\boldsymbol{\Theta}_{\mathcal{I}}^{(l-1)}$ 更新如下：

$$\boldsymbol{u}_{i,\mathcal{S}}^{(l)} = \sigma\left(\sum_{u_j \in \mathcal{N}^s(u_i)} \boldsymbol{u}_j^{(l-1)} \boldsymbol{\Theta}_{\mathcal{I}}^{(l-1)}\right),$$

式中，$\mathcal{N}^s(u_i)$ 是社交网络中用户 u_i 的邻居用户集。同时，$\boldsymbol{u}_{i,\mathcal{I}}^{(l)}$ 由参数 $\boldsymbol{\Theta}_{\mathcal{S}}^{(l-1)}$ 按如下方式生成：

$$\boldsymbol{u}_{i,\mathcal{I}}^{(l)} = \sigma\left(\sum_{v_j \in \mathcal{N}(u_i)} \left[\boldsymbol{v}_j^{(l-1)}, \boldsymbol{e}_{r(i,j)}\right] \boldsymbol{\Theta}_{\mathcal{S}}^{(l-1)}\right), \tag{12-6}$$

式中，$\mathcal{N}(u_i)$ 表示用户 u_i 交互过的物品集；$\boldsymbol{e}_{r(i,j)}$ 表示评分信息。在文献[319]中，评分是离散的分数，评分信息 $\boldsymbol{e}_{r(i,j)}$ 被建模为要学习的嵌入。

12.3 城市数据挖掘

遥感技术和计算基础设施的发展使人们可以大量收集城市的数据，例如空气质量、交通和人口流动的数据。挖掘这些城市数据为人类应对城市化带来的各种挑战（如交通拥堵和空气污染）提供了前所未有的机会。接下来介绍如何将图神经网络应用于城市数据挖掘任务。

12.3.1 交通预测

分析和预测动态交通状态对新时期智慧城市的道路规划建设和交通管理具有重要意义。在交通研究中，交通流数据通常被看作时间序列，它包括诸如在多个时间点的交通速度、容量和密度等信息。同时，道路或路段之间存在空间关系，因此，道路或路段之间不相互独立。道路之间的空间关系可以被表示为一个交通网络，其中道路或路段代表节点，边代表它们之间的空间关系。为了能够更好地预测交通，需要同时捕获空间信息和时间信息。图神经网络模型通常被用于处理空间关系信息，而时序信息通常由卷积神经网络、循环神经网络和 Transformer[321, 253, 322] 等序列模型处理。接下来首先介绍如何使用图神经网络捕获空间关系，之后介绍如何将图神经网络模型与序列模型结合，以捕获空间信息和时序信息。

交通网络可以被表示为一个图 $\mathcal{G} = \{\mathcal{V}, \mathcal{E}\}$，其中 $\mathcal{V} = \{v_1, \cdots, v_N\}$ 是节点（道路或路段）集，N 表示交通网络中节点的数目，$\mathcal{E}$ 表示描述节点之间空间关系的边的集合。节点之间的连接可以由一个邻接矩阵 $\boldsymbol{A}$ 表示。在特定时刻 t，交通网络的交通速度可以表示为 $\boldsymbol{x}_t \in \mathbb{R}^{N\times d}$，其中 $\boldsymbol{x}_t$ 的第 i 行对应交通网络中的节点 v_i。交通预测的任务是根据之前 M 个时间步的观察，预测接下来 H 个时间步的交通状态。具体可以表示为：

$$(\hat{\boldsymbol{X}}_{M+1}, \cdots, \hat{\boldsymbol{X}}_{M+H}) = f(\boldsymbol{X}_1, \cdots, \boldsymbol{X}_M), \qquad (12\text{–}7)$$

式中，$f()$ 表示要学习的模型；$\hat{\boldsymbol{X}}_t$ 表示在时间 t 的预测交通状态。

一般情况下，为了解决这个问题，首先需要通过捕获空间信息和时序信息学习节点在每个时间点的表示，然后利用这些节点表示预测未来时间点的信息。这些表示通过逐层学习而来，每个学习层通过捕获空间关系和时间关系更新表示，从而得到更优的节点表示。图 12–1 展示了第 l 个学习层，它由两个组件组成：用于捕获空间关系的（基于空间的）图滤波操作；用于捕获时序关系的序列模型。基于空间的图滤波操作用于学习每个时间点的节点表示，如下所示：

$$\boldsymbol{F}_{t,\mathcal{S}}^{(l)} = \text{GNN-Filter}(\boldsymbol{F}_t^{(l-1)}, \boldsymbol{A}), t = 1, \cdots, M, \tag{12-8}$$

式中，$\boldsymbol{F}_t^{(l-1)}$ 表示在时间点 t，第 $(l-1)$ 个学习层后的节点表示；$\boldsymbol{F}_{t,\mathcal{S}}^{(l)}$ 表示第 l 个基于空间的图滤波层后的节点表示，它也被用作第 l 个序列模型的输入。

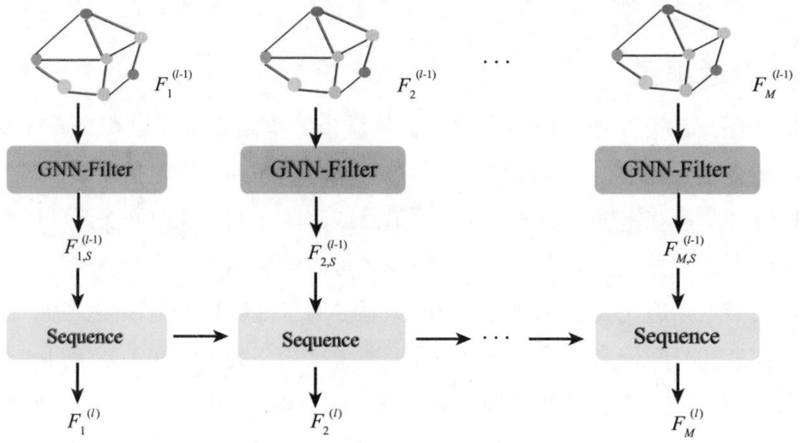

图 12–1　交通预测中一个典型框架中的一个学习层

不同时间点的图滤波器相同，具体的图滤波器有不同的选择。例如，文献[321]采用 GCN-Filter，而文献[253, 322]采用注意力机制辅助图滤波操作。基于空间的图滤波操作的输出是一个序列，即 $(\boldsymbol{F}_{1,\mathcal{S}}^{(l)}, \cdots, \boldsymbol{F}_{M,\mathcal{S}}^{(l)})$，该序列被继续地输入一个序列模型中，以捕获时序关系，具体如下：

$$\boldsymbol{F}_1^{(l)}, \cdots, \boldsymbol{F}_M^{(l)} = \text{Sequence}(\boldsymbol{F}_{1,\mathcal{S}}^{(l)}, \cdots, \boldsymbol{F}_{M,\mathcal{S}}^{(l)}), \tag{12-9}$$

式中，输出 $\boldsymbol{F}_1^{(l)}, \cdots, \boldsymbol{F}_M^{(l)}$ 作为下一个基于空间的图滤波层的输入。Sequence() 函数的具体形式可以是各种序列模型方法。例如，文献[321]采用 1-D 卷积神经网络处理时序信息。文献[322]采用 GRU 模型和 Transformer 捕获时序关系。最后的表示 $\boldsymbol{F}_1^{(L)}, \cdots, \boldsymbol{F}_M^{(L)}$ 通过上述的 L 层模型得到。这些表示被用于预测将来的交通状态。此处 $\boldsymbol{F}_1^{(0)}, \cdots, \boldsymbol{F}_M^{(0)}$ 可以被初始化为诸如交通状态 $\boldsymbol{X}_1, \cdots, \boldsymbol{X}_M$ 等节点信息。

12.3.2 空气质量预测

空气污染会对自然环境和人类健康造成不利影响，引起了公众的广泛关注。因此，对空气质量进行预测是非常重要的，它可以为人们提供公共指导。一个地方的空气质量和其附近地点的空气质量相关，并且随时间的变化而不断变化，因此可以将空气质量预测问题形式化为空间时序形式。不同地点之间的空间关系可以表示为图 $\mathcal{G}=\{\mathcal{V},\mathcal{E}\}$，其中节点表示不同的地理位置，而边表示节点之间的地理关系。衡量空气质量状况的指标有许多种，包括 $\text{PM}_{2.5}$、PM_{10}、NO_2、SO_2、O_3 和 CO。在时刻 t，$\mathcal{V}$ 中所有地点的空气质量状况可以用 $\boldsymbol{X}_t$ 表示，其中 $\boldsymbol{X}_t$ 的第 i 行对应地点 $v_i\in\mathcal{V}$ 的空气质量状况。在空气质量预测的任务中，在给定历史空气质量的状况下，预测目标是未来一段时间内所有地点的空气质量状况。一般来说，将计划预测的时间 t 的空气质量状况记为 $\boldsymbol{Y}_t$，其中第 i 行对应第 i 个地点 v_i。空气质量预测问题可以形式化如下：

$$(\boldsymbol{Y}_{M+1},\cdots,\boldsymbol{Y}_{M+H})=f(\boldsymbol{X}_1,\cdots,\boldsymbol{X}_M), \tag{12-10}$$

式中，$(\boldsymbol{X}_1,\cdots,\boldsymbol{X}_M)$ 表示之前 M 个时间点观测的空气质量状况序列；$(\boldsymbol{Y}_{M+1},\cdots,\boldsymbol{Y}_{M+H})$ 表示需要预测的之后 H 个时间点的空气质量状况。

12.3.1 节介绍的框架可以被用于预测空气质量。在文献[323]中，目标是预测 PM2.5，其利用 GCN-Filter 捕获不同地点之间的空间关系，利用 LSTM 模型捕获时序关系。

12.4 网络安全数据挖掘

随着互联网的使用日益广泛，计算机和通信系统每天都会被发现新的漏洞和攻击方案，这些变化给传统的安全方法带来了巨大的挑战。由于数据挖掘可以从数据中发现可操作的模式，它已被用于应对这些网络安全中的挑战。鉴于许多网络安全数据可以用图表示，图神经网络模型可被用于解决网络安全的各种问题，如恶意账户检测和虚假新闻检测等。

12.4.1 恶意账户检测

网络攻击者（Cyber Attacker）通过创建恶意账户、传播垃圾短信等方式攻击电子邮件系统、在线社交网络、电商和电子金融平台等大型在线服务。这些攻击对在线服务通常是有害的，在某些情况下甚至可能造成巨大的经济损失，因此，有效地检测这些恶意账户非常重要。图神经网络模型已被用来建模恶意账户检测的任务。文献[324]观察到恶意账户上的两种行为模式。首先，由于攻击者的资源有限，来自同一攻击者的恶意账户往往会注册或登录到同一设备或一组公共设备上。其次，来自同一群组的恶意账户倾向于批量进行活动，即这些恶意账户往往在短时间内发生注册或登录行为。基于这两个观察结果，账户和设备之间的图便被构建出来。而恶意账户检测任务被视为该图上的半监督分类任务，目标是判断账户是否为恶意的。本节首先描述图的构建过程，然后讨论如何利用图神经网络模型检测恶意账户。

1. 图的构建

此任务涉及两种类型的对象：账户和设备。“设备”的概念可以非常的宽泛，比如 IP 地址或电话号码可以被当作不同类型的设备。设备类型的集合被记为 $\mathcal{D}$。假设图中总共有 N 个节点，这些节点包括了账户和设备。如果账户在某个特定的设备上有活动（如注册和登录等），则可以将账户和设备用边连接。由此构造出来的图可表示为 $\mathcal{G}=\{\mathcal{V},\mathcal{E}\}$，其中 $\mathcal{V}$ 和 $\mathcal{E}$ 分别表示图的节点集合和边的集合。$\mathcal{V}$ 中这些节点之间的关系也可以用邻接矩阵 $\boldsymbol{A}$ 描述。另外，$|\mathcal{D}|$ 个子图 $\{\mathcal{G}^{(d)}=\{\mathcal{V},\mathcal{E}^{(d)}\}$ 可以从图 $\mathcal{G}$ 中被提取出来。其中每个子图 $\mathcal{G}^{(d)}$ 包含了所有的节点，但只包含了涉及 $d\in\mathcal{D}$ 类型的设备的边。子图 $\mathcal{G}^{(d)}$ 的邻接矩阵可以用 $\boldsymbol{A}^{(d)}$ 表示。图中的每个节点 v_i 都有一个对应的特征 $\boldsymbol{x}_i\in\mathbb{R}^{p+|\mathcal{D}|}$。具体而言，$\boldsymbol{x}_i$ 中的前 p 个维度用来表示连续周期 p 中节点（账户或设备）的活动频率。例如，在文献[324]中，$p=168$，而每个时间周期为 1 h。$\boldsymbol{x}_i$ 中的后 $|\mathcal{D}|$ 个维度用来指示设备类型。如果该节点是一个设备，则 $\boldsymbol{x}_i$ 是其类型的一个独热指示器（One-hot Indicator），如果它是一个账户，则这些维度全部为 0。

2. 基于图神经网络的恶意账户检测

图神经网络用来学习更好的节点表示，这些节点表示可以被用来执行恶意账户检测的任务。恶意账户检测任务被建模为一个如同 5.4.1 节中的半监督分类任务。因此，这里主要介绍学习表示的过程，而不过多介绍半监督分类任务。特别地，一个针对恶意账户检测任务的图滤波器如下所示：

$$\boldsymbol{F}^{(l)}=\sigma\left(\boldsymbol{X}\boldsymbol{\Theta}^{(l-1)}+\frac{1}{|\mathcal{D}|}\sum_{d\in\mathcal{D}}\boldsymbol{A}^{(d)}\boldsymbol{F}^{(l-1)}\boldsymbol{\Theta}_{(d)}^{(l-1)}\right),$$

式中，$\boldsymbol{X}$ 表示所有节点的输入表示；$\boldsymbol{F}^{(l)}$ 表示第 l 个图滤波层之后的节点表示，且

$\boldsymbol{F}^{(0)}=\mathbf{0}$；$\{\boldsymbol{\Theta}^{(l-1)}, \boldsymbol{\Theta}_{(d)}^{(l-1)}\}$ 表示需要学习的参数。

请注意，这里的图滤波操作与 5.3.2 节中介绍的操作不同。因为这里的每个图滤波层都使用了初始输入的节点表示 $\boldsymbol{X}$。这么做的目的是确保 $\boldsymbol{X}$ 中包含的账户活动模式的信息可以更好地保留。在 L 个图过滤层之后，这些节点表示被用于执行二分类。由于恶意账户（来自同一攻击者）在图中往往被连接到同一组设备节点，因此图滤波过程将促使它们具有相似的节点表示。同时，账户的活动模式由节点的初始输入表示 $\boldsymbol{X}$ 捕获。因此，图神经网络模型可以捕获上述两种模式的信息，从而促进恶意账户检测任务的完成。

12.4.2 虚假新闻检测

在线社交媒体易于访问，便于即时传播，它已经成为人们获取新闻的重要来源之一。在线社交媒体平台虽然极其方便和高效，但也极大地增加了传播虚假新闻的风险。虚假新闻可能带来许多负面影响，甚至导致严重的社会问题和巨大的财政损失。因此，检测虚假新闻并防止其通过社交媒体传播极其重要。大量经验证据表明，虚假新闻在社交媒体上与真实的新闻具有不同的传播模式[325]。可以利用这一点辅助检测虚假新闻。在文献[326]中，每个故事（新闻）都被建模成一个图，它刻画了该故事在 Twitter 等社交网络平台上的扩散过程和社会关系。然后，虚假新闻检测任务被当作一个图的二分类任务。因此，图神经网络模型被用于建模该任务。本节首先描述故事的图构建过程，然后介绍为这个任务设计的图神经网络模型。

1. 图的构建

本节以 Twitter 上一个新闻传播过程为例，说明每个故事的图构建过程。给定一个故事 u 和其相关的推特 $\mathcal{T}_u=\{t_u^{(1)},\cdots,t_u^{(N_u)}\}$，故事 u 可以由一个图 $\mathcal{G}_u$ 描述。图 $\mathcal{G}_u$ 中的节点为 $\mathcal{T}_u$ 中的所有推特，而边表示信息传播过程或这些推特的作者之间的社会关系。为了描述方便，$a(t_u^{(i)})$ 用于表示某条给定推特 $t_u^{(i)}$ 的作者。图 $\mathcal{G}_u$ 中主要有两种类型的边：第一类边是根据推特的作者定义的，即若相应的作者之间有关注关系，则两条推特之间有边；第二类边是基于该新闻 u 在社交网络中的传播过程定义的，即若新闻在相应的作者之间互相传播，则两条推特之间有边。文献[325]提出了估计新闻传播路径的方法，其同时考虑了推特的时间信息和作者之间的社交关系。为了方便，假设一条推特 $t_u^{(i)}$ 的上标表示它的时间戳，即所有上标小于 i 的推特都是在 $t_u^{(i)}$ 之前创建的，而所有上标大于 i 的推特都是在 $t_u^{(i)}$ 之后创建的。对于一个给定推

特 $t_u^{(i)}$，其传播路径可以被估计如下：

- 如果 $a(t_u^{(i)})$ 关注了之前创建的相关推特的作者 $\{a(t_u^{(1)}),\cdots,a(t_u^{(i-1)})\}$ 中的至少一个作者，则估计该新闻是从所有 $a(t_u^{(i)})$ 的关注对象所发送的相关推特中最晚发送的一条推特传播到 $t_u^{(i)}$ 的。
- 如果 $a(t_u^{(i)})$ 没有关注之前创建的相关推特的作者 $\{a(t_u^{(1)}),\cdots,a(t_u^{(i-1)})\}$ 中的任何一个作者，则估计该新闻是被具有最多关注者的作者发布的推特传播到 $t_u^{(i)}$ 的。

2. **将虚假新闻检测作为图分类任务**

对于每一个给定故事 u，可以如上所述为其构建一个图，然后虚假新闻检测任务就可以被视为一个二分类的图分类任务。针对图分类的图神经网络框架的介绍见 5.5.2 节，该框架可以被直接应用到这个任务。在文献[326]中，两个图滤波层被叠加在一起以调整节点特征，然后再用图均值池化层得到图表示，最后再将图表示用于二分类任务。

12.5 小结

本章介绍了如何在数据挖掘的各个子领域应用图神经网络模型，包括万维网数据挖掘、城市数据挖掘和网络安全数据挖掘等。万维网数据挖掘部分介绍了社交网络分析和推荐系统中基于图神经网络的代表性方法。城市数据挖掘部分讨论了基于图神经网络的交通预测模型和空气质量预测模型。网络安全数据挖掘部分描述了基于图神经网络的恶意账户检测和虚假新闻检测的代表性算法。

12.6 扩展阅读

除了本章介绍的数据挖掘任务的一些代表方法，还有很多针对这些任务的其他方法。例如，利用图神经网络对社交信息进行编码以预测政治观点[309]，利用图神经网络进行欺诈检测[327, 328]和反洗钱[217]。此外，图神经网络还被用于辅助解决诸如社区检测[329, 330]和异常检测[331, 332]等其他的数据挖掘任务。

第 13 章
CHAPTER 13

生物化学和医疗健康中的图神经网络

本章将介绍图神经网络在生物化学和医疗健康中的应用。介绍该领域多种具有代表性的任务，包括分子表示学习、蛋白质相互作用界面预测、药物-靶标结合亲和力预测、药物相似性整合、复方药物副作用预测和疾病预测，并针对每种任务介绍相应的图神经网络模型。

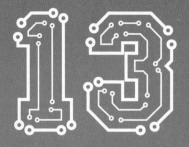

13.1 简介

计算生物化学和医疗健康的数据常常通过图来表示。例如，分子和化合物可以自然地表示为以原子为节点、以键为边的图。蛋白质相互作用（Protein-Protein Interactions，PPI）记录了两个或多个蛋白质之间的物理联系，这种联系可以很自然地用图的形式表示。此外，在制药行业中，药物相互作用（Drug-Drug Interactions，DDI）描述了在使用不同药物组合治疗复杂疾病时的不良结果，这种相互作用也可以用图来表示。图神经网络模型具有强大的图表示学习能力，已被应用于许多生物化学和医疗健康应用中，包括药物开发与发现、药物相似性整合、复方药物副作用预测、药物推荐和疾病预测。本章将讨论 GNN 模型在生物化学和医疗健康中的一些典型应用。

13.2 药物开发与发现

图神经网络已经被用来推动药物开发和发现中的许多重要任务。这些任务的实例包括：1）分子表示学习，该任务可以用于辅助分子属性预测等下游任务，从而有助于将候选分子的搜索范围缩小到具有合适性质的分子上；2）分子图生成，旨在生成具有某种期望性质的分子；3）药物–靶标结合亲和力预测，即预测药物–靶标的相互作用强度，以便于新药开发和药物再利用；4）蛋白质相互作用界面预测，其目的在于预测蛋白质相互作用界面，以便于理解分子相互作用界面，进而理解分子机制。接下来介绍图神经网络在分子表示学习、药物–靶标结合亲和力预测以及蛋白质相互作用界面预测等方面的应用。注意，9.4.2 节和 9.5.2 节已经介绍了利用图神经网络模型生成分子图的代表性方法。

13.2.1 分子表示学习

预测新型分子的性质对于材料设计和药物发现具有重要意义。深度学习方法已经被用于预测分子性质。通常来说，分子可以是任意大小和形状的，所以前馈网络和卷积神经网络等深度学习方法不能直接应用于分子数据。预测过程通常包括两个阶段：特征提取，提取分子指纹，即编码分子结构信息的向量表示；性质预测，将提取的分子指纹作为输入，利用深度学习方法预测。在传统方法中，可以使用一些现成的指纹软件提取分子指纹，而这样缺乏来自下游任务的指导。因此，提取出来的表示对于下游任务来说可能并不是最佳的。文献[333]提出了一种端到端的预测框架，它采用图神经网络以一种可微的方式学习分子指纹。具体而言，一个分子可以表示为一个图 $\mathcal{G} = \{\mathcal{V}, \mathcal{E}\}$，其中节点表示原子，边表示这些原子之间的键。因此，分子性质预测的任务可以看作图分类或图回归问题，这就需要学习图级表示。注意，在描述分子的背景下，这些表示称为分子指纹。应用于该任务的图神经网络模型由图滤波层和图池化层组成。具体而言，文献[333]采用了全局池化方法。本节首先介绍其图滤波层，再介绍获取分子指纹的全局池化层。对于节点 $v_i \in \mathcal{V}$，第 l 层中的图滤波操作可表述为：

$$\boldsymbol{F}_i^{(l)} = \sigma\left(\left[\boldsymbol{F}_i^{(l-1)} + \sum_{v_j \in \mathcal{N}(v_i)} \boldsymbol{F}_j^{(l-1)}\right] \boldsymbol{\Theta}_{|\mathcal{N}(v_i)|}^{(l-1)}\right), \tag{13-1}$$

式中，$\boldsymbol{\Theta}_{|\mathcal{N}(v_i)|}^{(l-1)}$ 表示一个依赖于节点 v_i 邻居数量 $|\mathcal{N}(v_i)|$ 的变换矩阵。因此，每一层中变换矩阵的数量由邻域大小的数目决定。在有机分子中，一个原子最多可以有 5 个邻居，因此，每一层有 5 种不同的转换矩阵。分子 $\mathcal{G}$ 的分子指纹 $\boldsymbol{f}_{\mathcal{G}}$ 可以通过如下的全局池化操作得到：

$$\boldsymbol{f}_{\mathcal{G}} = \sum_{l=1}^{L} \sum_{v_i \in \mathcal{V}} \text{Softmax}\left(\boldsymbol{F}_i^{(l)} \boldsymbol{\Theta}_{\text{pool}}^{(l)}\right), \tag{13-2}$$

式中，L 表示图滤波层的层数；$\boldsymbol{\Theta}_{\text{pool}}^{(l)}$ 表示被用来变换第 l 层中学习到节点的表示。

式 (13–2) 中的全局池化操作聚合了来自所有图滤波层学到的节点表示。获得的分子指纹 $\boldsymbol{f}_{\mathcal{G}}$ 可用于诸如性质预测的下游任务。式 (13–1) 中的图滤波过程和式 (13–2) 中的图池化过程会受给定的下游任务影响，如分子性质预测[334]。事实上，除了上面介绍的方法，任何为学习图级表示而设计的图神经网络都可以用来学习分子表示。如第 5 章介绍的，可以用图滤波层和图池化层组成一个图神经网络模型。特别地，5.3.2 节介绍的 MPNN-Filter 的通用框架的应用场景即为提取分子表示[53]。

13.2.2　蛋白质相互作用界面预测

如图 13–1 所示，蛋白质是具有生化功能的氨基酸链[335]。如图 13–2 所示，氨基酸是一种有机化合物，它含有氨基（–NH_2）、羧基（–COOH）官能团和每个氨基酸特有的侧链（R 基）。

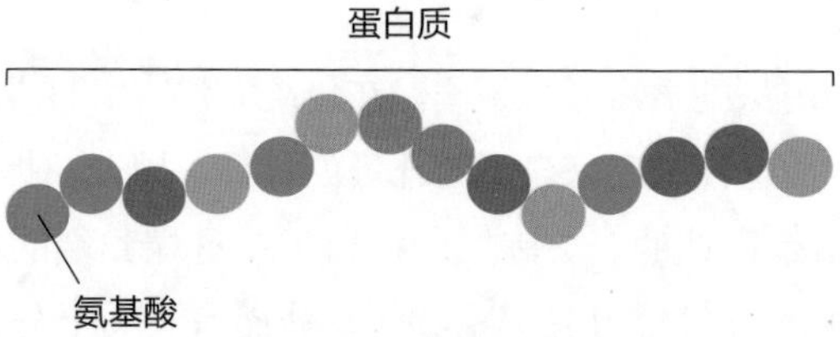

图 13–1 蛋白质由一串氨基酸组成

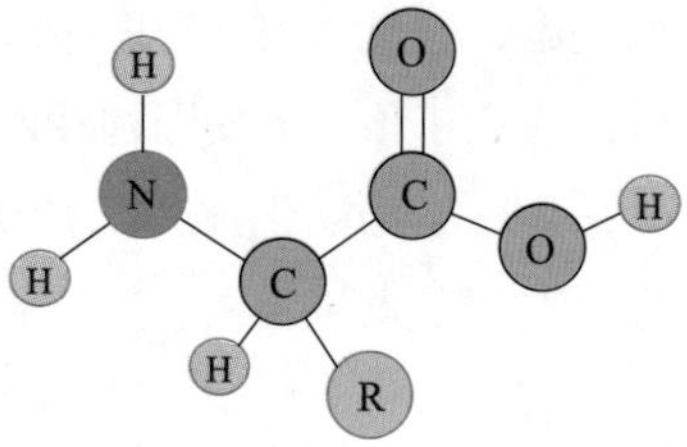

图 13–2 氨基酸的一个说明性示例

蛋白质为了实现它们的功能，需要与其他蛋白质相互作用。预测这些相互作用发生的界面是一个具有挑战性的任务，同时这也在药物发现和设计中有着重要的应用[335]。蛋白质相互作用界面由相互作用的蛋白质中相互作用的氨基酸残基和附近的氨基酸残基组成。具体来讲，文献[336]考虑来自不同蛋白质的两个氨基酸残基，如果其中一个氨基酸残基中的任何一个非氢原子在另一个氨基酸残基中任何一个非氢原子的 6Å 内，则认为它们是界面的一部分。因此，蛋白质相互作用界面预测问题可以建模为以来自不同蛋白质的一对氨基酸残基作为输入的二分类问题。在文献[335]中，蛋白质被建模为图。在图中，蛋白质中的氨基酸残基被视为节点，这些节点之间的关系被定义为边，然后使用图神经网络模型学习节点表示，并利用这些表示进行分类。接下来介绍如何将蛋白质表示为图，并介绍蛋白质相互作用界面预测的方法。

1. 将蛋白质表示为图

一个蛋白质可以表示为一个图 $\mathcal{G} = \{\mathcal{V}, \mathcal{E}\}$。蛋白质中的每个氨基酸残基都被视为一个节点，利用氨基酸残基之间的空间关系建立它们之间的边。每个氨基酸残基节点与其 k 个最相邻的氨基酸残基相连，残基是否相邻由它们原子间的平均距离决定。图中的每个节点和边都与一些特征相关联。具体而言，节点 $v_i \in \mathcal{V}$ 的特征用 $\boldsymbol{x}_i$ 表示，而边 (v_i, v_j) 的特征用 $\boldsymbol{e}_{ij}$ 表示。

2. 蛋白质相互作用界面预测

给定一对氨基酸残基，一个来自配基蛋白 $\mathcal{G}_l$，另一个来自受体蛋白 $\mathcal{G}_r$，蛋白质相互作用界面预测的任务是判断这两个残基是否在蛋白质相互作用界面上。这可以被视为一个二分类问题，其中每个样本都是一对氨基酸残基 (v_l, v_r)，其中 $v_l \in \mathcal{V}_l$ 且 $v_r \in \mathcal{V}_r$。将图滤波操作应用于 $\mathcal{G}_l$ 和 $\mathcal{G}_r$，学习图上的节点表示，然后将 v_l 和 v_r 的节点表示合并，得到该氨基酸残基对的统一表示，最后将其输入全连接层进行分类。类似于 GCN-Filter 的图滤波器可用于学习节点表示，对于其中的第 l 层：

$$\boldsymbol{F}_i^{(l)} = \sigma\left(\boldsymbol{F}_i^{(l-1)}\boldsymbol{\Theta}_c^{(l-1)} + \frac{1}{|\mathcal{N}(v_i)|}\sum_{v_j \in \mathcal{N}(v_i)} \boldsymbol{F}_j^{(l-1)}\boldsymbol{\Theta}_N^{(l-1)} + \boldsymbol{b}\right),$$

式中，$\boldsymbol{\Theta}_c^{(l-1)}$ 和 $\boldsymbol{\Theta}_N^{(l-1)}$ 分别表示针对中心节点和邻居节点的可学习的矩阵；$\boldsymbol{b}$ 表示偏置项。此外，为了结合边的特征，提出了以下图滤波操作[335]：

$$\boldsymbol{F}_i^{(l)} = \sigma\left(\boldsymbol{F}_i^{(l-1)}\boldsymbol{\Theta}_c^{(l-1)} + \frac{1}{|\mathcal{N}(v_i)|}\sum_{v_j \in \mathcal{N}(v_i)} \boldsymbol{F}_j^{(l-1)}\boldsymbol{\Theta}_N^{(l-1)} + \frac{1}{|\mathcal{N}(v_i)|}\sum_{v_j \in \mathcal{N}(v_i)} \boldsymbol{e}_{ij}\boldsymbol{\Theta}_E^{(l-1)} + \boldsymbol{b}\right),$$

式中，$\boldsymbol{e}_{ij}$ 表示边 (v_i, v_j) 的特征；$\boldsymbol{\Theta}_E^{(l-1)}$ 表示对应于边的可学习的变换矩阵。注意，在训练过程中，边的特征是固定不变的。

13.2.3　药物–靶标结合亲和力预测

开发一种新药通常既耗时又昂贵。在药物开发的早期阶段，药物–靶标相互作用（Drug-Target Interactions，DTI）的识别对于缩小候选药物的搜索范围至关重要。它还可用于药物再利用，旨在识别现有或废弃药物的新靶标。药物–靶标结合亲和力预测任务是推断给定的药物对与靶标之间的结合强度，可以将其视为一项回归任务。在药物–靶标亲和力预测任务中，经常涉及的靶标主要有 4 种，即蛋白质、疾病、基因和副作用。本节以蛋白质为例说明如何在这项任务中使用图神经网络模型。

一个药物–蛋白质对表示为 $(\mathcal{G}_d, p)$，其中 $\mathcal{G}_d$、p 分别表示药物和蛋白质。药物 $\mathcal{G}_d$ 表示为以原子为节点、以化学键为边的分子图。蛋白质既可以表示为序列，也可以表示为图。在文献[337]中，这些蛋白质被表示为氨基酸序列，本节用如图 13–1 所示的氨基酸序列说明药物–靶标结合亲和力预测的框架。在该框架中，药物 $\mathcal{G}_d$ 通过图神经网络模型学习图级药物表示，而蛋白质被送入序列模型中学习蛋白质表示。这两个表示通过拼接（串联）生成该药物–蛋白质对的组合表示，然后利用该组合表示预测药物–靶结合亲和力。13.2.1 节介绍的用于分子表示学习的图神经网络模型也可用于学习药物表示，例如 1-D CNN、LSTM 和 GRU 的序列模型可以用来学习蛋白质表示。此外，如果将蛋白质建模为图，还可以使用图神经网络来代替图 13–3 中的序列模型。

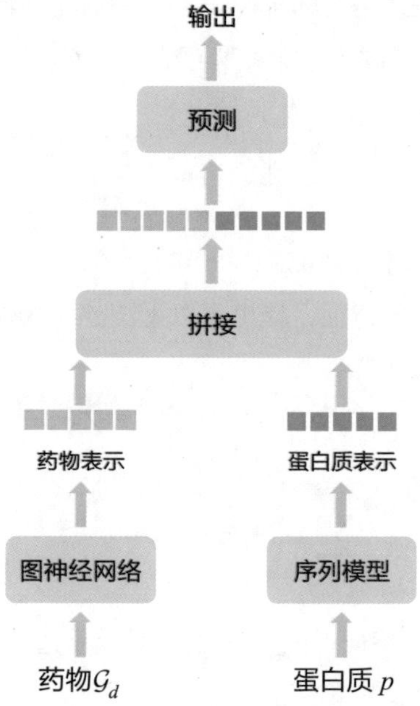

图 13–3　药物–靶结合亲和力预测的一般框架

13.3 药物相似性整合

随着技术的快速发展，人们收集了多种来源的药物数据，以用于药物发现和药物安全性研究。例如，药物的结构信息可以通过化学指纹软件提取，药物适应证信息可以从药物包装中提取出来[338]。为了更好地促进药物–药物相互作用预测等下游任务，需要从多个来源整合药物数据，因为它们包含来自各种视角的药物信息。这些不同的药物来源可以编码药物之间不同的相似性，因此与目标结果有着不同程度的关联。例如，药物的结构相似性对其相互作用的影响比药物适应证相似性更大。文献[339]提出了一种基于图神经网络的多源药物相似性信息融合算法，由具体的下游任务指导训练过程。具体来讲，每个药物特征来源都被看作一个视角（view）[339]。对于视角 $t \in \{1, \cdots, T\}$，所有节点在此视角的特征表示为 $\boldsymbol{X}_t \in \mathbb{R}^{N \times d_t}$，其中 N 表示药品数量，d_t 表示该视角下特征的维度。此外，该视角下药物的相似性信息表示为一个相似度矩阵 $\boldsymbol{A}_t \in \mathbb{R}^{N \times N}$。整合多视角药物相似性的目的是将不同视角的特征和相似度矩阵融合起来，生成整合后的特征 $\boldsymbol{Z} \in \mathbb{R}^{N \times d}$ 和相似度矩阵 $\boldsymbol{A}$。

来自不同视角的相似度矩阵以如下方式整合起来：

$$\boldsymbol{A} = \sum_{t=1}^{T} \operatorname{diag}(\boldsymbol{g}_t)\boldsymbol{A}_t, \tag{13–3}$$

式中，$\boldsymbol{g}_t \in \mathbb{R}^N$ 表示以如下方式学习的注意力分数：

$$\boldsymbol{g}'_t = \boldsymbol{\theta}_t \boldsymbol{A}_t + \boldsymbol{b}_t, \forall t = 1, \cdots, T, \tag{13–4}$$

$$[\boldsymbol{g}_1, \cdots, \boldsymbol{g}_T] = \operatorname{Softmax}([\boldsymbol{g}'_1, \cdots, \boldsymbol{g}'_T]), \tag{13–5}$$

式中，$\boldsymbol{\theta}_t$、$\boldsymbol{b}_t \in \mathbb{R}^N$ 表示需要学习的参数；Softmax 函数被应用于每个 $\boldsymbol{g}'_t$。

有了整合后的相似度矩阵 $\boldsymbol{A}$，在多视角的特征中应用一个 GNN-Filter 可获得如下整合后的特征：

$$\boldsymbol{Z} = \alpha(\text{GNN-Filter}(\boldsymbol{X}, \boldsymbol{A})), \tag{13–6}$$

式中，$\boldsymbol{X} = [\boldsymbol{X}_1, \cdots, \boldsymbol{X}_T]$ 表示来自不同视角的特征的串联；$\alpha()$ 表示作用在每一行的 Softmax 函数。

对于图滤波器，文献[339]采用了 GCN-Filter。接着一个解码器被用来从 $\boldsymbol{Z}$ 中重构 $\boldsymbol{X}$，旨在使整合后的表示尽可能多地包含来自 $\boldsymbol{X}$ 的信息。解码器同样用 GNN-Filter 建模：

$$\boldsymbol{X}' = \sigma(\text{GNN-Filter}(\boldsymbol{Z}, \boldsymbol{A})), \tag{13–7}$$

式中，GCN-Filter 再次被用作图滤波器[339]。那么，重构损失表示为：

$$\mathcal{L}_{\text{ed}} = \|\boldsymbol{X} - \boldsymbol{X}'\|^2. \tag{13–8}$$

式 (13–3)、式 (13–6) 和 式 (13–7) 中的参数可以通过最小化重构损失来学习。此外，整合后的表示 $\boldsymbol{Z}$ 可用于下游任务，且来自下游任务的梯度信息可以用来更新式 (13–3)、式 (13–6) 和式 (13–7) 中的参数。

13.4 复方药物副作用预测

许多复杂疾病不能由单一药物治疗，治疗这些疾病的有效策略是复方药物（polypharmacy），即同时使用几种药物。然而，这种策略有可能产生的不良后果是：不同药物之间相互作用可能会导致副作用，而副作用对病人来说是非常危险的。因此，在采用新型药物组合治疗疾病时，预测复方药物的副作用十分重要。复方药物副作用预测任务不仅需要预测一对药物之间是否存在副作用，还需要预测其副作用的类型。研究表明，联合用药通常比随机配对的药物具有更多共同的靶蛋白[340]，这意味着药物与靶蛋白之间的相互作用对复方药物建模具有重要意义。因此，文献[340]将药物与靶蛋白之间的相互作用以及靶蛋白之间的相互作用引入了复方药物副作用预测。具体来讲，它引入了药物–药物相互作用（多药副作用）、药物–蛋白质相互作用以及蛋白质–蛋白质相互作用的多模态图。其目标是预测一对药物之间是否存在边，如果存在边的话，则需要预测是哪种类型的边。图神经网络模型被用来学习其节点表示，然后利用节点表示进行预测。接下来首先描述如何构建多模态图，再介绍进行复方药物副作用预测的框架。

1. **多模态图的构建**

如图 13–4 所示为建立在三种不同的相互作用上的、包含两种类型节点（药物和蛋白质）的两层多模态图。这三种不同的相互作用包括药物–药物相互作用、药物–蛋白质相互作用和蛋白质–蛋白质相互作用。例如，在图 13–4 中，有两种药物，多西环素（节点 D）和环丙沙星（节点 C）。它们通过边 r_2（心动过缓副作用）联系在一起，这表明联合服用这两种药物可能产生心动过缓的副作用。药物与蛋白质的相互作用描述了药物靶标上的蛋白质。例如，在图 13–4 中，环丙沙星（节点 C）以 4 种蛋白质为靶标。蛋白质之间的相互作用编码了人体中蛋白质之间的物理结合关系。特别地，两层多模态图可被记为 $\mathcal{G} = \{\mathcal{V}, \mathcal{E}, \mathcal{R}\}$。在 $\mathcal{G}$ 中，$\mathcal{V}$ 表示包含药物和蛋白质的节点集，$\mathcal{E}$ 表示节点之间的边。每条边 $e \in \mathcal{E}$ 都记为 $e = (v_i, r, v_j)$，其中 $r \in \mathcal{R}$，而 $\mathcal{R}$ 表示关系的集合，它包含了：蛋白质–蛋白质相互作用、药物和蛋白质之间的靶向关系，以及药物之间同时使用的副作用。

2. **复方药物副作用预测**

复方药物副作用预测任务被建模为图 $\mathcal{G}$ 上的关系链接预测任务。特别地，给定一组药物对 $\{v_i, v_j\}$，目标是预测它们之间是否存在类型为 $r \in \mathcal{R}$ 的边 $e_{ij} = (v_i, r, v_j)$。

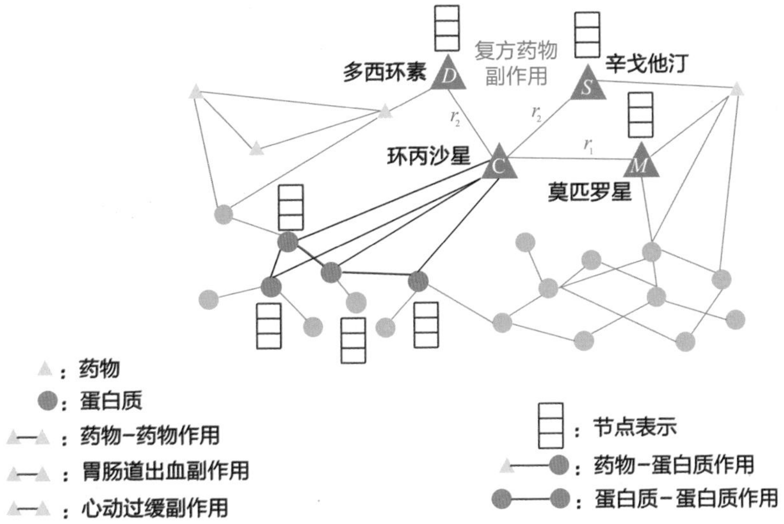

图 13-4 建立在三种不同的相互作用上的包含两种类型节点的两层多模态图

文献[340]采用图滤波操作学习节点表示，并利用节点表示预测关系链接。具体而言，采用为知识图谱设计的图滤波操作[264]更新节点表示：

$$\boldsymbol{F}_i^{(l)} = \sigma\left(\sum_{r\in\mathcal{R}}\sum_{v_j\in\mathcal{N}_r(v_i)} c_r^{ij}\boldsymbol{F}_j^{(l-1)}\boldsymbol{\Theta}_r^{(l-1)} + c_r^i\boldsymbol{F}_i^{(l-1)}\right), \tag{13-9}$$

式中，$\boldsymbol{F}_i^{(l)}$ 表示节点 v_i 经过第 l 层之后的隐藏层表示；$r\in\mathcal{R}$ 表示关系类型；$\mathcal{N}_r(v_i)$ 表示节点 v_i 关系类型为 r 的邻居；矩阵 $\boldsymbol{\Theta}_r^{(l-1)}$ 是特定于关系类型 r 的变换矩阵；c_r^{ij} 和 c_r^i 是归一化常数，它们被对称地设置为：

$$c_r^{ij} = \frac{1}{\sqrt{|\mathcal{N}_r(v_i)||\mathcal{N}_r(v_j)|}}, \tag{13-10}$$

$$c_r^i = \frac{1}{|\mathcal{N}_r(v_i)|}. \tag{13-11}$$

第一层的输入是节点特征 $\boldsymbol{F}_i^{(0)} = \boldsymbol{x}_i$。最终的节点表示是第 L 层的输出 $\boldsymbol{z}_i = \boldsymbol{F}_i^{(L)}$，其中 $\boldsymbol{z}_i$ 表示节点 v_i 的最终表示。利用学习的节点表示，给定一对药物 (v_i, v_j)，它们之间存在关系为 r 的边的概率被建模为：

$$p(v_i, r, v_j) = \sigma\left(\boldsymbol{z}_i^{\mathrm{T}}\boldsymbol{D}_r\boldsymbol{R}\boldsymbol{D}_r\boldsymbol{z}_j\right), \tag{13-12}$$

式中，$\sigma()$ 表示 Sigmoid 函数；$\boldsymbol{R}$ 表示一个可学习的矩阵，它被所有关系共享；$\boldsymbol{D}_r$ 表示特定于关系 r 的可学习的对角矩阵。

使用共享矩阵 $\boldsymbol{R}$ 的原因是药物之间的许多关系（副作用）很少能被观察到，直接学习它们的特定矩阵可能会导致过拟合问题。共享参数矩阵 $\boldsymbol{R}$ 的引入大大减少了模型的参数数量，因此有助于防止过拟合。在训练阶段，通过最大化式 (13–12) 中被观察到的药物之间副作用的概率，可得到式 (13–9) 中的图滤波器和式 (13–12) 中的预测模型里的参数。

> 在文献[340]中，其他类型的关系，如蛋白质–蛋白质相互作用和药物–蛋白质相互作用也在训练过程中重构，它们被建模的概率与式 (13–12) 相似。

13.5 疾病预测

医学数据通常包含图像、遗传和行为数据。其数据量的增加极大地促进了人们对疾病机制的了解。疾病预测的任务是在提供相应的医学图像和非图像数据的情况下，判断一个受试者是否生病。医学图像通常是受试者的磁共振成像（Magnetic Resonance Imaging，MRI），而非图像数据通常包括年龄、性别、采集地点等表型数据（phenotypic data）。因为这两种数据类型的信息起到了相互补充的作用，所以有效地利用这两种信息是提高疾病预测性能的必要手段。图像数据直接提供了与受试者的某种疾病对应的特征，而表型信息则提供了相关受试者之间的关联。例如，相较于不同年龄的受试者，年龄相近的受试者往往有着更相似的结果。图提供了一种直观的方式建模这两种类型的信息，其中受试者作为图的节点，将图像作为节点特征，并将受试者之间的关联作为图的边。有了建立的图，疾病预测任务可看作一种半监督的节点二分类任务，它可以通过 5.4.1 节介绍的图神经网络模型来解决。接下来简要介绍利用 ABIDE 数据库[341] 构建图的过程[342]。

ABIDE 数据库包含了功能性磁共振成像（functional Magnetic Resonance Imaging, fMRI）和来自国际上不同采集地点的受试者的表型指标。研究者的目的是通过数据库预测一个受试者是否患有自闭症谱系病（Autism Spectrum Disorder，ASD）。每个受试者都被建模为一个图 $\mathcal{G}$ 中的一个节点 v_i，且 $\boldsymbol{x}_i$ 表示从受试者的 fMRI 图像中提取的特征。为了构建节点之间的边（即图的邻接矩阵），现考虑图像数据和非图像的表型数据 $\mathcal{M} = \{M_h\}_{h=1}^{H}$：

$$\boldsymbol{A}_{i,j} = \text{sim}(\boldsymbol{x}_i, \boldsymbol{x}_j) \sum_{h=1}^{H} \gamma_h(M_h(v_i), M_h(v_j)), \tag{13–13}$$

式中，$\boldsymbol{A}$ 表示邻接矩阵；$\text{sim}(\boldsymbol{x}_i, \boldsymbol{x}_j)$ 表示节点 v_i 和 v_j 特征的相似度；H 表示表型指标的总个数；$M_h(v_i)$ 是节点 v_i 第 h 个表型指标，且 $\gamma_h()$ 计算了它们之间的相似度；相似度 $\text{sim}(\boldsymbol{x}_i, \boldsymbol{x}_j)$ 可以用高斯核建模，其中距离更小的节点对有更高的相似度。

有三种表型指标可以使用，即采集地点、性别和年龄，对于 ABIDE 数据库，$H = 3$。使用采集点指标的原因是数据库是从非常不同的地点采集的，这些地点往往具有不同的采集协议，导致不同采集地点之间的图像可比性较差。性别和年龄被认为是表型指标，因为可以通过它们观察到性别相关和年龄相关的群体差异[343, 344]。对于性别和采集地点，函数 $\gamma_h()$ 被定义为克罗内克函数（Kronecker delta function），当且仅当两个输入相同（受试者来自相同的采集地点或具有相同的性别）时，该函数取值 1，否则取值 0。对于年龄，函数 $\gamma_h()$ 定义为：

$$\gamma_h\left(M_h(v_i), M_h(v_j)\right) = \begin{cases} 1, & |M_h(v_i) - M_h(v_j)| < \theta, \\ 0, & \text{其他}, \end{cases} \tag{13–14}$$

式中，θ 是预定义的一个阈值。

该式意味着年龄差异小于 θ 的受试者被认为是彼此相似的。

13.6 小结

本章介绍了图神经网络模型在生物化学和医疗健康领域的各种典型应用。首先讨论了图神经网络模型在分子表示学习、药物–靶标结合亲和力预测和蛋白质相互作用界面预测中的应用。这些任务可以促进新药的开发和发现。接着介绍了一种基于图滤波器的自编码器整合多视角下的药物相似性。然后描述了如何使用图神经网络模型预测复方药物的副作用。最后，还讨论了如何利用图神经网络模型进行疾病预测。

13.7 扩展阅读

除了本章介绍的应用，图神经网络在其他生物化学任务中也有很多的应用。例如，在用药推荐模型中，图神经网络被用作其重要模块[345, 346]。在文献[243]中，图神经网络模型已经被用作强化学习框架下分子图生成的策略网络。此外，图神经网络模型也被用于计算表型（Computational Phenotyping）[254, 347] 和疾病关联预测[348, 349]。

第4篇 前沿进展

第 14 章
CHAPTER 14

图神经网络的高级方法

本章将介绍图神经网络的高级方法。首先讨论图神经网络中过度平滑的问题及缓解此问题的方法，接着介绍图上的各种自监督学习任务，最后介绍图神经网络的表达能力。

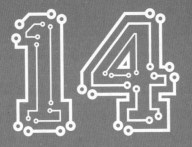

14.1 简介

本书第 2 篇讨论了成熟的图深度学习方法，目前已有研究者提出了一些图神经网络的高级方法。一方面，随着对 GNN 越来越深入的理解，人们已经发现了现有 GNN 的许多局限性，其中某些局限性继承自传统 DNN。例如，GNN 通常被视为黑盒，缺乏人类可以理解的解释；GNN 还可能会向受保护的群体表现出歧视行为，从而给人类社会带来前所未有的道德后果甚至法律后果。另外一些局限性是 GNN 特有的，例如增加 GNN 的层数通常会导致其性能显著下降；现有 GNN 在区分图结构方面的表达能力也存在局限性。另一方面，越来越多的传统 DNN 上的成功经验已被用于改进 GNN。例如，研究者已经设计了各种策略探索 GNN 处理的数据中的未标记数据，并且尝试将 GNN 从欧几里得空间扩展到双曲空间。本章将最近的这些研究总结为 GNN 的高级方法。这样做有两个目标：首先，本章旨在让读者了解当前有关 GNN 的研究前沿；其次，这些主题可以作为有前景的研究方向。对于这些高级方法，一些方法已经相对成熟，比如更深层的 GNN、通过自监督学习探索未标记数据和 GNN 的表达能力。对于仍处在初步阶段的其他研究，本章末尾将提供相应的参考文献作为扩展阅读资料。

14.2 深层图神经网络

最近研究发现，将图滤波层（例如 GCN-Filter 和 GAT-Filter，请参见 5.3.2 节）增加到一定数量后，通常会导致节点分类性能显著下降。其主要原因是过度平滑（over-smoothing），它描述了随着图滤波层数的增加，节点特征变得更为相似且难以区分的现象。接下来，本章讨论基于 GCN-Filter 的过度平滑问题。从空间角度来看，GCN-Filter 通过“平均”其邻居的表示更新节点的表示，使相邻节点的表示变得相似。因此，堆叠多层图滤波操作会导致所有节点（假设图已连通）具有相似的表示。文献[350]研究了图滤波层的层数达到无穷大时的过度平滑现象。具体而言，当滤波层的层数达到无穷大时，无论节点的输入特征如何，节点的表示都收敛到相同的值。为了便于分析，文献[350]忽略了图滤波层之间的非线性激活层。如果没有非线性激活层，将 L 个 GCN-Filter 反复应用于输入特征 $\boldsymbol{F}$ 的过程可以表示为：

$$\begin{aligned}&\widetilde{\boldsymbol{D}}^{-\frac{1}{2}}\widetilde{\boldsymbol{A}}\widetilde{\boldsymbol{D}}^{-\frac{1}{2}}\left(\cdots\left(\widetilde{\boldsymbol{D}}^{-\frac{1}{2}}\widetilde{\boldsymbol{A}}\widetilde{\boldsymbol{D}}^{-\frac{1}{2}}\left(\widetilde{\boldsymbol{D}}^{-\frac{1}{2}}\widetilde{\boldsymbol{A}}\widetilde{\boldsymbol{D}}^{-\frac{1}{2}}\boldsymbol{F}\boldsymbol{\Theta}^{(0)}\right)\boldsymbol{\Theta}^{(1)}\right)\cdots\right)\boldsymbol{\Theta}^{(L-1)}\\&=\left(\widetilde{\boldsymbol{D}}^{-\frac{1}{2}}\widetilde{\boldsymbol{A}}\widetilde{\boldsymbol{D}}^{-\frac{1}{2}}\right)^{L}\boldsymbol{F}\boldsymbol{\Theta},\end{aligned}\tag{14-1}$$

式中，$\boldsymbol{\Theta}$ 表示 $\boldsymbol{\Theta}^{(0)},\cdots,\boldsymbol{\Theta}^{(L-1)}$ 的乘积；$\widetilde{\boldsymbol{A}}=\boldsymbol{A}+\boldsymbol{I}$，与式 (5-46) 介绍的一样；$\widetilde{\boldsymbol{D}}$ 是对应的节点度矩阵。可以将式 (14-1) 中的滤波过程视为将操作 $\left(\widetilde{\boldsymbol{D}}^{-\frac{1}{2}}\widetilde{\boldsymbol{A}}\widetilde{\boldsymbol{D}}^{-\frac{1}{2}}\right)^{L}$ 应用到 $\boldsymbol{F}\boldsymbol{\Theta}$ 的每一列。

以下定理表明了单通道图信号上的过度平滑现象：

定理 14.1 令 $\mathcal{G}$ 表示一个以 $\boldsymbol{A}$ 作为其邻接矩阵的连通的非二分图，对于任何输入特征 $\boldsymbol{f}\in\mathbb{R}^N$，下面等式成立：

$$\lim_{L\to\infty}\left(\widetilde{\boldsymbol{D}}^{-\frac{1}{2}}\widetilde{\boldsymbol{A}}\widetilde{\boldsymbol{D}}^{-\frac{1}{2}}\right)^{L}\boldsymbol{f}=\theta_1\cdot\boldsymbol{u}_1,\tag{14-2}$$

式中，$\widetilde{\boldsymbol{A}}=\boldsymbol{A}+\boldsymbol{I}$；$\widetilde{\boldsymbol{D}}$ 表示其对应的度矩阵；$\widetilde{\boldsymbol{A}}$ 可以看作带有自环的图 $\mathcal{G}$ 的邻接矩阵；向量 $\boldsymbol{u}_1$ 是 $\widetilde{\boldsymbol{D}}^{-\frac{1}{2}}\widetilde{\boldsymbol{A}}\widetilde{\boldsymbol{D}}^{-\frac{1}{2}}$ 与其最大特征值相关的特征向量，并且 $\theta_1=\boldsymbol{u}_1^{\top}\boldsymbol{f}$；$\boldsymbol{u}_1=\widetilde{\boldsymbol{D}}^{-\frac{1}{2}}\mathbf{1}$，其仅包含节点度的信息。

证明 令 $\widetilde{\boldsymbol{L}}_{\text{nor}}=\boldsymbol{I}-\widetilde{\boldsymbol{D}}^{-\frac{1}{2}}\widetilde{\boldsymbol{A}}\widetilde{\boldsymbol{D}}^{-\frac{1}{2}}$ 表示与 $\widetilde{\boldsymbol{A}}$ 对应的归一化拉普拉斯矩阵。根据文献[96]中的引理 1.7，$\widetilde{\boldsymbol{L}}_{\text{nor}}$ 具有完整的特征值集合 $0=\lambda_1<\lambda_2,\cdots,\lambda_N<2$ 及其对应的特征向量 $\boldsymbol{u}_1,\cdots,\boldsymbol{u}_N$。具体而言，以矩阵形式，在 $\widetilde{\boldsymbol{L}}_{\text{nor}}$ 上的特征分解可以表示为 $\widetilde{\boldsymbol{L}}_{\text{nor}}=\boldsymbol{U}\boldsymbol{\Lambda}\boldsymbol{U}^{\top}$，其中 $\boldsymbol{U}=[\boldsymbol{u}_1,\cdots,\boldsymbol{u}_N]$ 是由所有特征向量组成的矩阵和 $\boldsymbol{\Lambda}=\operatorname{diag}([\lambda_1,\cdots,\lambda_N])$ 是特征值组成的对角矩阵。$\widetilde{\boldsymbol{D}}^{-\frac{1}{2}}\widetilde{\boldsymbol{A}}\widetilde{\boldsymbol{D}}^{-\frac{1}{2}}$ 的特征值和特征向量与 $\widetilde{\boldsymbol{L}}$ 相关：

$$\widetilde{\boldsymbol{D}}^{-\frac{1}{2}}\widetilde{\boldsymbol{A}}\widetilde{\boldsymbol{D}}^{-\frac{1}{2}}=\boldsymbol{I}-\widetilde{\boldsymbol{L}}_{\text{nor}}=\boldsymbol{U}\boldsymbol{U}^{\top}-\boldsymbol{U}\boldsymbol{\Lambda}\boldsymbol{U}^{\top}=\boldsymbol{U}\left(\boldsymbol{I}-\boldsymbol{\Lambda}\right)\boldsymbol{U}^{\top}.$$

因此，$1=1-\lambda_1>1-\lambda_2,\cdots,>1-\lambda_N>-1$ 是 $\widetilde{\boldsymbol{D}}^{-\frac{1}{2}}\widetilde{\boldsymbol{A}}\widetilde{\boldsymbol{D}}^{-\frac{1}{2}}$ 的特征值，其中 $\boldsymbol{u}_1,\cdots,\boldsymbol{u}_N$ 为对应的特征向量。然后有：

$$\left(\widetilde{\boldsymbol{D}}^{-\frac{1}{2}}\widetilde{\boldsymbol{A}}\widetilde{\boldsymbol{D}}^{-\frac{1}{2}}\right)^{L}=\left(\boldsymbol{U}\left(\boldsymbol{I}-\boldsymbol{\Lambda}\right)\boldsymbol{U}^{\top}\right)^{L}=\boldsymbol{U}\left(\boldsymbol{I}-\boldsymbol{\Lambda}\right)^{L}\boldsymbol{U}^{\top}.$$

由于 $\widetilde{\boldsymbol{A}}$ 的特征值在 $[0,1)$ 范围内，所以式 (14–2) 中的极限可以表示为：

$$\begin{aligned}\lim_{k\to\infty}\left(\widetilde{\boldsymbol{D}}^{-\frac{1}{2}}\widetilde{\boldsymbol{A}}\widetilde{\boldsymbol{D}}^{-\frac{1}{2}}\right)^L \boldsymbol{f} &= \lim_{k\to\infty}\boldsymbol{U}\left(\boldsymbol{I}-\boldsymbol{\Lambda}\right)^L\boldsymbol{U}^\top\boldsymbol{f} \\ &= \boldsymbol{U}\mathrm{diag}([1,0,\cdots,0])\boldsymbol{U}^\top\boldsymbol{f} \\ &= \boldsymbol{u}_1\cdot(\boldsymbol{u}_1^\top\boldsymbol{f}) \\ &= \theta_1\cdot\boldsymbol{u}_1\end{aligned}$$

证毕。

定理 14.1 表明，将 GCN-Filter 重复应用于图信号 $\boldsymbol{f}$ 会得到 $\theta_1\cdot\boldsymbol{u}_1$，它捕获的信息不会多于节点的度信息。对于式 (14–1) 所示的多通道情况，矩阵 $\boldsymbol{F\Theta}$ 的每一列都映射到 $\theta_1\cdot\boldsymbol{u}_1$。只是每一列对应的 θ_1 不同。因此，不同的列包含不同比例的相同信息。此外，包含在 $\boldsymbol{u}_1$ 中的度信息可能不适用大多数节点分类任务，这也解释了为什么节点分类性能会随着滤波层数的增加而降低。文献[351]对包括非线性激活（仅限于 ReLU 激活函数）的情况进行了分析并观察到类似的发现。具体来说，文献[351]表明，ReLU 激活函数可加速过度平滑的过程。GCN-Filter 的目标是使用相邻节点的信息更新节点表示，堆叠 k 个 GCN-Filter 允许每个节点访问其 k 跳邻居的信息。为了获得良好的节点分类性能，有必要汇总每个节点来自邻居的信息。但是，如上所示，堆叠太多的图滤波层会导致过度平滑问题。因此，已经有各种方法用于解决过度平滑问题[352, 353, 354]。

14.2.1 Jumping Knowledge

文献[352]认为，不同的节点需要具有不同深度的邻域，因此不同的节点需要不同数量的图滤波层。因此，文献[352]提出了一种名为 Jumping Knowledge 的策略，该策略将来自不同层的每个节点的隐藏表示自适应地组合为最终表示。$\boldsymbol{F}_i^{(1)},\cdots,\boldsymbol{F}_i^{(L)}$ 分别是节点 v_i 在第 $1,\cdots,L$ 层之后的隐藏表示。组合这些表示以生成节点 v_i 的最终表示，如下所示：

$$\boldsymbol{F}_i^o = \mathrm{JK}\left(\boldsymbol{F}_i^{(0)},\boldsymbol{F}_i^{(1)},\cdots,\boldsymbol{F}_i^{(L)}\right),$$

式中，JK() 是一个适用于每个节点的函数。特别地，该函数可以是最大池化操作或基于注意力机制的 LSTM。

14.2.2 DropEdge

文献[355]引入了 DropEdge 解决过度平滑问题，该方法是在每个训练周期中随机去掉图中的某些边。在每个训练周期之前，从 $\mathcal{E}$ 中以采样率 p 均匀地采样一部分边 $\mathcal{E}_p$。从边集合中删除这些采样的边，并将其余边表示为 $\mathcal{E}_r = \mathcal{E}/\mathcal{E}_p$。然后，将图 $\mathcal{G}' = \{\mathcal{V}, \mathcal{E}_r\}$ 用于此训练周期。

14.2.3 PairNorm

如前所述，节点表示需要具有一定的平滑度以确保良好的分类性能，但同时又要防止它们过于相似。一个直观的想法是确保没有连接的节点的表示形式不同。文献[354]提出了 PairNorm，它引入了一个正则化项强制让不相连的节点之间的表示不同。

14.3 通过自监督学习探索未标记数据

为了训练有效的深度学习模型，通常需要大量的标记数据。对于特定任务，收集大量标记数据通常是困难且昂贵的。但是，未标记数据通常很丰富且易于获取。例如，当构建情感分析的模型时，标记数据可能很有限，而未标记数据则很容易收集。因此，利用未标记数据很有吸引力。实际上，未标记数据已用于推进许多领域，例如计算机视觉和自然语言处理。在图像识别中，在 ImageNet 上预训练的深度卷积神经网络已被广泛采用，比如 Inception[356] 和 VGG[357]。注意，来自 ImageNet 的图像最初是带有标签的，但对于特定的图像识别任务，它们被视为未标记数据，因为它们的标签可能与 ImageNet 数据集中原来的标签完全不同。在自然语言处理中，诸如 GPT-2[358] 和 BERT[286] 之类的预训练语言模型提高了各种自然语言处理任务的准确率，例如问题解答和自然语言生成。因此，探索未标记数据以增强图深度学习具有巨大的潜力。本章讨论图神经网络如何将未标记数据用于节点分类和图分类或回归任务。对于节点分类，未标记数据通过简单的信息聚合过程被图神经网络利用。但此过程可能不足以充分地利用未标记数据。因此，本章将讨论充分利用未标记数据的策略。在图分类或回归任务中，有标记的图可能是有限的，但是未标记图却很多。例如，当对化学分子执行分类或回归任务时，标记大量分子的花费是昂贵的，而未标记的分子可以很容易地被收集。因此，本章还将介绍未标记图应用于图级别任务的

14.3.1 侧重于节点的任务

深度学习的成功需要大量的标记数据，自监督学习（self-supervised learning）的出现极大地缓解了对标记数据的依赖。通常，自监督学习首先设计一个特定的自监督任务，然后使用未标记数据，以学习更好的数据表示。如前所述，GNN 只是简单地聚合了未标记数据，该过程无法完全利用未标记数据的大量信息。因此，为了充分探索未标记数据，可以利用自监督学习为 GNN 提供额外的监督信息。侧重于节点的自监督任务通常会从图结构和（或）节点属性中生成其他监督信号。这样生成的自监督信息可以作为辅助任务，以提高 GNN 在节点分类任务上的性能。利用这些生成的自监督信号的方式主要有两种[359]：1）两阶段训练，其首先利用自监督任务对图神经网络模型进行预训练，然后针对节点分类任务对图神经网络模型进行微调；2）联合训练，其对自监督任务和主要任务同时进行优化。具体来说，联合训练的目标可以表述为：

$$\mathcal{L} = \mathcal{L}_{\text{label}} + \eta\mathcal{L}_{\text{self}},$$

式中，$\mathcal{L}_{\text{label}}$ 表示主要任务的损失函数，即节点分类任务；$\mathcal{L}_{\text{self}}$ 表示自监督任务的损失函数。

接下来，本节简要介绍一些自监督任务，它们可以根据构造自监督任务的信息进行分类：基于图结构信息、基于节点属性信息及基于图结构和节点属性信息。

1. 基于图结构信息

- **节点属性**[359]。此任务旨在使用学习到的节点表示预测节点属性，这些节点属性可以是节点度、节点中心度和局部聚类系数等。
- **中心性排序**[360]。此任务旨在保留节点的中心性排序，该任务不像**节点属性**那样直接预测中心性，而是旨在预测给定任何节点对的相对排序。
- **边掩盖（EdgeMask）**[359, 361, 360]。此任务从图上随机掩盖（或删除）一些边，并尝试使用由图神经网络学习的节点表示预测它们的存在。
- **点对距离**[362, 359]。此任务旨在利用节点表示预测图中节点对之间的距离。具体来说，两个节点之间的距离由它们之间最短路径的长度来度量。
- **Distance2Clusters**[359]。不同于**点对距离**中预测节点对之间的距离，该任务旨在预测节点到图中社区之间的距离，这有助于了解这些节点的全局位置信息。首先，使用基于图结构信息的聚类方法，例如 METIS 图分割算法[214]，以生成 K 个社区。然后，对于每个社区，选择该社区中度数最大的节点作为中心。Distance2Cluster 的任务是预测节点到 K 个社区中心之间的距离。同样，可以通过节点之间最短路径的长度测量距离。

2. 基于节点属性信息

- **属性掩盖（AttributeMask）**[359, 363, 361]。此任务随机掩盖（或删除）图中某些节点的属性信息，并旨在利用从图神经网络模型中学到的节点表示预测这些节点属性。
- **PairwiseAttrSim**[359]。此任务类似于成对距离，因为它们都旨在预测节点对之间的信息。具体来说，该任务旨在预测节点属性之间的相似度，其中相似度可以通过余弦相似度或欧几里得距离度量。

3. 基于图结构和节点属性信息

- **伪标签**[364, 363]。在此任务中，使用图神经网络模型或其他模型为未标记的节点生成伪标签。然后将它们用作监督信号，与标记节点一起重新训练模型。文献[363]使用图神经网络模型中学到的节点表示生成聚类，并将该聚类结果用作伪标签。在文献[364]中，这些聚类结果先与真实标签对齐，再用作伪标签。
- **Distance2Labeled**[359]。该任务类似于 Distance2Cluster 任务。不同于 Distance2Cluster 中预测节点和预先计算的社区之间的距离，该任务旨在预测未标记节点到标记节点之间的距离。
- **ContextLabel**[359]。ContextLabel 任务是为图中的节点预测上下文的标签分布。给定节点，它的上下文定义为其所有 k 跳邻居。然后可以将给定节点的上下文中节点的标签分布表示为向量。它的维数是类的数量，其中每个元素指示上下文中相应标签的频率。但是，未标记节点的标记信息是未知的，因此不能精确地测量其分布。文献[359]采用诸如标签传播（LP）[365] 和迭代分类（ICA[366]）之类的算法预测伪标签，然后使用这些方法估计标签分布。
- **CorrectedLabel**[359]。此任务是通过迭代完善伪标签增强 ContextLabel 任务。具体来说，此任务分为训练阶段和标签校正阶段。给定伪标签，训练阶段与 ContextLabel 的任务相同。然后，使用在文献[367]中提出的噪声标签改进算法，在标签校正阶段，改进训练阶段中的预测伪标签。在训练阶段，采用这些经过校正的伪标签提取上下文标签分布。

14.3.2 侧重于图的任务

在侧重于图的任务中，可以将标记图的集合表示为 $\mathcal{D}_l = \{(\mathcal{G}_i, y_i)\}$，其中 y_i 是图 $\mathcal{G}_i$ 的标签。未标记的图表示为 $\mathcal{D}_u = \{(\mathcal{G}_j)\}$。通常，未标记图的数量远大于标记图的数量，即 $|\mathcal{D}_u| \gg |\mathcal{D}_l|$。探索未标记数据旨在从 $\mathcal{D}_u$ 中提取知识，以帮助在 $\mathcal{D}_l$ 上训练模型。为了利用未标记数据，需要提取自监督信号。类似于以节点为中心的情况，主要有两种方法利用来自 $\mathcal{D}_u$ 的信息。一种是两阶段训练，其中 GNN 在带有自监督目标的未标记数据 $\mathcal{D}_u$ 上进行预训练，然后对标记数据 $\mathcal{D}_l$ 进行调整。另一种是联合训练，它将自监督目标函数作为正则化项，与监督损失相结合进行优化。本节将介绍图级别的自监督任务。

- **上下文预测**[360]。在上下文预测中，预训练任务是预测给定的 K 跳邻域和上下文图是否属于同一个节点。具体来说，对于图 $\mathcal{G}$ 中的每个节点 v，其 K 跳邻域包含距离节点 v 最多 K 跳距离的所有节点和边，可以表示为 $\mathcal{N}_{\mathcal{G}}^K(v)$。同时，图 $\mathcal{G}$ 中的节点 v 的上下文图由两个超参数 r_1、r_2 定义，并且它是 $\mathcal{G}$ 的一个子图，包含了节点 v 的 r_1 跳和 r_2 跳之间的节点和边。具体而言，节点 v 的上下文图是宽度为 $r_2 - r_1$ 的圆环，如图 14-1 所示，可以表示为 $\mathcal{C}_{v,\mathcal{G}}$。值得注意的是，$r_1$ 必须小于 K，以确保节点 v 的 K 跳邻域和上下文图之间存在共同的节点。上下文预测的任务可建模为一个二分类问题，它需要判断一个特定邻域 $\mathcal{N}_{\mathcal{G}}^K(v)$ 和一个特定上下文图 $\mathcal{C}_{v,\mathcal{G}}$ 是否属于同一节点。文献[368]也提出了类似的任务，其中给定一个节点和一个图，目标是预测该节点是否属于给定的图。
- **属性掩盖**[360]。在属性掩盖中，来自 $\mathcal{D}_u$ 的给定图中的某些节点或边属性（例如，分子图中的原子类型）被随机掩盖。然后训练图神经网络模型，预测这些被掩盖的节点或边属性。

> 属性掩盖策略只能应用于具有节点或边属性的图。

- **图属性预测**[360]。虽然对于在 $\mathcal{D}_l$ 上执行的特定任务，$\mathcal{D}_u$ 中的图没有标签，但还有 $\mathcal{D}_u$ 的图属性（例如图的密度、直径等）可以使用。这些图属性可以用作监督信号预训练图神经网络模型。

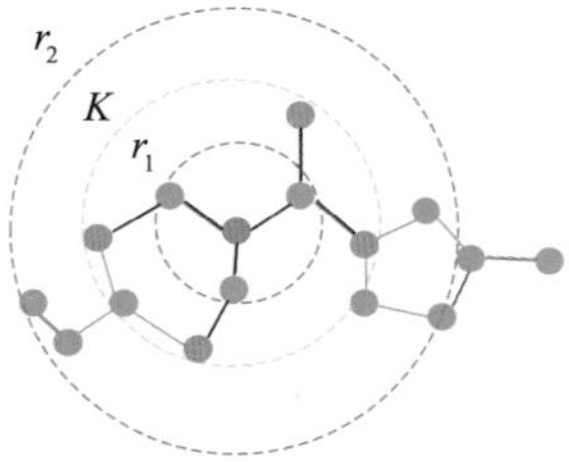

图 14–1　上下文预测

14.4 图神经网络的表达能力

越来越多的研究工作聚焦于分析图神经网络模型的表达能力，它们旨在分析图神经网络模型从图级别的角度区分图结构的能力。因此，为了便于讨论，本节将快速回顾针对图级别任务的图神经网络模型。首先，图神经网络模型的第 l 层的基于空间图滤波器的聚合过程可以表示为：

$$\boldsymbol{a}_i^{(l)} = \mathrm{AGG}\left(\left\{\boldsymbol{F}_j^{(l-1)}|v_j \in \mathcal{N}(v_i)\right\}\right),$$
$$\boldsymbol{F}_i^{(l)} = \mathrm{COM}\left(\boldsymbol{F}_i^{(l-1)}, \boldsymbol{a}_i^{(l)}\right),$$

式中，$\boldsymbol{a}_i^{(l)}$ 表示从节点 v_i 的邻居通过函数 AGG() 聚合的信息；$\boldsymbol{F}_i^{(l)}$ 是第 l 图滤波层之后的节点 v_i 的隐藏表示；函数 COM() 将第 $(l{-}1)$ 层中节点 v_i 的隐藏表示与聚合信息组合在一起，以生成 l 层的隐藏表示。

对于图级别任务，通常对表示 $\{\boldsymbol{F}_i^{(L)}|v_i \in \mathcal{V}\}$ 进行池化操作以生成图的表示，其中 L 是图滤波层的数量。在本章中，为方便起见，仅考虑平面池化操作，池化过程描述如下：

$$\boldsymbol{F}_{\mathcal{G}} = \mathrm{POOL}\left(\left\{\boldsymbol{F}_i^{(L)}|v_i \in \mathcal{V}\right\}\right),$$

式中，$\boldsymbol{F}_{\mathcal{G}}$ 是图的表示。

函数 AGG()、COM() 和 POOL() 有不同的选择和设计，从而使得图神经网络模型具有不同的表达能力。文献[369]表明，无论采用哪种函数，在区分图结构方面，图神经网络模型最多具有与 WL 测试（Weisfeiler-Lehman Test）一样的能力。WL 测试的功能强大，可以区分各种图结构。文献[369]说明了在区分图结构方面，在何种条件下图神经网络模型可以像 WL 测试一样强大。接下来首先简要介绍 WL 测试及其与图神经网络模型之间的关系，然后在图神经网络模型的表达性方面介绍一些关键结果。

14.4.1 WL 测试

如果两个图之间的映射关系相同，则认为两个图在拓扑上是相同（或同构）的。例如，在图 14–2 列举了两个同构的图，其中颜色和数字表示两组节点之间的映射关系。图同构任务旨在判断两个给定的图 $\mathcal{G}_1$ 和 $\mathcal{G}_2$ 在拓扑上是否相同。测试图同构在计算上是昂贵的，并且尚未找到多项式时间算法[370, 371]。WL 测试是一种有效的图同构任务方法，它可以区分大多数的图，但不能区分某些极端情况[372]。

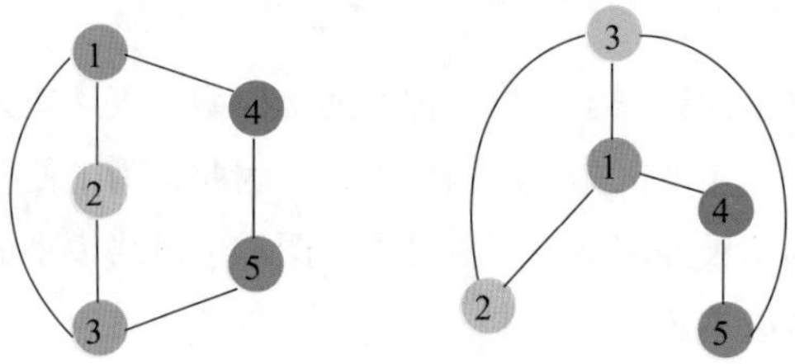

图 14–2 两个同构的图

为了方便起见，假设两个图中的每个节点都与标签（属性）相关联。例如，在图 14–2 中，数字可以视为标签。实际上，相同的标签可以与图中的不同节点关联。WL 测试的单次迭代可以描述为：

- 对于每个节点 v_i，将其邻居的标签（包括自身）聚合到一个多集 $\mathcal{NL}(v_i)$ 中，即具有重复元素的集合。
- 对于每个节点 v_i，将多集 $\mathcal{NL}(v_i)$ 散列到唯一的新标签，该标签与节点 v_i 相关联作为其新标签。需要注意的是，具有相同标签多集的所有节点都将散列到相同的新标签。

重复应用上述迭代，直到两个图的标签集彼此不同为止。如果标签集不同，则两个图是非同构的，并且算法终止。在 N（或图中的节点数）次迭代之后，如果两个图的标签集仍然相同，则认为这两个图是同构的，或者 WL 测试无法区分它们（WL 测试失败的特殊情况请参考文献[372]）。图神经网络模型可以看作广义的 WL 测试。GNN 中的 AGG() 函数对应 WL 测试中的聚合步骤，而 COM() 函数对应 WL 测试中的散列函数。

14.4.2　表达能力

图神经网络模型的表达能力与图同构任务相关。在理想情况下，具有足够表达能力的图神经网络模型可以将不同结构的图映射到不同的嵌入，从而区分它们。以下引理表明，图神经网络模型在区分非同构图的能力方面最多与 WL 测试持平。

引理 14.1 [369]　*给定任意两个非同构图 $\mathcal{G}_1$ 和 $\mathcal{G}_2$，如果图神经网络模型将这两个图映射到不同的嵌入中，则 WL 测试也可以确定这两个图是非同构的。*

WL 测试的能力在很大程度上归功于其单射聚合操作，即散列函数将具有不同邻域的节点映射到不同标签。但是，图神经网络模型中的许多流行的聚合函数都不是单射的。接下来简要讨论一些 AGG() 函数，并提供这些函数无法区分的图结构示例。文献[56]引入的均值函数和最大值函数都不是单射的。如图 14–3 所示，假设所有节点都具有相同的标签（或相同的特征），但节点 v 和 v' 的局部结构仍是不同的，因为它们具有不同数量的邻居。但是，如果将均值函数或最大值函数用作 AGG() 函数，则节点 v 和 v' 将获得相同的表示。因此，如果将均值函数或最大值函数用作 AGG() 函数，则无法区分图 14–3 中显示的两个子结构。为了提高 GNN 模型的表达能力，函数的设计非常重要：需要将 AGG()、COM() 和 POOL() 函数设计为单射函数。具体来说，如果所有这些函数都是单射的，则图神经网络模型的功能与 WL 测试一样，如以下定理所述。

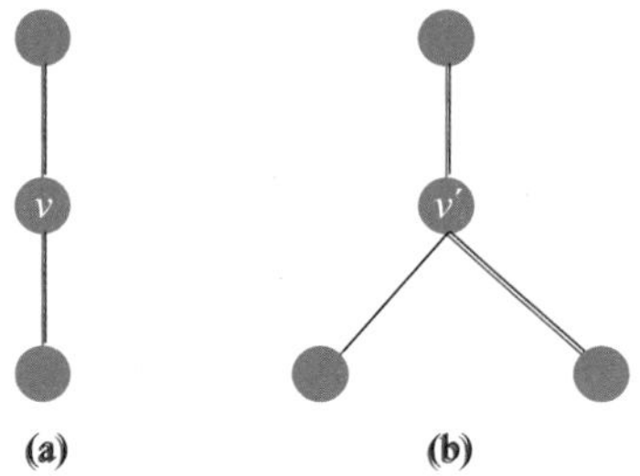

图 14–3　均值函数和最大值函数无法区分的图结构

定理 14.2 [369]　*如果图神经网络模型中的 AGG()、COM() 和 POOL() 函数是单射的，当它有足够多的图滤波层时，可以将通过 WL 测试为非同构的两个图映射到不同的嵌入。*

定理 14.2 为设计具有高表达能力的图神经网络模型提供了指导。虽然图神经网络模型区分图结构的能力最多与 WL 测试一样强大，但它们具有其他方面的优势。比如，GNN 模型能够将图映射为低维嵌入，从而捕获它们之间的相似性。但是，WL 测试无法比较图之间的相似性，其只能判断它们是否同构。因此，相较于 WL 测试，GNN 更适用于图分类等任务，其中图可以具有不同的大小，结构相似的非同构图也可以属于同一类。

14.5 小结

本章讨论了图神经网络的高级主题。首先描述了图神经网络中过度平滑的问题，并讨论了一些缓解此问题的方法。接着针对侧重于节点的任务和侧重于图的任务介绍了在图上的各种自监督学习任务。最后证明了图神经网络模型区分图结构的能力最多与 WL 测试一样强大，并为开发具有高表达能力的图神经网络提供了一些指导。

14.6 扩展阅读

如前所述，图神经网络还有许多新的方向正处于起步阶段。文献[373, 374]提出了可解释的图神经网络模型。具体而言，文献[373]为图神经网络生成了样本级别的解释，即为每个样本生成了解释。文献[374]研究了图神经网络的模型级解释，即了解整个图神经网络模型是如何工作的。文献[375]对 GNN 的公平性问题进行了研究，结果表明，基于 GNN 的节点分类性能在不同度的节点上有所不同，具体表现在低度节点的错误率往往比高度节点的错误率更高。此外，图神经网络已扩展到双曲空间，以促进 GNN 的表达和双曲几何的相关研究[376, 377]。

第 15 章

CHAPTER 15

图神经网络的高级应用

本章将介绍图神经网络的一些高级应用。首先介绍最小顶点覆盖、最大割、旅行商和最大独立集等图的 NP-hard 组合优化问题，以及图神经网络在这些问题中的应用。然后介绍计算机程序的表示学习中的图神经网络，最后介绍物理学中相互作用的动力系统中的图神经网络。

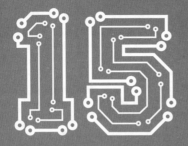

15.1 简介

本书的第 3 篇介绍了图神经网络的典型实际应用，包括自然语言处理、计算机视觉、数据挖掘、生物化学和医疗健康。实际上，图神经网络已经被应用到更多的领域，因为许多现实世界应用和系统产生的数据都可以转换成用图来表示。图上的许多组合优化问题，如最小顶点覆盖和旅行商问题都是 NP-hard 的。图神经网络被用来学习这些 NP-hard 问题的启发式算法。图可以从多个角度表示程序中的源代码，例如数据流和控制流。因此，可以自然地利用图神经网络学习源代码的表示，这有助于实现各种任务的自动化，例如变量误用检测和软件漏洞检测。物理学中动力系统的对象及其关系通常可以用图表示，所以图神经网络也被用于推断动态系统的未来状态。本章首先讨论这些高级和复杂的应用，然后介绍如何在它们之上使用图神经网络。

15.2 图的组合优化

图上的许多组合优化问题，如最小顶点覆盖问题（Minimum Vertex Cover，MVC）和旅行商问题（Travelling Salesman Problem，TSP）都是 NP-hard 的。换言之，在 P$\neq$ NP 的条件下，无法在多项式时间内找到问题的解。因此，这些问题通常由近似算法或启发式算法解决。设计好的启发式算法通常是一个具有挑战性的且单调乏味的过程，这需要大量与具体问题相关的知识和反复试验。因此，自动学习问题的启发式算法是非常有研究价值的。图神经网络已经被用来从给定的样本中学习这些启发式算法，然后尝试为未知的任务找到解决方案。接下来，本节首先描述一些关于图的组合优化问题，然后简要介绍如何利用图神经网络简化这些任务。

- **最小顶点覆盖问题**。给定一个图 $\mathcal{G}=\{\mathcal{V},\mathcal{E}\}$，顶点覆盖 $\mathcal{S}$ 是顶点集的一个子集，即 $\mathcal{S}\subset\mathcal{V}$。该子集包含了边集 $\mathcal{E}$ 中每条边的至少一个端点。最小顶点覆盖问题是寻找顶点数最少的顶点覆盖。
- **最大割问题**。给定一个图 $\mathcal{G}=\{\mathcal{V},\mathcal{E}\}$，切割 $\mathcal{C}=\{\mathcal{S},\mathcal{V}/\mathcal{S}\}$ 将 $\mathcal{V}$ 划分为两个不相交的子集 $\mathcal{S}$ 和 $\mathcal{V}/\mathcal{S}$。它对应的割集是边集的子集 $\mathcal{E}_c\in\mathcal{E}$，其中边的一个端点属于 $\mathcal{S}$，而另一个端点属于 $\mathcal{V}/\mathcal{S}$。最大割问题是找到使得割集 $\mathcal{E}_c$ 的权重

$\sum_{(u,v)\in\mathcal{E}_c} w(u,v)$ 最大化的割，其中 $w(u,v)$ 表示边 (u,v) 的权重。

- **旅行商问题**。给定通过路线连接的城市集合，旅行商问题是如何找到对每个城市访问一次并返回到起始城市的最短路线。它可以建模为一个图 $\mathcal{G}=\{\mathcal{V},\mathcal{E}\}$，其中节点是城市，边是连接城市的路线。城市之间的距离可以建模为边上的权重。
- **最大独立集问题**。给定一个图 $\mathcal{G}$，一个独立集是一组顶点 $\mathcal{S}\subset\mathcal{V}$，其中没有任意一对顶点是相连的。最大独立集问题是找到拥有最多顶点数量的独立集。

其中一些问题通常可以建模为节点（或边）标注问题，目标是判断节点（或边）是否在解集合中。例如，最小顶点覆盖问题可以建模为节点标注问题（或节点分类问题），其中在解集合中的节点被标注为 1，而不在解集合的节点被标注为 0。类似地，旅行商问题可以建模为节点选择或边标注问题。在有充足训练样本的情况下，图神经网络非常适合解决这些问题。然而，直接将这些问题作为纯粹的节点或边标注任务处理可能会导致无效的解决方案。例如，在最大独立集问题中，两个相连的节点在推理过程中可能被同时标注为 1，即它们被同时选入独立集。因此，一些搜索启发式算法通常与图神经网络一起使用寻求有效解。

在文献[378]中，这些问题被建模为一系列的节点选择任务，并通过强化学习解决该任务。图神经网络模型被用于学习深度强化学习框架中的状态（state）表示，最终解是通过将节点按照一定的顺序依次添加到已得到的部分解来构造的。通过最大化强化学习框架中的用于衡量解（或部分解）的质量的评估函数，这些节点被以贪心的方式依次选择。在选择节点之后，使用一个 helper 函数将它们组织成给定任务的有效解。例如，对于寻找最大割的任务，给定选定的顶点集合 $\mathcal{S}$，找到其补集 $\mathcal{V}/\mathcal{S}$，所有满足一个端点在一个集合中而另一个端点在另一个集合中的边构成最大割集。

这些问题也可以被建模为节点标注任务，而不是使用强化学习框架依次选择节点[379]。在训练过程中，每个训练样本中的节点都用 1 或 0 标注，其中 1 表示节点应该被选入解集合。在训练之后，给定新的样本，图神经网络模型可以输出每个节点的概率得分，代表它应该被包括在解中的可能性。然后，基于这些概率得分，利用贪心搜索算法递归地构建有效解。对于最大独立集问题，节点首先按照概率分数降序排列。然后，按此顺序迭代所有节点，并将每个节点标注为 1（即将该节点选中到独立集中），将其邻居标注为 0（即不将该节点选中到独立集中）。当遇到第一个标注为 0 的节点时，该过程停止。接下来，删除所有标注的节点（标注为 1 或 0），并使用剩余的节点构建子图。在子图上重复这个过程。直到图中的所有节点都被标注，整个过程终止，解为标注为 1 的所有节点的集合。

文献[380]训练图神经网络模型对边进行标注，以解决旅行商问题。在训练过程中，每个训练样本中的边都用 1 或 0 标注，表示该边是否在解中。在推理阶段，模型可以预测图中边的概率得分。将这些得分与束搜索结合，以找到旅行商问题的有效解。

15.3 学习程序表示

利用机器学习技术可以实现针对源代码的各种自动化任务，如变量误用检测和软件漏洞检测等。一种表示源代码的直观方法是将它看作特定语言中的“文章”，然后可以借用 NLP 技术处理源代码。但是，将源代码表示为文本序列通常无法捕获代码中的语法和语义关系。近年来，人们越来越多地尝试用图表示代码，并且利用图神经网络学习其表示，以应用于下游任务。接下来，本节首先简要介绍源代码如何表示为图，然后描述一些下游任务以及如何利用图神经网络处理这些任务。

从源代码构建图有多种方法，代表性的方法如下所示[381]：

- **抽象语法树（Abstract Syntax Tree，AST）**。程序的一种常见的图表示是 AST，它编码了源代码抽象的句法结构。通常，代码解析器使用 AST 理解代码结构并找到语法错误。AST 中的节点由语法节点（对应于编程语言语法中的非终端）和语法标记（对应于终端）组成，节点间的父子关系用有向边表示。
- **控制流图（Control Flow Graph，CFG）**。控制流图描述了程序在执行过程中要遍历的所有潜在的路径。它以语句和条件作为节点，其中条件语句如 if 和 switch 是形成不同路径的关键节点。CFG 中的边表示了语句之间的控制转移。
- **数据流图（Data Flow Graph, DFG）**。数据流图描述了程序是如何使用变量的，它以变量作为节点，用边表示对这些变量的任何访问或修改。
- **自然代码序列（Natural Code Sequence，NCS）**。自然代码序列是源代码的序列，其中边按照源代码中的顺序连接了相邻的代码。

可以进一步组合这些图以形成更全面的图，以编码关于程序的语法和语义信息。基于给定程序所构建的图，可以使用图神经网络执行不同的任务。图神经网络通常用于学习节点表示或图表示，然后使用这些表示执行具体任务。这些任务既有侧重于节点的任务，如程序中的变量误用检测，也有侧重于程序图的任务，如软件漏洞检测。

15.4 物理学中相互作用的动力系统推断

相互作用系统（Interacting System）在自然界中无处不在，物理学中的动力系统（Dynamical System）就是其中之一。由于动力系统中对象之间复杂的相互作用，推断动力系统的未来状态或潜在性质通常是具有挑战性的。动力系统中的对象及其关系通常可以表示为图，其中对象是节点，它们之间的关系可以被建模为边。本节介绍一些物理学中的动力系统，然后简要描述图神经网络是如何推断这些动力系统的。

- **N-body**。在 N-body 系统中，动力系统的 n 个对象相互施加引力，且该引力取决于它们的质量和成对距离。由于关系是成对的，总共有 $n(n-1)$ 组关系，于是可以建模为一个完全图（即全部连接的图）。预测太阳系的运动就可以看作一个 N-body 问题。
- **弹跳球**。在弹跳球系统中，有两种类型的对象，即球和墙。球不断地移动，可能会与其他球和静止的墙相撞。假设包括球和墙总共有 n 个对象，则一共存在 $n(n-1)$ 组成对关系，这同样可以建模为一个完全图。
- **带电粒子**。在带电粒子的系统中，假设有 n 个粒子，每个粒子都带正电荷或负电荷。由于每对粒子间存在相互作用，系统中存在 $n(n-1)$ 组关系，那么同样可以建模为一个完全图。

这些任务的目标是在给定动力系统的历史（或初始状态）的情况下推断未来状态。动力系统的状态可以由以下对象的轨迹表示：$\mathcal{T} = \{\boldsymbol{x}_i, \cdots, \boldsymbol{x}_n\}$，其中 $\boldsymbol{x}_i = \{\boldsymbol{x}_i^{(0)}, \cdots, \boldsymbol{x}_i^{(t)}\}$ 表示动力系统的状态，$\boldsymbol{x}_i^{(t)}$ 表示节点 i 在时间 t 的状态。通常，对象的状态信息包括其位置或速度。

文献[382]提出了一个被称为交互网络（Interaction Network）的模型，用来建模和预测动力系统的未来状态。该模型可以看作一种特定类型的图神经网络，通过图传递信息并更新节点表示。交互网络模型有两类函数：以关系为中心的函数和以节点为中心的函数。以关系为中心的函数用于对节点间的交互影响进行建模，而以节点为中心的函数则使用以关系为中心的函数的输出更新节点的状态。因此，与 5.3.2 节介绍的 MPNN 框架相比，以关系为中心的函数可以视为 MPNN 中的消息函数，而以节点为中心的函数可以被视为 MPNN 中的更新函数。

交互网络假定对象之间的关系是已知的，但这并不一定符合实际情况。文献[383]提出了一个在预测动力系统未来状态的同时推断关系类型的模型，它采用变分自编码器的形式，编码器和解码器均采用图神经网络建模。应用于原始输入图 $\mathcal{G}$ 的编码器将观察到的轨迹（动力系统的历史）作为输入，并预测关系的类型。具有来自编码器的关系类型信息的图表示为 $\mathcal{G}'$，用作解码器的输入图。图神经网络还对解码器进行建模，其目标是预测交互系统的未来状态。

15.5 小结

本章讨论了图神经网络的一些高级应用。首先，介绍了图神经网络在最小顶点覆盖问题、最大割问题、旅行商问题和最大独立集问题等图的 NP-hard 组合优化中的应用。然后，描述了如何将源代码表示为图，以及如何利用图神经网络学习程序表示，从而促进下游任务。最后，介绍了如何通过图神经网络推断相互作用的动力系统的未来状态。

15.6 扩展阅读

图神经网络在处理图结构数据方面已被证明是十分有效且强大的，并不断地被用于新的应用。在文献[384]中，乐谱被表示为图，并将图神经网络应用于这些图，以呈现富有表现力的钢琴演奏。在文献[385]中，图神经网络被用于加快分布式电路设计的速度。在文献[386]中，图神经网络被用于软件定义网络（Software Defined Networks，SDN）中的网络建模和优化。

参考文献

BIBLIOGRAPHY

[1] XU J. Representing big data as networks: New methods and insights[J]. arXiv preprint arXiv:1712.09648, 2017.

[2] BHAGAT S, CORMODE G, MUTHUKRISHNAN S. Node classification in social networks[M]. Bosten: Springer, 2011: 115–148.

[3] LIBEN-NOWELL D, KLEINBERG J. The link-prediction problem for social networks[J]. Journal of the American society for information science and technology, 2007, 58(7): 1019–1031.

[4] SEN P, NAMATA G, BILGIC M, et al. Collective classification in network data[J]. AI magazine, 2008, 29(3): 93–93.

[5] TANG J, LIU H. Feature selection with linked data in social media[C]// SIAM. Proceedings of the 2012 SIAM International Conference on Data Mining: SIAM, 2012: 118–128.

[6] GU Q, HAN J. Towards feature selection in network[C]. Proceedings of the 20th ACM international conference on Information and knowledge management, 2011: 1175–1184.

[7] WEI X, CAO B, PHILIP S Y. Unsupervised feature selection on networks: a generative view[C]. Thirtieth AAAI Conference on Artificial Intelligence, 2016.

[8] WEI X, XIE S, YU P S. Efficient partial order preserving unsupervised feature selection on networks[C]// SIAM. Proceedings of the 2015 SIAM International Conference on Data Mining: SIAM, 2015: 82–90.

[9] TANG J, LIU H. Unsupervised feature selection for linked social media data[C]. Proceedings of the 18th ACM SIGKDD international conference on Knowledge discovery and data mining, 2012: 904–912.

[10] LI J, HU X, JIAN L, et al. Toward time-evolving feature selection on dynamic networks[C]// 2016 IEEE 16th International Conference on Data Mining (ICDM): IEEE, 2016: 1003–1008.

[11] TANG J, HU X, GAO H, et al. Unsupervised feature selection for multi-view data in social media[C]// Proceedings of the 2013 SIAM International Conference on Data Mining: SIAM, 2013: 270–278.

[12] CHENG K, LI J, LIU H. Unsupervised feature selection in signed social networks[C]. Proceedings of the 23rd ACM SIGKDD International Conference on Knowledge Discovery and Data Mining, 2017: 777–786.

[13] HUANG Q, XIA T, SUN H, et al. Unsupervised nonlinear feature selection from high-dimensional signed networks.[C]. AAAI, 2020: 4182–4189.

[14] LI J, GUO R, LIU C, et al. Adaptive unsupervised feature selection on attributed networks[C]. Proceedings of the 25th ACM SIGKDD International Conference on Knowledge Discovery & Data Mining, 2019: 92–100.

[15] SHI J, MALIK J. Normalized cuts and image segmentation[J]. IEEE Transactions on pattern analysis and machine intelligence, 2000, 22(8): 888–905.

[16] NG A Y, JORDAN M I, WEISS Y. On spectral clustering: Analysis and an algorithm[C]. Advances in neural information processing systems, 2002: 849–856.

[17] BELKIN M, NIYOGI P. Laplacian eigenmaps for dimensionality reduction and data representation[J]. Neural computation, 2003, 15(6): 1373–1396.

[18] TENENBAUM J B, DE SILVA V, LANGFORD J C. A global geometric framework for nonlinear dimensionality reduction[J]. Science, 2000, 290(5500): 2319–2323.

[19] ROWEIS S T, SAUL L K. Nonlinear dimensionality reduction by locally linear embedding[J]. Science, 2000, 290(5500): 2323–2326.

[20] DEERWESTER S, DUMAIS S T, FURNAS G W, et al. Indexing by latent semantic analysis[J]. Journal of the American society for information science, 1990, 41(6): 391–407.

[21] KOREN Y, BELL R, VOLINSKY C. Matrix factorization techniques for recommender systems[J]. Computer, 2009, 42(8): 30–37.

[22] ZHU S, YU K, CHI Y, et al. Combining content and link for classification using matrix factorization[C]. Proceedings of the 30th annual international ACM SIGIR conference on Research and development in information retrieval, 2007: 487–494.

[23] TANG J, AGGARWAL C, LIU H. Node classification in signed social networks[C]// Proceedings of the 2016 SIAM international conference on data mining: SIAM, 2016: 54–62.

[24] MENON A K, ELKAN C. Link prediction via matrix factorization[C]// Joint european conference on machine learning and knowledge discovery in databases: Springer,

2011: 437–452.

[25] TANG J, GAO H, HU X, et al. Exploiting homophily effect for trust prediction[C]. Proceedings of the sixth ACM international conference on Web search and data mining, 2013: 53–62.

[26] WANG F, LI T, WANG X, et al. Community discovery using nonnegative matrix factorization[J]. Data Mining and Knowledge Discovery, 2011, 22(3): 493–521.

[27] QIU J, DONG Y, MA H, et al. Network embedding as matrix factorization: Unifying deepwalk, line, pte, and node2vec[C]// Proceedings of the Eleventh ACM International Conference on Web Search and Data Mining: ACM, 2018: 459–467.

[28] MIKOLOV T, SUTSKEVER I, CHEN K, et al. Distributed representations of words and phrases and their compositionality[C]. Advances in neural information processing systems, 2013: 3111–3119.

[29] PEROZZI B, AL-RFOU R, SKIENA S. Deepwalk: Online learning of social representations[C]// Proceedings of the 20th ACM SIGKDD international conference on Knowledge discovery and data mining: ACM, 2014: 701–710.

[30] TANG J, QU M, WANG M, et al. Line: Large-scale information network embedding[C]// International World Wide Web Conferences Steering Committee. Proceedings of the 24th international conference on world wide web: International World Wide Web Conferences Steering Committee, 2015: 1067–1077.

[31] GROVER A, LESKOVEC J. node2vec: Scalable feature learning for networks[C]// ACM. Proceedings of the 22nd ACM SIGKDD international conference on Knowledge discovery and data mining: ACM, 2016: 855–864.

[32] CAO S, LU W, XU Q. Grarep: Learning graph representations with global structural information[C]. Proceedings of the 24th ACM international on conference on information and knowledge management, 2015: 891–900.

[33] RIBEIRO L F, SAVERESE P H, FIGUEIREDO D R. struc2vec: Learning node representations from structural identity[C]// Proceedings of the 23rd ACM SIGKDD International Conference on Knowledge Discovery and Data Mining: ACM, 2017: 385–394.

[34] WANG X, CUI P, WANG J, et al. Community preserving network embedding[C]. Thirty-first AAAI conference on artificial intelligence, 2017.

[35] MA Y, WANG S, REN Z, et al. Preserving local and global information for network embedding[J]. arXiv preprint arXiv:1710.07266, 2017.

[36] LAI Y A, HSU C C, CHEN W H, et al. Prune: Preserving proximity and global ranking for network embedding[C]. Advances in neural information processing systems, 2017: 5257–5266.

[37] GU Y, SUN Y, LI Y, et al. Rare: Social rank regulated large-scale network embedding[C]. Proceedings of the 2018 World Wide Web Conference, 2018: 359–368.

[38] OU M, CUI P, PEI J, et al. Asymmetric transitivity preserving graph embedding[C]. Proceedings of the 22nd ACM SIGKDD international conference on Knowledge discovery and data mining, 2016: 1105–1114.

[39] CHANG S, HAN W, TANG J, et al. Heterogeneous network embedding via deep architectures[C]. Proceedings of the 21th ACM SIGKDD International Conference on Knowledge Discovery and Data Mining, 2015: 119–128.

[40] DONG Y, CHAWLA N V, SWAMI A. metapath2vec: Scalable representation learning for heterogeneous networks[C]// Proceedings of the 23rd ACM SIGKDD international conference on knowledge discovery and data mining: ACM, 2017: 135–144.

[41] GAO M, CHEN L, HE X, et al. Bine: Bipartite network embedding[C]. The 41st International ACM SIGIR Conference on Research & Development in Information Retrieval, 2018: 715–724.

[42] MA Y, REN Z, JIANG Z, et al. Multi-dimensional network embedding with hierarchical structure[C]. Proceedings of the Eleventh ACM International Conference on Web Search and Data Mining, 2018: 387–395.

[43] WANG S, TANG J, AGGARWAL C, et al. Signed network embedding in social media[C]// SIAM. Proceedings of the 2017 SIAM international conference on data mining: SIAM, 2017: 327–335.

[44] TU K, CUI P, WANG X, et al. Structural deep embedding for hyper-networks[C]. Thirty-Second AAAI Conference on Artificial Intelligence, 2018.

[45] NGUYEN G H, LEE J B, ROSSI R A, et al. Continuous-time dynamic network embeddings[C]. Companion Proceedings of the The Web Conference 2018, 2018: 969–976.

[46] LI J, DANI H, HU X, et al. Attributed network embedding for learning in a dynamic environment[C]// ACM. Proceedings of the 2017 ACM on Conference on Information and Knowledge Management: ACM, 2017: 387–396.

[47] SCARSELLI F, YONG S L, GORI M, et al. Graph neural networks for ranking web pages[C]// IEEE Computer Society. Proceedings of the 2005 IEEE/WIC/ACM International Conference on Web Intelligence: IEEE Computer Society, 2005: 666–672.

[48] BRUNA J, ZAREMBA W, SZLAM A, et al. Spectral networks and locally connected networks on graphs[J]. arXiv preprint arXiv:1312.6203, 2013.

[49] DEFFERRARD M, BRESSON X, VANDERGHEYNST P. Convolutional neural networks on graphs with fast localized spectral filtering[C]. Advances in neural information processing systems, 2016: 3844–3852.

[50] KIPF T N, WELLING M. Semi-supervised classification with graph convolutional networks[J]. arXiv preprint arXiv:1609.02907, 2016.

[51] ATWOOD J, TOWSLEY D. Diffusion-convolutional neural networks[C]. Advances in neural information processing systems, 2016: 1993–2001.

[52] NIEPERT M, AHMED M, KUTZKOV K. Learning convolutional neural networks for graphs[C]. International conference on machine learning, 2016: 2014–2023.

[53] GILMER J, SCHOENHOLZ S S, RILEY P F, et al. Neural message passing for quantum chemistry[C/OL]// PRECUP D, TEH Y W. Proceedings of the 34th International Conference on Machine Learning, 2017, 70: 1263–1272. http://proceedings.mlr.press/v70/gilmer17a.html.

[54] MONTI F, BRONSTEIN M, BRESSON X. Geometric matrix completion with recurrent multi-graph neural networks[C]. Advances in Neural Information Processing Systems, 2017: 3697–3707.

[55] VELIČKOVIĆ P, CUCURULL G, CASANOVA A, et al. Graph attention networks[J]. arXiv preprint arXiv:1710.10903, 2017.

[56] HAMILTON W, YING Z, LESKOVEC J. Inductive representation learning on large graphs[C]. Advances in Neural Information Processing Systems, 2017: 1024–1034.

[57] LI Y, TARLOW D, BROCKSCHMIDT M, et al. Gated graph sequence neural networks[J]. arXiv preprint arXiv:1511.05493, 2015.

[58] YING Z, YOU J, MORRIS C, et al. Hierarchical graph representation learning with differentiable pooling[C]. Advances in Neural Information Processing Systems, 2018: 4800–4810.

[59] GAO H, JI S. Graph u-nets[C/OL]// CHAUDHURI K, SALAKHUTDINOV R. Proceedings of the 36th International Conference on Machine Learning, ICML 2019, 97: 2083–2092. http://proceedings.mlr.press/v97/gao19a.html.

[60] MA Y, WANG S, AGGARWAL C C, et al. Graph convolutional networks with eigenpooling[C/OL]// TEREDESAI A, KUMAR V, LI Y, et al. Proceedings of the 25th ACM SIGKDD International Conference on Knowledge Discovery & Data Mining, KDD 2019: 723–731. https://doi.org/10.1145/3292500.3330982. DOI: 10.1145/3292500.3330982.

[61] ZÜGNER D, AKBARNEJAD A, GÜNNEMANN S. Adversarial attacks on neural networks for graph data[C]. Proceedings of the 24th ACM SIGKDD International Conference on Knowledge Discovery & Data Mining, 2018: 2847–2856.

[62] ZÜGNER D, GÜNNEMANN S. Adversarial attacks on graph neural networks via meta learning[J]. arXiv preprint arXiv:1902.08412, 2019.

[63] DAI H, LI H, TIAN T, et al. Adversarial attack on graph structured data[C]. Proceedings of the 35th International Conference on Machine Learning, 2018, 80.

[64] MA Y, WANG S, DERR T, et al. Attacking Graph Convolutional Networks via Rewiring[M/OL]. 2020. https://openreview.net/forum?id=B1eXygBFPH.

[65] ZHU D, ZHANG Z, CUI P, et al. Robust graph convolutional networks against adversarial attacks[C]. Proceedings of the 25th ACM SIGKDD International Conference on Knowledge Discovery & Data Mining, 2019: 1399–1407.

[66] TANG X, LI Y, SUN Y, et al. Robust graph neural network against poisoning attacks via transfer learning[J]. arXiv preprint arXiv:1908.07558, 2019.

[67] JIN W, MA Y, LIU X, et al. Graph structure learning for robust graph neural networks[J]. arXiv preprint arXiv:2005.10203, 2020.

[68] CHEN J, ZHU J, SONG L. Stochastic training of graph convolutional networks with variance reduction[C]. International Conference on Machine Learning, 2018: 941–949.

[69] CHEN J, MA T, XIAO C. Fastgcn: fast learning with graph convolutional networks via importance sampling[J]. arXiv preprint arXiv:1801.10247, 2018.

[70] HUANG W, ZHANG T, RONG Y, et al. Adaptive sampling towards fast graph representation learning[C]. Advances in Neural Information Processing Systems, 2018: 4558–4567.

[71] ZHANG Y, XIONG Y, KONG X, et al. Deep collective classification in heterogeneous information networks[C]. Proceedings of the 2018 World Wide Web Conference, 2018: 399–408.

[72] WANG X, JI H, SHI C, et al. Heterogeneous graph attention network[C]. The World Wide Web Conference, 2019: 2022–2032.

[73] CHEN X, YU G, WANG J, et al. Activehne: Active heterogeneous network embedding[J]. arXiv preprint arXiv:1905.05659, 2019.

[74] MA Y, WANG S, AGGARWAL C C, et al. Multi-dimensional graph convolutional networks[C]// Proceedings of the 2019 SIAM International Conference on Data Mining: SIAM, 2019: 657–665.

[75] DERR T, MA Y, TANG J. Signed graph convolutional networks[C]// 2018 IEEE International Conference on Data Mining (ICDM): IEEE, 2018: 929–934.

[76] FENG Y, YOU H, ZHANG Z, et al. Hypergraph neural networks[C]. Proceedings of the AAAI Conference on Artificial Intelligence, 2019, 33: 3558–3565.

[77] YADATI N, NIMISHAKAVI M, YADAV P, et al. Hypergcn: A new method for training graph convolutional networks on hypergraphs[C]. Advances in Neural Information Processing Systems, 2019: 1509–1520.

[78] PAREJA A, DOMENICONI G, CHEN J, et al. Evolvegcn: Evolving graph convolutional networks for dynamic graphs[J]. arXiv preprint arXiv:1902.10191, 2019.

[79] WANG D, CUI P, ZHU W. Structural deep network embedding[C]// ACM. Proceedings of the 22nd ACM SIGKDD international conference on Knowledge discovery and data mining: ACM, 2016: 1225–1234.

[80] CAO S, LU W, XU Q. Deep neural networks for learning graph representations[C]. Thirtieth AAAI conference on artificial intelligence, 2016.

[81] KIPF T N, WELLING M. Variational graph auto-encoders[J]. arXiv preprint arXiv: 1611.07308, 2016.

[82] TAI K S, SOCHER R, MANNING C D. Improved semantic representations from tree-structured long short-term memory networks[J]. arXiv preprint arXiv:1503.00075, 2015.

[83] LIANG X, SHEN X, FENG J, et al. Semantic object parsing with graph lstm[C]// Springer. European Conference on Computer Vision: Springer, 2016: 125–143.

[84] WANG H, WANG J, WANG J, et al. Graphgan: Graph representation learning with generative adversarial nets[C]. Thirty-Second AAAI Conference on Artificial Intelligence, 2018.

[85] LIU H, MOTODA H. Feature selection for knowledge discovery and data mining [M]. Bosten, MA: Springer Science & Business Media, 2012.

[86] LIU H, MOTODA H. Computational methods of feature selection[M]. New York: CRC Press, 2007.

[87] TANG J, ALELYANI S, LIU H. Feature selection for classification: A review[J]. Data classification: Algorithms and applications, 2014a, 37.

[88] LI J, CHENG K, WANG S, et al. Feature selection: A data perspective[J]. ACM Computing Surveys (CSUR), 2017, 50(6): 1–45.

[89] GOODFELLOW I, BENGIO Y, COURVILLE A. Deep learning[M]. Cambridge, MA: The MIT Press, 2016.

[90] AGGARWAL C C. Neural networks and deep learning[J]. Cham: Springer, 2018, 10.

[91] YU D, DENG L. Automatic speech Recognition[M]. London: Springer, 2016.

[92] KAMATH U, LIU J, WHITAKER J. Deep learning for nlp and speech recognition [M]. Cham: Springer, 2019.

[93] DENG L, LIU Y. Deep learning in natural language processing[M]. Singapore: Springer, 2018.

[94] BONCHEV D. Chemical graph theory: introduction and fundamentals [M]. London: CRC Press, 1991.

[95] BANARESCU L, BONIAL C, CAI S, et al. Abstract meaning representation for sembanking[C]. Proceedings of the 7th Linguistic Annotation Workshop and Interoperability with Discourse, 2013: 178–186.

[96] CHUNG F R, GRAHAM F C. Spectral graph theory[M]. Providence: American Mathematical Soc., 1997.

[97] SHUMAN D I, NARANG S K, FROSSARD P, et al. The emerging field of signal processing on graphs: Extending high-dimensional data analysis to networks and other irregular domains[J]. IEEE signal processing magazine, 2013, 30(3): 83–98.

[98] BONACICH P. Factoring and weighting approaches to status scores and clique identification[J]. Journal of mathematical sociology, 1972, 2(1): 113–120.

[99] BONACICH P. Some unique properties of eigenvector centrality[J]. Social networks, 2007, 29(4): 555–564.

[100] PERRON O. Zur theorie der matrices[J]. Mathematische Annalen, 1907, 64(2): 248–263.

[101] FROBENIUS G, FROBENIUS F G, FROBENIUS F G, et al. Über matrizen aus nicht negativen elementen[M]. Beilin: Königliche Akademie der Wissenschaften Sitzungsber, Kön, 1912.

[102] PILLAI S U, SUEL T, CHA S. The perron-frobenius theorem: some of its applications[J]. IEEE Signal Processing Magazine, 2005, 22(2): 62–75.

[103] BRACEWELL R N. The Fourier transform and its applications[M]. New York: McGraw-Hill, 1978.

[104] TANG L, LIU H. Relational learning via latent social dimensions[C]// ACM. Proceedings of the 15th ACM SIGKDD international conference on Knowledge discovery and data mining: ACM, 2009: 817–826.

[105] ADAMIC L A, ADAR E. Friends and neighbors on the web[J]. Social networks, 2003, 25(3): 211–230.

[106] NICKEL M, MURPHY K, TRESP V, et al. A review of relational machine learning for knowledge graphs[J]. Proceedings of the IEEE, 2015, 104(1): 11–33.

[107] BERLUSCONI G, CALDERONI F, PAROLINI N, et al. Link prediction in criminal networks: A tool for criminal intelligence analysis[J]. PloS one, 2016, 11(4): e0154244.

[108] YANG J, LESKOVEC J. Defining and evaluating network communities based on ground-truth[J]. Knowledge and Information Systems, 2015, 42(1): 181–213.

[109] BONDY J A, MURTY U S R. Graph theory with applications[M]. London: Macmillan Press, 1976.

[110] NEWMAN M. Networks: An Introduction[M]. Oxford: Oxford university press, 2010.

[111] BORGATTI S P, MEHRA A, BRASS D J, et al. Network analysis in the social sciences[J]. science, 2009, 323(5916): 892–895.

[112] NASTASE V, MIHALCEA R, RADEV D R. A survey of graphs in natural language processing[J]. Natural Language Engineering, 2015, 21(5): 665–698.

[113] TRINAJSTIC N. Chemical graph theory[M]. London: Routledge, 2018.

[114] LESKOVEC J, KREVL A. SNAP Datasets: Stanford Large Network Dataset Collection[M]. Stanford: Stanford University, 2014.

[115] ROSSI R A, AHMED N K. The network data repository with interactive graph analytics and visualization[C/OL]. Proceedings of the Twenty-Ninth AAAI Conference on Artificial Intelligence, 2015. http://networkrepository.com.

[116] HAGBERG A, SWART P, S CHULT D. Exploring network structure, dynamics, and function using NetworkX[R], 2008.

[117] PEIXOTO T P. The graph-tool python library[J/OL]. figshare, 2014. http://figshare.com/articles/graph_tool/1164194. DOI: 10.6084/m9.figshare.1164194.

[118] LESKOVEC J, SOSIČ R. Snap: A general-purpose network analysis and graph-mining library[J]. ACM Transactions on Intelligent Systems and Technology (TIST), 2016, 8(1): 1.

[119] MCCULLOCH W S, PITTS W. A logical calculus of the ideas immanent in nervous activity[J]. The bulletin of mathematical biophysics, 1943, 5(4): 115–133.

[120] ROSENBLATT F. The perceptron: a probabilistic model for information storage and organization in the brain.[J]. Psychological review, 1958, 65(6): 386.

[121] WERBOS P J. The roots of backpropagation: from ordered derivatives to neural networks and political forecasting: volume 1[M]. New York: John Wiley & Sons, 1994.

[122] RUMELHART D E, HINTON G E, WILLIAMS R J. Learning representations by back-propagating errors[J]. Nature, 1986, 323(6088): 533–536.

[123] LE CUN Y, FOGELMAN-SOULIÉ F. Modèles connexionnistes de l'apprentissage[J]. Intellectica, 1987, 2(1): 114–143.

[124] KRIZHEVSKY A, SUTSKEVER I, HINTON G E. Imagenet classification with deep convolutional neural networks[C]. Advances in neural information processing systems, 2012: 1097–1105.

[125] HE K, ZHANG X, REN S, et al. Deep residual learning for image recognition[C]. Proceedings of the IEEE conference on computer vision and pattern recognition, 2016: 770–778.

[126] DAHL G, RANZATO M, MOHAMED A R, et al. Phone recognition with the mean-covariance restricted boltzmann machine[C]. Advances in neural information processing systems, 2010: 469–477.

[127] DENG L, SELTZER M L, YU D, et al. Binary coding of speech spectrograms using a deep auto-encoder[C]. Eleventh Annual Conference of the International Speech Communication Association, 2010.

[128] SEIDE F, LI G, YU D. Conversational speech transcription using context-dependent deep neural networks[C]. Twelfth annual conference of the international speech communication association, 2011.

[129] HOCHREITER S, SCHMIDHUBER J. Long short-term memory[J]. Neural computation, 1997, 9(8): 1735–1780.

[130] SUTSKEVER I, VINYALS O, LE Q. Sequence to sequence learning with neural networks[J]. Advances in NIPS, 2014.

[131] BAHDANAU D, CHO K, BENGIO Y. Neural machine translation by jointly learning to align and translate[J]. arXiv preprint arXiv:1409.0473, 2014.

[132] VINYALS O, LE Q. A neural conversational model[J]. arXiv preprint arXiv:1506.05869, 2015.

[133] MAAS A L, HANNUN A Y, NG A Y. Rectifier nonlinearities improve neural network acoustic models[C]// ICML Workshop on Deep Learning for Audio, Speech and Language Processing: Citeseer, 2013.

[134] WIDDER D V, HIRSCHMAN I I. The Convolution Transform[M]. London: Princeton University Press, 2015.

[135] CHO K, VAN MERRIËNBOER B, GULCEHRE C, et al. Learning phrase representations using rnn encoder-decoder for statistical machine translation[J]. arXiv preprint arXiv:1406.1078, 2014a.

[136] OLSHAUSEN B A, FIELD D J. Sparse coding with an overcomplete basis set: A strategy employed by v1?[J]. Vision research, 1997, 37(23): 3311–3325.

[137] NG A, et al. Sparse Autoencoder.

[138] CAUCHY A. Méthode générale pour la résolution des systemes d'équations simultanées[M]. Pairs: C R Acad Sci, 1847.

[139] DUCHI J, HAZAN E, SINGER Y. Adaptive subgradient methods for online learning and stochastic optimization[J]. Journal of Machine Learning Research, 2011, 12: 2121–2159.

[140] ZEILER M D. Adadelta: an adaptive learning rate method[J]. arXiv preprint arXiv: 1212.5701, 2012.

[141] KINGMA D P, BA J. Adam: A method for stochastic optimization[J]. arXiv preprint arXiv:1412.6980, 2014.

[142] SRIVASTAVA N, HINTON G, KRIZHEVSKY A, et al. Dropout: a simple way to prevent neural networks from overfitting[J]. The journal of machine learning research, 2014, 15(1): 1929–1958.

[143] IOFFE S, SZEGEDY C. Batch normalization: Accelerating deep network training by reducing internal covariate shift[J]. arXiv preprint arXiv:1502.03167, 2015.

[144] HOFFMAN K, KUNZE R. Linear algebra[J]. Englewood Cliffs, New Jersey, 1971.

[145] FELLER W. An introduction to probability theory and its applications[J]. AITP, 1957.

[146] BOYD S, BOYD S P, VANDENBERGHE L. Convex optimization[M]. Cambridge: Cambridge University Press, 2004.

[147] BISHOP C M. Pattern recognition and machine learning[M]. Singapor: Springer, 2006.

[148] ABADI M, AGARWAL A, BARHAM P, et al. TensorFlow: Large-Scale Machine Learning on Heterogeneous Systems[M/OL]. 2015. https://www.tensorflow.org/.

[149] PASZKE A, GROSS S, CHINTALA S, et al. Automatic differentiation in PyTorch[J]. NIPS, 2017.

[150] FOUSS F, PIROTTE A, RENDERS J M, et al. Random-walk computation of similarities between nodes of a graph with application to collaborative recommendation[J]. IEEE Transactions on knowledge and data engineering, 2007, 19(3): 355–369.

[151] ANDERSEN R, CHUNG F, LANG K. Local graph partitioning using pagerank vectors[C]// IEEE. 2006 47th Annual IEEE Symposium on Foundations of Computer Science (FOCS'06): IEEE, 2006: 475–486.

[152] GUTMANN M U, HYVÄRINEN A. Noise-contrastive estimation of unnormalized statistical models, with applications to natural image statistics[J]. Journal of Machine Learning Research, 2012, 13(Feb): 307–361.

[153] SAILER L D. Structural equivalence: Meaning and definition, computation and application[J]. Social Networks, 1978, 1(1): 73–90.

[154] SALVADOR S, CHAN P. Toward accurate dynamic time warping in linear time and space[J]. Intelligent Data Analysis, 2007, 11(5): 561–580.

[155] NEWMAN M E. Modularity and community structure in networks[J]. Proceedings of the national academy of sciences, 2006, 103(23): 8577–8582.

[156] LI Y, SHA C, HUANG X, et al. Community detection in attributed graphs: An embedding approach[C]. Thirty-Second AAAI Conference on Artificial Intelligence, 2018.

[157] CYGAN M, PILIPCZUK M, PILIPCZUK M, et al. Sitting closer to friends than enemies, revisited[C]// International Symposium on Mathematical Foundations of Computer Science: Springer, 2012: 296–307.

[158] TANG J, HU X, LIU H. Is distrust the negation of trust? the value of distrust in social media[C]. Proceedings of the 25th ACM conference on Hypertext and social media, 2014: 148–157.

[159] ROSSI R A, AHMED N K, KOH E, et al. Hone: higher-order network embeddings[J]. arXiv preprint arXiv:1801.09303, 2018.

[160] BOURIGAULT S, LAGNIER C, LAMPRIER S, et al. Learning social network embeddings for predicting information diffusion[C]. Proceedings of the 7th ACM international conference on Web search and data mining, 2014: 393–402.

[161] CHEN T, SUN Y. Task-guided and path-augmented heterogeneous network embedding for author identification[C]. Proceedings of the Tenth ACM International Conference on Web Search and Data Mining, 2017: 295–304.

[162] SHI C, HU B, ZHAO W X, et al. Heterogeneous information network embedding for recommendation[J]. IEEE Transactions on Knowledge and Data Engineering, 2018, 31(2): 357–370.

[163] WANG Y, JIAO P, WANG W, et al. Bipartite network embedding via effective integration of explicit and implicit relations[C]// Springer. International Conference on Database Systems for Advanced Applications: Springer, 2019: 435–451.

[164] HE C, XIE T, RONG Y, et al. Bipartite graph neural networks for efficient node representation learning[J]. arXiv preprint arXiv:1906.11994, 2019.

[165] SHI Y, HAN F, HE X, et al. mvn2vec: Preservation and collaboration in multi-view network embedding[J]. arXiv preprint arXiv:1801.06597, 2018.

[166] YUAN S, WU X, XIANG Y. Sne: signed network embedding[C]// Springer. Pacific-Asia conference on knowledge discovery and data mining: Springer, 2017: 183–195.

[167] WANG S, AGGARWAL C, TANG J, et al. Attributed signed network embedding[C]. Proceedings of the 2017 ACM on Conference on Information and Knowledge Management, 2017: 137–146.

[168] BAYTAS I M, XIAO C, WANG F, et al. Heterogeneous hyper-network embedding[C]// IEEE. 2018 IEEE International Conference on Data Mining (ICDM): IEEE, 2018: 875–880.

[169] ZHOU L, YANG Y, REN X, et al. Dynamic network embedding by modeling triadic closure process[C]. Thirty-Second AAAI Conference on Artificial Intelligence, 2018.

[170] HAMILTON W L, YING R, LESKOVEC J. Representation learning on graphs: Methods and applications[J]. arXiv preprint arXiv:1709.05584, 2017.

[171] GOYAL P, FERRARA E. Graph embedding techniques, applications, and performance: A survey[J]. Knowledge-Based Systems, 2018, 151: 78–94.

[172] CAI H, ZHENG V W, CHANG K C C. A comprehensive survey of graph embedding: Problems, techniques, and applications[J]. IEEE Transactions on Knowledge and Data Engineering, 2018, 30(9): 1616–1637.

[173] CUI P, WANG X, PEI J, et al. A survey on network embedding[J]. IEEE Transactions on Knowledge and Data Engineering, 2018, 31(5): 833–852.

[174] SCARSELLI F, GORI M, TSOI A C, et al. The graph neural network model[J]. IEEE Transactions on Neural Networks, 2008, 20(1): 61–80.

[175] VASWANI A, SHAZEER N, PARMAR N, et al. Attention is all you need[C]. Advances in neural information processing systems, 2017: 5998–6008.

[176] SIMONOVSKY M, KOMODAKIS N. Dynamic edge-conditioned filters in convolutional neural networks on graphs[C]. Proceedings of the IEEE conference on computer vision and pattern recognition, 2017: 3693–3702.

[177] LEE J, LEE I, KANG J. Self-attention graph pooling[C/OL]// CHAUDHURI K, SALAKHUTDINOV R. Proceedings of the 36th International Conference on Machine Learning, 2019, 97: 3734–3743. http://proceedings.mlr.press/v97/lee19c.html.

[178] YANARDAG P, VISHWANATHAN S. Deep graph kernels[C]. Proceedings of the 21th ACM SIGKDD International Conference on Knowledge Discovery and Data Mining, 2015: 1365–1374.

[179] LEE J B, ROSSI R, KONG X. Graph classification using structural attention[C]. Proceedings of the 24th ACM SIGKDD International Conference on Knowledge Discovery & Data Mining, 2018: 1666–1674.

[180] LI R, WANG S, ZHU F, et al. Adaptive graph convolutional neural networks[C]. Thirty-Second AAAI Conference on Artificial Intelligence, 2018.

[181] GAO H, WANG Z, JI S. Large-scale learnable graph convolutional networks[C]. Proceedings of the 24th ACM SIGKDD International Conference on Knowledge Discovery & Data Mining, 2018: 1416–1424.

[182] ZHANG J, SHI X, XIE J, et al. Gaan: Gated attention networks for learning on large and spatiotemporal graphs[J]. arXiv preprint arXiv:1803.07294, 2018.

[183] LIU Z, CHEN C, LI L, et al. Geniepath: Graph neural networks with adaptive receptive paths[C]. Proceedings of the AAAI Conference on Artificial Intelligence, 2019, 33: 4424–4431.

[184] VELICKOVIC P, FEDUS W, HAMILTON W L, et al. Deep graph infomax.[C]. ICLR (Poster), 2019.

[185] MORRIS C, RITZERT M, FEY M, et al. Weisfeiler and leman go neural: Higher-order graph neural networks[C]. Proceedings of the AAAI Conference on Artificial Intelligence, 2019, 33: 4602–4609.

[186] GAO H, WANG Z, JI S. Kronecker attention networks[C]. Proceedings of the 26th ACM SIGKDD International Conference on Knowledge Discovery & Data Mining, 2020: 229–237.

[187] YUAN H, JI S. Structpool: Structured graph pooling via conditional random fields[C]. International Conference on Learning Representations, 2019.

[188] ZHOU J, CUI G, ZHANG Z, et al. Graph neural networks: A review of methods and applications[J]. arXiv preprint arXiv:1812.08434, 2018.

[189] WU Z, PAN S, CHEN F, et al. A comprehensive survey on graph neural networks[J]. IEEE Transactions on Neural Networks and Learning Systems, 2020.

[190] ZHANG Y, QI P, MANNING C D. Graph convolution over pruned dependency trees improves relation extraction[C]. Proceedings of the 2018 Conference on Empirical Methods in Natural Language Processing, 2018: 2205–2215.

[191] FEY M, LENSSEN J E. Fast graph representation learning with PyTorch Geometric[C]. ICLR Workshop on Representation Learning on Graphs and Manifolds, 2019.

[192] WANG M, YU L, ZHENG D, et al. Deep graph library: Towards efficient and scalable deep learning on graphs[J]. arXiv preprint arXiv:1909.01315, 2019.

[193] GOODFELLOW I J, SHLENS J, SZEGEDY C. Explaining and harnessing adversarial examples[J]. arXiv preprint arXiv:1412.6572, 2014.

[194] XU H, MA Y, LIU H, et al. Adversarial attacks and defenses in images, graphs and text: A review[J]. arXiv preprint arXiv:1909.08072, 2019.

[195] XU K, CHEN H, LIU S, et al. Topology attack and defense for graph neural networks: An optimization perspective[C/OL]// KRAUS S. Proceedings of the Twenty-Eighth International Joint Conference on Artificial Intelligence, 2019: 3961–3967. https://doi.org/10.24963/ijcai.2019/550. DOI: 10.24963/ijcai.2019/550.

[196] CARLINI N, WAGNER D. Towards evaluating the robustness of neural networks[C]// 2017 IEEE symposium on security and privacy (sp): IEEE, 2017: 39–57.

[197] WU H, WANG C, TYSHETSKIY Y, et al. Adversarial examples for graph data: Deep insights into attack and defense[C/OL]// KRAUS S. Proceedings of the Twenty-Eighth International Joint Conference on Artificial Intelligence, 2019: 4816–4823. https://doi.org/10.24963/ijcai.2019/669. DOI: 10.24963/ijcai.2019/669.

[198] SUNDARARAJAN M, TALY A, YAN Q. Axiomatic attribution for deep networks[C]// JMLR. org. Proceedings of the 34th International Conference on Machine Learning-Volume 70: JMLR. org, 2017: 3319–3328.

[199] SUTTON R S, MCALLESTER D A, SINGH S P, et al. Policy gradient methods for reinforcement learning with function approximation[C]. Advances in neural information processing systems, 2000: 1057–1063.

[200] FENG F, HE X, TANG J, et al. Graph adversarial training: Dynamically regularizing based on graph structure[J]. IEEE Transactions on Knowledge and Data Engineering, 2019.

[201] JOYCE J M. Kullback-Leibler Divergence.[M]. Berlin: Springer, 2011.

[202] JIN H, ZHANG X. Latent adversarial training of graph convolution networks[C]. ICML, 2019.

[203] JIN W, LI Y, XU H, et al. Adversarial attacks and defenses on graphs: A review and empirical study[J]. arXiv preprint arXiv:2003.00653, 2020.

[204] TAN P N, STEINBACH M, KUMAR V. Introduction to data mining[M]. NJ: Pearson Education India, 2016.

[205] ENTEZARI N, AL-SAYOURI S A, DARVISHZADEH A, et al. All you need is low (rank) defending against adversarial attacks on graphs[C]. Proceedings of the 13th International Conference on Web Search and Data Mining, 2020: 169–177.

[206] FINN C, ABBEEL P, LEVINE S. Model-agnostic meta-learning for fast adaptation of deep networks[C]// JMLR. org. Proceedings of the 34th International Conference on Machine Learning, JMLR, 2017, 70: 1126–1135.

[207] LI Y, JIN W, XU H, et al. Deeprobust: A pytorch library for adversarial attacks and defenses[J]. arXiv preprint arXiv:2005.06149, 2020.

[208] YUAN X, HE P, ZHU Q, et al. Adversarial examples: Attacks and defenses for deep learning[J]. IEEE transactions on neural networks and learning systems, 2019, 30(9): 2805–2824.

[209] REN K, ZHENG T, QIN Z, et al. Adversarial attacks and defenses in deep learning[J]. Engineering, 2020.

[210] ZHANG W E, SHENG Q Z, ALHAZMI A, et al. Adversarial attacks on deep-learning models in natural language processing: A survey[J]. ACM Transactions on Intelligent Systems and Technology (TIST), 2020, 11(3): 1–41.

[211] OWEN A B. Monte Carlo theory, methods and examples[M]. Cham: Springer, 2013.

[212] CHIANG W L, LIU X, SI S, et al. Cluster-gcn: An efficient algorithm for training deep and large graph convolutional networks[C]. Proceedings of the 25th ACM SIGKDD International Conference on Knowledge Discovery & Data Mining, 2019: 257–266.

[213] ZENG H, ZHOU H, SRIVASTAVA A, et al. Graphsaint: Graph sampling based inductive learning method[J]. arXiv preprint arXiv:1907.04931, 2019.

[214] KARYPIS G, KUMAR V. A fast and high quality multilevel scheme for partitioning irregular graphs[J]. SIAM Journal on scientific Computing, 1998, 20(1): 359–392.

[215] DHILLON I S, GUAN Y, KULIS B. Weighted graph cuts without eigenvectors a multilevel approach[J]. IEEE transactions on pattern analysis and machine intelligence, 2007, 29(11): 1944–1957.

[216] YING R, HE R, CHEN K, et al. Graph convolutional neural networks for web-scale recommender systems[C]. Proceedings of the 24th ACM SIGKDD International Conference on Knowledge Discovery & Data Mining, 2018: 974–983.

[217] WEBER M, DOMENICONI G, CHEN J, et al. Anti-money laundering in bitcoin: Experimenting with graph convolutional networks for financial forensics[J]. arXiv preprint arXiv:1908.02591, 2019.

[218] MA L, YANG Z, MIAO Y, et al. Towards efficient large-scale graph neural network computing[J]. arXiv preprint arXiv:1810.08403, 2018.

[219] ZHU R, ZHAO K, YANG H, et al. Aligraph: A comprehensive graph neural network platform[J]. arXiv preprint arXiv:1902.08730, 2019.

[220] MA L, YANG Z, MIAO Y, et al. Neugraph: parallel deep neural network computation on large graphs[C]. 2019 {USENIX} Annual Technical Conference ({USENIX}{ATC} 19), 2019: 443–458.

[221] HEIDER F. Attitudes and cognitive organization[J]. The Journal of psychology, 1946, 21(1): 107–112.

[222] CARTWRIGHT D, HARARY F. Structural balance: a generalization of heider's theory.[J]. Psychological review, 1956, 63(5): 277.

[223] KUNEGIS J, LOMMATZSCH A, BAUCKHAGE C. The slashdot zoo: mining a social network with negative edges[C]// ACM. Proceedings of the 18th international conference on World wide web, 2009: 741–750.

[224] LESKOVEC J, HUTTENLOCHER D, KLEINBERG J. Predicting positive and negative links in online social networks[C]// Proceedings of the 19th international conference on World wide web, 2010: 641–650.

[225] TANG J, CHANG Y, AGGARWAL C, et al. A survey of signed network mining in social media[J]. ACM Computing Surveys (CSUR), 2016, 49(3): 1–37.

[226] LI Y, TIAN Y, ZHANG J, et al. Learning signed network embedding via graph attention[C]. Proceedings of the Thirty-Fourth AAAI Conference on Artificial Intelligence, 2020.

[227] CHAN T H H, LOUIS A, TANG Z G, et al. Spectral properties of hypergraph laplacian and approximation algorithms[J]. Journal of the ACM (JACM), 2018, 65(3): 15.

[228] CHAN T H H, LIANG Z. Generalizing the hypergraph laplacian via a diffusion process with mediators[J]. Theoretical Computer Science, 2019.

[229] ZHANG C, SONG D, HUANG C, et al. Heterogeneous graph neural network[C]. Proceedings of the 25th ACM SIGKDD International Conference on Knowledge Discovery & Data Mining, 2019: 793–803.

[230] Sankar A, Wu Y, Gou L, et al. Dynamic graph representation learning via self-attention networks[J]. arXiv preprint arXiv:1812.09430, 2018.

[231] BAI S, ZHANG F, TORR P H. Hypergraph convolution and hypergraph attention[J]. arXiv preprint arXiv:1901.08150, 2019.

[232] JIANG J, WEI Y, FENG Y, et al. Dynamic hypergraph neural networks.[C]. IJCAI, 2019: 2635–2641.

[233] MA Y, GUO Z, REN Z, et al. Streaming graph neural networks[C]. Proceedings of the 43rd International ACM SIGIR Conference on Research and Development in Information Retrieval, 2020: 719–728.

[234] PAN S, HU R, LONG G, et al. Adversarially regularized graph autoencoder for graph embedding[J]. arXiv preprint arXiv:1802.04407, 2018.

[235] SIMONOVSKY M, KOMODAKIS N. Graphvae: Towards generation of small graphs using variational autoencoders[C]// International Conference on Artificial Neural Networks, Springer, 2018: 412–422.

[236] DE CAO N, KIPF T. Molgan: An implicit generative model for small molecular graphs[J]. arXiv preprint arXiv:1805.11973, 2018.

[237] KINGMA D P, WELLING M. Auto-encoding variational bayes[J]. arXiv preprint arXiv:1312.6114, 2013.

[238] CHO M, SUN J, DUCHENNE O, et al. Finding matches in a haystack: A max-pooling strategy for graph matching in the presence of outliers[C]. Proceedings of the IEEE Conference on Computer Vision and Pattern Recognition, 2014: 2083–2090.

[239] GOODFELLOW I, POUGET-ABADIE J, MIRZA M, et al. Generative adversarial nets[C]. Advances in neural information processing systems, 2014: 2672–2680.

[240] MORIN F, BENGIO Y. Hierarchical probabilistic neural network language model. [C]// Citeseer, 2005, 5: 246–252.

[241] JIN W, BARZILAY R, JAAKKOLA T. Junction tree variational autoencoder for molecular graph generation[J]. arXiv preprint arXiv:1802.04364, 2018.

[242] MA T, CHEN J, XIAO C. Constrained generation of semantically valid graphs via regularizing variational autoencoders[C]. Advances in Neural Information Processing Systems, 2018: 7113–7124.

[243] YOU J, LIU B, YING Z, et al. Graph convolutional policy network for goal-directed molecular graph generation[C]. Advances in neural information processing systems, 2018: 6410–6421.

[244] YOU J, YING R, REN X, et al. Graphrnn: Generating realistic graphs with deep auto-regressive models[J]. arXiv preprint arXiv:1802.08773, 2018.

[245] LIAO R, LI Y, SONG Y, et al. Efficient graph generation with graph recurrent attention networks[C]. Advances in Neural Information Processing Systems, 2019: 4255–4265.

[246] JURAFSKY D, MARTIN J H. Speech and Language Processing: An Introduction to Natural Language Processing, Computational Linguistics, and Speech Recognition[M]. Upper Saddle River, NJ: Prentice Hall, 2000.

[247] MARCHEGGIANI D, TITOV I. Encoding sentences with graph convolutional networks for semantic role labeling[C]. Proceedings of the 2017 Conference on Empirical Methods in Natural Language Processing, 2017: 1506–1515.

[248] DE CAO N, AZIZ W, TITOV I. Question answering by reasoning across documents with graph convolutional networks[C]. Proceedings of the 2019 Conference of the North

American Chapter of the Association for Computational Linguistics: Human Language Technologies, 2019: 2306–2317.

[249] CAO Y, FANG M, TAO D. Bag: Bi-directional attention entity graph convolutional network for multi-hop reasoning question answering[C]. Proceedings of the 2019 Conference of the North American Chapter of the Association for Computational Linguistics, 2019: 357–362.

[250] SONG L, WANG Z, YU M, et al. Exploring graph-structured passage representation for multi-hop reading comprehension with graph neural networks[J]. arXiv preprint arXiv:1809.02040, 2018.

[251] TU M, WANG G, HUANG J, et al. Multi-hop reading comprehension across multiple documents by reasoning over heterogeneous graphs[C]. Proceedings of the 57th Annual Meeting of the Association for Computational Linguistics, 2019: 2704–2713.

[252] FU T J, LI P H, MA W Y. Graphrel: Modeling text as relational graphs for joint entity and relation extraction[C]. Proceedings of the 57th Annual Meeting of the Association for Computational Linguistics, 2019: 1409–1418.

[253] GUO Z, ZHANG Y, LU W. Attention guided graph convolutional networks for relation extraction[J]. arXiv preprint arXiv:1906.07510, 2019.

[254] ZHU H, LIN Y, LIU Z, et al. Graph neural networks with generated parameters for relation extraction[J]. arXiv preprint arXiv:1902.00756, 2019.

[255] SAHU S K, CHRISTOPOULOU F, MIWA M, et al. Inter-sentence relation extraction with document-level graph convolutional neural network[J]. arXiv preprint arXiv: 1906.04684, 2019.

[256] SUN C, GONG Y, WU Y, et al. Joint type inference on entities and relations via graph convolutional networks[C]. Proceedings of the 57th Annual Meeting of the Association for Computational Linguistics, 2019: 1361–1370.

[257] ZHANG N, DENG S, SUN Z, et al. Long-tail relation extraction via knowledge graph embeddings and graph convolution networks[J]. arXiv preprint arXiv: 1903.01306, 2019.

[258] MARCHEGGIANI D, BASTINGS J, TITOV I. Exploiting semantics in neural machine translation with graph convolutional networks[C]. Proceedings of the 2018 Conference of the North American Chapter of the Association for Computational Linguistics: Human Language Technologies, 2018: 486–492.

[259] BECK D, HAFFARI G, COHN T. Graph-to-sequence learning using gated graph neural networks[C]. Proceedings of the 56th Annual Meeting of the Association for Computational Linguistics, 2018: 273–283.

[260] COHEN M D S B. Structural neural encoders for amr-to-text generation[C]. Proceedings of NAACL-HLT, 2019: 3649–3658.

[261] SONG L, ZHANG Y, WANG Z, et al. A graph-to-sequence model for amr-to-text generation[J]. arXiv preprint arXiv:1805.02473, 2018.

[262] XU K, WU L, WANG Z, et al. Graph2seq: Graph to sequence learning with attention-based neural networks[J]. arXiv preprint arXiv:1804.00823, 2018.

[263] HAMAGUCHI T, OIWA H, SHIMBO M, et al. Knowledge transfer for out-of-knowledge-base entities: a graph neural network approach[C]// Proceedings of the 26th International Joint Conference on Artificial Intelligence: AAAI Press, 2017: 1802–1808.

[264] SCHLICHTKRULL M, KIPF T N, BLOEM P, et al. Modeling relational data with graph convolutional networks[C]// European Semantic Web Conference: Springer, 2018: 593–607.

[265] NATHANI D, CHAUHAN J, SHARMA C, et al. Learning attention-based embeddings for relation prediction in knowledge graphs[C]. Proceedings of the 57th Annual Meeting of the Association for Computational Linguistics, 2019: 4710–4723.

[266] SHANG C, TANG Y, HUANG J, et al. End-to-end structure-aware convolutional networks for knowledge base completion[C]. Proceedings of the AAAI Conference on Artificial Intelligence, 2019, 33: 3060–3067.

[267] WANG H, ZHAO M, XIE X, et al. Knowledge graph convolutional networks for recommender systems[C]// The World Wide Web Conference: ACM, 2019: 3307–3313.

[268] XU B, SHEN H, CAO Q, et al. Graph wavelet neural network[J]. arXiv preprint arXiv:1904.07785, 2019.

[269] GOLDBERG Y. A primer on neural network models for natural language processing[J]. Journal of Artificial Intelligence Research, 2016, 57: 345–420.

[270] BASTINGS J, TITOV I, AZIZ W, et al. Graph convolutional encoders for syntax-aware neural machine translation[J]. arXiv preprint arXiv:1704.04675, 2017.

[271] WELBL J, STENETORP P, RIEDEL S. Constructing datasets for multi-hop reading comprehension across documents[J]. Transactions of the Association for Computational Linguistics, 2018, 6: 287–302.

[272] LEE K, HE L, LEWIS M, et al. End-to-end neural coreference resolution[J]. arXiv preprint arXiv:1707.07045, 2017.

[273] PETERS M E, NEUMANN M, IYYER M, et al. Deep contextualized word representations[J]. arXiv preprint arXiv:1802.05365, 2018.

[274] SONG L, PENG X, ZHANG Y, et al. Amr-to-text generation with synchronous node replacement grammar[J]. arXiv preprint arXiv:1702.00500, 2017.

[275] WANG P, HAN J, LI C, et al. Logic attention based neighborhood aggregation for

inductive knowledge graph embedding[C]. Proceedings of the AAAI Conference on Artificial Intelligence, 2019, 33: 7152–7159.

[276] PARK N, KAN A, DONG X L, et al. Estimating node importance in knowledge graphs using graph neural networks[C]. Proceedings of the 25th ACM SIGKDD International Conference on Knowledge Discovery & Data Mining, 2019: 596–606.

[277] ZHANG F, LIU X, TANG J, et al. Oag: Toward linking large-scale heterogeneous entity graphs[C]. Proceedings of the 25th ACM SIGKDD International Conference on Knowledge Discovery & Data Mining, 2019: 2585–2595.

[278] WANG Z, LV Q, LAN X, et al. Cross-lingual knowledge graph alignment via graph convolutional networks[C]. Proceedings of the 2018 Conference on Empirical Methods in Natural Language Processing, 2018: 349–357.

[279] VASHISHTH S, SANYAL S, NITIN V, et al. Composition-based multi-relational graph convolutional networks[J]. arXiv preprint arXiv:1911.03082, 2019.

[280] YANG B, YIH W T, HE X, et al. Learning multi-relational semantics using neural-embedding models[J]. arXiv preprint arXiv:1411.4072, 2014.

[281] MIWA M, BANSAL M. End-to-end relation extraction using lstms on sequences and tree structures[J]. arXiv preprint arXiv:1601.00770, 2016.

[282] SONG L, ZHANG Y, WANG Z, et al. N-ary relation extraction using graph state lstm[J]. arXiv preprint arXiv:1808.09101, 2018.

[283] MISHRA P, DEL TREDICI M, YANNAKOUDAKIS H, et al. Abusive language detection with graph convolutional networks[C]. Proceedings of the 2019 Conference of the North American Chapter of the Association for Computational Linguistics: Human Language Technologies, 2019: 2145–2150.

[284] FERNANDES P, ALLAMANIS M, BROCKSCHMIDT M. Structured neural summarization[J]. arXiv preprint arXiv:1811.01824, 2018.

[285] YAO L, MAO C, LUO Y. Graph convolutional networks for text classification[C]. Proceedings of the AAAI Conference on Artificial Intelligence, 2019, 33: 7370–7377.

[286] DEVLIN J, CHANG M W, LEE K, et al. Bert: Pre-training of deep bidirectional transformers for language understanding[J]. arXiv preprint arXiv:1810.04805, 2018.

[287] WANG X, YE Y, GUPTA A. Zero-shot recognition via semantic embeddings and knowledge graphs[C]. Proceedings of the IEEE Conference on Computer Vision and Pattern Recognition, 2018: 6857–6866.

[288] CHEN Z M, WEI X S, WANG P, et al. Multi-label image recognition with graph convolutional networks[C]. Proceedings of the IEEE Conference on Computer Vision and Pattern Recognition, 2019: 5177–5186.

[289] TENEY D, LIU L, VAN DEN HENGEL A. Graph-structured representations for

visual question answering[C]. Proceedings of the IEEE Conference on Computer Vision and Pattern Recognition, 2017: 1–9.

[290] NORCLIFFE-BROWN W, VAFEIAS S, PARISOT S. Learning conditioned graph structures for interpretable visual question answering[C]. Advances in Neural Information Processing Systems, 2018: 8334–8343.

[291] YAN S, XIONG Y, LIN D. Spatial temporal graph convolutional networks for skeleton-based action recognition[C]. Thirty-Second AAAI Conference on Artificial Intelligence, 2018.

[292] LI C, CUI Z, ZHENG W, et al. Spatio-temporal graph convolution for skeleton based action recognition[C]. Thirty-Second AAAI Conference on Artificial Intelligence, 2018.

[293] SHI L, ZHANG Y, CHENG J, et al. Skeleton-based action recognition with directed graph neural networks[C]. Proceedings of the IEEE Conference on Computer Vision and Pattern Recognition, 2019: 7912–7921.

[294] SI C, JING Y, WANG W, et al. Skeleton-based action recognition with spatial reasoning and temporal stack learning[C]. Proceedings of the European Conference on Computer Vision (ECCV), 2018: 103–118.

[295] WEN Y H, GAO L, FU H, et al. Graph cnns with motif and variable temporal block for skeleton-based action recognition[C]. Proceedings of the AAAI Conference on Artificial Intelligence, 2019, 33: 8989–8996.

[296] LI M, CHEN S, CHEN X, et al. Actional-structural graph convolutional networks for skeleton-based action recognition[C]. Proceedings of the IEEE Conference on Computer Vision and Pattern Recognition, 2019: 3595–3603.

[297] SI C, CHEN W, WANG W, et al. An attention enhanced graph convolutional lstm network for skeleton-based action recognition[C]. Proceedings of the IEEE Conference on Computer Vision and Pattern Recognition, 2019: 1227–1236.

[298] SHI L, ZHANG Y, CHENG J, et al. Two-stream adaptive graph convolutional networks for skeleton-based action recognition[C]. Proceedings of the IEEE Conference on Computer Vision and Pattern Recognition, 2019: 12026–12035.

[299] MILLER G A. WordNet: An electronic lexical database[M]. Cambridge, MA: MIT press, 1998.

[300] KAMPFFMEYER M, CHEN Y, LIANG X, et al. Rethinking knowledge graph propagation for zero-shot learning[C]. Proceedings of the IEEE Conference on Computer Vision and Pattern Recognition, 2019: 11487–11496.

[301] GIDARIS S, KOMODAKIS N. Generating classification weights with gnn denoising autoencoders for few-shot learning[C]. Proceedings of the IEEE Conference on Computer Vision and Pattern Recognition, 2019: 21–30.

[302] WANG Y, SUN Y, LIU Z, et al. Dynamic graph cnn for learning on point clouds[J]. ACM Transactions on Graphics (TOG), 2019, 38(5): 1–12.

[303] LING H, GAO J, KAR A, et al. Fast interactive object annotation with curve-gcn[C]. Proceedings of the IEEE Conference on Computer Vision and Pattern Recognition, 2019: 5257–5266.

[304] CHEN T, YU W, CHEN R, et al. Knowledge-embedded routing network for scene graph generation[C]. Proceedings of the IEEE Conference on Computer Vision and Pattern Recognition, 2019: 6163–6171.

[305] KHADEMI M, SCHULTE O. Deep generative probabilistic graph neural networks for scene graph generation.[C]. AAAI, 2020: 11237–11245.

[306] YANG X, TANG K, ZHANG H, et al. Auto-encoding scene graphs for image captioning[C]. Proceedings of the IEEE Conference on Computer Vision and Pattern Recognition, 2019: 10685–10694.

[307] HAN J, PEI J, KAMBER M. Data mining: concepts and techniques[M]. 3rd. Waltham, MA: Elsevier, 2011.

[308] QIU J, TANG J, MA H, et al. Deepinf: Social influence prediction with deep learning[C]. Proceedings of the 24th ACM SIGKDD International Conference on Knowledge Discovery & Data Mining, 2018: 2110–2119.

[309] LI C, GOLDWASSER D. Encoding social information with graph convolutional networks forpolitical perspective detection in news media[C]. Proceedings of the 57th Annual Meeting of the Association for Computational Linguistics, 2019: 2594–2604.

[310] WANG H, XU T, LIU Q, et al. Mcne: An end-to-end framework for learning multiple conditional network representations of social network[J]. arXiv preprint arXiv: 1905.11013, 2019.

[311] GOLDBERG D, NICHOLS D, OKI B M, et al. Using collaborative filtering to weave an information tapestry[J]. Communications of the ACM, 1992, 35(12): 61–70.

[312] RESNICK P, VARIAN H R. Recommender systems[J]. Communications of the ACM, 1997, 40(3): 56–58.

[313] GOLDBERG K, ROEDER T, GUPTA D, et al. Eigentaste: A constant time collaborative filtering algorithm[J]. information retrieval, 2001, 4(2): 133–151.

[314] WANG X, HE X, WANG M, et al. Neural graph collaborative filtering[C]. Proceedings of the 42nd international ACM SIGIR conference on Research and development in Information Retrieval, 2019: 165–174.

[315] BERG R V D, KIPF T N, WELLING M. Graph convolutional matrix completion[J]. arXiv preprint arXiv:1706.02263, 2017.

[316] YING R, HE R, CHEN K, et al. Graph convolutional neural networks for web-scale recommender systems[C]// Proceedings of the 24th ACM SIGKDD International

Conference on Knowledge Discovery & Data Mining: ACM, 2018: 974–983.

[317] WANG H, ZHANG F, ZHANG M, et al. Knowledge-aware graph neural networks with label smoothness regularization for recommender systems[C]. Proceedings of the 25th ACM SIGKDD International Conference on Knowledge Discovery & Data Mining, 2019: 968–977.

[318] WANG X, HE X, CAO Y, et al. Kgat: Knowledge graph attention network for recommendation[J]. arXiv preprint arXiv:1905.07854, 2019.

[319] FAN W, MA Y, LI Q, et al. Graph neural networks for social recommendation[C]// ACM. The World Wide Web Conference: ACM, 2019: 417–426.

[320] LIN Y, LIU Z, SUN M, et al. Learning entity and relation embeddings for knowledge graph completion[C]. Twenty-ninth AAAI conference on artificial intelligence, 2015.

[321] YU B, YIN H, ZHU Z. Spatio-temporal graph convolutional networks: A deep learning framework for traffic forecasting[J]. arXiv preprint arXiv:1709.04875, 2017.

[322] WANG X, MA Y, WANG Y, et al. Traffic flow prediction via spatial temporal graph neural network[C]. Proceedings of The Web Conference 2020, 2020: 1082–1092.

[323] QI Y, LI Q, KARIMIAN H, et al. A hybrid model for spatiotemporal forecasting of pm2. 5 based on graph convolutional neural network and long short-term memory[J]. Science of the Total Environment, 2019, 664: 1–10.

[324] LIU Z, CHEN C, YANG X, et al. Heterogeneous graph neural networks for malicious account detection[C]. Proceedings of the 27th ACM International Conference on Information and Knowledge Management, 2018: 2077–2085.

[325] VOSOUGHI S, ROY D, ARAL S. The spread of true and false news online[J]. Science, 2018, 359(6380): 1146–1151.

[326] MONTI F, FRASCA F, EYNARD D, et al. Fake news detection on social media using geometric deep learning[J]. arXiv preprint arXiv:1902.06673, 2019.

[327] WANG J, WEN R, WU C, et al. Fdgars: Fraudster detection via graph convolutional networks in online app review system[C]. Companion Proceedings of The 2019 World Wide Web Conference, 2019: 310–316.

[328] LIU Z, DOU Y, YU P S, et al. Alleviating the inconsistency problem of applying graph neural network to fraud detection[J]. arXiv preprint arXiv:2005.00625, 2020.

[329] CHEN Z, LI X, BRUNA J. Supervised community detection with line graph neural networks[J]. arXiv preprint arXiv:1705.08415, 2017.

[330] SHCHUR O, GÜNNEMANN S. Overlapping community detection with graph neural networks[J]. arXiv preprint arXiv:1909.12201, 2019.

[331] WANG X, DU Y, CUI P, et al. Ocgnn: One-class classification with graph neural networks[J]. arXiv preprint arXiv:2002.09594, 2020.

[332] CHAUDHARY A, MITTAL H, ARORA A. Anomaly detection using graph neural networks[C]// IEEE. 2019 International Conference on Machine Learning, Big Data, Cloud and Parallel Computing (COMITCon): IEEE, 2019: 346–350.

[333] DUVENAUD D K, MACLAURIN D, IPARRAGUIRRE J, et al. Convolutional networks on graphs for learning molecular fingerprints[C]. Advances in neural information processing systems, 2015: 2224–2232.

[334] LIU K, SUN X, JIA L, et al. Chemi-net: a graph convolutional network for accurate drug property prediction[J]. arXiv preprint arXiv:1803.06236, 2018.

[335] FOUT A, BYRD J, SHARIAT B, et al. Protein interface prediction using graph convolutional networks[C]. Advances in Neural Information Processing Systems, 2017: 6530–6539.

[336] AFSAR MINHAS F U A, GEISS B J, BEN-HUR A. Pairpred: Partner-specific prediction of interacting residues from sequence and structure[J]. Proteins: Structure, Function, and Bioinformatics, 2014, 82(7): 1142–1155.

[337] NGUYEN T, LE H, VENKATESH S. GraphDTA: prediction of drug–target binding affinity using graph convolutional networks[J]. BioRxiv, 2019.

[338] KUHN M, LETUNIC I, JENSEN L J, et al. The sider database of drugs and side effects[J]. Nucleic acids research, 2016, 44(D1): D1075–D1079.

[339] MA T, XIAO C, ZHOU J, et al. Drug similarity integration through attentive multi-view graph auto-encoders[J]. arXiv preprint arXiv:1804.10850, 2018.

[340] ZITNIK M, AGRAWAL M, LESKOVEC J. Modeling polypharmacy side effects with graph convolutional networks[J]. Bioinformatics, 2018, 34(13): 457–466.

[341] DI MARTINO A, YAN C G, LI Q, et al. The autism brain imaging data exchange: towards a large-scale evaluation of the intrinsic brain architecture in autism[J]. Molecular psychiatry, 2014, 19(6): 659–667.

[342] PARISOT S, KTENA S I, FERRANTE E, et al. Disease prediction using graph convolutional networks: Application to autism spectrum disorder and alzheimer's disease[J]. Medical image analysis, 2018, 48: 117–130.

[343] WERLING D M, GESCHWIND D H. Sex differences in autism spectrum disorders[J]. Current opinion in neurology, 2013, 26(2): 146.

[344] KANA R K, UDDIN L Q, KENET T, et al. Brain connectivity in autism[J]. Frontiers in Human Neuroscience, 2014, 8: 349.

[345] SHANG J, XIAO C, MA T, et al. Gamenet: Graph augmented memory networks for recommending medication combination[C]. Proceedings of the AAAI Conference on Artificial Intelligence, 2019, 33: 1126–1133.

[346] SHANG J, MA T, XIAO C, et al. Pre-training of graph augmented transformers for medication recommendation[J]. arXiv preprint arXiv:1906.00346, 2019.

[347] CHOI E, XU Z, LI Y, et al. Learning the graphical structure of electronic health records with graph convolutional transformer[C]. Proceedings of the AAAI Conference on Artificial Intelligence, 2020, 33: 606–613.

[348] XUAN P, PAN S, ZHANG T, et al. Graph convolutional network and convolutional neural network based method for predicting lncrna-disease associations[J]. Cells, 2019, 8(9): 1012.

[349] LI C, LIU H, HU Q, et al. A novel computational model for predicting microrna–disease associations based on heterogeneous graph convolutional networks[J]. Cells, 2019, 8(9): 977.

[350] LI Q, HAN Z, WU X. Deeper insights into graph convolutional networks for semi-supervised learning[C/OL]// MCILRAITH S A, WEINBERGER K Q. Proceedings of the Thirty-Second AAAI Conference on Artificial Intelligence, (AAAI-18), the 30th innovative Applications of Artificial Intelligence (IAAI-18), and the 8th AAAI Symposium on Educational Advances in Artificial Intelligence (EAAI-18), 2018: AAAI Press, 2018: 3538–3545. https://www.aaai.org/ocs/index.php/AAAI/AAAI18/paper/view/16098.

[351] OONO K, SUZUKI T. Graph neural networks exponentially lose expressive power for node classification[C/OL]. International Conference on Learning Representations, 2020. https://openreview.net/forum?id=S1ldO2EFPr.

[352] XU K, LI C, TIAN Y, et al. Representation learning on graphs with jumping knowledge networks[C/OL]// DY J G, KRAUSE A. Proceedings of the 35th International Conference on Machine Learning, ICML 2018, 2018, 80: 5449–5458. http://proceedings.mlr.press/v80/xu18c.html.

[353] RONG Y, HUANG W, XU T, et al. Dropedge: Towards deep graph convolutional networks on node classification[C/OL]. International Conference on Learning Representations, 2020. https://openreview.net/forum?id=Hkx1qkrKPr.

[354] ZHAO L, AKOGLU L. Pairnorm: Tackling oversmoothing in gnns[J]. arXiv preprint arXiv:1909.12223, 2019.

[355] RONG Y, HUANG W, XU T, et al. Dropedge: Towards deep graph convolutional networks on node classification[C]. International Conference on Learning Representations, 2019.

[356] SZEGEDY C, VANHOUCKE V, IOFFE S, et al. Rethinking the inception architecture for computer vision[C]. Proceedings of the IEEE conference on computer vision and pattern recognition, 2016: 2818–2826.

[357] SIMONYAN K, ZISSERMAN A. Very deep convolutional networks for large-scale image recognition[J]. arXiv preprint arXiv:1409.1556, 2014.

[358] RADFORD A, WU J, CHILD R, et al. Language models are unsupervised multitask learners[J]. 2019.

[359] JIN W, DERR T, LIU H, et al. Self-supervised learning on graphs: Deep insights and new direction[J]. arXiv preprint arXiv:2006.10141, 2020.

[360] HU W, LIU B, GOMES J, et al. Pre-training graph neural networks[J]. arXiv preprint arXiv:1905.12265, 2019.

[361] HU Z, DONG Y, WANG K, et al. Gpt-gnn: Generative pre-training of graph neural networks[J]. arXiv preprint arXiv:2006.15437, 2020.

[362] PENG Z, DONG Y, LUO M, et al. Self-supervised graph representation learning via global context prediction[J]. arXiv preprint arXiv:2003.01604, 2020.

[363] YOU Y, CHEN T, WANG Z, et al. When does self-supervision help graph convolutional networks?[J]. arXiv preprint arXiv:2006.09136, 2020.

[364] SUN K, LIN Z, ZHU Z. Multi-stage self-supervised learning for graph convolutional networks on graphs with few labels[J]. arXiv preprint arXiv:1902.11038, 2019.

[365] ZHU X, GHAHRAMANI Z, LAFFERTY J D. Semi-supervised learning using gaussian fields and harmonic functions[C]. Proceedings of the 20th International conference on Machine learning (ICML-03), 2003: 912–919.

[366] NEVILLE J, JENSEN D. Iterative classification in relational data[C]. AAAI, 2000.

[367] HAN J, LUO P, WANG X. Deep self-learning from noisy labels[C]. Proceedings of the IEEE International Conference on Computer Vision, 2019: 5138–5147.

[368] SUN F Y, HOFFMANN J, TANG J. Infograph: Unsupervised and semi-supervised graph-level representation learning via mutual information maximization[J]. arXiv preprint arXiv:1908.01000, 2019.

[369] XU K, HU W, LESKOVEC J, et al. How powerful are graph neural networks?[C/OL]. 7th International Conference on Learning Representations, ICLR 2019, 2019. https://openreview.net/forum?id=ryGs6iA5Km.

[370] GAREY M R, JOHNSON D S. Computers and intractability[M]. New York: W.H, 1979.

[371] BABAI L. Graph isomorphism in quasipolynomial time[C]. Proceedings of the forty-eighth annual ACM symposium on Theory of Computing, 2016: 684–697.

[372] CAI J Y, FÜRER M, IMMERMAN N. An optimal lower bound on the number of variables for graph identification[J]. Combinatorica, 1992, 12(4): 389–410.

[373] YING Z, BOURGEOIS D, YOU J, et al. Gnnexplainer: Generating explanations for graph neural networks[C]. Advances in neural information processing systems, 2019: 9244–9255.

[374] YUAN H, TANG J, HU X, et al. Xgnn: Towards model-level explanations of graph neural networks[J]. arXiv preprint arXiv:2006.02587, 2020.

[375] TANG X, YAO H, SUN Y, et al. Graph convolutional networks against degree-related biases[J]. CIKM, 2020.

[376] CHAMI I, YING Z, RÉ C, et al. Hyperbolic graph convolutional neural networks[C]. Advances in neural information processing systems, 2019: 4868–4879.

[377] LIU Q, NICKEL M, KIELA D. Hyperbolic graph neural networks[C]. Advances in Neural Information Processing Systems, 2019: 8230–8241.

[378] KHALIL E, DAI H, ZHANG Y, et al. Learning combinatorial optimization algorithms over graphs[C]. Advances in Neural Information Processing Systems, 2017: 6348–6358.

[379] LI Z, CHEN Q, KOLTUN V. Combinatorial optimization with graph convolutional networks and guided tree search[C]. Advances in Neural Information Processing Systems, 2018: 539–548.

[380] JOSHI C K, LAURENT T, BRESSON X. An efficient graph convolutional network technique for the travelling salesman problem[J]. arXiv preprint arXiv:1906.01227, 2019.

[381] ZHOU Y, LIU S, SIOW J, et al. Devign: Effective vulnerability identification by learning comprehensive program semantics via graph neural networks[C]. Advances in Neural Information Processing Systems, 2019: 10197–10207.

[382] BATTAGLIA P, PASCANU R, LAI M, et al. Interaction networks for learning about objects, relations and physics[C]. Advances in neural information processing systems, 2016: 4502–4510.

[383] KIPF T, FETAYA E, WANG K C, et al. Neural relational inference for interacting systems[J]. arXiv preprint arXiv:1802.04687, 2018.

[384] JEONG D, KWON T, KIM Y, et al. Graph neural network for music score data and modeling expressive piano performance[C]. International Conference on Machine Learning, 2019: 3060–3070.

[385] ZHANG G, HE H, KATABI D. Circuit-gnn: Graph neural networks for distributed circuit design[C]. International Conference on Machine Learning, 2019: 7364–7373.

[386] RUSEK K, SUÁREZ-VARELA J, MESTRES A, et al. Unveiling the potential of graph neural networks for network modeling and optimization in sdn[C]. Proceedings of the 2019 ACM Symposium on SDN Research, 2019: 140–151.

索引

Index